U0146637

一本书教你学会催眠术

图解 催眠术

曹兴泽/编著

中国華僑出版社
北京

图书在版编目（CIP）数据

图解催眠术 / 曹兴泽编著 . —北京：中国华侨出版社，2017.6（2020.7 重印）

ISBN 978-7-5113-6866-9

Ⅰ .①图… Ⅱ .①曹… Ⅲ .①催眠术 – 图解 Ⅳ .① B841.4-64

中国版本图书馆 CIP 数据核字（2017）第 128894 号

图解催眠术

编　　著：曹兴泽
责任编辑：安　吉
封面设计：李艾红
文字编辑：李翠香
美术编辑：盛小云
经　　销：新华书店
开　　本：720mm × 1020mm　1/16　印张：25.5　字数：400 千
印　　刷：北京德富泰印务有限公司
版　　次：2017 年 8 月第 1 版　2020 年 7 月第 2 次印刷
书　　号：ISBN 978-7-5113-6866-9
定　　价：68.00 元

中国华侨出版社　北京市朝阳区西坝河东里 77 号楼底商 5 号　邮编：100028
法律顾问：陈鹰律师事务所
发 行 部：（010）58815874　　传　　真：（010）58815857
网　　址：www.oveaschin.com　　E-mail：oveaschin@sina.com

前言
PREFACE

催眠术是一种运用暗示等手段让受术者进入催眠状态，并由此产生神奇功效的方法。它是以人为诱导引起的一种特殊的类似睡眠又非睡眠的意识恍惚的心理状态。作为一种神奇的心理操控术，催眠术能够直接作用于人的心灵，对于改变信念与行为模式有特殊的功效。随着研究越来越深入，催眠术的应用越来越广泛，涉及医学界、商业界、教育界、体育界、司法界和心理保健等多个领域。大量的临床实践也表明，催眠术在减压放松、消除身心疲劳感、改善睡眠、提高休息质量、调整心态、增强自信与改善情绪等方面都有特殊的功效。无论是对需要缓解压力、增强业务能力的职场白领，还是对希望增强记忆力、开发潜能的学生，无论是对渴望放松身心、控制体重、提升自信心和表现力的爱美人士，还是对想要改善睡眠质量、强化免疫力的老年人都有着不俗的效果。

催眠术不是与人们生活不相干的奇怪法术，也不是遥不可及的高深修行，而是最直接最简单的帮助人们缓解压力的心灵放松手段。懂得催眠术，你可以帮助家人催眠，帮助同事催眠，或者自我催眠，与大家一起享受催眠带来的减压放松、消除身心疲惫、提高睡眠质量、调整心态、增强自信心与改善情绪等神奇功效。

舞台上的催眠表演是真的吗？催眠师可以让人做违背意愿的事吗？会不会成为一睡不醒的睡美人？催眠对所有人都有效吗？催眠真的可以控制人的大脑吗？催眠对人的身体有害吗？催眠真的可以减肥、戒烟，完善自身吗？……一切你最想知道的催眠问题，都能在这里找到答案。但是，仅掌握催眠的技术和理论是不够的，我们的目的是帮助读者应用相关的技术和理论去改变现状，完善自身，即学即用才是关键。睡不着？压力太大？焦虑？渴望事业成功？希望快速把产品销售出去？没有自信？……求助别人，不如自己用点催眠术！

事实上，只要掌握了基本的技巧和理论，催眠就像骑车、走路一样简单。

催眠这么好，会用它的人却非常少。鉴于此，我们推出这本《图解催眠术》。本书针对读者对催眠所抱有的各种关心、疑虑和问题入手，从神奇的催眠术、学习催眠术就是这么简单、每个人都可以成为催眠师、奇妙的自我催眠术、催眠术即学即用等方面系统介绍了催眠术的历史、现状及作用机制，阐述了催眠与暗示的关系以及催眠诱导的各种方法，详细列举了现代催眠术专家惯用的催眠疗法，结合真实个案详尽揭示了改变生活状态、消除心理阴影、戒掉怪异行为等催眠施术的全过程，让读者充分了解催眠的心理机制，并学会使用催眠术。

强大、流行的催眠术，可以帮助我们轻松建立新的习惯与新的态度，拥有全新的个性与人生观！读完本书，你不但学会帮别人催眠，还学会了通过自我催眠改善整体身心状态、开发个人潜能、随时随地解决问题。催眠这么好，还等什么呢？让我们一起来享用吧！

第一篇 神奇的催眠术

第一章 催眠术的历史和现状

初探催眠术……2
催眠术的端倪……3
催眠术的发展……6
20 世纪的催眠学……13

第二章 全面认识催眠术

什么是催眠术……18
催眠术的原理……23
催眠的心灵状态与阶段……26
催眠过程……29
正确看待舞台催眠表演……41
催眠不可思议的作用……49
对催眠术的一些疑问……57

第二篇 学习催眠术就是这么简单

第一章 实施催眠必须了解的 8 个问题

哪些人可以成为催眠师……76
哪些人能被催眠……78
在哪儿可以被催眠……80
催眠时的坐姿……82
催眠语有哪些使用要求……83
催眠师应做好哪些准备工作……85
受催眠者应注意哪些问题……87
催眠师应遵循什么原则……88

第二章 最具威力的语言——催眠暗示

催眠暗示，生活中无处不在……90
催眠暗示的巨大作用……91
催眠中最常用的 6 类暗示……93
催眠暗示的传递途径……96
如何正确使用暗示……98
暗示使用不当的处理方法……101

第三章 催眠诱导

催眠诱导，带你进入催眠状态……104

凝视法 106
深呼吸法 108
常用的 4 种传统催眠诱导法 110
提高成功率的 4 种压迫诱导法 112
混淆诱导法 115
直接诱导法 118
手臂合开诱导法 122
渐进式放松诱导法 123

第四章　如何进入深层催眠状态——催眠深化

催眠深化，催眠诱导的延续 126
反复诱导进行催眠深化 127
数数法 127
身体摇动法 128
意象法 130

第三篇　每个人都可以成为催眠师

第一章　神奇的瞬间催眠术

10 秒之内将你催眠 134
催眠前的暗示是重点 135
瞬间催眠的方法 137

第二章　不可思议的集体催眠术

一种别开生面的催眠术 140
集体催眠前测试 141
集体催眠介绍 143
集体催眠诱导 144
集体催眠深化 146
集体催眠的唤醒 150

第三章　轻松掌握 12 种催眠方法，晋升催眠师

躯体放松法 152
言语催眠法 154
口令催眠法 157
抚摸催眠法 159
睡眠催眠法 161
数数催眠法 162
联想催眠法 164
通过观念产生运动进行催眠 165
气合催眠法 167
怀疑者催眠法 168
反抗者催眠法 169
杂念者催眠法 171

第四章　成为催眠专家的必备技术

绝不能将操作简单化 173
后暗示催眠法 174
持续，将催眠治疗效果发挥到最好 176
榜样，让受催眠者更容易进入催眠状态 178
时机，把握住最佳的瞬间 180

第四篇　奇妙的自我催眠术

第一章　揭开自我催眠的神秘面纱

美妙的“高峰体验”与自我催眠 184
什么是自我催眠术 188
自我催眠的应用 190

哪些人最需要使用自我催眠术................193
哪些人不能使用自我催眠术....................193

第二章　自我催眠的步骤

选定目标是关键..195
编写自我催眠的暗示台词........................198
3 种方法迅速增强暗示效果....................203
自我催眠的准备工作................................207
如何进行自我诱导....................................208
自我催眠的再唤醒与深化........................213

第三章　触手可及的自我催眠练习

快速自我催眠法..214
放松法自我催眠..215
温暖法自我催眠..218
静坐法自我催眠..221
沉重法自我催眠..223
心跳法自我催眠..226
想象法自我催眠..227
呼吸法自我催眠..229
腹部调控法自我催眠................................231
专注法自我催眠..232
前额法自我催眠..234

第四章　自我催眠助你缓解心理压力

缓解压力，带来轻松................................237
改变你对压力的感受................................239
在家里进行解压催眠................................239
在办公室里进行解压催眠........................250
到大自然中自我催眠................................253

第五篇　催眠术即学即用

第一章　解决心理问题

减轻恐惧..260
不再害羞..273
减轻压力..274
增强自尊心和动机....................................282
战胜自卑感..291
克服焦虑和害怕..293
消除儿时留下的创伤................................301
消除心理阴影..310
从离愁中解脱..313
战胜郁闷..318
克服考试怯场..324
减轻学校恐惧症..328

第二章　人格障碍的催眠疗法

催眠剧疗法..330
系统脱敏疗法..331
年龄倒退疗法..333
治疗癔症..336
远离强迫症..338

第三章　拥有健康完美的生活

戒烟..340
解决部分健康问题....................................347
美容..358
减肥..360

第四章　用自我催眠术完善自身

应用催眠就这么简单................................366
催眠减压，收获阳光心情........................370
不再做聚会中的“壁花”........................373
超然自信，应对自如................................374

催眠告诉自己：我能，我行！................376
催眠助你成为演讲家................378
永别了，坏习惯................379
催眠助你更加果断高效................381
精力更加充沛................382
激发强烈的取胜欲望................384
催眠催眠，催你入眠................385
完美的性生活................386
吃得健康，吃得正确................388
催眠也能给你动力................389
取得最佳成绩................390
提高记忆力................392
催眠催出更积极的态度................394

第一篇

神奇的催眠术

第一章 催眠术的历史和现状

初探催眠术

追溯起来，催眠术与许多事物有着相同的发展历程，早在遥远的古代，人们就对它有所了解，或者说有了对它认识的萌芽。下面我们就先来简单介绍一下人们对催眠术的认识历程。

自远古以来，人类就着迷于（有时是恐惧）心灵的力量。古往今来，发掘人类意识秘密并发挥其潜能的探索者层出不穷。埃及、希腊、罗马以及其他一些文明古国所采取的技术与我们今天所知道的催眠术极为相似，但这都处在萌芽阶段。

到了中世纪，一些伟大的医师仅仅通过触摸就可以达到治疗效果。之后，随着理性时代的降临，先驱科学家试图理解并解释意识的奥秘。安东・梅斯默和詹姆士・布莱德，甚至西格蒙德・弗洛伊德都置身于先驱者的队伍之中，使催眠最终成为最具疗效的工具之一，为催眠的广泛应用做出巨大贡献。

催眠是不是一种超自然的实践

催眠并不是什么神秘的东西，也不是什么新鲜产物。

很早以前，美国医学协会就已经通过了催眠的认证，并且催眠已经被应用于精神方面的治疗了，但是它不涉及任何所谓幽灵或者其他奇妙现象。

所以说，催眠过程就是让你保持自然放松的过程。

翻过漫长的历史书卷，进入现代，催眠也有了长足的发展。不难发现，催眠已经真正成为一门有理有用的应用科学。现在，在很多国家有名望的大学、医院里，都设有催眠研究室，并积极地把催眠应用于医学、教学、产业等领域，进行可行性研究。

乍一看，催眠给人以神秘、魔术般的印象，这也是合乎情理的。但是，认真研究一下催眠就会知道，催眠不是像魔术、占卜那样虚幻的东西，也不仅仅是催眠、被催眠这一单纯的过程，实际上，它有着非常严密、完整的理论，是一门古老而又年轻的大有作为的科学。

催眠术的端倪

据心理治疗学家考查，催眠术尽管走上科学化道路是在西欧，但最初发源地却是埃及、印度和中国。当时埃及人似乎使用了一种医疗方法：当病人“入睡”时，或者至少是闭上双眼时，牧师讲话并把手放在病人身上，借助于语言来治疗病人，使其得到快速康复。这一技术在3000多年前就已得到应用。古代中国和印度也被认为使用过这种医疗方法。

在古代的东方，这种“类催眠”现象是举不胜举的。像中国古代的江湖术士所惯用的让人神游阴间地府等，事实上都是借助于催眠术的力量，使人产生种种幻觉或进入自由书写状态。据中国古代文献记载，在周穆王时期，就有西极幻术师来中原，能投身于水火、贯穿金石、移动城邑、变万物的形态、解他人的忧虑。这些传说中自然有不实之处，但仍可窥见现代催眠术的迹象所在。

希腊人有一种被称为睡眠神庙的建筑，病急求医的患者躺在这里睡一觉，在睡觉时，疾病的治疗方法就会在梦境中出现。最受欢迎的神庙是供奉希腊医神阿斯克勒庇俄斯的神庙。阿斯克勒庇俄斯是约公元前1200年的一位医师，他杰出的医治本领使他受到希腊人和罗马人的尊崇，人们称他为“医神”。

古罗马的僧侣每当从事祭祀活动的时候，就先在神的面前进行自我催眠，呈现出有别于常态的催眠状态下的种种表现，然后为教徒们祛病消灾。由于僧侣们的状态异乎寻常，教徒们疑为神灵附体，故而产生极大的暗示力量。古罗马的一些寺庙还为虔诚的教徒们实施祈祷性的集体催眠，让他们凝视自己的肚脐，不久就会双眼闭合，呈恍惚状态，这时可以看到“神灵”，还可听到神的旨意，等等。不过，较早有意识地将催眠与暗示运用于疾病治疗的，当推古希腊和古埃及的医生们。他们早在公元前2世纪，就比较广泛地以此作为治疗疾病的手段了。譬如，古希腊的著名医生阿斯克列比亚德就曾亲自从事过这一方面的实践。

整个罗马史上，这些睡眠神庙一直存在，并被认为是再平常不过的求医途径。当时的人们相信神会入梦并传授治疗方法，随时随地直接治愈病人，或者病人可以遵循医疗指示自行治疗。传说一个瞎了一只眼睛的病人不顾他人的怀疑到神庙求助，当他睡觉时，一个神出现在他眼前，熬了一些药草，涂抹在他失明的眼睛上，当他醒来时，那只眼睛便重见光明了。

当然，我们不能草率地把这些古代做法当成催眠。但是，这些例子告诉我们，古代人也许已经认识到了大脑和想象力可以用于治疗疾病，催眠已经初露端倪了。

御　触

御触现象备受关注，很多人能够通过碰触患者治愈疾病，其中就包括希腊的伊庇鲁斯王皮拉斯（公元前 318 ~ 前 272 年）。他因与罗马交战赢得的两次胜利而闻名，皮拉斯还有另一样了不起的本领：他可以用大脚趾碰触病人而治愈其疾病。此外至少还有两位罗马皇帝——维斯巴西安（公元 9 ~ 79 年）和哈德良（公元 76 ~ 138 年）以拥有同样的本领而著称，但他们不是用脚触摸。距离我们的时代更近的英国忏悔王爱德华（1003 ~ 1066 年）和其同时代的法国国王菲利普一世都拥有碰触治疗的本领。这种碰触治疗其实指的是如今所说的暗示力量，即病人对自己会被治愈深信不疑，而这种信念会反过来帮助身体自行疗伤。对皇室、神职人员和其他显要人物可以碰触治疗的信仰贯穿中世纪始末并一直延续至近代。英国立宪君主查理二世（1630 ~ 1685 年）在统治期间曾上千次使用“御触”。

瓦伦丁·格瑞特里克（1628 ~ 1682 年）是众所周知的“抚摩师”，因具有用双手治愈疾病的惊人本领而著名。17 世纪，这位出生在爱尔兰的士兵和政府官员

御触：最早的催眠术

催眠的应用早在 3000 多年前的古埃及就已经开始，古代的医师们称之为“御触”，即伟人通过碰触病人而治愈其疾病。这说明了心灵和想象的力量在治疗中也是举足轻重的。

伟人，譬如说国王，能够通过碰触患者治愈疾病。

这种碰触治疗其实指的是如今所谓的暗示力量，即病人对自己会被治愈深信不疑，而这种信念会反过来帮助身体自行疗伤。

因其超凡能力而声名远播，他可以治愈包括淋巴结核和疣类等疾病。有趣的是，在他的治疗过程中，一些病人仿佛进入了深深的恍惚状态而感觉不到疼痛。与之相吻合的是，现代催眠中，一些患者在恍惚中也会丧失痛觉，感觉不到疼痛。格瑞特里克在当时受到了一些科学家和国王查理二世的关注。他的主要治疗手法就是隔着病人的衣服进行抚摩，有时候也使用药剂。格瑞特里克有可能无意识地“催眠”了病人，使其收到了会被治愈的心理暗示。

想象与磁铁

中世纪时，学术界和伟大的思想家一直在思索心灵的力量，尤其是想象力和意志力是如何影响治疗过程的。14 世纪的作家彼得·阿巴诺认为单凭语言就可以治愈病人。之后，乔治·匹克托里斯·凡·维灵根（1500 ~ 1569 年）声称，如果治疗者和病人都发挥想象力的话，符咒或咒语会收到更好的医疗效果。这一理论听起来跟我们现在的安慰剂效不无相似之处，即尽管病人没有服用任何药物（有时服下一颗糖丸），疾病最终还是被治愈。这是因为病人认为自己吞下了一颗真的药丸，使心灵意念作用到身体上，从而达到治愈效果。

这种想象力疗法的另一位拥护者是生于瑞士的医师、科学家和炼金学家帕拉赛索斯（1493 ~ 1541 年）。他是倡导化学物质和矿物治疗的医学先驱者之一。同时，他也清醒地意识到了心灵的力量，将想象力称为治疗“工具”。帕拉赛索斯认为：“围绕病人的精神氛围大大影响到病情。当然并非诅咒或者福佑发生了作用，而是病人的思想、想象力带来了疗效。”但是，想象力并不能主宰一切。

海尔神父

帕拉赛索斯提出一种理论——磁铁能够以吸引铁的方式吸引疾病。这一理论在接下来的几个世纪里被众多科学家进一步发展完善，其理念是人体含有一种有磁性的液体，这种液体一旦出现缺陷（发生损伤）就会引起疾病，而磁铁可以治愈疾病。

将这个观点发扬光大的人当属 18 世纪的天文学家和牧师麦克斯米伦·海尔神父（1720 ~ 1792 年）。他是一位杰出的科学家，后来成为当时奥匈帝国首都维也纳皇家天文台台长。他也对帕拉赛索斯的磁铁治疗观很着迷。同时，人们在 18 世纪中叶发现磁铁可以人工合成，这也促进了他对磁铁疗法兴趣的高涨。海尔发现，他可以通过在病人周围以各种方式摆放磁铁来治愈或缓解很多疾病，其中包括他自己所患的风湿病。尽管海尔似乎在治疗方面取得了巨大成就，但若不是另一位维也纳医师于 1774 年前来拜访的话，他也无法在催眠史上占有一席之地。这位拜访者就是弗兰茨·安东·梅斯默。至此，现代催眠学就要拉开序幕了。

伽斯纳神父

伽斯纳神父（1727 ~ 1779 年）曾在 18 世纪 70 年代因为高超的医疗本领而名噪一时。他相信自己可以通过驱散患者体内的邪恶精灵而达到治愈目的。他具有表演天赋，在广受欢迎的“表演”中，他身着长斗篷，手拿巨大的十字架，嘴里念叨着拉丁咒语。他告诉病人当他驱魔时，他们会倒在地上死去，一旦恶鬼被驱走，他们就会起死回生，疾病也消失得无影无踪。伽斯纳神父的医术是催眠术的先兆：先使患者进入恍惚状态，然后运用暗示力量使他们确信自己的疾病或者问题已经解决了。弗兰茨·安东·梅斯默认为神父不知不觉间使用了动物磁流，伽斯纳神父却相信自己是借助了上帝的力量驱除了恶鬼。

催眠术的发展

梅斯默的动物磁流学说

我们大多都听说过 mesmerizing（实施催眠、迷惑的）和 mesmeric（催眠的、迷人的）这两个单词，它们都得名于弗兰茨·安东·梅斯默。梅斯默于 1734 年出生于靠近今天德国和瑞士交界处的康士坦茨湖畔。梅斯默性格古怪，被当时的很多人认为是骗子。以今天的标准来看，他的有些理论确实奇怪，但是他仍然被尊为催眠史上最为重要的人物之一。梅斯默似乎从未理解过心灵的真正力量，如果他仍然在世的话，也肯定会将当今有关心灵力量的观点拒之门外，但是他的荣誉、人格魅力乃至其所用方法的显著疗效，都极大地鼓励着后世的先驱者们前仆后继、孜孜不倦地探索催眠的真正原理。

梅斯默的父亲是一位猎场看守人，年轻的梅斯默先后攻读了神学和法律，之后逐渐对成就他一生事业功名的领域——医学产生了浓厚的兴趣。他于 1765 年毕业于享有声望的维也纳医学院。这位年轻的医生对行星和潮汐等自然现象很是着迷，这使他潜心钻研了外界自然力对人体的影响。他在大学论文中写道（之前也有其他科学家写过了）：世间存在着某种无所不在的引力流体。以该流体为媒介，行星等大型天体可以对包括人体在内的其他物体施加影响。尽管这对我们来说比较怪异，但在当时却并非标新立异或特别罕见。梅斯默由此迈出了探索之路的第一步，这也就是后来世人所知的“动物磁流学说”。

起初，梅斯默在维也纳是一名普通的从业医师，他与一个富有的寡妇玛莉亚·安娜·冯·宝施成婚，生活充裕。这时他结识了年轻早熟的作曲家莫扎特，便和妻子步入了上流社会。1774年的一场风波永远改变了梅斯默的生活。他的一个病人弗朗西斯卡·奥斯特琳身患神经紧张病，对常规治疗毫无反应。好奇心大作的梅斯默决定试用一个同时代医师——麦克斯米伦·海尔神父的非正统治疗方法。他让奥斯特琳喝下含有铁的液体，然后把磁铁附着在她的身体上。几个疗程后，病人重获健康。

这对于梅斯默来说是个转折点，他深信自己发现了磁性的力量。不久，他开始将自己关于普遍流体的理论与这一新发现结合起来。他断言宇宙间存在着一种无所不在的磁流，将包括人类在内的万物联系在一起，这样，“动物磁流学说”就诞生了。梅斯默坚信，疾病是由于人体内的磁流不畅、出现阻塞而引起的。他尝试使用磁铁来对病人体内的磁流施加影响，疏通阻塞，治愈疾病。

梅斯默相信自己使用磁铁和铁棒的疗法可用物理原理进行解释。他认为世间存在着一种无所不在的磁流，人体内也存在着类似的流动磁力。梅斯默相信自己通过操纵这一磁流可以治愈包括神经紧张在内的多种疾患。他还认为对疗程施加影响的是自己强有力的动物磁性，他只是把这一磁性传导给病人。他的目标是在治疗者和患者之间建立一种“磁极”。梅斯默的病人几乎都是女性，而治疗的一部分就是抚摩病人——他的动机遭到怀疑。

梅斯默坚信他的治疗原理是纯生理的，与心理无关；他认为是磁流产生了疗效。在治疗过程中，他完全忽视了病人的心灵或想象——现代催眠学说的基石之一。

梅斯默的新型治疗手段使他一夜成名。名门望族（尤其是妇女）成群结队地来拜访他，他开始当众进行治疗表演。除此之外，他还免费为穷人们提供医疗服务，帮助妇女战胜分娩的痛苦。梅斯默的声誉达到巅峰。然而，他仍不被科学界信服，人们仍然对他的医术持怀疑态度。

后来发生的一件事迫使梅斯默背井离乡。来自维也纳的玛丽亚·特丽莎·帕拉迪斯是一名歌手兼钢琴师，18岁的玛丽亚备受皇后的宠爱。她从小双目失明，在众多知名医师试图为她恢复视力都以失败告终后，梅斯默于1777年开始为她治疗。治疗工具是一套稀奇古怪的仪器——金属和玻璃棒、盛满了水和铁屑填充物的浴室，很显然这是想要将磁流集中。这种治疗似乎有些成效，据梅斯默所说，玛丽亚的视力确实有所恢复。这让那些之前为玛丽亚医治却未见效果的医生大发嫉妒，他们互相勾结，怂恿玛丽亚的父母将女儿带离梅斯默的看护。结果，玛丽亚再次陷入完全失明的状态，梅斯默的声誉也一落千丈。沮丧而愤怒的梅斯默被迫离开维也纳，到了巴黎。

有一段时间，梅斯默认为巴黎是孕育他特殊理论的肥沃土地，据说王后玛丽·安托瓦内特对他的研究很感兴趣，然而他古怪奇异的理论再次让他惹祸上身。主流科学家坚持认为梅斯默是个骗子，而看起来花里胡哨的梅斯默催眠术也全都是骗局。为解决争议，国王路易十六于1784年成立了一个委员会，专门调查动物磁流学说，最后得出了动物磁流根本子虚乌有的结论。这一诋毁性结论给了梅斯默重重一击。

再次遭到科学界的唾弃之后，这位时运不济的医生离开巴黎，踏上了旅行之路。他仍然坚信自己的理论，仍然治疗病人，但再也无法向科学界证明自己的价值。梅斯默的后半生生活舒适却默默无闻，于1815年在家乡附近的小村庄逝世。

为何梅斯默这样一个行为怪异的医生在催眠史上如此受推崇呢？他留给我们的遗产在于，他能够利用对恍惚中的病人进行暗示的力量。他在治疗中使用的棒材、磁铁和铁屑本身都是没有任何效果的，但是它们可以帮助病人全神贯注地接受暗示，相信自己会痊愈。这才是梅斯默的治疗手段产生疗效的真正原因。对梅斯默的医疗方法感兴趣的医师们渐渐认识到，成功的关键并非磁性或动物磁流，而是心灵意念的力量。因此，尽管梅斯默自己搞错了理论根据，但他在这一领域的先驱工作为后世开启了大门。他的成就激励着后世去探索心灵以及催眠的真正力量。

普赛格侯爵的磁性睡眠

梅斯默去世后，动物磁流学说依然没有销声匿迹。一些狂热者摆脱了怀疑眼光，不断进行新的探索，使这一主题得以延续。最为重要的先驱者之一当属法国贵族地主普赛格侯爵阿尔曼德（1751 ~ 1825年）。普赛格侯爵曾经短期学习过梅斯默的疗法，并在他的工人身上进行了试验。使他大为惊讶的是，他发现自己可以使一个叫作维克多·瑞斯的年轻牧羊人进入类似睡眠的状态，同时自己又可以同他交谈。侯爵显然是发现了催眠性恍惚。他肯定没有意料到会有此发现，因为作为梅斯默的忠实信徒，他相信患者会经历一次危象和数次痉挛。侯爵称这种恍惚状态为梦游——现代催眠学说中称之为“磁性睡眠”。然而，这位梅斯默的学生很快开始怀疑这种现象的基础原理是基于磁流存在的理论，于是，他重点强调了两项重要的心理素质——意念和信仰，认为同时拥有这两种素质的治疗者就会获得成功。这一观点使他远离了梅斯默等人使用的浴室、铁棒和类似道具，也使他摆脱了梅斯默引起的危象和痉挛。侯爵的另一项重要贡献是，当病人处于恍惚状态时，他与其对话，并对其疾病进行治疗暗示。这是催眠疗法的起源。

继普赛格的发现之后，其他磁力说的实践者也纷纷发现自己可以诱导病人进入恍惚状态，而且还发现了现代催眠中的其他状态，譬如肢体僵硬症（在恍惚状态中部分肢体暂时性无法动弹）和健忘症。普赛格直到今天还不为人熟知，但他是催眠发展史上当之无愧的无名英雄。

磁力学说渐渐传播开来，但认为这是一个以磁流从治疗者到患者传导为基础的生理过程的人愈来愈少。意念和心灵的运用愈来愈受到重视，葡萄牙神父荷西·法里亚（1753 ~ 1816 年）进一步将其发扬光大。法里亚爱出风头，但他提出了催眠发展史上的两个重要观点。首先，神父让病人凝视一个固定不动的物体——通常是他的手，这种催眠诱导方法在以后得以广泛应用。其次，法里亚强调了类睡眠状态（恍惚）的重要性在于心灵对暗示的接受能力强。这也是现代催眠学说的一个关键特点。

然而，法国科学界——当时世界的科学中心之一——对磁力学说漠然视之、不为所动，催眠术的演变史暂时转向他处。

詹姆斯·伊斯岱的外科麻醉催眠术

催眠史上更为著名大师是詹姆士·伊斯岱（1808 ~ 1859 年）。伊斯岱于 19 世纪 40 年代在印度加尔各答的一家医院工作。当时外科手术面临的一个突出问题是找不到有效的麻醉法。对此，伊斯岱采取的解决方案是利用当时仍被广泛称为梅斯默术的催眠方法对患者实施麻醉。伊斯岱从欧洲听说了这一非正统的医术而且认为并无风险，大可一试，结果引人注目。伊斯岱和其他医师使用催眠术在这家医院里

外科麻醉催眠术

在欧洲，催眠术被广泛应用于外科手术，发展十分繁荣。之所以出现这种繁荣景象，是因为有研究表明，接受催眠术的患者比完全麻醉的患者产生的副作用小得多。

利用催眠方法对患者实施麻醉，最令人称道的一次是对一个男病人的瘤切除手术，这个体积惊人的瘤重达 103 磅（46.7 千克）。病人后来完全恢复并声称在瘤切除时没有感到任何疼痛。

而且接受催眠术的病人比实施麻醉的病人在手术后的恢复时间会缩短一半。

进行了3000多例手术，术后死亡率从以前的50%降至5%。最令人称道的一次是对一个男病人的瘤切除手术，病人后来完全恢复并声称在瘤切除时没有感到任何疼痛。然而，伊斯岱的巨大成功并没有为催眠术在医学上的使用带来突破，他的方法遭到很多欧洲同伴的怀疑。19世纪40年代，醚和氯仿先后被发现，利用二者制造的麻醉剂开始盛行，催眠术被束之高阁。

在英国，梅斯默术的医学使用同样激起了疑云重重。约翰·伊利欧森（1791～1868年）在催眠史上的地位举足轻重，因为当他开始对这一主题产生兴趣之时，他已经是医学界德高望重的领头人物了。这样一位声名显赫的人士公开拥护磁流学说，不可避免地引发了英国医学界的激烈辩论。一个名叫拜伦·杜波德的法国人在19世纪30年代将神奇奥妙的梅斯默术介绍给了伊利欧森。鉴于自己的亲眼所见，身为英国伦敦大学医学院资深医师的伊利欧森，开始将这一技术用于手术麻醉。他的具体操作是将一枚磁化金属（如镍币）在患者身上移动，这叫作磁力移动或梅斯默移动。伊利欧森在正统医术著作中报告了他使用梅斯默术所获得的巨大成果，同时他相信这是纯粹的生理过程，与心理无关。在一个病例中，他声称一位患乳腺癌的妇女在几个疗程后完全康复。然而，医学机构对此再次置若罔闻，原因并非催眠术没有疗效，而是没有人可以进行有理有据的解释。

尽管医学机构对梅斯默术可以说是深恶痛绝，但社会上很多人对19世纪40年代和50年代进行的一些梅斯默术表演深深着迷。在英国，1851年被称为“梅斯默狂热年”。借助于铺天盖地的书籍、宣传册、报纸、杂志报道以及游行表演者，人们对催眠的兴趣空前高涨。

“催眠术之父”

弗兰茨·安东·梅斯默固然是催眠史上最为瞩目的名字，但“催眠之父”的桂冠当属苏格兰医师詹姆士·布莱德（1795～1860年）。布莱德具备了梅斯默所不具备的一切。他头脑冷静、实事求是，进行系统化科学研究，不为表演技巧或夸大的语言所动摇。他的一个不朽成就是发明了“催眠术”的固定说法，该名得自希腊睡眠之神海普诺思。不过他后来认识到使用这个意思为“睡眠”的字眼并不是最恰如其分的选择。同样重要的是，布莱德非常清楚催眠是什么以及不是什么。他反对来自梅斯默的磁流和磁性学说，认清了催眠的心理本质。

1841年，布莱德对催眠产生兴趣之时正在英国的曼彻斯特工作。他观看了卖弄张扬的法国梅斯默术师查尔斯·得·拉封丹纳的表演，起初是半信半疑。然而，在后来与拉封丹纳及其同事的一次私人会面中，这个法国术师使其追随者陷入了深深的恍惚中，这使布莱德深信其中确实存在着值得研究的科学现象。布莱德急于弄懂他的亲眼所见，对梅斯默术进行了两年试验后，他出版了以此为主题的书——《催眠学》。他在这本出版于 1843 年的书中首次使用了术语“催眠术”。

布莱德是第一位真正的现代催眠学家。他没有将这种现象与超自然联系起来，他不相信内在原因是磁流或动物磁性。他不像任何梅斯默术师一样进行抚摸，而是让患者把注意力集中在一件物体上——通常是他放置手术刀的盒子——从而引发恍惚。他还清楚地认识到心灵的力量可以影响到身体，而且按照恍惚的不同程度加以区分。

尽管布莱德是一位备受尊敬的医师，但他的催眠观点在英语国度里并没有被立即接受。不过，他的观点在后来大大影响了一些国家催眠术的发展进程。

源于欧洲的梅斯默术于 19 世纪 30 年代和 40 年代在美国盛行一时。众多欧洲梅斯默术师在 19 世纪 30 年代将梅斯默术引入美国，从而使其迅速流行，其中最为著名的是法国人查尔斯·波殷·圣·索沃尔。美国的医师很快吸纳了这一思想，并发明了自己的技术和对这一现象的命名。美国最著名的先驱者是拉·罗伊·桑德兰德（1804 ~ 1885 年），他对观众讲述这一话题直至将其中很多人催眠。另一位梅斯默术的实施者是菲尼艾斯·奎姆贝（1802 ~ 1866 年），他发现可以通过把自己实施催眠并将“精神能量”移到患者体内达到治愈目的。

催眠术在法国的发展

19 世纪中期，美英两国对催眠一度高涨的兴趣日益消退，这时法国一马当先，充当了领路人。这源于两件偶发事件。第一个是在 1860 年，苏格兰催眠学先驱詹姆士·布莱德的一篇研究论文在巴黎的一次科学聚会上宣读。当时在场的有一位名叫安勃罗斯·奥古斯·赖波（1823 ~ 1904 年）的医生。赖波亲手试验了布莱德论文中描述的催眠方法并发现了其有效性。事实上，这位乡村医生发现自己甚至不必像布莱德推荐的那样让患者凝视某件物体，只要赖波相信并暗示恍惚或者一种睡眠状态，他就可以成功地将患者导入恍惚状态并借助于暗示力量治愈疾患。这种催眠方式与现代催眠手段极为相近。然而赖波却默默无闻，毫无声望。为了将自己的发现公之于众，赖波出版了一本书，然而这本书在数年之中仅卖出 5 本，赖波对催眠学做出的巨大贡献似乎要永不为人所知了。

这时，第二件事情发生了。南希大学的一位知名医学教授得知了赖波的观点并被深深吸引，这位教授就是希波列特·伯明翰（1840 ~ 1919 年）。他将一个“无可救药”的病人“推荐”给赖波，初衷是想证实赖波是个骗子。结果恰恰相反，他对赖波能够治愈病人坐骨神经痛的医术大为赞叹，盛情邀请赖波到大学里与他一起工作。两人一起成为催眠学“南希学派”的创始人。他们相信催眠更加倾向于心理反应，而非生理，暗示的力量至关重要。两人还坚信在医生与患者之间建立亲和关系的重要性，这与很多现代催眠学家的观点不谋而合。由于伯明翰德高望重，人们对催眠学的信任度也与日俱增。

影响更大的是当时的医学泰斗让－马丁·夏柯特（1825 ~ 1904 年）对催眠学的接纳。身处巴黎的夏柯特专攻神经病学，是一位才华横溢的科学家和内科医师。这位极具人格魅力的法国人被称为“神经病学的拿破仑”，他被催眠深深吸引，并在患者身上加以应用。他的这一举动使催眠最终成为一个严肃的研究课题。不过，夏柯特的催眠观点与南希学派以及大多数现代观点南辕北辙。夏柯特认为催眠是歇斯底里症（癔症）的一种形式，在有些情况下催眠疗法甚至会带来危险。两大阵营——伯明翰、赖波带领的南希学派和夏柯特带领的巴黎学派——就催眠的真正本质苦苦相争。尽管夏柯特才华出众、声望颇高，最终却是南希学派占了上风。催眠作为一个争论的问题和研究的课题被越来越多的人所熟悉，然而，他们无法预见的是，夏柯特的一个弟子不久就要扭转乾坤，将催眠再次推回到科学疑云中去。

南希学派和巴黎学派僵持不下的一个问题是：人们在恍惚状态中能否被游说做违背自己意愿的事情。伯明翰认为被实施催眠的对象会顺其自然地成为一个机器人，完全依从催眠师的指挥。巴黎学派则坚持认为人们在催眠状态中不会丧失本性，只是会沉迷于演戏之中。

其实，从现代对催眠术的研究来看，绝大多数的催眠学家认为，人们在催眠中是无法被迫违背自己的本质信仰和道德观说话或做事的。只有你想要达到无意识行为的一种变化时，才能达到这种变化。也就是说，如果你不想达到那种变化或者做出那种行为，那么反映你真实想法的潜意识就不会要求你去做。的确，在每个人的潜意识中都有一个坚守不移的任务，那就是保护自己。每个人的内在都有这样一个极其重要的自我保护机制，从而使人们不会因外界的引导和刺激而做出潜意识里并不认同的事情。

弗洛伊德与催眠术

众所周知，西格蒙德·弗洛伊德（1856 ~ 1939 年）是心理学发展史上影响最为深远的人物。不为人熟知的是，这位心理学分析的始祖在事业早期曾经是催眠学的倡导者。

弗洛伊德早在 19 世纪 80 年代在巴黎学医时便开始接触催眠，而当时将催眠介绍给他的正是他的导师——法国权威精神病学家让－马丁·夏柯特。事实上，弗洛伊德很早便对这个课题产生了兴趣。当时他在维也纳学医，碰巧观看了备受赞誉的丹麦舞台催眠术师卡尔·汉森的表演。他在催眠秀中的亲眼所见使他坚信了催眠现象的真实性。

师从夏柯特数年后，弗洛伊德成为催眠学的公开拥护者，并在自己的治疗中加以运用。他对病人使用直接暗示，他还与同样身为科学家的朋友约瑟夫·布洛伊尔合作，对病人实施催眠疗法。二人最为著名的病例是对安娜·欧的治疗。安娜患有当时被列为癔症的一系列症状。布洛伊尔发现，当她被催眠后，她可以将这些症状追根溯源到现实生活中，并由此得以治愈。

弗洛伊德对大脑的隐秘部分——潜意识及其对人体的影响几近痴迷，催眠学理论帮助他进一步探索这一课题。然而，19 世纪 90 年代中期，他抛弃了催眠学，代之以自由联想方法。

为何他摒弃了催眠学而选择了其他领域呢？原因肯定不是他怀疑催眠的有效性，因为弗洛伊德多次成功运用这一技术，必然清楚其有效性。不过，他发现催眠中使用的暗示效果不能持久，同时他还担心患者会通过将自身的强烈情感移到治疗者身上（这一过程叫作移情）而对后者产生过度的依赖感。

一些批评者提出，弗洛伊德并不十分擅长催眠术，因此才想出自己擅长的一项新技术——自由联想。也许，更大的可能性是弗洛伊德对当时实施催眠术的专断方式不甚满意：患者以一种极其直接的方式被告知自己将要进入睡眠状态，而今天更受欢迎的方法是间接的所谓容许性的手段。

无论真正原因到底是什么，最终结果是，弗洛伊德的抉择使催眠学在 19 世纪来临之际丧失了成为大脑科学前沿学科的机会。

20 世纪的催眠学

皮埃尔·简列特

20 世纪初期，科学界对催眠学的兴趣与日递减，部分原因是弗洛伊德与其他一些科学家在心理分析领域引领了新方向。催眠术不再被当成理解大脑技能的工具，也不再被用来治疗患者。这样，催眠术在历史上又一次被杂耍艺人和表演术师们用来哗众取宠，而科学再次将其拒之门外。直到今天，舞台催眠师仍然坚称是他们的前辈在 19 世纪末 20 世纪初维持了催眠学的生命。

不过，仍然有一些医学专家一如既往地支持催眠事业的发展，法国人皮埃尔·简列特（ 1859 ~ 1947 年）就是其中之一。简列特认识到他所称的“潜意识”是与意识并存的永久性状态。他认为，大脑在催眠中被分离，即分裂为意识和潜意识。而在深度恍惚中，潜意识实施有效控制。简列特认为一个人遇到的问题可以被强迫进入他的潜意识中，出现癔症症状。这个观点以及简列特的潜意识理论都与弗洛伊德的理论很相似。与其同时代人不同的是，简列特依然相信催眠的作用。1919年，他虽不得不伤感地接受催眠被忽略的现实，却预言道：催眠终有一天会再次成为严肃科学的研究领域。

克拉克·赫尔

另一位对催眠兴趣不减的专家是美国心理学家波里斯·萨迪斯。他在1898年出版了一本对心理学意义重大的著作《暗示心理学》。在英国，约翰·米尔恩·卜兰威尔于1903年出版了著作《催眠术：历史、实践与理论》。这本书使学术界对于催眠术的兴趣得以延续。

当时，催眠学的最主要人物是美国学者克拉克·赫尔，他是当时最受尊崇的心理学家。赫尔于1918年获得了威斯康星大学的心理学博士学位，并在接下来的15年中将大部分时间用于研究催眠术，尤其是暗示感受性。他的努力终于结出了硕果，他于1933年出版了著作《催眠与暗示感受性》，这本书直至今天仍然是该领域的重要文献。赫尔的首要成就之一是鼓励各大学和研究所进行催眠学研究。在此之前，大部分的研究都是由个体治疗催眠师在接受催眠的患者身上进行的，因此缺乏科学严密性和精确度，而科学机构对催眠仍持怀疑态度。1930年，身在耶鲁的赫尔被禁止在学生身上进行催眠实验，因为学校当权者害怕这会带来危险。

米尔顿·艾瑞克森

在1923年的一次讲座上，威斯康星大学的一位年轻的心理学学生对克拉克·赫尔的催眠术展示大为着迷，他将受催眠者拉到一旁，自己进行了亲身实验。这名学生就是米尔顿·艾瑞克森（1901 ~ 1980年）。由此开始，他踏上研究催眠的征程，最终成为美国催眠学界的泰斗。他既是研究者又是从业者，在长期的职业生涯中对数千人实施了催眠。艾瑞克森出身贫寒，在世的大部分时间疾病缠身，但他却出类拔萃，极具人格魅力，一直把催眠术用作治疗工具。他最为重要的观点之一是无意识的心灵是自我治愈的无比强大的工具。他相信，我们每个人体内都蕴藏着自我帮助、自我修复的能力。

艾瑞克森在个人成长道路上跨越了无数障碍，最终成为美国最负盛名的催眠学家。他出生于内华达州的一个贫苦家庭，17岁时身患小儿麻痹症，行动大大受限，医生诊断说他将永远失去行走能力，但他凭借顽强的抗争证实了医生论断的错误性。在以后的生命中，艾瑞克森受到病魔的一次又一次攻击，经历了小儿麻痹症的数次病变，除此之外，艾瑞克森还是色盲和音盲。但他从未退缩，与疾病进行了一

20 世纪的催眠学

20 世纪初期，科学界对催眠学的兴趣与日递减，部分原因是弗洛伊德与其他一些科学家在心理分析领域引领了新方向。

他于 1933 年出版了著作《催眠与暗示感受性》。

他最为重要的观点之一是无意识的心灵是自我治愈的无比强大的工具。他相信，我们每个人体内都蕴藏着自我帮助、自我修复的能力。

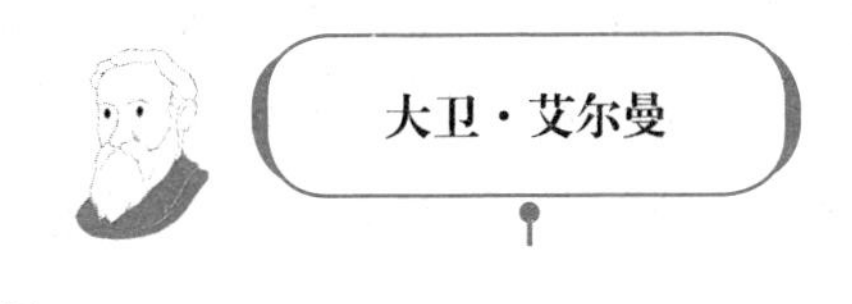

他是一位舞台催眠师的儿子，研究出了迅速有效的恍惚引导技巧。他着重于绕过大脑的判断技能而导入恍惚。

次又一次的抗争。他说，由于年轻时患病导致行动受限，他对肢体行动以及人们如何进行语言和非语言交流非常敏感，这使他能更好地观察和理解病人的反应。他所遇到的麻烦不仅是生理方面。在事业早期，当时不相信催眠术的医学权威威胁他，要没收他的行医执照。

艾瑞克森对催眠术做出的最大贡献是研发了诱导恍惚和对无意识大脑进行暗示的有效技巧。在他之前的恍惚诱导方法十分单一教条，接受催眠的患者只是被告知自己感到困倦、将要进入恍惚状态。艾瑞克森没有完全摒除这一方法，但主张根据患者个体的个性和需要对治疗师的手法加以调整。他研发了被称为间接催眠或“容许性”催眠的技巧，通过运用语言使患者融入双向过程中去。他们会有效地将自己导入恍惚状态。其中一个著名手法是“混乱”技术，即通过在混杂的句子中使用毫无意义的词语，使有意识的头脑发生涣散，继而使患者进入恍惚状态。艾瑞克森还在催眠中使用隐喻和讲故事的手法，对他来说，语言的想象性使用非常重要。他总是在治疗手法上极为创新，并且相信几乎每个人都可以被催眠。艾瑞克森写下了大量催眠著作，但成为他永久性遗产的仍然是这一实用而创新的催眠疗法。当今的许多从业人员都在他的著作中得到了启发。

催眠术论战

美国催眠治疗师大卫·艾尔曼（1900 ~ 1967 年）是一位舞台催眠师的儿子，研究出了迅速有效的恍惚引导技巧。他着重于绕过大脑的判断技能而导入恍惚。与艾瑞克森一样，他的催眠技巧和手段也被当今治疗师广为采用。

20 世纪后半期，催眠的医疗运用——催眠疗法——越来越普遍。与此同时，关于催眠性质的两种互相冲突的理论也在发展之中。

论战的一方认为人们在催眠中的意识状态发生变化。另一方则是学院派（也称自由主义思想流派），他们坚称催眠状态根本不存在，催眠中发生的一切都可以通过现存的心理现象得以解释。学院派中有部分美国学术界人士，西奥多·色诺芬·巴伯尔就是其一，他认为接受催眠的患者在催眠中的所作所为源于"任务动机"，即患者高度合作的意愿。他还认为患者在催眠状态下的行为来自自身的想象。

与此针锋相对的是一些理论学家，如已故的欧内斯特·希尔加德，他是斯坦福大学的资深心理学教授，20 世纪后半期催眠科学研究的先驱者。希尔加德认为，被催眠的人们会做出一些自身特有的行为。他规避了"状态"这个词，而是代之以"催眠范畴"。这场关于催眠性质的论战一直延至今日。

20 世纪催眠学界的另一位重要人物是柯盖特大学的心理学教授乔治·埃斯塔布鲁克（1895 ~ 1973 年），他与艾瑞克森正好相反，提倡传统的直接催眠诱导法。他的典型做法就是对患者说诸如"你马上要睡着了……我叫你时你才会醒……"的话。他还相信，在福利事业和间谍领域利用催眠具有潜在可能性。他声称："我可以将一个人催眠，使他在毫无意识或违背自己意愿的情况下通敌叛国。"

在 1943 年出版的著作《催眠术》中，埃斯塔布鲁克提出被实施催眠的敌人队伍会危害到美国国防。两年后，他协助撰写了一部名为《心灵之死》的小说，小说中，德国人催眠了美国军人，使其自相残杀。

催眠术的现状

21 世纪来临时，催眠术已经走过了漫长的发展道路。它最初起源于弗兰茨·安东·梅斯默的动物磁流学说，前景并不被看好，而如今催眠学已正式成为一个合法的科学研究领域，还是一种宝贵的治疗工具。每天世界各地都有成千上万的人使用催眠来戒掉坏习惯、缓解疼痛或进行其他治疗；运动员、政治家、媒体明星和商界精英纷纷借助于催眠来赢得更大成功。然而，仍然有大量普通人对其半信半疑。造成这种情况的部分原因是社会上各种媒体形式对催眠的报道和描绘；还有部分原因应归咎于一些催眠术的不当使用者，他们将催眠术用于不可告人的目的。

一些人不愿将催眠看成一个严肃课题的另一原因是，科学家还不能充分解释其作用机制。就连学术界还在对催眠的性质甚至其真实性争论不休，那么大众感到迷惑也就大可以原谅了。

值得庆幸是，催眠正在稳步赢得医学界的认可和接纳。早在 1958 年，美国医学学会就宣布它是安全的，没有任何副作用。此前 3 年，英国医学学会也做过类似声明，证实催眠是一个有效的医疗工具，可用于治疗精神神经病、缓解病痛。同时，美国和其他地方的众多医院也纷纷开始使用催眠缓解病人疼痛，并借此帮助病人适应其他治疗方法。

第二章 全面认识催眠术

什么是催眠术

催眠术概述

现代科学日新月异，取得了无数惊人突破，但是人类大脑精密复杂的运作机制仍然是个没有完全解开的谜。这样说来，学术界仍然对催眠性质及其作用机制众说纷纭便不足为奇了。这并不代表催眠是虚假的。实际上，科学家在近来的实验中已经证明，人们的大脑被催眠后确实会发生变化，催眠现象是真实可测的。而且，很多医学专家也已经认可了催眠在治疗某些病症、缓解疼痛方面卓有成效。然而，还是没有一个普遍接受的理论可以确切解释催眠的性质以及运作原理，现存的大量科学观点各有不同，有时还互相冲突。

催眠是以人为诱导（如放松、单调刺激、集中注意力、想象等）引起的一种特殊的心理状态，其特点是受催眠者自主判断、自主意愿行动减弱或丧失，感觉、知觉发生歪曲或丧失。在催眠过程中，受催眠者遵从催眠师的暗示或指示，并做出反应。催眠的深度因个体的催眠感受性、催眠师的威信与技巧等的差异而不同。催眠时暗示所产生的效应可延续到催眠后的苏醒活动中。以一定程序的诱导使受催眠者进入催眠状态的方法就称为催眠术。

催眠术在中外民间源远流长，近一、二十年来，随着由单纯的生物医学模式向生理、社会、心理这一新的医学模式的转变，社会、心理因素对疾病和健康的影响日益受到重视，使催眠术有了新的发展。

根据不同的施术方式、时间和条件，催眠术的种类划分也很多。

按施术者可分为自我催眠、他人催眠。按暗示条件可分为言语催眠，即运用语言进行暗示；操作催眠，是运用行为、动作、音乐或电流等作为暗示性刺激达到催眠状态。按意识状态可分为苏醒时催眠和睡眠时催眠。按进入催眠的速度可分为快速催眠和慢速催眠。按接受催眠的人数可分为个别催眠和集体催眠。按距离又可分为近体和远离，后者如电话、书信、遥控催眠。按催眠程度又可分轻度、中度和深度三种。

由于催眠术离不开暗示的方法，所以又可称为暗示催眠术，作为心理治疗的一种方法，也叫暗示催眠治疗。

什么是催眠

如果问 100 个催眠师，催眠的准确定义是什么，那么就可能会得到多于 100 种的答案。事实上，对于催眠的定义并没有一个统一的答案。通常人们对催眠到底是什么、不是什么是没有一个统一的定论的。大部分关于催眠的定义还是用来描述催眠是如何被导入的，而不是具体去解释什么是催眠。

出于指导意义，一个简短而广泛的综合定义得到了大多数人的认可。它涵盖了催眠的所有要点：催眠是一种注意范围被集中缩小的状态，在该状态下，建议性和暗示性可以被极大地提高。

人们可以通过很多办法进入催眠状态，从而让外界的建议、信息瞬时或持久的进入深层大脑。但是催眠并不能直接改变人，它只是能让人保持长久稳定的、最有利于进行改变的状态。

治疗学所使用的催眠状态纯粹是为了帮助催眠师达到治疗的目的，在该状态下，很多积极的想法、价值观念等会被高效率地吸收并且导入人大脑深处，从而给人带来可喜的转变。对比之下，舞台催眠师所提出的催眠建议或指令只在舞台表演过程中发挥作用，而临床医学催眠师所发出的建议或指令会在催眠开始后保持长久的效用。

事实上，医疗方面的建议只是推荐给受催眠者的两种建议中的一种。有些建议或提示是用来立刻改变受催眠者的信念、态度或行为的，而另一些建议和指令是用来引导受催眠者的一种滞后反应的，这种反应只有在催眠后的一段时间才表现出来。这种建议或指令被称为催眠后指令。这两种建议形式都是有效的，而且在催眠过程中均被广泛应用。

什么样的人才能被有效催眠

很多打算尝试催眠的人向催眠师提出的最常见的问题就是“我能被催眠吗”，回答往往是“是的”。

其实，催眠就好比一种力量——一种属于大脑的力量。催眠是你曾经多次进入的一种精神状态或操作过程，只是你不曾意识到而已。举个例子，当你在看电视或阅读小说的时候，就有可能已经进入催眠状态了。催眠治疗师把它称为“催眠行为”。催眠行为与催眠治疗的不同在于，后者的目的是让受催眠者进入一种指定的状态，并利用这种精神力量在实践中获益。比如说，电视节目制作人会通过广告来引导你进入催眠行为，从而去购买他们推销的产品；一个政治领袖会在演讲中利用自己关于精神领域的知识去感染那些听众。

对每个人来说，催眠既是一种技巧也是一种天赋。技巧是需要你去学习和练习的东西，天赋则是你本身所具备的能力。几乎每个人都具备一定程度的催眠方面的天赋。所以，可以肯定地说，你是可以被催眠的。

为了便于理解，我们把关于催眠的技术和天赋比作一个人的音乐天赋。很多人都有使用乐器的天赋（哪怕它是潜在的）。经过多次尝试、接触和练习，这些人会变得非常熟练，甚至会变成杰出的音乐家。还有一些在音乐方面极有天赋的人，只需要极少的练习或培训，就可能以出色的表现来震惊听众。然而，有些人先天失聪，也就没有音乐天赋了，对他们来说，再多的练习也不可能帮助他们在音乐方面成功。

对于催眠而言，大多数人都一样，都存在着一定的可能被催眠的潜质。至于你能够在催眠方面变得多么熟练，很大程度上取决于你有多大的兴趣以及你的练习程度。也许你具备这方面的天赋，可以选择简便、迅速地进入深度催眠。如果你想去参加舞台催眠表演，那么催眠师一定会注意到你，而你也很可能成为这方面的明星。你可能以惊人的效率来催眠自己，而不用像别人那样，需要经过大量的练习才能做到。还有极个别的人，天生就没有一点被催眠的天赋，因而不管他们怎么去尝试，也不可能被催眠。这种催眠缺陷产生的原因可能是由于精神或智力方面的失调导致的，也可能是一些大脑内部组织受损导致的。

如果天生就具备催眠的潜质，那么你可以充分利用这种潜质，不断完善这种技巧，尽快进入催眠。到底有多快呢？答案有两种：一种是你可能进入极度深层的催眠状态，另一种是你只进入了初步的催眠状态。但是必须牢记：“初步的，中间状态的催眠，对于你想要达到的最终自我完善的目的，都是不可或缺的过程。”这句话的意思是说，只要你不是那种对催眠没有任何反应的人，你就可以通过不断的努力达到催眠，实现自己的目标。至于你能够达到哪种程度的催眠，很大程度上取决于你的决心和练习。最乐观的情况是在你第一次尝试催眠的时候就能成功，这样在以后的催眠过程中，你会越做越好，越做越快。

就像梅斯默理论刚刚提出来时，极度昏迷性催眠让很多人感到困惑、恐慌。为了避免类似的现象发生，这里先阐明一下什么是“极度昏迷”。其实有好多种极度昏迷的催眠状态，其中之一被催眠治疗师称为“梦游”。这也是媒体最感兴趣的一种，以至于把梦游当成催眠的主要象征。在现实生活中，有一些人容易进入这种深

什么样的人才能被有效催眠

催眠就好比一种力量——一种属于大脑的力量。催眠是你曾经多次进入的一种精神状态，或操作过程。虽然有时你可能意识不到。

在生活中，当你在看电视或阅读小说的时候，就有可能已经进入催眠状态了。催眠理疗师把它称作“催眠行为”。

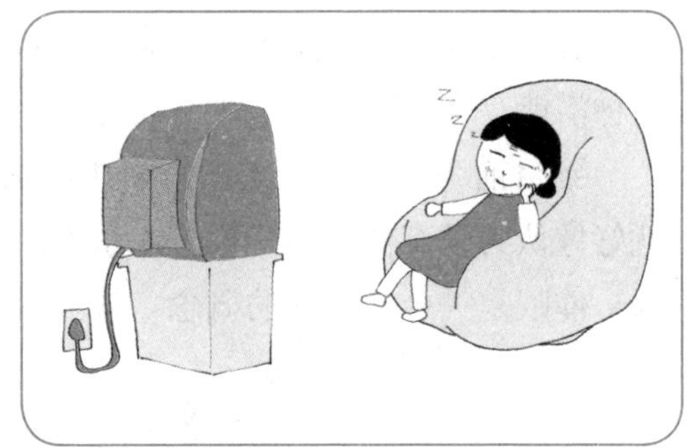

电视节目制作人也是通过广告来引导你进入催眠行为，从而去购买他们推销的产品。

一个政治领袖会在演讲中，利用自己关于精神领域的知识去感染那些听众。

层的催眠状态。在催眠医学中，我们把这些人称为“梦游者”，因为他们很容易进入梦游状态。

梦游者在深层催眠状态下可以做出很多在初级催眠状态不可能发生的事情。他们几乎可以接受任何非威胁性的建议、指令。他们可以返回到任何年龄段。可以想起以前发生的任何事情，可以激活自己的记忆，可以自动控制身体。他们甚至还可以接受一些特殊的非正常的催眠后指令，并且对催眠时周围发生的事情毫无知觉。这些人相当富有传奇色彩。那种愉快的体验是催眠爱好者的梦想。但是它太少见了，估计全球只有不到 20% 的人具备梦游的能力。

那些舞台催眠师，往往希望人们相信他们是可以让任何上台参与表演的人进入梦游的催眠状态的，而事实上，这是不太可能的，除非前去观看表演的观众足够多，而且正好其中有一两个人是那种能够梦游的人。就算这样，也需要催眠师费好大力气正好把他们挑出来。事实上，任何一个中等水平的催眠师都可以不费吹灰之力将这种具备梦游能力的人带入深度催眠状态。而这些人对那些催眠指令非常敏感而且容易接受。也就是说他们表面上是被催眠师催眠了，其实是由于他们自身具备这种潜能。

到目前为止，很多人还是固执地认为，只有梦游才是真正的催眠。这种想法，就好像认为只有像铅锤一样潜入水平面以下两万里的深度才叫真正的潜水一样不可取。催眠是一个相对性的概念。很多人因为忽视了这一点而对催眠产生了误解。

催眠、沉思以及第一状态

催眠与沉思的区别是什么？由于用来定义两个不同的名词的方法有很多，所以，就不能保证哪种是对的、哪种会让人产生误解。问题的关键是，你自己如何看待催眠与沉思的关系，你是否认为它们是一样的。观点不同所做的定义自然也就不同了。催眠是一种注意范围被集中缩小的状态，在这种状态下，建议性和暗示性可以被极大地提高。要给沉思下定义就不那么简单了，因为沉思有很多种。如果你所指的沉思就是那种保持安静状态，口中念念有词，然后达到心无杂念、心如止水的境界的话，那么这种沉思与催眠之间既有相似之处，也有不同之时。可以肯定的是，这种沉思的方法有时可以帮助沉思者进入催眠状态。但是这两者之间最大的区别就是它们的目的不同。催眠不仅仅是为了保持思绪的宁静，更重要的是利用这种精神状态来将自己想要的外部建议和指令导入大脑的潜意识中去。沉思就不一样了，沉思者只是从大脑的自我平静状态中直接受益，它不像催眠那样可以得到自己想要的既定目标。沉思者只能通过不断的练习而振奋精神，保持平和的心态或得到某种满足感。除此之外，不能做任何像催眠可以做到的改变、完善。

此外，还有许多其他形式的沉思，其中有一种叫作“活动式沉思”。在这种形式的沉思中，你可以一边放松自己的身体，一边进入一种带有自己目的和想法的沉思状态。这种形式的沉思事实上是与广泛意义上的催眠是一样的。不同之处就在于它们用来进入状态的方法、技巧有所不同。

很多人会问“创造性想象”是否也可以被用来定义催眠，回答是肯定的。事实上，它也是属于催眠的一种形式。这种创造性想象曾被夏科特·岗卫广泛使用且风靡一时。他告诉人们应该先从头到脚地放松自己，然后再开始利用创造性想象来引导他们的大脑内部做出一些包括体内及体外的调整。这种放松总是能让人进入一种可建议性状态。而那些想象则是用来帮助创造或是支持你预期想要的结果。“创造性想象”的支持者没有把它的一些其他特征或群化关系定义为催眠，这是很明智的。为什么呢？因为虽然催眠术已经被广泛地传播，而且被接受认可有些年了，但是仍然有些人对“催眠”一词感到恐惧。

此外，还有一些学过大脑控制术的人，他们专门教别人如何进入一种大脑集中的状态——第一状态。“第一状态”是否与“催眠”是一回事呢？这主要取决于你如何定义它，以及你使用它的最终目的。当一个人进入了所谓“第一状态”后，他的身体开始放松，而这时他的大脑注意力很集中，比较容易接收或汲取新的信息，那么可以断定，这就是一种催眠状态。但是，催眠并不是总发生在“第一状态”。可以说，“第一状态”与“催眠”经常是重叠的，但不是同一个概念。

催眠术的原理

为了理解催眠的基本原理，将意识与潜意识正确区分开来是很重要的。

你是否曾经冥思苦想过，为什么要改变自己不希望有的态度和举动是如此困难？例如，为什么你不能痛下决心戒掉吸烟的习惯、为什么不能将你爱吃的油炸面圈扔到一边……答案就在这里。有些人会说“是的，我一定会改变的”，而另一部分人则说“不可能，我一直都这样，改不过来”。由此可见，在我们的大脑里隐藏着两种不同的倾向，即同意或不同意某些东西被改变。

人们头脑中的每一个想法或意识至少存在着两种不同的倾向，我们把它们称为意识和潜意识。意识也可以被称为积极意识或既定意识，它包括了一个人当前所关注的领域。它促使你决定开始阅读这本书，它让你做出各种决定，如早饭吃什么、给谁打电话，以及下班后去哪里等。

潜意识则是大脑中隐藏在人所关注的事情表面之下的一种功能性倾向。正是由于潜意识的作用，使你在还是一个初学者的时候，阅读本书每页的文字时会感到像是在破译密码一样痛苦。

潜意识同样会作用于你的身体。它知道如何在最短的时间里伤害你的心灵，如何让你对自己的早餐感到恶心，以及其他许多由于你没有给予适当的积极意识而引起的不良反应。有些潜意识早在你出生时就已经建立起来了，如你的一些身体反应。潜意识的其他功能则是在你后期的学习阅读过程中，伴随着大脑意识的形成而悄然滋生的。潜意识在你的记忆系统里无孔不入，它禁锢着你所有的特性以及信念，不让它们被侵扰或改变，潜意识会让你持续地保持原有的、经常的行为模式。

不管你是否已经意识到，事实上意识和潜意识之间都是存在着信息传递的。比如说，当你想要看书时，意识就会传达信息给潜意识，以便于完成使用你的胳膊和手部的肌肉来翻书的动作。经过长期的锻炼，潜意识会针对意识经常使用的信息做出简单而迅速的回应，并通过准确的肌肉部位、运动方式和一些辅助措施来实现你的目标。通常情况下，潜意识是服从意识的指令的，但有时情况会相反，因为潜意识会对意识做出的突然改变产生抵触。当你计划着改变自己曾经一贯的行为、信仰或者态度时，这种抵触作用就会表现得更加强烈。

大脑程序

在电脑程序员中流行着一句话——“垃圾进，垃圾出”。它的意思就是说，当你向电脑输入错误数据后，你一定会想方设法把它清除掉，使结果不至于那么糟糕。

在某些方面，人的大脑就好像一台复杂的电脑。人的思维模式以及一系列行为就好像安装在电脑里的既定程序一样。有些“程序”是你自己“安装”的。比如，当你第一次吃巧克力的时候，你非常喜欢它的味道和品质，于是你便开始经常吃巧克力，以至于养成了吃巧克力的规律性习惯。而其他一些“程序”则是由你的老师或父母“安装”的，例如，他们可能经常鼓励你去接触一些新古典主义的艺术品，当你成年以后，你就会对这些古典艺术品非常欣赏，而且会去收藏它们。

同样，你身边的朋友也许从儿时起就开始影响你精神生活方面的习惯。就拿抽烟来说，当你的朋友第一次给你一支烟的时候，你会觉得非常不适应。但是慢慢地，你就会习惯抽烟时那种放松的感觉，从而接受了它。30 年后，你仍然在抽烟，你的潜意识里已经习惯了抽烟时的感觉。这种“程序”已经深深地刻在了你的大脑里，尤其在你感到有压力的时候，它会显得格外活跃。就像计算机里的程序在接到正确指令后会被激活一样，当某种想法产生或者某一事件发生时，存在于你潜意识里的“程序”也就被激活了。这在你平时的学习中是很重要的，很多时候，有利于你发挥优势。然而，某一天，你可能会意识到你不再想要使用过去的那一套思维和行动方式；可能你想要把过去存在于你脑中的一些“垃圾”清除掉；抑或你想要在大脑中添加一些新的程序，如一种新的态度或者行为。于是，你渴望改变编程的过程。

重新编程

修改、安装或者卸载计算机中的一个程序，相对来说比较简单，而要改变大脑中的程序就不那么简单了。

你的大脑就好像一个装有过滤和防御等安全系统的机器，这些过滤器专门用来扫描那些新的想法和行为，从而判断它们是否是你真正想要的东西。它将新的想法和信息与你现有的知识和信念做对比，由于这些新的东西与你大脑中的固有程序不兼容，所以要接受这些突然的改变，过程会很缓慢。改变程序的过程有助于使你的信仰、性格、感觉与现实更加协调，因为你的潜意识不具备识别能力。

所有想法、建议一经通过过滤系统，就被确认为正确指令。所以，安全系统不会轻易接受每一个建议而让你的想法变来变去。如果没有安全系统的保障，你将处于一种混乱状态。可以想象，没有了这些识别保障过程，你每天接受成千上万的信息，大脑将是多么混乱。你大脑中的安全系统有时可能会拒绝接受你想要的改变，甚至是一些发自你内心的想法。它可能阻止一些有益的想法进入你的大脑、融入你的生活。它之所以这么做，是因为它是根据过去的经历以及以前接受的信念。例如，很多吸烟者都会有一段时间觉得戒烟很难，因为他们已经接受了这样一种信念：“戒烟非常不容易。”

有好多种方法可以被用来对付大脑中的安全系统，当然对比之下有些方法比其他的更为有效、可取。例如，有些人带着强烈的愿望去改变自己，他们不断地重复一个新的举动，以便让它变成一种习惯。当然很多时候，这种方法会受到阻挠和挫折，无功而返。由于你不断地做新的尝试，就会慢慢地制服或掩盖大脑中的安全系统，你的大脑内部就会接受这种新的做事方法，使它成为一种习惯。

另一种对付安全系统的方法就是使用坚定的信念。通过不断地重复你的信念，

催眠的潜质

对于催眠而言，大多数人都一样，都存在着一定的可能被催眠的潜质。至于你能够在催眠方面变得多么熟练，很大程度上取决于你有多大的兴趣以及你的练习程度。

一个人有多快进入催眠状态，答案有两种：一种是你可能进入极度深层的催眠状态，另一种是你只进入了初步的催眠状态。

极度昏迷性催眠让人感到困惑，恐慌。其中之一被催眠理疗师称为“梦游”。在现实生活中，有很多人容易进入这种深层的催眠状态。

最终可能导致你想要的改变。通过几天、几周或者几个月的不断重复，你的大脑接受的信息快要达到饱和状态，它开始慢慢地确定你的信念为正确指令并且接收了它，从而给出你想要的结果。当然，这个改变的过程通常比较慢，而且会附带一些疑点，有时也可能被挫败。这是因为很多人既没有坚强的意志来强化自己的大脑接受新的信念和行为，也没有足够的耐心来天天重复自己的信念。幸运的是，这里还有一种更为简便的方法来对付你大脑中的安全系统。

利用催眠来解除你大脑中的安全系统

催眠其实是你用来改变自己的一种更为可取的方法。它可以通过解除或绕开你大脑中的安全系统而直接与大脑进行长时间的对话。在这种情况下，安全系统形同虚设，而大脑却可以立刻接受来自外界的诸如停止吸烟、保持食欲以及其他任何你想要大脑吸收的东西。你所提出的新建议就好像一套新的程序，催眠可以不经过层层检测和怀疑轻松地帮你将这个程序安装到大脑中。这种改变比之前提到的那些方法更快更简单。这就是催眠在改变自我方面会如此简单有效而且受人青睐的原因。

催眠的心灵状态与阶段

催眠的一个重要部分是恍惚状态。潜意识此时摆脱了有意识心灵判断能力的束缚，开始接受暗示。

来看一下我们所经历的不同心灵状态。第一个是清醒时的 β 状态。在这种状态下，我们的大脑高度警惕，能够正常使用推理和逻辑。科学家测量了不同状态下的大脑活动，并使用脑电图仪（EEG）对活动进行监控。在 β 状态下，脑电波的活动速度在每秒 14 ~ 30 周。

第二个心灵状态叫作 α 状态，此时脑电波活动速度为每秒 8 ~ 13 周，我们的心灵仍然处于警惕状态，但较为放松。我们在这种心灵状态下通常更具创造性，更容易接受新信息、发挥想象力。一些催眠学家认为，这一状态是从有意识心灵进入无意识心灵的门户。我们每天都会经历 α 状态，如沉迷于电影中、马上要睡着或刚刚睡醒时。催眠学家认为，我们进入 α 状态时也就开始进入恍惚了。

第三个心灵状态是 θ 状态，此时脑电波活动速度为每秒 4 ~ 8 周。这一状态高度放松、平和，伴有睡梦。它有时被称为睡梦状态。当我们进入深度睡眠或刚从深度睡眠中苏醒时都会体验到 θ 状态。

第四个心灵状态是 δ 状态，脑电波活动速度少于每秒 4 周。这属于深度睡眠状态，心灵完全失去意识，催眠还不能达到这一状态。

需要指出的是，各个水平的脑电波并不严格地局限于某种特定心灵状态。比如，当我们处于 β 清醒状态时，大脑里仍然存在 α 或 θ 电波。以上 4 种状态是按照占主导地位的某种波长来划定的，它们对于催眠的意义在于——催眠性恍惚发生于 α 和 θ 状态，就在这时，对无所不在的无意识心灵的暗示才不会受到有意识心灵判断能力的阻碍。当接受催眠的患者的判断官能开始退居二线时，暗示才能作用于无意识。

催眠恍惚经常被划分为 6 个不同阶段或深度，每一个阶段都伴随着催眠师诱导出的不同表现。催眠师懂得如何诱导并辨识这些不同程度的恍惚状态。

第一阶段：这一阶段伴随着瞌睡，放松开始，受催眠者开始“想睡觉”。其实，催眠并非睡眠，催眠师在这时使受催眠者出现第一次肌肉僵直。也就是说，受催眠者的一些肌肉开始变得沉重，受催眠者无法移动它们。首当其冲的通常是肌肉较少的眼睑。受催眠者的眼睛会紧紧闭上，并且感觉自己没有力气睁开双眼。

第二阶段：这个时候，受催眠者的某些肌肉组会出现僵直，如一只胳膊。他们还可能会有沉重感或漂浮感。同第一阶段相比，这一阶段可以被看作是轻度恍惚。恍惚程度逐渐加深接近第三阶段时，则进入中度恍惚，这时，受催眠者的双腿甚至全身都会僵直。

第三阶段：在中度恍惚的第一层，受催眠者除了感到肌肉僵直外，味觉和嗅觉还可以被改变。这时，催眠师将一朵香气扑鼻的玫瑰放到受催眠者的鼻子下方，对其潜意识暗示说它闻起来像只臭袜子，受催眠者的身体便会做出相应的反应。在这个水平上，催眠师还可以使受催眠者忽略一个数字的存在。例如，催眠师可以暗示说数字 3 不存在，那么当受催眠者从 1 数到 5 时会直接从 2 跳到 4，把 3 漏掉。

第四阶段：随着中度恍惚的程度加深，催眠师可以诱导受催眠者出现健忘症——丧失记忆。这时可以加入后催眠暗示（关于受催眠者想要达到的习惯或行为变化）以确保受催眠者的有意识心灵不会阻碍无意识心灵发挥作用。其他现象包括部分肢体的感觉缺乏——麻木，以及痛觉丧失——无痛觉状态。

第五阶段：深度恍惚的第一层经常伴随着正性幻觉，即催眠师可以诱导受催眠者看到或听到不存在的事物或声音。例如，催眠师说一个空花瓶里放着某种花，那么受催眠者就能够对花进行描述。舞台催眠师在这时常常使用不平常的后催眠暗示，于是当受催眠者“醒来”时，他可能就会像鸭子一样嘎嘎叫或者像鸟一样扇动“翅膀”。

第六阶段：在这个程度最深的恍惚中，受催眠者会出现被麻醉现象，这时可以为他们做外科手术。另一个现象是负面幻觉，即受催眠者看不到或听不到实际存在

催眠恍惚的6个阶段

伴随着瞌睡，放松开始。受催眠者接近大脑的一些肌肉开始变得沉重，受催眠者无法移动它们。

受催眠者的某些肌肉组会出现僵直，如一条胳膊。还可能会有沉重感或漂浮感。

在中度恍惚的第一层，受催眠者除了感到肌肉僵直外，味觉和嗅觉还可以被改变。

随着恍惚程度加深，催眠师可以诱导受催眠者，使其出现丧失记忆的现象。

深度恍惚第一层。经常伴随正性幻觉，即：催眠师可以诱导受催眠者看到或听到不存在的事物或声音。

进入程度最深的恍惚，受催眠者会出现麻醉现象，这时可以为他们做外科手术。

的事物和声音。

上述 6 个阶段可以大致概括催眠症状，但受催眠者经历一些阶段的时间可能有所不同，而且不同个体之间的恍惚程度与行为举止也可能有很大差异。

催眠治疗师的大部分治疗工作可以在前 3 个阶段——较为轻度的恍惚状态中——进行。这 3 个阶段被称为记忆留存阶段，后 3 个深度恍惚阶段常常被称为失忆阶段。

催眠过程

诱　导

如果恍惚是催眠的关键，那么使别人进入恍惚的能力就至关重要了，这一过程通常被叫作诱导。当我们自己进入恍惚状态时，如做白日梦，无意识心灵的关注点是白日梦的对象。而当一个人引导另一个人进入恍惚状态时，受催眠者无意识心灵的关注点是催眠师或者其无意识心灵与催眠师进行沟通。催眠师与主体无意识心灵之间的这种关系就是亲和感。在催眠疗法中，建立二者之间的高度亲和感通常被认为对成功具有重要意义。催眠师和主体进行催眠前沟通的大部分目的就是帮助接受催眠的患者增进了解和信任感，从而增强亲和感。催眠师会通过沟通为每个特定主体设计恍惚诱导的最佳方式和最佳台词。

1. 诱导的方法

※恍惚诱导

恍惚诱导的方法多种多样，它们在接近方式、时间长短和气氛上有所不同。它们是命令式的或允许式的。这里将探讨诱导的不同类型以及它们作用的方式。虽然诱导方式彼此完全不同，但它们都会产生以下结果：放松身体和精神；注意力集中；减少对外界环境和日常事务的注意；更强的内在感觉注意。

※固定诱导

固定诱导是将受催眠者的注意力集中在感兴趣的很小的一个点上，如摆动的钟摆、墙上的一个点或一个蜡烛。当全神贯注在固定的一点上时，你的注意力会从外界景象和声音上直接被拉到目标上面。诱导需要几秒钟或二三十分钟，具体时间取决于你的暗示感受性。

使用此诱导，你要在一个舒适的位置上，并点上蜡烛，在它燃烧和闪烁时盯着火焰，全部的注意力都要集中在火焰。

诱导可以这样开始：看着火焰燃烧和闪烁，你的眼睛继续盯着火焰，全神贯注在火焰上。看着火焰闪烁，眼睛继续盯着。当你看着火焰燃烧时，你的眼睛会变得沉重、变得沉重，你的眼睛变得越来越沉重……越来越沉重……直到闭上。

※快速诱导

快速诱导会非常快地引起催眠状态。该诱导由简短、快速的命令组成：闭上你的眼睛；低下头，让你的下巴碰到胸部；胳膊举到肩膀的高度。当你的胳膊觉得很轻，好像漂浮的时候，你就进入催眠了。

该诱导在有很高的暗示感受性的人身上会成功，大多数人会觉得太突然、不能放松。快速诱导与催眠治疗的关系最为密切。进行示范的催眠师能给观众一个暗示感受性测试快速确定其暗示感受性，然后他能用快速诱导对高敏感的人做出验证。在个人实践中，医生可能要与病人接触几次后才能确定他是高暗示感受性的。那么，在治疗这个人时，医生就可以用快速诱导以节省时间。

※间接诱导

间接诱导不同于其他方法，它不使用任何直接的方式，相反，诱导交流是通过类比、象征的方式。该催眠方法对那些抵制其他多种直接诱导方式的人尤为适用。原因很简单：一个人是很难去抵制、拒绝他并未意识到的暗示的。

在间接诱导中，如果催眠师治疗一个因压力而心律不齐的病人，那么催眠师会讲一些老式的水泵如何被强健的老农民使用，当农民规律地、有节奏地抽水，水泵是如何可靠并且良好地工作的。

如果医生在治疗一个有梦游症状的孩子，他可能会讲一个关于冬眠的熊的故事，述说熊对温暖、睡眠的需要，以及长久休息带给动物的愉快。对于难于融入集体当中的大孩子，他不参加集体活动、经常搞破坏，医生会讲述迁徙的鸟经常要排队飞行，它们如何一起迁移，鸟群中的每只鸟如何占据一个相等的位置。还可能集中讲述每只鸟保持相同节律和速度的方式，以便使鸟群作为一个整体和谐地、优美地迁徙。

米尔顿·埃瑞克森是一名隐喻学硕士，他成功地治疗了多种症状病人。在一个病例中，他曾面对一位过着隐喻生活的病人。这个年轻人用床单裹着自己，走向病房，声称是耶稣。埃瑞克森走向那个人说："我知道你曾是个木匠。"当这个病人回答"是"的时候，埃瑞克森让他完成一个项目。他让病人做一个书架。这是病人康复过程的重要一步。

米尔顿·埃瑞克森并没有直接说明年轻人不是耶稣，而是暗示他"曾是个木匠"，这样，米尔顿·埃瑞克森就间接地使年轻人在做书架的过程中转变了自己"是耶稣"的隐喻。

理解催眠中的“诱导”

如果恍惚是催眠的关键，那么使别人进入恍惚的能力就必然至关重要了。这一过程通常被叫作诱导。

无意识中的亲切感是诱导成功的关键。

当一个人引导另一个人进入恍惚状态时，被催眠者无意识心灵的关注点是催眠师或者其无意识心灵与催眠师进行沟通。

催眠师与主体无意识心灵之间的这种关系就是亲和感。

在催眠疗法中，建立二者之间的高度亲和感通常被认为对成功具有重要意义。

催眠师和主体进行催眠前沟通的大部分目的就是帮助患者增进了解和信任感，从而增强亲和感。

催眠师会通过沟通为每个特定主体设计恍惚诱导的最佳方式和最佳台词。

总之诱导就是引导被催眠对象进入催眠师设计的角色中。

※放松诱导

放松诱导就是指自动放松身体的每块肌肉。放松过程可以从头开始向下进行，也可以从脚趾开始向上进行。这种方法在催眠他人或自我催眠时都可以使用。可以这样开始：深呼吸，闭上眼睛开始放松。只想着放松你身体从头到脚的每一块肌肉。

※改进的放松诱导

改进的放松诱导是为了满足那些难于放松的人的需要。它广泛用于压力控制，合并了身体和精神上的放松。与经典放松诱导所需的 20 ~ 25 分钟相比，该过程大约需要 30 ~ 40 分钟。

当人们需要放松身体某一特定部位，以减轻肩部、胸部、腿部或其他部位的慢性紧张状态时，这个诱导最为实用。改进的放松诱导能一次放松身体的主要肌肉，首先集中在紧张的颈部，其次是肩部、后背等。使用时，可以从头部开始，向下进行；也可以从脚开始，或从身体任何部位开始。改进的放松诱导可以这样开始：让你自己舒适一些。注意力集中在你的右肩膀、绷紧右肩。（停顿）现在放松右肩膀。（停顿并重复 3 次）注意力集中在你的左肩膀、绷紧左肩。（停顿）现在放松左肩膀。（停顿并重复 3 次）现在集中在你的右胳膊……

不管你从哪里开始，你每个部位的主要肌肉都绷紧、放松 3 次。当全身都做了一遍时，你就彻底放松了。

2. 诱导的语言

诱导的语言是为了交流观点、思想和感觉。它把你的注意力集中在你自己、你的内心经历以及你的身体。它有助于你沉浸于幻想的世界中，并在意识水平之下进行交流。下面是诱导语言的关键组成部分。

（1）同义词：不仅仅使用一个描述性的词汇，而是用同义词来强化要描述的状态。它们能增强暗示，例如，你现在感觉自在、放松、平静、舒适等。

（2）解释性暗示：通过重复和解释暗示，加强理解、确保持续。例如，感到轻松流过你的身体、感到放松的温暖、放松身体的每块肌肉、感觉身体所有肌肉都放松。

（3）连接词：连接词有 2 个功能，保持语言流畅，防止独白被打断；进行一个指示。如“现在放松，并感觉所有肌肉都放松，然后深呼吸，并放松胳膊的所有肌肉，由于你已放松，感觉暖流流过你的身体”……在这个段落里，连接词“并”是反应的一个提示。

（4）指定时间：指定时间的词用于加强语气和强调。它们可提示暗示开始或结束的时间。例如，下面的任何提示都可以用来指示暗示的开始，“现在，就在此刻，放松你身体的全部紧张”；“马上，你会感到完全放松”；“早上，你会焕然一新、放松地醒来”。暗示的末尾可以有这样的信号，“2 个小时后，你会停止学习，结束考前准备”。

3. 诱导的声音

某些时候，你或许有对公共演讲者的演讲感到厌倦和麻木的经历，无论你如何努力都不能集中注意力。你不断地将自己拉回到所处的情形，并强迫自己仔细听每一个词。但是，事与愿违的是，你的思路还是漂移了。你的思路漂移是因为演讲者的声音将你带入一个恍惚的状态。事实上，某些人声音的语调、音量和其缺乏变化的特性，使它们具有很高的催眠性。

由于声音本身就可以诱导恍惚状态，所以你用来诱导催眠的声音对于你整个的催眠经历是至关重要的。声音可以是强迫性和指令性的，也可以是舒适美妙的。在你录下自己的诱导之前，仔细看一下以下催眠声音的特征。

基本诱导的声音主要是两种类型：单调的和有节奏的。

单调的声音使你的注意力本身变得集中，因为没有其他任何干扰或转移注意力的因素。单调的声音无论是在程度还是音量上都是没有变化的。它一直嗡嗡响："你将继续放松，现在放松你前额的所有肌肉，感受肌肉的平滑，平滑并且放松，休息你的眼睛。"

有节奏的或者歌舞会的声音使你平静，麻痹你，使你进入恍惚状态。用这种声音，可以预见句子中的重音。它们设定了一种舒适、温柔和可预料的节奏模式。例如，"……再深入，再深入，再深入，直到完全放松……"或者"现在你正放松你背部的所有肌肉"。

在这基本交流中，还有其他重要的因素。它们在整个诱导过程中不常用，并且零散分布于或是单调的或是有节奏的基本声音中。这些因素包括：

（1）为了强调和加强的字词扭曲。有时候，为了达到特定的语气效果，将字词扭曲。例如，"感受那些肌肉的松……弛和放松，感受小腿肌肉的松……弛和放松，它们松……弛得像橡皮带"。在改进的放松诱导时，你很难放松和感到舒适的情况下，这些字词的扭曲特别有用。

（2）音调的提高。声音变化的水平随调的提高而变化。这种在单调或节奏性声音中产生的渗透情绪放松状态的语调是用作提示的。语调提升是为了强调催眠后的暗示，如"现在你将停止吸烟！"它也用作给出从诱导中醒来的命令，如"七,八,九,十，睁开眼睛，恢复过来，感觉好极了！"

（3）不间断的节奏。这种不间断的节奏是通过使用连接建立起来的。连续的语言引导你沿着诱导的方向前进。例如，"感觉你自己放松，继续放松，更深入地放松，感觉你整个身体在越来越放松……"这种不间断的话形成一种节奏，带你进入到一种恍惚状态，停止任何干扰，让你的注意力没有任何机会被转移。

（4）无声的停顿。为了使你有一个反应提示或指令的时间，诱导者使用了无声的停顿。例如，"现在，深呼吸，（停顿）现在呼气。（停顿）"这种停顿也用于改进的放松诱导中。"注意你的右脚，绷紧你的右脚，（停顿）现在放松你的右脚。（停顿）"给每一个反应以足够的时间是完全必要的。否则，你将感觉到着急或匆忙，从而放松也是不可能的。

4. 诱导的步骤

在诱导之前，一般要对受施者进行暗示感受性测试，目的是测试他对暗示的接受和反应能力。暗示感受性越强，就越容易接受催眠。强烈的反应并不是说你会接受改变你行为的那些暗示，它只是意味着你是一个很好的接受者——一位好的接受者是成功的催眠治疗的第一步。

※僵硬手臂练习

确保你处于完全舒适的状态。伸展你的腿和胳膊，现在开始放松。闭上眼睛，深呼吸……呼气……放松。完全放松。放松你的腿，背向下，放松肩。放松你的肩、胳膊、脖子和脸。放松整个身体，就是放松。然后再深呼吸……呼气……释放，放松。注意你呼吸的节奏。随着呼吸的节奏开始涨落，当你吸气时，放松你的呼吸，开始感觉你身体的漂流并淹没在放松过程当中。你周围的声音不再重要，忽略它们，放松。让你全身从头顶到脚趾的每一块肌肉都彻底放松。在你轻轻吸气时，放松。呼气时，释放任何紧张，包括身体的、精神的和思想的紧张。

现在举起你的一只胳膊，伸直。握拳，并且要握紧，拳头握紧，现在你的胳膊变得僵直，变得非常非常僵直。你的胳膊僵直，非常非常僵直。你的整个胳膊从肩膀到拳头都很僵直了。你的胳膊又直又硬，不会弯曲。你试着弯胳膊，胳膊却更僵直。你僵直的胳膊不动，伸直，不能被移动，没有什么能移动你的胳膊，它从肩膀到拳头都完全僵直，完全僵直。你的胳膊完全僵直。现在要从五数到一。当说“五”的时候你开始放松胳膊，你听到每个数时，要越来越放松你的胳膊，当说“一”的时候，你的胳膊要在你的身旁彻底放松。“五”……开始放松胳膊……“四”……感到你的胳膊放松……“三”……放松……“二”……“一”。你的胳膊完全放松了。

你的反应程度说明了你的暗示感受性。如果你的胳膊变得僵直，并在开始数五之前都保持僵直，那么你是一个容易受暗示影响的人。

※提桶练习

（重复僵直手臂练习的第一段，进行放松。）在你的面前伸开 2 只胳膊，与肩平齐。想象你每只手都提着 1 个桶，手指卷曲绕在水桶的手柄上，握着 2 个桶。左手的桶是由纸做成的，由纸做的。它是空的，感觉非常轻，左手的桶非常轻、非常轻，因为它是纸做的。左手提着轻的桶。右手的桶是铁做成的，是由很重、很重的铁做成的，桶里面有些石头。当你提着重铁桶时，越来越多的石头被扔进桶里，直到桶被完全填满。桶里完全装满石头，石头堆到了桶顶。桶太重了，把你的右胳膊向下拉。装着石头的桶把你的胳膊向下拉，你的胳膊向下，因为铁桶太重了，太重了。

在这项练习中，你的胳膊会从它在肩膀所处的初始位置移动一定距离。左右手之间的距离越大，你越容易受暗示影响。

※手部握紧练习

（重复僵直手臂练习的第一段，进行放松。）在你前面紧握双手，把双手握得很紧，双手握得很紧。在你紧握双手时，想象你的手上沾着非常黏的胶水，胶水开始变干，牢牢的、紧紧的。胶水变干让你的双手粘在一起，你的手紧紧粘在一起。你的手好像不再是两只分开的手了，它们是一只。你的手指和手掌牢牢地、紧紧地粘在了一起，非常牢固、紧密。你试验看看胶水把手粘得有多紧，发现你的手、手掌、手指是被粘在了一起。它们粘在一起。它们如此紧密地粘在一起，好像一只手。它们被非常、非常紧地粘在了一起，感觉像一只手。数3下你也不能把手分开。你越用力将手分开，它们就粘得越紧。你每次听到一个数字，它们就粘得更紧。

5. 诱导的过程

※开始诱导

深吸一口气，闭上眼睛，开始放松。只想着放松你身体的每一块肌肉……当你将注意力集中到呼吸和内在感觉的时候，对外界环境的感知力将降低。通过深呼吸，你开始意识到内在的感觉，引导你的身体放松。结果是你的脉搏减慢，呼吸减慢。你开始集中，将你的注意力转移到所给你的指示上。

※身体的系统放松

开始放松你脸部的肌肉，特别是颌部的肌肉，牙齿分开一点使它放松……当你集中放松身体每块肌肉的时候，你将进一步放松。你将更注意到内部功能，对感觉的感受性增加。

※建立深度放松的想象

漂向完全放松的越来越深的境界。感觉到一个很重、很重的东西吊起你的肩膀……漂向越来越深的想象有助于你进入更深的催眠状态。当“重物”吊起你的肩膀时，你肩膀的紧张就释放了。你身体感觉到的任何不同都证明了变化暗示正在发生。

建立轻盈的感觉，要使用下面的想象。你感觉越来越轻，漂浮越来越高，进入放松的舒适状态。诱导中指定的向上或是向下的方向是无关紧要的，只要它能给你带来身体感觉的变化即可。

※加深催眠

想象一个美丽的阶梯，共有10阶，这10个阶梯把你带到一个特别的、平静的、美丽的地方。马上开始从 10 向后数到 1，你想象着从阶梯走下，每走一个阶梯，你感觉身体越来越放松，每下一个阶梯，就更加放松，10，更加放松。9……8……7……6……5……4……3……2……1……更放松，更放松……为了进一步加深催眠状态，数数通常是从 10 数到 1。加深催眠时，从 10 向后数到 1；返回到完全的意识状态时，从 1 向前数到 10。

虽然上面用了阶梯的想象，为了增强你向下的感觉，你可以用任何你喜欢的想象去代替。或许你想用电梯下降 10 层的想象，如下所示：你在一个电梯里面，感觉到自己开始下降。当你看着楼层数字通过，你看着数字 10……现在是 9……

这时，你的四肢开始发软或僵直。你的注意力开始集中，你的暗示感受性增强。你也会经历一个强烈的想象力增强的过程。周围环境停滞了。

※特别的地点

现在想象你在一个平静的、特别的地点。你可以想象这个特别地点，你甚至能感觉到它。你一个人在那里，你独自一人，没有人打扰你。这是世界上适于你的最平静的地方。

你所选择的特别地点，对于你以及你的经历都应该是独特的。可以是你真实参观的地方或者是你想象的。这个地点不必是真实的。你可以坐在漂浮在平静海面上的一个巨大蓝色枕头上，你也可以在悬挂在太空中的吊床上伸着懒腰，你还可以在云彩中央。你的特别地点必须是你能独处、并能对你产生积极感觉的地方。在这个特别地方，你会增强对进一步暗示的接受能力。也就是说，一旦产生了平静的感觉，你会对想象做出反应，这能加深催眠后的暗示。

※总结诱导

在特别地点再享受一会儿，然后开始从 1 数到 10，你开始恢复完全意识，好像休息了很长时间而精神振奋。现在开始恢复，1……2……上来……3……4……5……6……7……8……9……10。睁开你的眼睛，完全回来，感觉好极了，非常好。

完成诱导，要暗示一种舒适的感觉，避免突然返回，否则会引起睡意或头痛。你应该感觉放松、精神振奋。你可以四处走走，确定完全清醒了，并祝贺自己做得好。

暗　示

从学术上讲，暗示是一种信仰或行动的建议，可以没有干扰、没有挑剔地被接受。换句话说，当你被催眠，在放松状态时，比起你在完全清醒时的意识状态，你的潜意识主要对暗示做出反应。暗示经过一个直接的通道到达潜意识，在那里它很容易被相信、改变行为、产生影响。

下面是一些通过使用暗示能够实现的目标：

目标	暗示
加深催眠	放松，随着你的呼吸，让你的精神和身体更加放松
改变情绪	感觉你的胳膊越来越沉……感觉你的愤怒消失……
改变行为	你现在是不抽烟的人了，你不想抽烟……
产生幻想	想象你在一片野生的、绿色的宁静草地上……

暗示主要分为以下几个种类：

1. 按性质划分

失败的人生都是由于消极的暗示造成的。消极的暗示包括给自己胡乱贴标签、一些负面的口头禅、侮辱性的外号及周围人的负面评价等。通常来讲，我们是不提倡使用消极暗示的，但是在确有必要的情况下，例如，进行改变行为习惯时，也会使用诸如厌恶疗法等带有强烈负面暗示性信息的技术。

积极的暗示是成功的人生必不可少的元素。人们在成长过程中，总会遇到各种各样的挫折、伤害、哀愁等，这些很容易导致我们消极的思维。因此，能始终保持积极的生活态度的人总是占极少数的。

2. 按来源划分

其实，从根本上而言，一切暗示都是自我暗示，也就是说只有被自我接受才能产生效力。环境暗示又可以分为他人暗示与周围事物暗示。环境暗示的最大好处就是当事人无法对其进行否定，能够或者说只能自然而然的接受。

3. 按方向划分

反向暗示的力量是正向暗示力量的数倍。需要特别注意的是，涉及安全以及情绪方面的正向暗示，实际上是一种隐性的反向暗示。比如，“我要睡觉”，睡觉是生理安全性问题，同时有些许的情绪因素。越是暗示自己睡觉，反而越睡不着。

4. 按逻辑性划分

直接暗示是指以说服教育的方式，强迫当事人接受，容易引起当事人的质疑和反抗，这实际上是明示；间接暗示是指借助于某种方式，采取比较隐晦、含蓄的手段，在不知不觉中改变当事人的思维和行为，这也是真正意义上的暗示。

5. 按受暗示者的状态划分

清醒暗示：指人们的在意识状态很清醒的情况下接受外界或他人的情绪、愿望、观念、判断、态度等的影响，暗示受催眠者可以进入催眠状态。例如，在催眠前使用的："相信自己的能力，相信自己将会成功地进入一个无比放松、无比舒适的状态。"

催眠中暗示：指在不同程度的催眠状态下，催眠师给予受催眠者相应的暗示，让受催眠者的心理、生理和行为产生变化。利用这类暗示深化受催眠者的催眠状态。例如，在催眠过程中使用的："好，现在请你慢慢地放下你的手臂，你的手臂每下降一点，你都会感觉更加放松，更加舒适，直到你的手臂完全放下，你就会进入前所未有的放松状态，这个时候你就会感觉全身都很轻松……"

催眠后暗示：指在催眠过程中，催眠操作者给予的那些让受催眠者在催眠唤醒后、意识清醒状态下发生影响的暗示。例如，"好，现在慢慢地告别……暂时告别这片绿色的草地，当你想要回来时，你随时都可以回来……"和"在下一次的催眠中，你会更深地进入放松状态……"就是催眠后暗示，前者可以使受催眠者在生活中很快地放松下来，而后者则能够使受催眠者在下一次的治疗中更容易进入催眠状态，取得更好的催眠效果。

6. 按照暗示的功能划分

现实指令暗示：按照现实状况，直接指示受催眠者该怎样做或者做什么。例如，在催眠中所使用的："把你的手松开时，你就会感觉到全身的肌肉在随之放松……你会感觉到全身的肌肉在随之放松……"

意念动作性暗示：暗示受催眠者集中注意力默想一个动作，由此引发出现实外的动作。例如："集中注意力，想象你的手臂在不断地向下沉……向下沉……向下沉……"

反应抑制性暗示：使用某种暗示使受催眠者对后面的一些指令不能做出反应。例如："当我数到 1 的时候，你会发现你的左手臂想举也举不起来了，你会发现你的左手臂想举也举不起来了……试着举一下你的左手臂，你会发现你的左手臂想举也举不起来了……"

认知歪曲性暗示：让受催眠者对现实的认知发生歪曲，并将这些弯曲的认知当作现实。例如："接下来我会请你从 1 数到 109，但是我已经拿掉了数字 5，所以你唯一的数法是 1，2，3，4，6，7，8，9，10……"暗示受催眠者没有了 5，结果受催眠者在数数字时就没有数 5，这是一种较高层次的暗示，通常暗示性不高的人不

催眠暗示的分类

暗示是催眠中最重要的组成部分，关系到催眠最终的成败，每种类型的暗示产生的作用也各有不同。

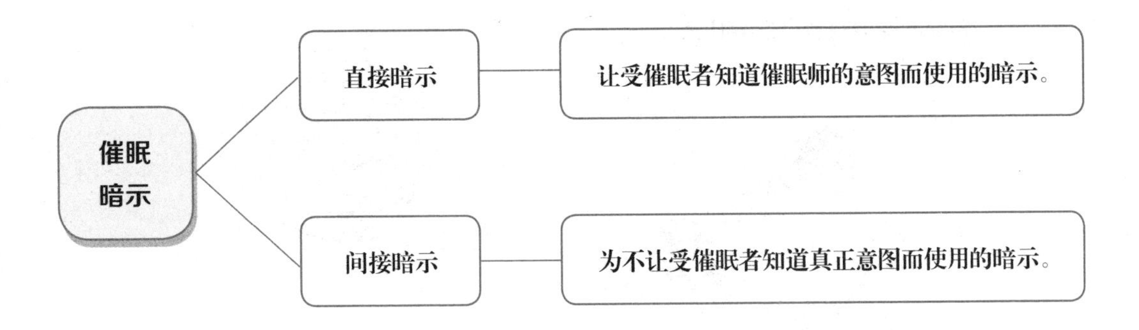

威光暗示的不同应用

威光暗示是一种利用本身具有的权威作为暗示并对受暗示者产生影响的暗示。从古至今许多权威人物都应用过它。

会对此做出反应。

以上是常见的催眠暗示分类法。其实催眠中暗示的运用，并不像人们认为的那样简单，暗示语言种类的选择以及层次性编排都是经过仔细推敲的。一般人会认为，可以借助催眠状态下当事人潜意识开放，信息的接受能力大大加强，采取直接而积极的暗示，实际上并非如此。

在催眠过程中，催眠师会根据实际需要，采取数种暗示的交集，以获得最佳的暗示组织模式，从而取得最高、最强的暗示效果。

唤　醒

一旦催眠师做出了治疗暗示，达成了催眠目的，最后的任务就是将主体带出恍惚，回到正常意识。传统方法是，催眠师告诉受催眠者他会在某个时刻打一下

催眠唤醒的物理方法

催眠唤醒就是在催眠治疗完成之后，使受催眠者结束其催眠状态并恢复到清醒的意识状态中的过程。让受催眠者从催眠状态中清醒过来的方法就是催眠唤醒。

不唤醒受催眠者会发生什么

如果不唤醒，受催眠者不会在很短时间内自然醒来。一些受催眠者会从催眠状态转入睡眠状态，等到睡眠状态结束之后，才会自然醒来。

两种物理唤醒法

在受催眠者的前额上轻轻喷气或是轻轻按摩眼睑及眼球，并同时施加唤醒暗示，也可以对着受催眠者大声呼喊，或做一些引起痛觉的动作。

假如对大声呼喊及其他刺激不敏感，可以对着脸轻轻地喷一些冷水，或把他们的脸暴露在冷空气中，受催眠者对冷水或冷气都会很敏感。

响指，将受催眠者带离恍惚引入清醒状态。这种表演气息浓厚的技巧现在仍然被一些舞台催眠师采用，因为它显得更加戏剧化。不过很多催眠治疗师认为这种方法太突然了。我们都有过类似体验——白日梦或睡眠突然被打断会使我们受到惊吓。一种更为常用的方法是，催眠师告诉受催眠者他要慢慢地从 10 往前倒数，他一边数，受催眠者一边感到自己正慢慢地脱离恍惚状态，等到催眠师数到最后的时候，受催眠者就已经完全清醒了。一些催眠师把这一过程变得更加温柔，他们告诉受催眠者会自然而然地进入清醒状态，其目的在于尽可能地使这一过程平稳自然。有时如果有背景音乐，催眠师可以引导受催眠者在音乐停止时从恍惚中醒来。

接受催眠的人在疗程过后能够记起催眠过程，除非在恍惚中接受了遗忘暗示。他们经常会在催眠过后感到放松或者感觉很健康，但却没有其他任何具体迹象告诉他们“被催眠”过。他们有时会感觉自己“昏睡”了几个小时，而不是只有几分钟，这是因为催眠可以影响我们的时间感。有些人会感到精神振作，就好像是刚刚很香甜地睡了一大觉——许多人都说自己在催眠过后睡眠质量大大提高。不过也有一些人坚持认为自己从来没有进入过恍惚状态，即使催眠师告知他们确实被催眠过。

人们的反应会各种各样。催眠学家指出，恍惚诱导是一种没有任何副作用的完全自然的过程，但是，受催眠者最好是在疗程结束、面对外界的喧嚣之前小憩几分钟，就好比是从深度睡眠中醒来要休息片刻一样。

正确看待舞台催眠表演

舞台催眠的娱乐性

很多人对催眠的认识完全来自娱乐业，即舞台催眠。在 18 世纪梅斯默时代，催眠表演师就已存在，且享有很高的声望。当代的舞台催眠师有的带着舞台作品四处巡游或出现在集市中，有的还在电视中频频亮相。

对大多数人来说，对催眠的直接认识也是来自演艺者。他们本身就是很有天分的催眠师，他们的表演是一个精彩纷呈、引人入胜的舞台催眠世界。的确，在催眠史上，正是美国和欧洲的舞台催眠使这项技术存活下来，但是，舞台表演也会出差错并导致问题产生。一些催眠治疗师认为，虽然很多舞台催眠师颇有造诣，但给催眠学带来了不好的名声。因此，一定要正确看待舞台催眠表演。

舞台催眠与催眠研究和催眠治疗到底有什么不同？本质上它们没有太大差别，舞台催眠师也是先诱导观众进入催眠恍惚状态，绕过意识头脑而对无意识心理施加暗示作用的。而两者最主要的区别当然在于，出现在舞台或电视上的催眠节目纯粹以娱乐为目的，而非治疗，所以舞台催眠师给观众施加的暗示往往和临床催眠师所用的暗示大不相同。参与舞台表演的志愿者可能会被要求学鸭子蹒跚或嘎嘎叫、学鸟儿拍翅膀、跳芭蕾舞、遭遇外星人，或拍想象中的苍蝇。在催眠治疗中，很少会用到这些被舞台催眠师所用的暗示。

另一个重要的区别是催眠导入的速度和催眠深度。在催眠治疗时，催眠师往往需要用较长的时间为病人进行催眠导入。比起其他人来说，有些个体可能更不容易接受催眠，因此催眠医师需要为具体的客户选择最合适的催眠导入方式。此外，催眠医师相当多的治疗工作常常是在相对轻度的催眠中进行的。

相反，舞台催眠师必须快速地进行催眠导入，时间过长、催眠导入过慢会让观众觉得枯燥乏味。同样，舞台表演者为了达到让催眠对象遗忘的效果，通常会让其进入深度的催眠状态，所以只能选择那些催眠接受性好的观众参与节目。

这也是为什么舞台催眠师从准备活动一开始就必须对观众进行仔细观察和检验的原因。他们要看哪位观众对催眠的接受度最高，并做些暗示性试验看哪位做出的反应最好。比如，催眠师会让观众闭上眼睛，想象有一只胳膊上系着氢气球。催眠师还会暗示他们的胳膊正变得越来越轻，并在不受意识控制下开始上浮，如果某位观众的胳膊在测试中有移动，他就有可能是催眠的合适人选。表演者也会看谁愿意主动成为催眠的对象。比起那些对催眠抱有怀疑态度或根本无动于衷的人来说，这些积极性强的观众更加适合做舞台催眠的对象。

需要选择最合适的观众是舞台催眠师为什么在表演时选择人数大大超过表演实际所需的原因，这样他可以在台上淘汰那些实际不容易进行深度催眠的观众。由于舞台催眠师在选择合适的催眠对象方面都受过很好的训练，催眠失败这种情况通常不会发生。

不要以为舞台催眠师挑选催眠对象是一种欺骗。舞台催眠本质上是一种娱乐活动，观众掏钱是为了看催眠师轻松地将人催眠，并提供娱乐表演，而不是看催眠师花去过多的演出时间来诱导对催眠接受性差的人。所以，应该把挑选恰当的催眠对象当作表演者的一项职业技巧。

同时，这种选择也回答了舞台催眠的一个重要问题——催眠能让人做违背其意愿和观念或平常行为之外的事情吗？这不能一概而论，但催眠师认为在多数情况下，不可能让人们做他们不情愿做的事情。因此，如果观众在舞台催眠中渴望参与，说明他们已经乐意接受催眠。但是，一般人们是不会像小鸡一样在舞台上又跑又叫的。

舞台催眠师

尽管用途和目的截然不同，优秀的舞台催眠师在催眠诱导和暗示技巧方面，绝不比催眠医师逊色。在舞台催眠早期，的确有冒牌的舞台催眠师哄骗观众相信他们有催眠的本领，而参加表演的“志愿者”都是催眠师的同伙。在当代，这种事情是很少发生的，具有真才实学的催眠师在不断地涌现。技巧十分娴熟的催眠师能在很短的时间内让个体进入深度催眠，并快捷有效地对其施加暗示。此外，有很多舞台催眠师曾经做过催眠医师，有的后来转变成了催眠医师，还有的同时担任这两个角色，因此，舞台催眠与催眠医疗之间其实并非像表面看上去那样迥然不同。

但是，舞台催眠师这一职业也需要一些特殊的才华和气质。首先，舞台催眠师必须善于舞台表演，是优秀的演艺者，并热爱表演。其次，他们得有支配性人格，或至少在表演过程中能掌握局面。在催眠治疗中，催眠医师和病人需要互相配合，但是在舞台上，催眠师必须要驾驭各环节的进程。因此，那种委婉、单向、缓慢地对个体进行诱导的暗示绝不能使用。舞台催眠师选用的暗示必须直接并让人觉得难以违抗。

同样，表演的气氛也很重要。舞台催眠师应该能创造群体气氛并激发观众对节目的好奇心，这样才能使参加表演的观众拥有正确的心态，感觉自己的确在参与表演。

催眠表演的技巧

舞台催眠师的时间比较紧迫，他们必须对参与观众进行快速催眠诱导，以免观众感到表演乏味。因此，舞台催眠师往往会从观众中选择那些能对直接指令做出反应并容易接受催眠的个体。常用的一种方法是让一群观众自愿登上舞台，让他们松弛下来之后，再暗示他们的眼睑变得越来越重，眼睛难以睁开。对这些简单的诱导反应比较好的那些人就被留在舞台上，而其他人则回到观众席。强烈的舞台感染力能很快让观众感觉舞台催眠师已完全掌握了舞台表演。舞台催眠师也常给观众一种假象——自己运用了魔力将人催眠并用暗示控制他，而这也能使参加者更主动地配合催眠诱导，马上进入深度催眠状态。这些都是舞台催眠的要素。比如，有些催眠师在舞台上会利用“手部感应”，似乎告诉观众他在用自己的双手向受催眠者传递能量。这种梅斯默时期的做法虽然已经过时，但却增添了表演的戏剧性。运用舞台技术也是一个关键的因素——表演一开始就必须营造恰当的氛围：完美地融合灯光、音乐和戏剧感等因素。

来观看舞台催眠的人大都认为，舞台催眠是一种无害的、可以给人乐趣的消遣方式，但是，很多从事催眠治疗的专业人士却对这种消遣很不放心。批评者认为这种表演使催眠变得哗众取宠，公众对催眠产生了歪曲的理解，未能将催眠的各种益处告诉人们，因而毁坏了催眠的名声。刚接触催眠治疗的人常常问催眠医师这样的问题：医生是不是会让他做舞台上的那些无聊的动作，如鸭子走、像鸡一样咯咯地叫。因此，批评者说舞台催眠对催眠的扭曲可能会让那些准备接受催眠治疗的人望而却步。

然而，舞台催眠师的观点却针锋相对，他们称催眠表演对人不存在任何害处。他们说，舞台催眠表演让人们了解了催眠的潜在影响力，从而能使他们更容易相信催眠在治疗方面的用途。无论孰是孰非，舞台催眠与医疗催眠已经共处了数十年，估计这种对立的关系还会延续很久。

舞台催眠是否有害

批评者所提出的最重要的问题是舞台催眠是否对观众具有潜在的危害。首先是对身体的危害。有轶闻曾报道过，参加舞台催眠的人因在催眠状态下做个别异常的举动而擦破甚至扭断四肢。甚至还有报道说，有人因舞台催眠师暗示他是芭蕾舞演员而做了“劈叉”，结果痛苦不堪。

在英国，一位年轻女士在舞台催眠中因为要去洗手间而从舞台边上跳了下去，结果摔断了腿。这位女士从 4 英尺（1 英尺＝0.3048 米）高处掉下，腿部两处骨折，石膏打了 7 个月。在经法院外调解之后，她得到了 3 万美元的赔偿。另外，有个年轻男子因在舞台催眠中把洋葱当作苹果吃下之后，开始吃洋葱上瘾，每天吃掉 6 个洋葱。经过了好几个月他才戒掉了自己的“洋葱瘾”。

批评者认为，舞台催眠除了对肢体的潜在危害，还有更让人担忧的其他危害——对心理的潜在危害。他们觉得催眠表演师过分关注娱乐效果，因而不能保证受催眠者是否能应对被催眠后的经历，或是否能从中慢慢恢复过来。当催眠对象在催眠状态下出现紧张，或其生活中曾被遗忘的痛苦经历被唤醒时，就会带来麻烦。2001 年，英国的一场意义重大的法律诉讼就是由此引发的。一个名为琳·豪沃思的女士把一位舞台催眠师告上了法庭。豪沃思来自英格兰西北部的玻尔通镇，在舞台催眠师菲尔·代蒙（真名为菲利普·格林）的一次催眠秀中被催眠。在表演的过程中，这位女士回溯到自己的童年，并回忆起自己曾经被虐待的经历。豪沃思说此后因为这种经历，她一度患有抑郁症和自杀癖，并因此两次将车开向大树企图自杀。法院判给她的赔偿价值约 1 万美元。早在 1989 年，英国政府就颁布了相关的职业原则，规定舞台催眠师绝不能使用年龄倒退法。菲尔·代蒙也声称自己遵守了职业原则，并没有使用年龄倒退法，但是法官却坚持是他的不当暗示使豪沃思回溯到自己的童年。

1998 年，有一桩案例将电视催眠大师保罗·麦肯那也牵扯了进去。这位催眠大师不仅在英国享有盛誉，在美国也非常出名。一位从事家具抛光业，名叫克里斯多夫·盖茨的男子在参加了麦肯那的一场表演后患上了精神分裂症，因此将这位催眠大师告上了法院。在催眠表演中，盖茨被暗示自己能学摇滚巨星迈克尔·杰克逊做太空漫步、能学外星人讲话，并能通过一副特殊的眼镜透视别人。而在演出之后，他被送至医院住了 9 天。

1993 年，莎隆·塔芭恩的官司应该是有关舞台催眠方面影响力最大的案例。那年，在参加完英格兰西北部兰开夏郡一家酒馆的催眠表演之后 5 小时，24 岁的塔芭恩死亡。催眠师不知道她对电有恐惧症，在这场表演中暗示她将会经历 1 万伏高压电击，而塔芭恩在表演结束 5 小时后因呕吐造成窒息而死。当地的死亡调查判定塔芭恩女士自然死亡，而窒息很可能是由癫痫发作所致。法院后来裁决，尽管不能排除催眠引发其死亡的可能性，但却没有充分的证据推翻自然死亡的鉴定。

这场灾难的直接影响是促使英国政府对舞台催眠进行了重新审查，塔芭恩女士的母亲玛格丽特·哈珀则成立了“反对舞台催眠”组织。然而，政府组织的专家小组最终还是认为没有证据表明舞台催眠对参加者存在严重危害，且相比其他很多活动来说，舞台催眠的危害要小很多。

1997 年，来自宾夕法尼亚州利哈伊顿市的舞台催眠师威廉·尼尔在一场演出后被告上法庭。一名叫尼科尔·亨德森的女士说尼尔在主题为《惊人的尼尔》的表演中，被催眠的男生造成她的脸部受伤。她说，这个男生是在听到尼尔暗示“对你旁边的人做一件平常从未想到过的事情”之后转过身来，重击了她的脸，并造成她左眼下部开裂。亨德森要求尼尔支付 4 万美元的赔偿金。但是，尼尔的律师安东尼·罗伯蒂对事实却有不同的理解，他说：“他们正准备离开舞台，就在这个时候，男生的胳膊不小心撞上了这位女生的脸部。这纯粹是场意外。”他解释说，对于这场意外尼尔没有办法控制，所以也不应对此负责。

之后，这场官司在法院外得以解决，赔偿金额是多少没有被透露，也没有任何人承担事故的责任。罗伯蒂说这场官司打得很荒谬，本来就不应该有官司。在法院里大家不停地争论舞台催眠的后果，有些批评者强烈要求严格控制舞台催眠，甚至干脆取缔这种活动。但表演者指出，只要催眠师遵守有关观众的安全和健康方面的职业准则，就根本不需要担心会发生不良后果。根据该准则，催眠表演师必须尊重其催眠对象，并保证在催眠表演结束时取消对其所施加的催眠后暗示。

舞台催眠的过去和现在

美国催眠师麦吉尔所提供的数据表明，在19世纪末，正是舞台催眠才使得催眠术没有被公众完全忘记。在那个年代，弗洛伊德的心理分析一统心理学的天下，科学领域对催眠学非常轻视。麦吉尔的理论表明，多亏了那时受到广泛欢迎的众多舞台催眠师，催眠学才不至于被完全埋没。

自从18世纪末梅斯默催眠术盛行以来，舞台催眠和催眠的学术研究就一直在并行发展。在精心设计的舞台上，催眠师为了吸引愿意付费接受催眠治疗的病人，常常不但做表演，而且还发表演讲。当梅斯默催眠术风行西方国家的时候，催眠成了一种流行的室内活动。催眠严肃的治疗用途和催眠的表演娱乐之间的界线有时会比较模糊，同样，名副其实的催眠师和那些诱骗观众的江湖人士有时也难以区分。

催眠学最重要的一位先驱——詹姆士·布莱德医生居然是从法国拉封丹纳的表演中获得了启发。这位苏格兰医生在看了法国人的表演之后称自己并不觉得怎么样，其实却对催眠术产生了强烈的好奇心。后来，布莱德医生成为最早使用“催眠”这个词的人。

在19世纪三四十年代，人们对梅斯默催眠术的兴趣高涨，并很快将其应用于舞台表演。

早期的舞台催眠并非对人体绝对无害。据一个1894年的案例报道，有一位叫弗朗兹·诺伊柯姆的欧洲催眠师照看过一位名叫艾拉·萨拉蒙的年轻女孩。他曾治愈这位女孩的神经障碍，但是与其他很多催眠师一样，诺伊柯姆不仅从事催眠治疗还做催眠表演。在催眠表演中，他将艾拉用作自己催眠表演的媒介。通常情况下，观众中会有某个有心理疾病的人主动到舞台上来，而诺伊柯姆则会将女孩催眠并让她移情于参加催眠的人，以找到舞台上病人的心理问题。这种被称为“通灵术”的技术在当时非常普遍。在一次表演中，诺伊柯姆对施加给艾拉的暗示稍微做了改变，他告诉艾拉她的灵魂将离开她的身体进入病人的身体中。暗示了两次，艾拉都出其不意地对催眠师新的暗示产生了抵抗，这使诺伊柯姆感到恼火。于是，他让这个女孩进入更深的催眠层次，再一次下达指令让她的灵魂离开身体。就在表演还未结束时，艾拉失去了生命。验尸结果验证艾拉死于心力衰竭，而这很可能是由催眠暗示导致的，诺伊柯姆因而被指控犯了杀人罪并被判刑。

在美国，舞台催眠的兴盛开始于19世纪90年代，那时的催眠表演师有赫伯特·弗林特等。在20世纪相当长的一段时期里，1913年出生于帕洛阿图市的麦吉尔曾占据舞台催眠领域最辉煌的位置，被称为美国舞台催眠泰斗。与其他舞台催眠师一样，他起先只对舞台催眠的神奇感兴趣，之后才开始专注于催眠研究。麦吉尔的著作包括享有盛名的《舞台催眠百科全书》。在他的职业生涯中，他把催眠的舞台表演、学术研究以及临床治疗结合到一起。同时，他也是最先使用电视这一新媒介的舞台催眠师，他的工作激发了全世界很多当代舞台催眠师的灵感。

今日的舞台催眠师

今天，在全世界各地有成千上万名舞台催眠师，其中最成功的一部分经常作为嘉宾或者表演者频频出现在电视节目中。比如，在《杰—雷诺晚间秀》和《大卫深夜秀》两个电视节目中就常见到美国著名的催眠师兼喜剧演员吉姆·旺德（心理学博士）的身影。今天，催眠表演师有非常广泛的表演场所，在集市、毕业典礼、宴会、会议活动、私人派对以及旅游客轮上，都能看到他们的表演。

他们的表演风格迥异、内容纷呈，但“幽默”是大多数表演的主题。舞台催眠师经常说自愿参与节目的观众才是表演真正的主角，正是观众的参与赋予了各场催眠表演引人入胜的独特性和互动性。舞台催眠的批评者说，一些参与者可能会感到尴尬和羞辱。但事实上，多数有经验的催眠师都想方设法不让观众感到尴尬，并在表演前就告诉观众将会发生什么。

表演者不同，暗示的组合也会不同。每个舞台催眠师都有自己独特的暗示，所以他们表演的套路也是八仙过海，各显神通，但表演的基本模式却比较相似：把志愿者叫上台，对其进行催眠诱导，对其进行不同的暗示以及催眠后暗示。唯一可能会限制暗示内容的是催眠师的想象力。

女催眠师

尽管舞台催眠这个行业基本上被男性主宰，但是女催眠师的数量也在不断地增加，其中包括来自圣地亚哥的克里丝汀·米歇尔。作为自成一格的女性舞台催眠师，她的表演生涯起步于拉斯维加斯。她的特点是能让参加催眠的观众认为自己是火星来客，能让男士以为自己是超级名模。与其他许多舞台催眠师一样，米歇尔起初曾接受过催眠临床治疗方面的职业训练。最著名的女性舞台催眠师先驱非莫琼·布兰登和帕特·考林斯莫属。前者被认为是最早的女舞台催眠师，她的名望在20世纪50年代达到最高峰；后者是才华横溢、极具魅力的表演者，当催眠术治愈了自己的癔症麻痹后，她对催眠产生了兴趣，从而在20世纪60年代开始了自己的舞台催眠事业。

舞台催眠师的技巧

舞台催眠和催眠治疗本质上没什么不同，不过有时为了舞台效果，舞台催眠师会给观众表演“催眠”兔子、鸡等动物。这在一定程度上对观众正确认识催眠起到了误导的作用。

1. 两者最大的区别在于，舞台催眠以娱乐为目的，而非治疗，舞台催眠师给观众施加的暗示和临床催眠师的暗示往往大不相同。

2. 舞台催眠师要看哪位观众对催眠的接受度最高，并做些暗示性试验看哪位做出的反应最好，并以此来挑选观众。

3. 舞台催眠师常常误导观众，让观众以为舞台催眠师有魔力，他们用一些完全没有必要的动作或者道具来迷惑观众，增添表演的戏剧性。

催眠不可思议的作用

催眠为什么可以产生神奇的作用

催眠对我们的生活起着不可思议的作用，很多接触过催眠治疗的人都惊叹于它的神奇。

其实，催眠被运用于治疗已有多年的历史了。而在现代医学中，催眠不仅可以有效地帮助我们放松身体，缓解压力，戒除不良嗜好，纠正不恰当的行为习惯，还可以帮助我们增强自信，增进自我觉察能力。催眠还可以帮助我们解决心理冲突，治疗身心疾病。此外还能增强我们的记忆力，提高学习和工作效率。

如此看来，催眠真的具有很多神奇的作用，那么，这些神奇的作用到底是如何产生的呢?

一般人在催眠状态下会更加容易进入潜意识领域，潜意识类似一台电脑，它将我们的五官感觉到的东西储存起来，并且具有更强大而持久的威力。实践证明，积极、正面的心理能够调整并纠正被扰乱和被破坏的身心状态与行为模式，催眠治疗也正是利用人们的受暗示性，通过不同的暗示引导人们进入一种放松的状态，并且使人们在这种状态中产生较为深刻的心理状态变化，从而使某些症状减轻或消失，使疾病明显好转。

那么，催眠术又是怎样帮助我们放松身体、缓解压力的呢?

其实，当人们进入催眠状态的时候，身体的感觉或者行为的一部分会从意识当中分离出去，从而在无意识当中进行记忆并发挥作用，所以非常易于接受某种心理暗示。特别是人们感觉到有压力的时候，身体的肌肉和精神是呈紧张状态的，使用催眠技术可以让我们迅速进入放松状态，身心愉快，达到缓解压力的目的。

催眠术除了可以帮助我们治疗身体疾病，缓解自身压力外，在治疗心理疾病方面也有着非常神奇的作用。催眠技术可以与精神分析、认知行为治疗、家庭治疗等各种心理治疗的理论及技术相结合，对焦虑症、强迫症、恐惧症等各种心理障碍及睡眠障碍、紧张性头痛等各种身心疾病起到很好的治疗效果。

综上所述，催眠术在我们的生活中发挥着非常重要的作用，对于身心疾病的治疗、压力的缓解等都有着很神奇的功效。如果能将催眠术普及于大众，必将使我们的生活更加美好。

催眠能让人忘记失恋的痛苦

爱情是这个世界上最美好、最动人的感情，痴男怨女们为了心中神圣的爱情而爱得死去活来，两个人在一起不合适，一方理智地要分开，另一方却肝肠寸断、痛不欲生……

也许，很多人都有失恋的经历。从心理角度来看，失恋可以说是人生中最严重的挫折之一。所以常常有人会问催眠师："我失恋了，现在痛彻心扉、伤心欲绝、生不如死，催眠可不可以让我忘记这些痛苦和伤心？可不可以将这段感情忘记得干干净净？"

在深度催眠状态下，催眠师的确可以下指令让你忘却某些记忆，产生所谓的失忆现象。而且，这也是一种可以逆转的机制，失去的记忆并不是被抹除了，只是被放到了潜意识更深之处，暂时不去提取而已，如果日后有需要还是可以再下指令唤回来的。

然而，一个有职业道德的催眠师是不希望这样做的。因为失恋的痛苦是不应该这样处理的。催眠师会希望个案从这些悲伤、痛苦的经历中蜕变和成长，学习到新的智慧。只要受催眠者愿意探索，这些痛苦的经历也能带来正面的、积极的、喜悦的启发。

如果失恋的痛苦确实非常大，超越了个案所能承受的极限，这时，催眠师可以适度地暗示对方："你的潜意识是非常有智慧的，你的潜意识知道怎么样对你最好、最有利，等一下当我从 1 数到 10 的时候，如果有一些记忆适合遗忘的话，潜意识就会帮助你遗忘掉，等你结束催眠的时候，你就会觉得整个人变得非常轻松、非常舒适，你只会记得你需要记得的记忆……"一段时间之后，催眠师觉得时机成熟时，可以再打开那些封锁的记忆，做进一步的分析与处理。

失恋以后的痛苦和挫折感受会因来访者的人生观、性格、恋爱时间的长短以及恋爱程度的深浅等因素的不同而不同。一般情况下，催眠师是按照受催眠者受伤害程度的深浅来进行适当的治疗。当然，催眠师会希望受催眠者在催眠的过程中对自己有更多、更深的认识。经历是一种财富，不管是愉快、成功的经验，还是痛苦、挫折的经验，都能让人成长，经历过这些，才会更加懂得生命的意义，更加感恩生活、珍惜生命。

因此，遇到失恋的情况，正确的处理方法是通过催眠师的帮助，重新回到那段痛苦、悲伤、挫折的经历当中，重新认识之前发生的事情，将痛苦、悲伤、挫折的情绪发泄出来，重新接纳、演绎并能超越这些消极的情绪。虽说是要迎接这痛苦，但是转化痛苦为智慧，即便是以后再次面对它，也能做到心平气和，并且感谢它使自己变得更加坚强，感谢它给自己带来成长的启迪。

催眠可以使忘却的记忆重现

记忆是大脑系统活动的过程，人的记忆一般可分为识记、保持和重现三个阶段。记忆重现指在人们需要的时候，能把已识记过的材料或者信息从大脑里重新分辨并提取出来的过程。

有些人利用催眠来犯罪，而警察也是可以运用催眠来破案的。利用催眠进行犯罪的例子有很多，利用催眠进行破案的例子也有很多。例如，警察局在侦破一个系列抢劫杀人案时，在催眠师的帮助下，对证人进行了催眠，使证人重新回忆，引导证人说出犯罪嫌疑人的相貌及身体特征，然后据此画出了犯罪嫌疑人的肖像，成功地侦破了案件。

有这样一个案例：在一个阳光温暖的下午，商场门前车水马龙，人来人往。这时，一位20岁出头的女子提着包，急匆匆地走上商场的台阶，准备进入商场购物。突然，一声枪响，现场变得一片混乱，伴随着一阵阵惊慌失措的呼叫，人们惊恐万分地四散奔跑。当这个年轻女子从惊恐中回过神来时，发现她面前有一位老先生躺在了血泊中。

警察闻声立即赶到了现场，但是，凶手已经逃之夭夭。作为现场的目击证人，年轻女子必须到警察局作证，但是，她却怎么也说不清楚事情的来龙去脉。因为她当时只想赶紧进入商场买东西而没有其他任何的杂念。直到突然听到了枪声，她只见人们慌乱地四处奔逃。究竟是谁开的枪，她根本就无从回忆，警察因此感到很棘手。

后来，警察局找来了催眠师帮忙。催眠师在了解情况之后对调查人员说，目击证人由于极度惊慌、恐惧，在大脑中就很难形成犯罪嫌疑人的肖像，但是在心灵深处，却清晰地留下了犯罪嫌疑人的信息。这就需要对证人进行催眠，激活她的记忆。得到当事人的允许以后，催眠师对这位年轻女子进行催眠，以使她回忆起当时案发的情景。这位年轻女子被安置在催眠椅上，接受催眠师的催眠。

催眠师对她进行暗示诱导：

“你从马路那边一直走过来，是想去买东西吗？”

“是的，我想要去买一些衣服。”她不假思索地回答。

“你是不是去商场买衣服？”

“是的。”

催眠师继续暗示她：

“你现在正从马路那边一直走过来，往商场走去，你已经踏上了商场的台阶。商场入口处人非常多，非常拥挤？”

记忆回溯找失物的步骤

通过催眠找东西就是通过催眠进入我们的潜意识，循着一些能够回忆起来的线索，把我们回忆不起来、却依然存在于大脑里的有关记忆翻出来看看，就像警察调查失窃案时把监控摄像头的录像翻出来看看一样。

第一步

先将自己引导进入恍惚状态，然后进行记忆回溯。

第二步

回溯到最后一次看到失物的时间，开始在记忆里寻找。

第三步

通过时钟想象将时间调到现在，开始找东西。

“是的，人非常多，很拥挤。”年轻女子回答。

“你看一看你前面的人，他们都是什么样的人？”

被催眠的女子接受催眠师暗示之后，抬头向前看。停留了片刻，回答说：

“什么样的人都有，小孩儿、老先生、老太太，可是，这些人我一个也不认识。”

“那你见到一位穿黑色大衣的老先生吗？”

她稍微迟疑了一下，摇摇头说：“我没看见。”

“你肯定能看见他，你再仔细找一找。”催眠师提示她说。

她又向前仔细地观望，然后激动地回答说：“啊！是的，我看见了，他正从商场里走出来，走得很匆忙，看上去非常慌张的样子。”

“后面有人跟踪他吗？”

她又引颈向前放眼搜寻，回答道：

“是的，有。一个戴帽子的男人，但是他的帽子压得非常低。”

“那个男人大概有多大？”

“应该有 30 岁吧。”

“那他的脸上有什么明显的特征吗？”

“长方脸，嘴角好像有一个黑痣。”

“之后他做什么？”

“他走到了老先生身边……”

被催眠的年轻女子突然失声惊叫起来：“啊！是他，就是他！他从口袋里掏出了一把手枪，把那个老先生打死了！”

“然后那个男人往哪里跑了？”

“他用手压了压帽子，飞快地跑进了商场里，一直都没有回头！”

在被催眠状态中，这位年轻女子回忆起了她当时的所见所闻，提供了凶犯的相貌特征。警察局根据她提供的特征，很快就抓获了凶犯。

催眠除了使目击者的记忆重现以外，还可以让很多有心理困扰和心理阴影的人找回自信，重新回到正常工作与生活的状态中，相信催眠术的研究工作在不久的将来也会有更大的发展。

催眠可以促发“无中生有”的生理效应

催眠不是气功，不是宗教，更不是魔术，而是一种全身心放松的方法，主要针对的是心理调整，是心理医护人员治疗心理疾病的重要手段。

使人忘记失恋的痛苦、使忘却的记忆重现，这只是催眠的诸多神奇效果中的两个。在催眠学界，较多地为人们所谈论的是催眠另一种奇特的作用——促发“无中生有”的生理效应。催眠师只需要对受催眠者做一个特定的暗示，而不用对其进行真实的刺激物作用，就能够使受催眠者不仅在主观上产生一定的心理体验，而且生理上也会产生出相应的效应。

在催眠术中，最为著名的就是“人桥”事件，所谓“人桥”就是通过催眠将人弄得像块钢板，横架在两把椅子之间，让中间悬空，人躺在上面，而且到一定的时候腹部可以站人。这种奇特的现象，一定会令很多人惊叹不已。当然，这也是一种极端的催眠现象，正是有了这种奇特的生理效应，才显示出催眠术的神奇效果！

现在大家已经都知道，在催眠状态中，只要催眠师发出指令，受催眠者就能够按照其指令行动，完全遵从，丝毫不差。“人工记印实验”是人们所共知的由催眠直接造成生理变化的著名例证。

实验是这样进行的：首先，催眠师取出一块大拇指指盖大小的湿纸片，然后贴在受催眠者的额头或手背的皮肤上。催眠师在使受催眠者进入催眠状态之后，就下指令暗示他，在贴纸的地方会有发热的感觉。受催眠者集中注意去体验这种发热的感觉，过了一段时间之后，催眠师揭去那块发湿的纸片，人们发现受催眠者被贴上纸片的这块皮肤果然已经发红了。更有甚者，如果催眠师用一枚硬币或一块金属片贴在受催眠者的手臂上，并暗示他说，硬币或金属片是发烫的，他的皮肤很快会被烫得起水泡。在片刻以后，受催眠者被硬币或金属片所覆盖的皮肤果真起了水泡，与真实情况中的烫伤别无二致。

在另一个催眠实例中，催眠师递给受催眠者一杯白开水，请他喝下，同时还暗示他：“这是一杯糖水，里面放了很多糖，所以非常甜。”受催眠者喝下白开水之后，很高兴地说：“这杯糖水的确非常甜。”如果催眠的效果仅此而已，似乎倒也并不显得有多么神奇。不过令人惊异的并不是受催眠者在主观心理上觉得这是一杯糖开水，觉得喝下去非常甜，而是受催眠者在生理上产生了变化。人们对被催眠者进行了抽血化验，惊奇地发现受催眠者血液中的含糖量大大增高了。显而易见，催眠师的这个暗示，不仅引起了受催眠者在心理上发生了变化，同时，也造成了其生理上的变化。这种生理上的变化只有当事人才能够体会得到，而普通的旁观者则很难感受得到。

实际上，使人产生幻觉的催眠现象也是屡见不鲜的。通常，在催眠状态中，催眠师可以通过各种暗示，使受催眠者把不存在的东西看成是存在的，产生各种各样的幻觉。法国的催眠大师贝恩海姆曾经做过这样一个催眠实验：在使一名受催眠者进入催眠状态之后，贝恩海姆便暗示他说，在床上坐着一位女士，她手中拿着一篮杨梅要送给他吃，当他醒过来以后，可以走到床前向她握手道谢，并接过杨梅吃下去。这位受催眠者醒来之后，果然走到空无一人的床前，煞有介事地向实际并不存在的女士说道："谢谢你，太太。"并做出握手状，然后接过幻想中的那一篮杨梅，津津有味地吃了起来，边吃边感叹杨梅的甘甜。

催眠暗示甚至可以使受催眠者陷入"人工假死"的状态，即出现一切自然死亡的特征，如呼吸中断、心跳脉搏停止等。可见，与使人忘记失恋的痛苦、使忘却的记忆重现等效果一样，催眠的这种"无中生有"的效应，同样令人咋舌。

催眠术作为一门高新技术，不可滥用，一旦违规使用，其危害性是不可估计的。所以和克隆技术、异类移植等技术一样，催眠术的研究和应用将会受到严格的限制和管理。

催眠能让一个人重返童年时代

催眠是否真能让时光倒流，让一个人重返童年时代，这一直是让人困惑的问题。其实，催眠可以通过运用年龄倒退来实现和解决这个问题，也就是说可以对储存在低层潜意识的早年记忆进行唤醒。年龄倒退就是催眠师向受催眠者下达指令，要求受催眠者的心智回到从前的某个时候，这个时候可以是前两天、几个星期之前、几年前、几十年前。

例如，催眠师这样暗示受催眠者："我现在正在降低你的年龄，一岁一岁地减去，数着你的年龄时，时光就会渐渐地倒退，你会变得越来越年轻，好，现在请你深深地吸气，吸满之后就静静地呼气，随着呼气放松你的全身。好，吸气……吸气……呼气……放松全身。"给予这样的暗示之后，催眠师接着从受催眠者现在的年龄开始一岁一岁的向后倒数，一直数到所确定的年龄为止。如果催眠师数到受催眠者 4 岁的时候，受催眠者就会表现出 4 岁小孩儿的动作、神态、语气等，他会像小孩儿一样咬自己的手指、哭闹、撒娇，甚至他的声音、语词和音调也像个孩子一样，如果让他唱歌，他就会像孩子一样扭来扭去地边拍手、边唱歌。

催眠学家经过对受催眠者的年龄倒退现象研究发现，经年龄倒退之后所测得的智力与其该年龄阶段的智力并不相符，虽然它仍低于实际的智力，但是仍然有成熟性趋向，也就是说不同催眠师对不同的受催眠者来进行实验，所得到的结果是不一样的。

对于在催眠中出现年龄倒退现象的原因，各学者说法不一。有的学者说是真实的——可以称之为真实性派，有的学者则认为是具有欺骗性的——可以称之为假装性派。也有的学者说这只是一种模仿行为，只是为了遵从催眠师的指令，顺从催眠师的心意——可以称之为模仿性派。持这种观点的学者认为催眠中的年龄倒退是一种模仿性行为，是一种完全沉浸于角色之中的角色扮演，受催眠者只是遵循催眠师的指令，按照催眠师的要求来模仿某一阶段儿童的行为、语言以及情感等。可以设想，既然催眠时可以出现年龄倒退的现象，那么，是否也可以显示出年龄速进的现象呢？其实，催眠师也可以暗示受催眠者的年龄在增长，并且让他成为某个年龄阶段的人，然后让他说出或者做出该年龄阶段的事。通常情况下，受催眠者常常会说出他与他的儿子在一起聊天、登山、踢球的事情，以及他的事业、工作情况等。这种对于生活的描述也反映出了人在自然情况下的一种意识状态。

关于年龄倒退的实质至今还没有明确的定义。不过，大家对于速老现象的解释和年龄倒退的假设是相仿的。真实性派一直在期待着事实的验证，模仿性派认为受催眠者是在按照他个人的愿望来想象他以往（年龄倒退）以及今后（年龄速进，速老）的生活状况，而持假装性观点的人，则坚持认为速老现象同年龄倒退一样，是一种毫无根据的假装。不管是哪种观点，大家都相信，催眠术的年龄倒退与速老现象在未来一定会有水落石出的那一天，或许这一天离我们并不遥远。

催眠可以激发特异功能

催眠真的可以开发出人的内在潜力，并赋予人新的力量吗？特异功能真的存在吗？人们常说的特异功能其实是人类潜在能量的一种体现，它的研究对象主要可以归为两类：一类是认识上的超常现象，称为“超感官知觉”；一类是意念直接作用于外界事物，称为“心灵致动”。特异功能的具体内容很庞杂，例如，遥视、透视、预知、思维传感、意念移物、意念治疗、灵魂出窍、附体重生、幻影续存等。特异功能以人的冥想为基础，能量化人的心智，程序化人的生活，物质化人的梦想。

特异功能是无法被证伪的一种现象，也就是说，它的正确与否，暂时不能通过科学的方法进行验证，现在科学对特异功能还不能给出一个合理、完善的解释。特异功能在魔术表演时可以看到。那么，在生活中，一般的人能被催眠激发出特异功能吗？

关于这一点，虽然有许多立论严谨的专家及学者都有着一致的意见：没有足够的证据能够证明催眠可以激发特异功能。但是，催眠师给出的答案却是肯定的。他们都认为，催眠可以引导人将自己的意识状态调整到不同的频道，如果刻意地转到特异功能的频道，那么特异功能就自然而然地出来了。但问题的关键是，催眠师有必要这样做吗？这样做，对当事人有益吗？就好像一些一夜暴富的人，后来反而被那骤得的巨大财富给毁了一样，人们对于上天赋予的特殊的功能，往往会很难接受，或者是很难从容地驾驭，突然而来的特异功能，对于人们来讲不见得是一件好事情。所以，为了生活的平静，还是回到平常状态比较好。

以前就有过这样的案例，一位非常精明能干的女人在经过前世催眠之后，发现自己在比较暗的环境中竟然可以看见人体四周的灵光——这称为“眼通”。起初，她非常兴奋，花了大量的时间来测试自己的这个能力，而这眼通也是越磨越利，过了半个月之后，她的能力进步到一眼就可以知道对方的情绪状态、身体状况、心灵修为，以及一定时间范围里的未来命运。

正因为有了这种与众不同的能力，她的生活渐渐地发生了改变，她慢慢感觉到自己有点负担不了这个新能力所带来的新挑战，例如，她开始觉得自己有责任、有义务帮助身边的人，这些问题困扰、纠缠着她。经过与催眠师的一番讨论之后，这个女人理智地要求催眠师对她进行催眠，以把眼通关掉。

还有的人在激发特异功能之后可以“看”到远方发生的事情，也可以穿透障碍物看到内部的东西，还有的人可以感觉得到别人的思维，也有的人可以预知未来数小时或几天内会发生的事情等。人所用过的物品或者碰触到其本人，就能说出这个人过去所经历的事。还有一种类型的特异功能——产生、发放能量操控外界事物。这种能力包括以意念使物件移动、种子发芽的念力，使物体从封闭的容器穿壁而出的“空间移转”能力等。

如果有人在进行催眠治疗的过程中，因为解除了某些内在的情结，而打通了某些淤积的能量，意外地开启了自己的特异功能，那么，催眠师也会认为这是自然发生的，可以接受的。毕竟化繁为简，顺乎天然才是使用催眠术的最高境界。

从修行的角度来看，古往今来许多大师也都曾经指出，悟道之后，神通就自然显现，而在没有悟道之前，如果神通跑出来了，也以不用为上，否则，神通反而会成为障道的逆缘。所以，催眠师一般也不希望把人的特异功能牵引出来，而希望人是平凡的。

对催眠术的一些疑问

催眠是不是“让人睡觉”

由于种种原因，很多人对催眠都存在着不同程度的误解和疑问。没有接受过催眠的人都很想搞清楚催眠是不是让人睡觉，“催眠”一词是否存在着消极的含义。大家也都想知道催眠是否有害，是不是一种大脑的控制，被催眠后的感受怎样，催眠以后的状态和平时有什么区别，等等。

在关于催眠术的诸多疑问中，第一个当是催眠是不是“让人睡觉”。很多人一提到催眠通常就会望文生义，催眠，催眠，不就是催人入眠、催人睡眠吗？其实，这不仅在普通大众眼里经常有人这么想，就连医学界、心理学界也常有人这么认为。一些受催眠者在经过催眠治疗过后，会对催眠师说："您催眠的时候，我并没有睡着啊，您说的每一句话我都能听到，周围人说的话我也能听得到……"那么，催眠到底是不是让人睡觉呢？如果是的话为什么还会有这种清醒的状况呢？如果不是那为什么醒来以后会如此轻松自在呢？

其实，催眠和睡眠完全是两回事，睡眠是人对整个环境和自身知觉的一种高度抑制，而在催眠状态下，受催眠者对于周围的反应则是被抑制的部分抑制得更深，而被唤起注意的部分比平时还要注意力集中。事实上，在催眠状态下，受催眠者甚至比平时更清醒，更不用说比睡觉时候了！睡觉的时候人的大脑处于休眠的状态，中途还会做梦，而催眠的时候就不会有这种情况发生。

那么催眠和睡眠到底有哪些区别呢？

（1）催眠和睡觉的性质是不同的，催眠是一种技术，目的是要对受催眠者进行催眠治疗，而睡眠并没有这种目的，睡眠是只一种单纯休养生息。

（2）催眠属于心理和生理的范畴，而睡眠则属于生理的范畴，是生命活动所必需的。催眠可以消除精神上的痛苦，可以促进、帮助人类机体的健康发展，并通过调动、发挥人的自我调节机能来实现全部身心的良好发展；而睡眠主要是使精力和体力得到休息与恢复，以便于接下来更好地工作与学习。

（3）处于催眠状态中的受催眠者，虽然大脑皮层的大部分区域已经被抑制，但是皮层上仍有一点是高度兴奋的，反应非常灵敏，对于催眠师的问题也会做出相应回答，而处于普通睡眠状态的人，意识活动则是完全停止的，对外界毫不自知，更不可能配合别人回答问题。

（4）虽然人在催眠状态下也是在休息，但是休息的深度和质量要高于一般的睡眠，有时只是被催眠了十多分钟，但是受催眠者感觉好像睡了很久，身心得到彻底的放松，达到了自然的状态，这是普通的睡眠无法比的。

（5）处于催眠状态中的受催眠者，有时在催眠师的暗示下，其肌肉可以僵直得像一块钢板。而处于普通睡眠状态中的人，一般肌肉都是处于松弛状态，没有特别的影响和刺激是不会有较强烈的反应的。

（6）处于催眠状态中的受催眠者，经过催眠师的暗示会做出某些动作和行为，如痛哭、大笑、呕吐、出汗等，而在睡眠状态下的人则远远没有如此丰富的活动，他们只会在梦中才能感受到。

（7）处于催眠状态中的受催眠者，在没有收到催眠师的苏醒暗示之前，即使是睁开眼睛，也仍然是在催眠状态之中。而处于睡眠状态中的人，眼睛一旦睁开，便立即恢复到清醒的状态，不需要任何暗示便回到现实生活中来。

从以上 7 点完全可以看出，催眠和睡眠完全就是两回事。

催眠与睡眠的异同之处

字面上理解，催眠似乎就是“催人入眠”，受催眠者的表现看上去和睡着了一样，实际上催眠与睡眠有很大差别。

催眠与睡眠的功能差别

催眠

接受催眠时，可以对人进行催眠治疗。

睡眠

正在睡眠时，精力和体力会得到恢复。

特征：可以在暗示下做出某些动作和行为，在没收到觉醒暗示前，即使睁开眼，也还是在催眠状态中。

特征：肌肉处于松弛状态，一般情况下，只要眼睛睁开，便立即恢复到清醒的状态，不需要任何暗示。

催眠与睡眠的脑电图差别

对比受催眠者与睡眠者的脑电图，就会发现，两者脑电图波形只是在前期有些相似，后期有很大差别。

说明：从实验可以看出，催眠和睡眠的相似，不过是表面上的相似，实际上，两者在功能上、表现上都不是一回事。

受催眠者会不会做出违背自己意愿的事

有人不愿意接受催眠的原因是对催眠存在很大的恐惧感，他们担心自己在被催眠的过程中受到控制、失去理智而把一些隐私暴露出来、当众出丑或者做出一些违背自己意愿的事情。例如，有一些人担心自己会在催眠时完全听任催眠师的摆布，甚至泄露自己的银行卡密码。还有一些人，他们对催眠抱有一种不切实际的幻想，期望得到某些不可能的结果，其实这些想法都是不正确的，而且是没有科学根据的。

绝大多数的催眠学家认为，人在催眠中是无法被迫违背自己的信仰和道德观说话或做事的。催眠学家指出这样一个事实：只有你想要达到某种无意识行为的变化时，你才能达到这种变化。比如说，如果你并不是真的想要戒烟的话，那么，几次催眠治疗都不太可能使你将烟戒掉。

其实，每个人的内在都有一个极其重要的机制——自我保护机制，所以，在被催眠的过程中，受催眠者是不会做出违背自己意愿的事情，这一点人们完全不需要担心。

即使舞台催眠师想要使一些观众进入深度催眠状态，并让他们做出一些诸如学鸡叫等不正常举动，也是因为受催眠者事实上已经认可了催眠师，在潜意识里接受了催眠师的这一安排，而且在完成催眠后，受催眠者一般会有愉快的感觉，不会因为这些举动有所焦虑或者烦恼。

但是，在此必须要说明的是，一些催眠学家认为，这个问题要比看上去复杂得多。他们认为，通过对暗示进行重组再构，就可以使其看起来与主体的意愿相一致，就可以使这个人做出一些在正常状态下不会做的举动。鉴于催眠从业人员良莠不齐，接受催眠的人也需要注重催眠师的道德品质与专业素养，确保到正规合格的机构去治疗。

在每个人的潜意识中都有一个坚守不移的任务，那就是保护自己。这个自我保护机制使人们不会因外界的引导和刺激而做出潜意识里并不认同的事情。即使是在催眠状态中，人的潜意识也会像一个忠诚的卫士一样异常坚决地保护着自己。所以，人们根本不用担心会做出违背自己意愿或者说出格的事情。

被催眠以后，受催眠者的感受如何

多数人理解的催眠就是把受催眠者引导进一个失去自我意识，一切思维、动作、行为都受制于人的特殊心理状态。那么，那些受催眠者被催眠以后的感受到底是怎样的呢？为什么会有这些感受呢？在与催眠师沟通的过程中，受催眠者生理上会发生怎样的变化呢？

在一些电视节目中，曾经有人当场演示过“催眠人桥”：将自愿体验催眠的观众导入催眠状态之后，把他们的身体置于两个椅子之间，腹部是悬空的，然后，让一个体重一百多斤的人站在受催眠者的腹部。演示完毕之后，场内的观众询问了受催眠者被催眠之后的感觉。有的受催眠者表示，在整个过程中自己是非常清醒的，可以很清楚地听到指令，也清楚地知道自己在干什么；有的受催眠者则觉得整个过程模模糊糊，感觉腹部所承受的重量像是一本书或一根铅笔、一个气球的重量；还有受催眠者说腹部所承受的是一个热乎乎的熨斗。不同的人因受催眠的程度不同，得到的感受也不同。

总的说来，所有的受催眠者都感到自己腹部上面一百多斤的重量变轻了。在“催眠人桥”的演示当中，受催眠者的注意力被完全集中在全身肌肉的收缩上，整个人变得像一块钢板一样，从而使得腰部肌肉的巨大力量被唤醒，变得无比坚硬。在整个过程中，由于受催眠者并没有失去意识，所以，他能够知道所发生的一切，也同样能记住当时生理上的感觉。

被催眠后会有这样的感受是因为大脑中控制我们行为和感受的部分“意识”在起着作用，我们的意识负责思考、判断、发出命令，同时也要接收信息、体验感受。而我们的“潜意识”则在时刻保护着我们的安全，让我们能够知冷知热、知痛知痒。例如，当我们的手被火烫到后就会立即缩回去，然后，有人可能会惊叫一声，而整个缩手的动作或许还不到一秒钟的工夫，却牵动了指端、臂部一百多块肌肉的连锁反应，这就是潜意识的作用。而意识则是这一系列动作之后的一种痛的感觉，因为，很少有人会在被烫伤之后缩手，他们通常是感觉很烫就会及时缩手。

在日常生活中，我们本身的潜意识能量是很容易被忽略的。其实，潜意识的能量是非常巨大的。虽然人们只有在特殊的条件下才能感受到潜意识的巨大力量，但是通过催眠，让意识的范围缩小集中在一个非常非常小的点上，却可以将潜意识的力量爆发出来。这也正是人们本身的一股力量，催眠术在这个时候起到一个唤醒潜意识的作用。

催眠就是催眠师与受催眠者的潜意识沟通的过程。随着受催眠者潜意识作用的上升，意识的作用就会越来越弱，这便是催眠的深化。心理学家一般是将催眠分为3个阶段：浅催眠、中度催眠与深度催眠。

在浅催眠状态下，人的感觉变化并不是很明显，主要体现在精神愉悦、身体慵懒而不想动，但是其意识仍然是比较清醒的，能够清楚地知道周围发生的一切事情。因此，很多进入浅催眠的受催眠者都不承认自己进入了催眠状态。但是，如果催眠师下达观念运动指令或者引导出肌肉强直的现象，受催眠者就会不得不承认他确实是进入了催眠状态。等到浅催眠被解除之后，受催眠者的意识清醒，完全知道自己的行为，并且会感到非常轻松和舒适。浅催眠是人们最容易进入的一个阶段。

进入中度催眠后，感觉是相对比较多的，例如：人体温度的变化很明显、痛觉消失以及无法完全知晓周围发生的事情。在中度催眠结束之后，当事人只能回忆起某些片段，而且醒来之后，他会感觉仿佛是畅快淋漓地大睡了一场，非常放松、舒适。中度催眠被解除之后，受催眠者能保留部分的记忆，但是内容更接近于催眠指令而非真实情况。中度催眠后，被催眠者与催眠师之间也会保持着良好的沟通和互动，不过潜意识却变得异常活跃和敏感。

进入深度催眠状态后，除了催眠师的声音之外，受催眠者的其他感觉几乎全部消失了。受催眠者身心放松，对于催眠指令反应良好，但是受催眠者的意识是不清醒的，甚至不知道当时四周的状况，沉浸在非常主观的个人世界里。当结束催眠时，受催眠者很可能无法记得催眠中发生过的那些事情。有的受催眠者记忆、人格都会发生改变，有的则是反映自己像是进入了另外一个世界一样，这些和被催眠者的受暗示性程度的高低有着一定的联系。

在进行一般的心理治疗时，深度催眠状态并不重要。心理治疗重在当事人对过往经验的重新诠释。而人生经验的诠释，需要清醒的意识来参与，所以，中度催眠是最合适的。在国外，人们除了可以在心理医疗机构接受、感受催眠，还可以看到催眠师在舞台上表演的“催眠秀”。国内的催眠发展得比较晚，催眠秀的节目也比较少，无论治疗还是表演都还不够成熟，因此，在选择时一定要慎重。除此之外，对于催眠过度恐惧和紧张的人，或是不愿意了解尝试和深层沟通的人，也不要轻易去体验催眠。

接受催眠术是不是有害

生活中，几乎所有的催眠师都会宣称催眠很安全，只会带来好的效果，不会有害于人们的身体，但是还是有不少人认为接受催眠术是有害健康的。人们之所以对催眠术有很多的误解，原因就是没有真正深入了解催眠术。有些人认为催眠是一种病态的心理现象，人在处于催眠状态中时，会出现许多他们认为的不良现象，包括大脑皮层会受到严重的损伤、意志丧失、智商降低等。甚至有些人认为，被催眠后就像酒精中毒一样，会导致受催眠者精神失常。那么，接受催眠术是否真的有害呢？简单的麻痹对人的身体有副作用吗？

其实，认为接受催眠有害的人可能是看到了正在接受催眠的人。处于中度或深度催眠状态中的受催眠者，绝大部分都是目光呆滞无神，面部也毫无表情，无条件地接受催眠师的一切指令。受催眠者哪怕是见到自己的父母、配偶、子女、好友等，也都全然不认识。其实，这只是在催眠状态中大脑皮层大部分的区域被暂时抑制了而已，在经过暗示之后就会逐渐清醒过来，也会慢慢恢复到正常状态。

虽然在催眠施术之后，一些受催眠者有种种过于被动或是烦躁、发狂甚至是精神失常的表现。但是，这样的事情极少发生。

那么，造成这种表现的原因是什么呢？是催眠术本身固有的缺陷，还是由于催眠师施术不当呢？经过研究发现，答案是后者。所以专家、学者都一直强调人们要找正规的催眠机构进行治疗，只要催眠师规范操作，就不会有这种情况发生。

其实，那些不利的表现不仅可能在催眠施术中出现，在其他心理疗法中也可能出现。在绝大多数情况下，催眠可以使人的身心机能得到有效的休息和恢复，并通过调动、发挥人的自我调节机能来促进、帮助人类机体的健康发展，以及实现全部身心的良好发展。另外，专家还需要对受催眠者的一些不良或不正常的反应做深入的分析。由于在清醒的意识中，许多欲求、本能和压抑都被深深地隐匿于潜意识中，它们的确客观存在着，但是又不为他人和自己知晓。在催眠状态下，它们被彻底地释放出来，毫无保留地展现在自己面前。这并不是一件坏事，充分发泄出来只会有益于身体和心理健康。某些缺乏专业知识的人，误以为那些表现不是受催眠者所固有的，而是由于催眠所造成的，所以对催眠术产生误解，并由此开始恐惧催眠。

还有一些人看到，在催眠施术结束之后，某些受催眠者出现了紧张、头痛、恶心、焦躁、抑郁或者是难以苏醒等现象。他们认为些现象也是催眠术本身造成的。事实上，造成这些不良现象的原因并不是催眠术本身，而是催眠师的技术。也就是说，催眠师没有能够按照催眠施术的科学程序进行，因此导致催眠术的失败。所以专家和学者一直在强调催眠治疗和训练催眠内容时，应该由接受过专业训练并有实践经验的催眠师实施催眠。

造成催眠师失败的原因主要是以下几点：

催眠师解除催眠的程序不够完全、完整。也就是说，在受催眠者醒来之前的准备工作没有做好，具体说来，就是催眠师没有下达或没有反复强调受催眠者在醒来以后会忘记在催眠过程中的全部经历，以及醒来之后会感到精神特别愉快、振奋，情绪状态极佳等暗示指令，导致受催眠者醒来后会有轻微的精神萎靡和头疼现象。

需要受催眠者在自愿的情况下接受催眠治疗，而不是在被强迫、出于无奈的情况下才接受催眠治疗。受催眠者的不安与抵抗在很大程度上影响着催眠的效果，如果对催眠师的暗示指令进行抵触或者拒绝的话，就会在催眠治疗之后造成不适应的感觉。需要催眠师特别注意的是，最好要在受催眠者欣然同意的情况下再对其施术，只有双方有了良好的沟通，相互信任，才能达到催眠的最佳效果。

由于受催眠者的个体差异，所以有一些受催眠者的身心不是一个十分协调的系统。有的时候，心理在催眠的时候恢复了，但是生理上没有同步恢复，落实到催眠施术中来说，就是没有跟上步伐，所以才会出现了不安、不舒适、不愉快等感受。这种情况在受催眠者接受了深度催眠之后是最容易发生的。其实，要解决这一问题并非难事，只要催眠师能够意识到这一现象的存在，多进行几次生理状态暗示就可以完全恢复。这样一来，受催眠者也会及时调整心理，苏醒后不适的感觉就可以得到圆满解决。

在催眠过程中，处理方法不当。比如，没有根据受催眠者本身的特点来进行催眠，针对具有内向、退缩、羞怯等人格特征的受催眠者，催眠师仍然以严厉的态度来进行，这样就会使受催眠者感到更加的惶恐、紧张，如果催眠师的暗示语非常强硬、严厉的话，那么接受催眠的人就会一直惴惴不安。一旦紧张、惶恐的心理一直笼罩于受催眠者的潜意识中，那么在施术结束、醒来之后，受催眠者就会出现不安、不愉快、恶心、头痛之感。所以，催眠师要根据受催眠者的接受暗示状态进行及时的指令调整，催眠师此时也应竭力使受催眠者确立一个观念：催眠师是为了我的身心健康而对我实施催眠术的。这样才可以让其稳定地进入催眠状态，从而轻松、愉快地完成催眠治疗。

催眠有副作用吗

催眠是否有副作用也是人们最为关心的一个问题。对于这个问题，催眠师一直都在不停地强调、不停地解释，以消除大家的担心。

实施催眠术可能是有副作用的，但是这个副作用发生与否在于催眠师，而不在于催眠术本身。如果一个催眠师的基本功以及技术修为还达不到的话，他会忽略掉一些必需的暗示。而少了这些环节，就会让受催眠者在清醒之后出现一些迷茫、头昏、倦怠、四肢乏力、头重脚轻等生理反应。当然，这里面不可避免地也存有受催眠者自身的一些原因，有的受催眠者会在这个过程中自主判断，或者按照自主意愿行动，有时候也会减弱催眠暗示的力量。受催眠者心理一旦强烈的排斥，那么就有可能会造成知觉发生歪曲或丧失。

不过，这些副作用完全可以通过催眠暗示一一消除。对于一个专业的催眠师来说，是很少出现这种低级错误的。只要操作得当，就不会有任何副作用或者不良后果。

人们对催眠副作用的认识很大一部分是从小说、电影里看到的——催眠师利用催眠控制别人去做一些危及社会及他人利益的事情。这种情况在现实中是很少能出

 催眠到底有没有副作用

催眠引起的副作用几乎全部来自催眠师的错误操作，如果你想进行催眠治疗，一定要选择一个责任心强、有经验的催眠师。

生理反应：有些催眠师因为自身经验不足或技艺不精。可能会忘记施加一些必需的暗示。导致受催眠者在被唤醒后有迷茫、头昏、四肢乏力、头重脚轻等不良生理反应。

因病施治：另外，催眠和中医有一点是很相似的，催眠也讲求因病施治。对不同对象，在不同阶段，针对不同反应，会制定不同的治疗方案。但如果没有仔细分析来访者的具体情况。就会容易出现一些问题。

说明：我们都知道不能因噎废食，对于催眠可能的副作用，也应该这么看。催眠的副作用并不像药物的副作用一样不可避免，但即使出现副作用，也有办法来补救和解决。

现的，通常情况下，一个高水平的催眠师会自始至终恪守自己的职业操守，不会去做那些有违职业道德的事情。当然，在受催眠者觉得不放心的情况下，也可以请第三人在旁陪同，以起到监督的作用。

有的催眠师在治疗的过程当中，会发现受催眠者心理情绪方面的反复。这是一种很正常的现象。比如，有严重失眠的受催眠者，在经过几次催眠治疗之后，受催眠者会有几天睡眠非常差的时候，情绪也出现了非常大的反复。这是很正常的，而且这也是问题完全解决的前兆。在治疗心理障碍的时候，在催眠的初期，受催眠者

可能会感觉没有自我，感觉自我意识弱了很多，感觉这样很不舒适，但这恰恰是一个潜意识改变心理防御机制的过程，完全是正常的，所以不需要过多担心。

另外，在进行催眠的过程当中，移情是必需的。移情是指在以催眠疗法和自由联想法为主体的精神分析过程中，受催眠者对催眠师产生的一种非常强烈的情感。原因其实很简单，在催眠的过程中，催眠师直接和一个完全暴露的潜意识进行了沟通、交流，这样能和受催眠者非常迅速地建立起亲和感与信任感，催眠师就是需要这样一种完全的依赖和绝对的信任，来进行心理暗示以及灵性改变。这也正是催眠效果显著的一个非常重要的原因。当然，在心理治疗完毕之后，催眠师也会用相当多的次数对受催眠者进行解移情的催眠处理，这种处理并不复杂，经过处理后，催眠者就会恢复过来，感情如初。

综上所述，催眠后的副作用主要是在催眠中予以不当的暗示语造成的，只要经过再一次的催眠性暗示就能消除，因此不必有所顾虑。催眠副作用常见的表现如下：

1. 一般性反应

在深催眠状态下受催眠者忽然醒来，或经过较长时间的催眠而突然醒来，或是在醒来之前催眠师没有给受催眠者以轻松、愉快的暗示，这些都会导致有些受催眠者出现头晕、头痛、无力、倦怠、多梦等不适应的症状。即便催眠后有感不适，也能在下一次催眠中得以解除，不会给受术者留下后患。

2. 记忆力减退

如果出现记忆力减退的情况，那很有可能是由于在催眠状态下运用了不当的暗示。如果确实有不当的暗示损伤了受催眠者的记忆，甚至对以往的某些记忆也有影响的话，受催眠者就可以在下一次的催眠中进行增强记忆的训练，催眠师可以对其施以增强记忆能力的暗示："通过信息证明，你的记忆功能非常好，在今后的学习、工作或生活中，你会感到你的记忆力非常好，不会再因为记忆力差而苦恼。"经过暗示，受催眠者的记忆可以得到相应的提高。

3. 情绪的改变

在催眠中，由于催眠师对受催眠者的暗示不当，或者对于受催眠者心理矛盾的症结揭露之后没有给予正确的诱导和分析，那么醒来后就会使受催眠者的情绪变得急躁、抑郁甚至疯狂，并且会持续很长一段时间才能慢慢恢复。

4. 人格的改变

人格的改变也是由于催眠暗示不当造成的，因此催眠师应该注意避免发生这种情况。一旦发生了，一定要处理好这些问题，不要给受催眠者带来更多的、不必要的伤害。尤其需要指出的是，催眠师在实施催眠时不能以本人的一些不良人格影响受催眠者，迫使受催眠者发生改变。

一个合格的催眠师要对操作的全过程正确把握，对催眠状态的典型特征了然于心，对催眠过程中的突发事件妥善处理，并且能娴熟、准确地运用暗示指导受催眠者，敏锐的观察受催眠者的表情、神态以及心理变化。

我为什么不容易被催眠

通常情况下，对于第一次做催眠治疗的人，催眠师会为其实施催眠敏感度或催眠易感性的测试。催眠敏感度、催眠易感性，都是指一个人进入催眠状态的难易程度。催眠敏感度是较为常用的称呼，催眠敏感度测试包括雪佛氏钟摆测试、手臂升降测试、双手紧握测试、身体后倒测试、柠檬（苹果）观想测试等；而催眠易感性测试主要是卡特尔 16 种人格因素测验。

一般来讲，约有 95% 的人都有相当程度的催眠敏感度，而另外 5% 的人很难被催眠。也就是说，只要一个人是正常的，就能够被催眠，只是催眠时间的长短有所不同。有一些很难被催眠的人必须被施以反复、长时间的诱导，有的可能需要三四个小时才能进入催眠状态。而那些敏感度高的人，几分钟就可以进入状态。所以，时间越长就越考验催眠师的耐心和技术。

催眠敏感度越高的人，就越能让催眠师得心应手，轻松地施展各种催眠技巧。有些人认为容易被骗的人就容易被催眠，这种观点是不正确、不科学的。事实上，许多精明能干的、社会成就高的人是很容易被催眠的。当然，催眠敏感度是一种十分稳定的特征，通常是在青春期以前最高，然后呈逐渐下降的趋势，年纪超过七十的老人，就没有那么容易被催眠了。

被催眠从一定程度上来讲是一种能力，这种能力越高的人，就越能从催眠中获得相应的益处。一般来说，有下面特质的人，其催眠敏感度会比较高：

容易放松。

愿意信赖催眠师。

专注力高。

好奇心强。

想象力丰富。

智商高。

我真的被催眠了吗

可能每个开始尝试催眠的人，都会怀疑自己是否真的被催眠了。许多被催眠过或者听过催眠录音带的人，都有一个共同的疑问，那就是："当时我真的被催眠了吗？如果是的话，怎么我没有感觉呢？"其实，催眠并不是人们想象中的那种会陷入无意识的状态，也不会有非常明显的生理反应。

基本上，在低度与中度的催眠状态下，当事人的意识是很清醒的，就算进入深度催眠状态，有的人也会内心杂念平息，感觉比平常要更加清醒。所以才有人会怀疑自己有没有真的被催眠。这些对催眠表示怀疑的人，还会有这样的一个疑问：不论是催眠师说的话还是动作，我都清楚地知道，这样的催眠会有效果吗？

答案当然是肯定的，因为几乎所有的催眠治疗都可以在"感觉上很清醒"的催眠状态下完成。那么，到底怎样才能知道自己是不是真的被催眠了呢？这里有几个诀窍，归纳为以下几点：

首先，在自我意志不参与的情况下，会体验到潜意识接管的状态。例如，要求受催眠者不控制、不压抑的条件下，手臂能够自动举起来，身体会摇晃，食指能够自行弹动等。

其次，想要调动自我意志，却无法克服催眠师的禁止指令。例如，催眠师下指令暗示受催眠者，从 1 数到 10 的时候，会跳过 6，对于很多人来说，这是一次非常震撼的体验，尤其是对于那些数到 5 之后拼命想数出 6 却数不出来的人，则将成为终生难忘的一刻。当然，常常练习自我催眠的人不需要从 1 数到 10，只要闭上眼睛，让自己安静下来，就能进入很舒服、放松的状态，进行积极的自我暗示。

最后，催眠师下指令暗示受催眠者展现出平常所没有的能力，这种能力让受催眠者自己感觉到惊奇万分。例如，某位催眠师在一群人中选择了几位催眠敏感度比较高的人，并对他们下指令说："等一下当我在你的后脑勺连续轻拍三下时，你就会睁开眼睛，并且发现你可以看到人体的气场，清楚地看见包围在人体周围的灵光。然后，我要请你仔细地看清楚在场的每一个人。"为了避免后遗症，催眠师再加一道指令说："你这种看见灵光的能力只可以维持 5 分钟，5 分钟之后，你就会恢复原状，一切如常。"结果，几个人尝试之后表示确如催眠师所说。

前世催眠真的存在吗

关于催眠里面前世的这个说法，催眠界一直以来都争论不休。国外很多专家一直在研究前世催眠，甚至有一些大学专门成立了超心理学系，研究前世、前世催眠以及心灵感应等神秘的话题。实际上，催眠里面所谓的"前世"，未必是大家传统意义上所理解的前世，而很有可能就是受催眠者内心的呈现，也许是人的一种渴望，也许是人的瞬间记忆。

有人说，人的灵魂是永生的，死亡只是肉体的死亡，灵魂则是可以进入另外一个生命周期的。在一些国家和民族、部落里，人们甚至欢庆死亡，因为他们认为，人的灵魂步入了一个新的发展阶段。也曾经有报告提到过，人们在被催眠之后，能够回忆起自己"前世"的生活。"前世"真的存在吗?

科学家普遍表示很难接受催眠能够让人回忆起前世的这种观点。有研究报告曾经指出，受催眠者能够叙述出那样详细的故事，除非他是真正经历过那样的生活，

如何看待前世催眠

很多人对前世催眠感兴趣，那么前世催眠是怎么出现的呢？为什么有些催眠师自己不相信前世，却也会对受催眠者进行前世催眠呢？

前世记忆是怎么出现的

心理学家认为人类的记忆机制是一种再创造的过程，没有完全客观精确的回忆，有些人甚至会随着内在的期待与需求，杜撰出栩栩如生的虚假记忆，但这些不妨碍其解决问题的有效性。

为什么使用前世催眠

催眠师对前世催眠的看法不尽相同。很多催眠师并不相信有什么前世，但他们有时也会使用前世催眠，甚至设法让受催眠者相信前世，这是因为有时前世催眠对受催眠者解除困扰有很好的效果。

何时采用

对身心健康有益的方法技巧，不必过于关注其是否符合科学，对于适合的患者果断使用。

何时不采用

对于身心健康无益、不实用甚至有害的方法和技巧，即使符合科学依据，也应该果断摒弃。

否则是绝对不可能讲得出来的。关于这一点，各界专家们也都做了大量的实验。可是，即使能够证明那些事情的真实性，受催眠者能够回忆起的被催眠之前不曾知晓的事情难道就是前世的生活吗？

如果我们要承认人在催眠状态下能够回忆起自己“前世”的生活，那么又必须接受这种观点——受催眠者能够回忆起的被催眠之前不曾知晓的事情，就是自己前世的生活。有观点认为，那些受催眠者叙说的仍然是他们在现实生活中所了解的一些事情，只不过是因为他们在很长一段时间里没有想过这些事情而已。其实除了催眠之外，人似乎也可以通过做梦来回忆自己的前世。

不管是催眠状态，还是梦境状态，都是人的意识进入了不同的层次。只要人们能够学会自我放松，就会很容易进入这些状态。其实，能够回忆起自己“前世”的人都具有非常好的催眠易感性，当催眠师暗示他们能够回忆起自己的“前世”时，他们就会按照催眠师的指令，想象出自己“前世”的生活，并且相信自己“前世”就是那样生活的。可以说，他们能够回忆起的信息是准确的，但是不完全是自己真正的经历，其中有一部分可能是来自影视、书本等，还有一部分则极有可能是杜撰的。

另外，催眠不一定就是促使他们回忆起这些事情的直接原因，催眠的作用很大程度上只是使那些催眠敏感度比较高的人相信自己的确曾经有过这样的“前世”生活。

有一个受催眠者说自己从来没有去过草原，可是在催眠状态下可以清晰地看到草原上的场景，好像真的就是“前世”一样。这个受催眠者完全有可能是在电视、图片上等看到过草原的景色，而且当时印象比较深刻，再加上自己丰富的想象力，塑造出了一幅草原的风景。这位受催眠者为什么会选择“前世”是在草原，其实这只是反映出了他真实的内心世界——对草原的某种热爱、眷恋，而不是真的回忆起了所谓的“前世”。

其实，在实际的催眠治疗过程中，催眠师并不会过多地关注催眠“前世”是不是真的，他们更多关注的往往是这种催眠对于受催眠者是不是有好处。对于我们来说，以开放的心灵、批判的态度来面对催眠治疗，才是明智的选择。

进入催眠状态会不会醒不过来

相信很多初涉催眠的人都问过催眠师这样一个问题：如果我进入催眠状态，会不会醒不过来呢？事实上，这是绝不可能发生的，迄今为止也没有任何医学文献曾记载过这种情况。这就好像无论夜间的睡眠多么舒适而深沉，人总是会醒过来一样。这一点首先要肯定。但是同时也会有这样的情况：因为催眠实在太放松、太舒适了，所以受催眠者暂时就不想醒来了，但是这并不等同于进入催眠状态之后就真的醒不过来了。

在经过催眠师的暗示之后，受催眠者就会在身心放松的同时，回忆起自己曾经美好的经历，这就会使人很想沉浸在其中，而不想那么快醒过来，恢复到现实的状态，在这种能够暂时摆脱世俗忧愁烦恼的轻松愉悦心情中，可能会有个别受催眠者在接到结束催眠的指示时反问说："可以等一下再结束吗？我想继续体验一下，这种感觉很好。"

这时候，催眠师可能会继续让受催眠者好好享受这种美妙的感觉，同时催眠师也会暗示受催眠者，等到受催眠者享受够了的时候，就随时可以睁开眼睛。因此，担心催眠程度过于深，会一直陷在催眠状态中醒不过来的想法是不正确的，也是不科学的。

在催眠的过程中，受催眠者和催眠师会保持着非常密切的感应关系。在外人看来，受催眠者好像什么都不知道，其实他一直和催眠师进行着潜意识的沟通，保持着密切联系，催眠师下达唤醒指令之后，受催眠者就会醒来。当然，如果在非常放松、非常舒适的催眠状态下，进入自然的睡眠状态，也是很正常的事情。同样，在平时正常的自然睡眠状态中，也可以通过催眠术使其转入催眠状态，这就称之为睡眠性催眠术。

孕妇也能被催眠吗

孕妇可以被催眠吗？当然可以。

对于孕妇的催眠一般是心理操作，不需要服用药物，所以在安全问题上是不用担心的。尤其是在怀孕初期，与化学有关的药物孕妇最好不要服用，尤其是在前3个月——胎儿发育的关键期，孕妇应当尽量不服药以降低畸形儿的概率。每个孕妇可以根据自身的知识水平、性格、兴趣、爱好以及其他实际情况，订立一个适合自己的催眠计划。催眠的方法不必过于强求一律，只要是对自己有帮助，适合自己的就可以。

孕妇只要懂得运用催眠的技巧，就可以适当地施以催眠来加强健康、缓解症状、自我治疗。当然，现代的医疗技术和生产环境可以为孕妇的生产提供非常安全的照护，因此孕妇只需要心情放松，多给自己信心即可，不要给自己增加不必要的压力。

在催眠的过程中，孕妇要始终保持乐观的心情，催眠师也应当给予正面暗示，暗示可以是：你将会生下非常可爱、漂亮、聪明的宝宝，你的生产过程会很顺利，而且产后你会迅速恢复身材，甚至会变得比原来更好，孩子以后也会健康快乐地成长，人见人爱。

当孕妇的情绪发生变化时，其腹中的宝宝也会接受相应的变化。所以，在孕期时，孕妇及家人都会注意胎教。在胎教的过程中进行催眠的话效果也会更好，因为催眠可以使孕妇放松，减低她们的焦虑，消除她们恶心的感觉。同时，催眠也可以使生产过程缩短 3 个小时左右，使生产过程更加顺利。对于麻醉药过敏的孕妇，催眠不仅可以助产，更可以增加母子双方的安全，同时还可以提高孕产妇及胎儿的健康水平。

令人遗憾的是，现在还少有妇产科医生懂得运用催眠。

能将动物催眠吗

动物也能被催眠吗？动物不懂人类的语言，为什么可以被催眠呢？看过催眠秀、催眠表演的人一般都会产生这样的疑问。

稍微了解一些催眠术的人都知道，暗示是催眠现象产生的关键所在，是催眠的心理学基础。催眠师正是借助暗示的力量将受催眠者引入催眠状态，并对其开展心理治疗、进行潜能开发等。那么，那些根本无法听懂人类语言的动物，怎么接收这些暗示的指令呢？

实际上动物是不会被催眠的，因为它们无法了解人类的语言。所谓的“动物催眠”与人类的催眠治疗是毫无关系的。人们通常所提及的“动物催眠”是通过压迫动物颈部动脉的方法带领它们进入所谓的“催眠状态”，我们日常所提及和使用的催眠则是指人类通过采用特殊的行为技术并结合特定的言语暗示，使接受催眠的人进入催眠状态中。从这个角度来看，人和动物的催眠本质上是不同的，所以，“动物催眠”不属于人们日常所提及的催眠范畴。

常见的鸡、鸭、兔子、青蛙甚至鳄鱼，在催眠师的催眠下，它们的肌肉就像软掉了一样，任由催眠师摆布，再或者是催眠师对着这些动物摆弄一番或者耳语一番之后，它们就逐渐安静下来，静止不动了。催眠师的这些手法会让那些不明白其中原理的人会产生对催眠的恐惧感。

其实，在真正了解了答案以后就会消除恐惧了。在观看催眠师进行动物催眠表演时，心细的人可以发现他在操作的过程中不时用拇指按住动物的颈部动脉，等到它窒息休克之后就松开了手，这个时候，动物已经四肢瘫软了。在观众们的赞叹声中，这位催眠师就完成了一次所谓的“动物催眠”表演。

除了让动物窒息进入所谓的“催眠状态”之外，还有其他的方法来进行动物催眠表演。例如，不同的动物有着不同的神经敏感区，有催眠师就是通过刺激这些动物的神经敏感区来使它们进入短暂的休克状态；还有一些动物在遇到强烈的外界刺

 动物催眠的秘密

动物催眠不是真的催眠，只是舞台催眠师利用动物本身的生理特点使其出现如同睡眠一样的现象罢了。以下就是几个常见的动物催眠使用的方法。

1. 催眠青蛙：把青蛙肚皮朝上放桌上，用手指按住肚皮几秒钟后松开，青蛙会保持刚才的姿势。要结束时，在旁边打个响指，同时快速把它翻转过来，它就会很快醒过来。

2. 催眠龙虾：让龙虾大头朝下，让它的头和两只钳子支撑体重，几秒钟后它就会一直保持这样的姿势不动了。要结束时只要把它重新平放在桌面上就行了。

3. 催眠兔子：把兔子肚皮朝上两耳分开放桌上，保持 30 秒后小心地挪开手，它会一直保持不动。要结束时朝它鼻子猛吹一口气，同时把它侧翻过来，它会立刻醒来跳走。

说明：能被“催眠”的动物还有很多种，只要掌握了动物的生理特性，即使你一丁点儿催眠理论都不懂，也可以顺利地把它“催眠”了。

激时，会出现“假死”状态或“木僵”状态，从而也可以达到圆满的舞台效果。一些催眠师会对动物进行爱抚以达到“催眠”，这一点，其实我们在生活中不难体会。对于那些与自己特别亲近的小宠物，如小狗，如果被我们抚摸得非常舒适的话，小狗就会进入浅浅的睡眠状态。另外，还有一些催眠师会使用驯兽员的方法，利用食物刺激来使动物装死以配合其表演“动物催眠”。

第二篇

学习催眠术就是这么简单

第一章 实施催眠必须了解的 8 个问题

哪些人可以成为催眠师

谁都可以成为催眠师吗？成为催眠师需要怎样的条件呢？催眠师应当具备哪些素质呢？这些都是人们常常问到的问题。

要想成为催眠师，不一定必须具备特定的条件，但是如果具备了下面的条件，将更有利于成为优秀的催眠师。

拥有自信

有的人对于自己所要讲的话始终抱着十分的信心，即使在道理上有些靠不住，有时还显得有些牵强附会，但是他们也尽力使别人去相信自己的话，有时候他们武断的措辞会使人产生强加于人的感觉。这种类型的人，可以被认为是过分自信型，在实施催眠术时，他们往往能够以居高临下的姿态对被催眠者进行有说服力的诱导暗示。没有自信的语言表达会使对方产生不信任，甚至成为影响对方进入催眠状态的障碍。所以，催眠师的自信是引导受催眠者进入催眠状态的重要因素之一。

形象良好，身体健康

催眠师的形象是相当重要的，因为只有给人一种形象良好、身体健康、积极向上的感觉才能让受催眠者更加信任，所以催眠师本身一定要注意自己的形象和身体健康问题，应该做到衣着整洁、仪容端庄。另外，在催眠术的施术过程中，催眠师需要长久地付出身心上的努力，所以一定要有健康的身体才能胜任催眠师的工作。为了保护受催眠者的安全，催眠师也不能有传染病。

成为催眠师的条件

如果要想成为催眠师，你必须满足几个催眠师必备的条件。另外，如果你本身就具有某些形象特征，对于你成为催眠师就更加有利。

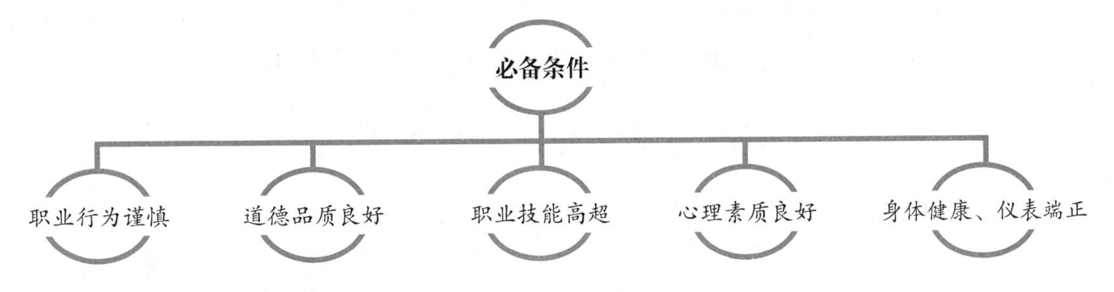

催眠师的其他形象特征

1. 形象良好。给人形象健康、积极向上的感觉才能让受催眠者更信任。

2. 高度自信。能够以居高临下的姿态对受催眠者进行有说服力的诱导。

3. 表情温和。相貌严肃的人往往会使受催眠者产生戒心。

4. 声音低沉浑厚。低沉浑厚的声音对进行催眠暗示有利。

表情温和，具有人情味

令人产生畏惧感、压迫感的表情，往往会使被催眠者产生警戒心和自卫心，难以进入催眠状态。人的相貌虽然不能改变，但是表情是可以改变的。因此，表情生硬的人和表情严厉甚至凶恶的人应该尽量注意做出温和的表情来。

声音为低音质且具有浑厚感

大部分学者认为，低音质而有浑厚感的声音对催眠暗示有利。但这并非决定性的因素，有的人虽然音质高亢，但是作为催眠师，并不一定就比低音的人差。

哪些人能被催眠

所有的人都能接受催眠吗？上面我们曾经简单提到过，只要一个人是正常的，就能够被催眠。而关键在于催眠时间的长短有不同，加之催眠敏感度的不同，也就使得接受催眠术的人所取得的效果不尽相同。就是说只要你是正常的，你就可以被催眠，但是能否取得良好的催眠效果，达到最佳的治疗状态，则取决于受催眠者是否符合以下的条件。

精神状态

如果一个人精神状态比较好的话，会有利于沟通与交流，而注意力难以集中或是有明显精神病态的人，被催眠所花费的时间要长一些。另外，在催眠过程中有意识障碍的人，被催眠的难度则更大一些，花费的时间也要更长一些，所以对催眠师耐心的考验也会更大一些。

催眠敏感度

催眠敏感度决定着受催眠者的被催眠能力，以及获得某种催眠状态的能力。实验证明，催眠敏感度过低者不适宜接受催眠，催眠效果不明显。催眠敏感度越高的人越能快速地进入催眠状态，而感受性偏低的人必须要进行反复、长时间的诱导暗示才能进入催眠状态。

年龄要求

通常情况下，年龄越大，就越不容易进入催眠状态。在伦敦进行的一项相关的调查发现，7 ~ 14 岁的儿童催眠敏感度比较高，在这一年龄阶段中，他们的催眠敏感度常随着年龄的增长而提高，然后维持在某一最高水平上。40 岁以上的人催眠敏感度就比较低，年龄越往后就越难进入较深的催眠状态。此外，人的心理在整个生命过程中都会发生变化，因此，催眠敏感度的变化也可能受到心理变化的影响。如果受催眠者心理上十分信任催眠师，也较容易进入理想的催眠状态。

性　别

相对而言，女性往往比较感性，男性则比较理性，所以女性的催眠敏感度要普遍高于男性。女性在性格特征方面也是比较突出的，所以进入催眠也就比较快。

心理因素

催眠师应该注意在对被催眠者进行暗示之前营造一个融洽、轻松的心理氛围。患有心理疾病的人，严重的偏执狂患者、精神分裂症患者、抑郁症患者、脑器质性精神疾病伴有意识障碍的患者，以及对于催眠有严重恐惧心理的患者等，是不适合被催眠的。这些患者在催眠状态下可能导致病情恶化或诱发幻觉妄想，有的还会引发思维混乱，如果强制进行治疗的话，则可能加重症状。

智商要求

催眠术是以心理暗示为基础的，在这个基础上就要求受催眠者一定要能听懂暗示，如果受催眠者的智力发展比较迟钝，那就难以理解、领会、遵循催眠师的要求，也就无法接受暗示。通常来讲，智商低于 20 的人是无法理解催眠暗示语的，所以也就不适合接受催眠方面的治疗。

生理健康

催眠术的实施对人的生理健康也有一定的要求，重度感冒、发高烧、腹泻、瘙痒性皮肤病患者以及患有呼吸系统疾病、心血管疾病（如冠心病、心力衰竭、脑动脉硬化等）的人是不适宜接受催眠术的。这些患有严重生理疾病的患者，通常注意力不能集中或者精力不够，不适宜接受催眠。

在哪儿可以被催眠

催眠是不是在哪儿都可以进行呢？当然不是，催眠需要专门的房间。如果有设备齐全的催眠室，当然是最好不过了，但是一般情况下，这样的条件是难以具备的。那么，就需要尽量利用普通的房间，开辟出一个类似于催眠室的专门房间来进行。

实施催眠术需要专门的房间

房屋的大小。房间太大了，会使人有精神散漫和空虚的感觉，容易使人分散注意力，而太小的话，又容易使被催眠者产生一种压迫感。一般来说，10平方米左右是最为合适的。

室温。室温不宜过冷或过热，一般保持在常温就可以了，温度主要以被催眠者感觉舒适为最佳。

室内照明。如果有强烈的阳光射入室内，或者有故障的灯管一闪一灭，这都是不合适的，这样会给被催眠者造成恐惧感。另外，直接照明也不好，会过于刺激被催眠者的眼睛，使其不能集中注意力，所以以柔和的灯光间接照明是最合适的。

按照上述要求，简单地制造这样的灯光比较好：首先挂上窗帘，防止阳光的直射，让灯光照在白色的墙壁或窗帘上，选择间接照明效果最好，而不是让灯光直接打在被催眠者身上。对于10平方米的房屋使用40W的灯就足够了。如果被催眠者有特殊要求，也可以适当进行调整。

声音、气味等。要避免人群的喧闹声、楼道走步声、水管流水声，不要让噪声进入房间。最好用较厚一些的窗帘。除此之外，还要避免电视、空调、电扇、换气扇等家用电器的声音，要让被催眠者集中注意力，在一个安静的环境下进行催眠治疗。关于气味，要避免放置有臭味或异味的东西，木材味、涂料味比较强的房屋尽量不要使用，以免损害被催眠者的身体健康。

专业的设计

一个完备的催眠室需要非常专业的设计，必须注意以下几个方面。

防音。如果吸音太强，暗示的意图就难以转达，恐怖感会增强。与之相反，音响效果太好，受催眠者则不易冷静下来。音响效果最好是不完全的吸音装置，完全的防音（无音）会导致没有回音，使人感到异样，反而产生不好的影响。通常把室内音量控制到被催眠者可以承受并觉得合适的程度就可以了。

墙壁混凝土200毫米厚，然后是纤维板，在其中加入玻璃棉等吸音材料，适当

催眠室的专业设计

催眠需要专门的房间，我们可以利用普通的房间，营造出一个类似于催眠室的环境。怎样利用普通的房屋达到和催眠室一样的效果呢？

催眠室的具体要求

1. 房屋大小

太大使人有散漫和空虚感，容易分散注意力，太小则容易产生压迫感。

2. 室内照明

以柔和的灯光间接照明是最合适的，灯光亮度应可调节。

照明：采用间接照明的方法，具有色彩照明的效果，还要安装调节这些照明设施亮度的装置。另外，家具要单一，墙壁、地板、天花板的色彩要和谐，具有协调性。

3. 声音气味

避免喧闹，不要让噪声进入房间。避免家用电器的声音。避免异味。

4. 室内温度

室温不宜过冷或过热，以受催眠者感觉舒适为最佳。

防止噪声：催眠室要能让人平静下来，所以要一定程度上隔绝噪声，但不能完全隔绝，因为吸音太强不容易传递暗示。

地使用有孔板比较好。有条件的话，催眠的房间尽量选择平开窗，而不是推拉窗。对于已经采用推拉窗的房间，只能根据噪声的来源选择开窗户的方向，以最大限度减少噪音。催眠室内还需要有专门的背景音乐。其实，关于催眠室的设计，防音这个问题是最为难作的，有必要请具备专业知识、有经验的人加以指导。

照明。采用间接照明的方法，具有色彩照明的效果，还要安装调节这些照明设施亮度的装置。

空调。要保持一定的温度、湿度和适宜的空气流通。另外，要注意避免空调的噪音。

测定器。在预备室内装有测定器，能够根据需要进行测定、录音。

通向预备室的完备的传导设备。单面反光玻璃（镜）；心电图、脑电图、测谎仪，以及其他的电子技术测定装置的传导电缆；监听声音或录音等用的配线。

室内的装饰、设备。家具要单一，墙壁、地板、天花板的色彩要和谐，具有协调性。

催眠时的坐姿

进行催眠时，需要采取特定的坐姿。保持正确的坐姿，在催眠过程中起着举足轻重的作用，因为随着催眠的不断发展与深入，姿势也成为越来越重要的环节，所以绝不能忽视。

首先，要让受催眠者尽量身心放松地坐着，注意不要让受催眠者的胳膊、腿脚等发麻。尽量减少对受催眠者心理和生理上的刺激，不要让受催眠者感觉不舒适。同时也要尽量避免选择那些长时间坐着会使人腰痛的硬椅子。

其次，要注意参考受催眠者个人日常生活的习惯坐姿来安排，比如说，中年妇女多数认为静坐在椅子上会比较舒适，而有一些中年男性则平时喜欢微微打开双腿，整个臀部坐在椅子上。因此，催眠师应委婉地询问一下受催眠者的习惯，然后采取适当的坐法，为下一阶段的催眠做准备。

再次，安抚受催眠者的情绪。有些受催眠者，特别是第一次接受催眠治疗的人，由于不安、紧张和恐惧等情绪，往往会变得非常拘谨，身体也会随之变得非常生硬。肩膀、手臂、手腕、两腿、两足等，全身都绷着劲儿，表情也极不自然。这种坐法是不正确的，催眠师需要逐步进行安抚、调节。

最后，催眠者站在受催眠者的正侧面，先让受催眠者站起来，再让其坐下去。这样一站一坐，受催眠者的背部有一个悬空的过程，一般就能够使其放松了。如果这样做没有效果的话，那么催眠师最好对受催眠者进行全身抚摸，使其能够真正地放松。

例如，如果需要两肩放松，催眠师应当边说边用两手轻轻地搭在受催眠者的肩上。接着，从肩部开始，按照由肘部到手的程序轻轻地往下抚摸。抚摸的过程中，在注意力度的同时，还要观察受催眠者的放松程度，如果一两次没有效果，则就要反复多次进行。为了确定受催眠者是否能够做到真正的放松，催眠师需要进行简单的试验。其方法是：催眠师一边说着暗示“把你的十个手指放松，让它们处于很舒适的状态”，一边拿起受催眠者的两手，轻轻地上抬之后再放开。这时，受催眠者被上抬的手如果是“啪”地一下自然落下，就说明已经很放松了。其实，这些放松练习也是暗示催眠的开始，只有完全放松了，受催眠者才能更好地进入催眠状态。

催眠语有哪些使用要求

催眠语，是指催眠师在诱导受催眠者进入催眠状态时对受催眠者所讲的一些暗示性的话语。有人曾极端地说，催眠术的奥秘无非就是催眠暗示语的使用法。在大多数情况下，语言是催眠师实施催眠、使受催眠者接受催眠暗示的主要媒介。催眠语在催眠过程中确实有着举足轻重的作用。催眠语也是一门艺术，除了要注意轻重缓急以外，还有一些其他的具体要求，这需要催眠师不断练习，直到熟能生巧。

第一，语调要抑扬顿挫，节奏要有缓急强弱。

催眠语的使用，绝不像念新闻稿那样，只要念准确、流畅就行，也不能像有些学生背诵课文一样死死地记住就万事大吉。它有点像表演艺术家的工作，其实施过程可以称得上是在演出一场非常精彩的话剧：首先将人物推上一个空白的舞台，以最初的情况设定并构成剧目，一边推敲着剧情一边完成剧本。决定该剧目成功与否的关键，就是具体的说话方法，也就是催眠师语调的抑扬顿挫，语言缓急强弱的节奏。其次，没有任何有助于剧情进展以及烘托剧目效果的方法。

第二，不要使用命令语气。

催眠语的语气大体上可以分为权威语气和教诲语气两种。权威语气——预言性地指示动作的方法，如“你就这样倒向后方”；教诲语气——暗示可能性的温和说法，如“你可以那样倒向后方”。“快倒向后方”这样的命令语气，会使受催眠者失掉对催眠以及催眠师的信任。因此，催眠语中是严禁命令语气的。

第三，不使用疑问等不确定的语式。

像“你能做吗”“做一个来试试看”等不确定的说法，有时会使受催眠者产生犹豫或者表示出毫无理由的拒绝态度，从而阻碍催眠过程的继续。因此，催眠语的内容一定是要把状况具体化并且带有明确的结论性，如“你就这样站立起来”，“你的手臂已经不能弯曲”。这种语句能让受催眠者明白自己接下来该怎么做，不至于迷茫。

第四，将来式比现在进行式更容易产生作用。

“现在，你做……”这样的说法，不如采用像“下面，我拍一下手，你将……”的催眠语。临床经验表明，将来式催眠语比现在进行式更容易产生作用，更容易促使受催眠者采取行动。

第五，注意拟造具体的形象。

比如，在进行催眠美容时，如果采用“你的腰部渐渐地收紧、变细”这种说法，则不如采用“就像 ×× 的腰那样渐渐地收紧、变细”的说法，后者更能使受催眠者从暗示中浮想起具体的形象来，从而有比较的对象，有利于提高催眠效果。

第六，重复暗示。

就像领着宝宝学走路、学说话一样，在催眠状态浅的情况下，重复暗示的效果更大。向表面意识的传达与向无意识的暗示传达，存在着相当的“时差”。要用实际的感觉抓住这种差别，在注意反复效果的前提下使用催眠语，这样可以加深催眠语在被催眠者心中的印象。

第七，注意不要前后矛盾。

在进行催眠暗示时，一定要思路清晰，不要前后矛盾，发生抵触，否则就会混淆受催眠者的感受性，造成受催眠者的混乱。

以下是诱导受催眠者入睡的催眠语：

“现在请把眼睛闭起来。希望你能认真、耐心地听我说话，内心要保持清净。来，先放轻松……你的眼睛要闭起来……眼睛闭起来！希望你觉得很轻松、很舒适，心里什么杂事都不要想，除了我的话，什么都别想……什么都别想……眼睛闭起来！舒舒适服地闭着眼睛，保持内心清静，除了我的话以外，什么都别想……你的心已经慢慢宁静了……宁静了……一切都安静下来……你整个人现在非常舒适……很舒适……

“你觉得双臂很重吧……你觉得双脚很重吧……来，放松你的双臂，放松你的双脚，放松，放松……全身放松……放松两腿的肌肉，放松手臂的肌肉，放松全身。仿佛你已经回到了冥冥之中，回到了冥冥之中……你已在冥冥之中，你会觉得更加放松，更加舒适……你更加放松……更加舒适……你现在可以感觉到你的肌肉放松了，放松了，彻底地放松了……接下来感觉很轻松……很轻松……整个人从头到脚已经完完全全放松了，放松了……

“你现在只能听到我的声音，只听到我的声音……只听到我的声音……只听到我的声音，除了我的声音，你什么也听不到，你现在内心很清静，很清静……全神贯注，只听到我的声音。现在你会觉得很放松，很舒适，全身都很松弛……全身都很松弛，你开始想睡了……全身都很松弛，你开始想睡了……很想睡了……非常想睡……你的内心很清静……只听到我的声音……你觉得全身放松，全身舒适。有规律地深呼吸……有规律地深呼吸……深深地呼吸……深深地呼吸……放松全身……放松每一个细胞……只听见我的声音，保持内心平静。你已经开始入睡，开始入睡……保持内心的清静……你已经入睡……你已经入睡……你已经睡着了……已经睡着了……你已经深深地睡着了。深深地睡着了……舒舒服服地睡吧……深深地、舒舒服服地睡吧……你睡得更深，更舒适……你睡得更深，更舒适，更深，更舒适，更深，更舒适……你深深地睡着，舒舒服服地睡着……保持内心的清静，你睡得更深，更舒适……你睡得更深，更舒适。深深地舒舒服服地睡着……睡着……睡着……你尽情地睡吧，我过半个小时后再来和你聊，放心，在此期间不会有任何人来打扰你，你尽管放心地入睡……”

催眠师应做好哪些准备工作

如果要顺利地施行催眠，并收到预期的良好效果，那么，在实施催眠之前应当做好充分的准备工作。准备得是否充分，对于催眠师和受催眠者来说都很重要。催眠师在实施催眠之前应当对受催眠者做全面、详细的调查，并与其进行充分的交流，不论受催眠者是自愿还是被动地接受催眠治疗，催眠师都要根据其文化程度、社会背景、身体健康、心理素质、催眠敏感度的高低以及接受催眠术的动机、目的等，实施催眠前的心理准备工作，确定相应的治疗方案，这也是作为一名合格的催眠师应必备的专业常识。

一般来讲，实施催眠前，催眠师的准备工作如下：

首先，催眠师应当了解受催眠者接受催眠术的动机、目的、迫切性，以及受催眠者对于催眠术的认识程度。这样就可以根据受催眠者的具体情况来制定方案。另外，还要了解受催眠者的个性特征以及其对自己心理障碍的了解程度，然后经过催眠敏感度测试确定具体的催眠实施方案。不同的人有着不同的情况，不同的疾病有着不同的治疗方法，而且病情的不同阶段也有着不同的催眠方法，所以催眠语和治疗方案的制定，不能墨守成规、千篇一律，要做到适时而变，要根据受催眠者的具体情况做出相应的调整。

其次，实施催眠之前，催眠师应当根据受催眠者的文化程度、社会背景，向其介绍关于催眠术的一般知识，消除其对催眠治疗的疑惑、忧虑以及对催眠的误解，使受催眠者能够理解催眠的真正定义。这样，催眠师与受催眠者后面的配合将会进行得更加顺利。在实施催眠术之前，还应当进行必要的放松训练，只有彻底地消除顾虑，得到放松，才有信心接受催眠并与催眠师充分合作，达到催眠治

 与受催眠者沟通的细节

要想顺利地实施催眠，并收到预期的良好效果，在催眠之前就应当做好充分的准备工作。各方面准备是否充分，对于催眠师和受催眠者来说都很重要。

与受催眠者沟通的顺序

1. 了解对方的动机目的
2. 了解对方的身体状况、心理素质
3. 了解对方的文化程度、社会背景
4. 测试对方的催眠敏感度及其他
5. 做好准备工作，确定治疗方案

与受催眠者沟通很重要

疗的最佳效果。

催眠治疗中，帮助受催眠者抚平情绪、建立信心是最主要的。在此过程中，要使受催眠者感到催眠师是在竭尽全力，最大限度地为其解除病痛。另外，催眠师要逐步取得受催眠者的信赖，只有在双方相互信任的基础上，才能更好地开展工作。接下来，催眠师会运用专门的引导技术，通过想象、渐进等让被催眠者进入催眠状态；当被催眠者潜意识逐渐增强，就会把隐藏在心底的情绪说出来，从而减轻心理

上的负担。

无论是采取哪一种形式的心理治疗，都必须通过医患双方的沟通与交流而完成，这是必要的前提条件，也是医疗成功的重要保证。临床证明，相互信任的亲密关系能够明显减轻受催眠者的不安和焦虑，增强受催眠者的信心，更容易进入催眠的状态。因此，在实施催眠之前，催眠师应努力建立良好的医患关系。这种医患关系是一个双向的心理互动过程，所以催眠师一定要有坚定的信心与耐心，用乐观的思想和坚强的意志对待前进道路上的一切困难。

受催眠者应注意哪些问题

对于受催眠者来说，在接受催眠之前一定要注意身体情况，要有正确而坚定的信念，同时还要注意其他一些问题。这些问题同样不容忽视，它们是心理治疗成功的关键。

身体情况

受催眠者在接受催眠治疗前要注意排空大小便，而且注意不要吃得太多、太饱，要绝对禁止饮酒，尽量不要服用人参、激素等，尽量保持有规律的生活习惯，以良好的精神状态接受催眠治疗。另外需要注意的是，在出现腹泻、高烧或者患有瘙痒性皮肤病时，不宜进行催眠，应当等到身体完全康复时再进行。在催眠治疗的过程中，受催眠者身体有任何不适都是不正常，此时一定要马上跟催眠师反映并要求立即停止催眠。

那些对催眠术不甚了解的人以为在受催眠者将要睡觉之际，实施催眠术的效果是最好的。而事实恰恰相反，在受催眠者疲劳欲睡之际最不宜也最不易实施催眠。因为这个时候的受催眠者因过度疲劳无法专注于某一件事情，注意力涣散，极欲进入正常的睡眠状态。而在受催眠者精神饱满的时候，其注意力是最容易集中的，因此非常易于接受催眠暗示。

正确而坚定的信念

“心诚则灵”常常被理解成唯心主义的一种表现。其实，对于以心理暗示为机制的催眠术来说，能否取得成功在很大程度上取决于受催眠者“心诚”，即怀有正确而坚定的信念。信念是成功的基石，作为被催眠者，要有坚定的信念。因为不管病情是好还是坏，都要以乐观向上的信念来支持自己。

受催眠者一定要清楚，催眠治疗是为了帮助自己解除心理上的疾患，并对此信念坚定不移。在催眠过程中最大的障碍就是受催眠者的紧张、惶恐与不安，这是由于受催眠者缺乏对催眠术正确而坚定的信念而引起的。这个时候，如果受催眠者想以最有效率的方式减轻病痛，创造美好人生，就一定要学会清除自己潜意识里的所有负面信念，鼓励自己树立信心，相信催眠师，并且积极配合催眠治疗。

心态与表现

受催眠者在催眠过程中必然会产生种种心态与表现，这些心态与表现有些会促进催眠的顺利实施，有些则会影响催眠的效果。因此，受催眠者一定要注意自己的这些表现，适时调整自己的心态，让自己全身心放松，并且不断暗示自己在进步、在努力。

其实，在实施催眠之前，受催眠者常常会有不同程度的紧张、惶恐与不安，并由此产生一些抗拒反应。而这些反应又常常使得受催眠者将注意力转移到抱怨客观条件上，例如，嫌周围环境不够安静，抱怨椅子太高、太硬，或者觉得自己身体有所不适等。其实，内心的真实想法是对于催眠术的逃避或者想要延缓接受催眠术。因此，在催眠师对受催眠者进行放松的同时，受催眠者自己一定要主动配合，调整好自己的心态，树立正确对待疾病的态度。

还有一个问题：在诱导阶段，受催眠者往往会产生警戒与抗拒的心理，通常的表现是不能将注意力集中于催眠师所做的暗示上，而是以一种监视的态度暗暗地观察催眠师将会以何种表情、何种态度、何种方法来诱导自己进入催眠状态。还有一些人是故意不接受或者违背催眠师的暗示诱导。受催眠者的上述心态与表现均不利于催眠的顺利实施。因此，受催眠者应当摆正心态，调整自己的行为。这不仅是取得良好疗效地先决条件，而且是获得成功地重要依据。

催眠师应遵循什么原则

催眠师绝对要遵守应有的职业道德，切不可有滥用的邪念。由于催眠术是运用暗示等手段让受催眠者进入催眠状态，所以催眠师在调动人的无意识力的同时必须节制那些失度的恶作剧，例如，将臭水暗示为果汁让对方喝、在严寒的冬天让对方脱衣服、在大庭广众下让人出丑等。由于催眠治疗是在受催眠者被催眠师控制之下进行的，因此催眠师的职业道德和心理素养更具有特殊意义。

催眠师在实施催眠术时，一定要遵守以下五项原则。

考虑时间和场合

不要在夜深人静的时候进行催眠治疗，尤其是在紧靠邻居的地方进行。因为受催眠者的声音会出乎本人意料地紧张、高昂，有时会传得很远。在尖叫的时候会给邻居造成一定程度的困扰，严重的话会影响他人休息或者给他人造成恐惧感。催眠师应善于机动灵活地采取适当措施，解除受催眠者的不良情绪，争取受催眠者在常规的状态下积极主动地配合治疗。

不要给受催眠者脱离常识的暗示

不要给受催眠者脱离常识的、奇异的暗示，如让其采取过分的、危险的姿势，往嘴里放危险的物品等，以免造成意想不到的事故。另外，应注意不要让受催眠者发出无意义的怪声。催眠师要根据受催眠者的情况有针对性地选用指导语言，不可随意戏弄受催眠者。

不做超限度的恶作剧

不要对受催眠者做超限度的恶作剧，不得强迫对方喝有毒的东西或者碰有害的物质，不得要求对方用头撞墙、从高处跳下，等等。所有能给受催眠者造成伤害的行为一律不允许实行。

不选择容易兴奋者

应尽量避免对容易兴奋的人进行催眠，容易兴奋的人通常会有歇斯底里的倾向，很容易对催眠术产生强烈的抗拒反应，容易出现混乱的场面和令人惊叹的结果。另外，容易兴奋的人一旦进入催眠，则很容易发生感情爆发性地发泄、朝意外方向发展的危险，催眠师应当坚决避免局面失控的事情发生。

对于儿童只做浅度催眠

对于孩子来说，“注意力集中”是一个很抽象的概念，在他们的头脑中，没有一个具体的步骤告诉自己如何做到“注意力集中”，所以针对儿童的催眠方法应做适当的调整，不应和成人一样。

第二章 最具威力的语言——催眠暗示

催眠暗示，生活中无处不在

很多人都有过这样的体验，一个人在家时觉得非常无聊，什么都不想做，什么也都不愿意做。于是静静地坐在那里，默默地看着窗外的景色。在这个静默的过程中，你的思绪、你的思维、你的思想意识也可能会有一部分从现实情况中分离出来，跑进了以往那些欢乐、美好、忧伤、令人叹息的时光。你进入了深深的回忆状态，在不知不觉之中开始发呆或者做起了白日梦。其实，这是因为你受到了周围物品以及景色的暗示，这些东西勾起了你对以往的回忆，诱导你进入浅浅的自然催眠状态，这是催眠在日常生活中最常规的一种体现。

相信很多人也有过这样的体验，如果在笔直的公路上驾驶汽车的话，总是特别容易劳累。这是为什么呢？沿途那单调、重复而又无趣的风景，汽车行驶的声音，以及毫无生趣、令人提不起精神、感到厌烦的水泥路面会让人长时间地注视前方，当你不间断地收到前方那空无的暗示，你的大脑开始空白、疲劳起来，连你的眼皮也变得越来越累，从而诱发出催眠状态。因此，为了避免诱发司机公路催眠，人们在修筑公路的时候，会在公路两旁设置一些比较醒目的标志，或者进行相对较重的绿化，或者有意识地将公路设计成弯道，尽可能地从车外给驾驶员以视觉上的刺激，避免驾驶员被单调重复的暗示引入催眠状态，从而降低事故伤亡的概率。

热恋中的男女在傍晚的沙滩上相互依偎，亲昵缠绵，窃窃私语，注意力已经完全集中到了对方的身上，会感觉时间过得非常快，刚才还是夕阳西下，再一抬头已经是繁星满天了。这是因为恋人接受了对方美好、迷人、轻松、愉快的暗示，沉浸在幸福、甜美的体验中，进入了美妙而舒适的催眠状态。

还有，当人在全神贯注地做着一件事情的时候，例如，阅读一本非常精彩的小说，此时就会对旁边的声音充耳不闻，仿佛世界上的其他事物根本不存在一样。如果这个时候有人与你交谈，那么你可能会机械地应答一下，但是并不清楚对方在说什么，甚至根本一个字都没有听进去。这是因为当人的注意力被小说的内容完全吸引了，完全接受了小说的内容所发出的暗示，进入了一个非常专注、非常放松的催眠状态。催眠其实离我们每个人都很近，只不过人在注意力集中的时候没有意识到罢了。

平时在生活中，人经常会处于一种非常专注、放松的状态，这在心理学家眼中都充满了各种各样的心理暗示，都是一种不知不觉的自然催眠状态。俄国著名生理学家巴甫洛夫（1846 ~ 1936 年）说过："暗示乃是人类最简单、最典型的条件反射。"

催眠暗示的巨大作用

众所周知，在清醒的状态下，暗示会对我们起到非常重要的作用，而实际上，在催眠状态下，暗示会更加容易进入人的潜意识领域，并且具有更加强大、更加持久的作用。催眠治疗正是利用人的这种受暗示性，来引导人进入一种非常放松、舒适的催眠状态，并且使人在这种状态中产生深刻的心理状态变化，将人感觉或者行为的一部分从意识当中分离出去，而在无意识当中进行记忆。由于这种记忆发挥着

暗示的力量

梅斯默留给我们的遗产在于：他能够利用对恍惚中的病人进行暗示的力量。

他在治疗中使用的棒材、磁铁和铁屑本身都是没有任何效果的，但是它们可以帮助病人全神贯注地接受暗示，相信自己会痊愈。这才是梅斯默的治疗手段产生疗效的真正原因。

对梅斯默的医疗方法感兴趣的医师们渐渐开始认识到，成功的关键是心灵意念的力量。

尽管梅斯默自己搞错了理论根据，但他在这一领域的先驱工作却为后世开启了大门。他的成就激励着后世去探索心灵以及催眠的真正力量。

巨大的作用，因此这时给予受催眠者某些积极、正面的暗示自然就会对人的身心健康起到很好的调整作用。

第一，催眠暗示可以有效地帮助我们放松身体、缓解紧张、释放压力。临床心理学的研究表明，心理压力若长时期得不到缓解和消除，就会产生多方面的不良后果。当人们感觉到紧张、有压力的时候，身体的肌肉和精神都会处于一种非常紧张的状态中。长此以往，就会影响身心健康，而正确的使用催眠暗示可以让我们迅速地进入放松状态，身心愉快，从而达到缓解紧张、释放压力的目的。

第二，正确、积极的催眠暗示可以有效地帮助我们增强自信，增强自我觉察能力，提升人格，培养优良的品质与个性，促进身心健康发展。自我觉察能力包括进一步了解环境的能力、更加了解并且接纳自己的能力与环境以及他人更加和谐相处的能力。这些能力的提高，本身就是自我功能的增强以及人格的进一步提升。

第三，催眠暗示可以有效地帮助我们治疗身体疾病，解决心理冲突及治疗心理障碍等。将催眠与精神分析、行为矫正、认知疗法、家庭治疗以及团体治疗等各种心理治疗的理论、技术相结合，可以对强迫症、焦虑症、恐惧症、癔症等心理障碍，以及偏头疼、冠心病、原发性高血压、睡眠障碍等起到治疗作用。

第四，催眠暗示可以有效地帮助我们增强记忆力，提高学习效率和工作效率。研究显示，当 α 波为优势脑波时，脑部所获得的能量比较高，运作就更加顺畅，直觉更加敏锐，这是人学习与思考的最佳脑波状态。正确地使用催眠技术，可以使人进入以 α 波为优势脑波的状态，从而获得更好的学习效果与更高的工作绩效。

第五，催眠暗示可以帮助我们戒除不良嗜好，纠正那些不恰当的行为习惯，提高生活质量。

心理暗示是人日常生活中最常见的心理现象，无论是他人暗示还是自我暗示，都会给人的身体与心灵带来巨大的影响。积极、正面、主动的心理暗示，可以调整和改善被扰乱（被破坏）的身体状态、心理状态以及行为模式，而消极、负面、被动的心理暗示则会破坏机体的生理功能，扰乱人的心理及行为。

心理学家曾经做过这样一个实验。他们来到一所学校，随意进入了一间教室。在表明自己的身份之后，他们随机选择了一些同学，并且宣布这些同学是天才，未来一定会取得好的成就，然后心理学家就离开了。事后，他们进行跟踪调查，发现被宣布是天才的学生的学习成绩在几个月内都有了不同程度的提高。于是他们重新来到这所学校，又宣布另一些学生是天才，未来一定会取得非常好的成就。结果，和上次一样，另一些被宣布是天才的学生也出现了学习成绩提高的现象，这就是心理暗示的巨大作用。

在上面的案例中，学生们是受到了他人暗示的影响，而这些暗示是积极的，所以学习成绩就提高了。如果暗示是消极的，那么就很容易给人们的身体与心灵带来危害。

有一个人走进了冷冻室，不小心被关在了里面，他一想到自己很可能会被冻死在里面，心里顿时非常紧张、不安。于是，他越想越害怕，越害怕也就觉得越寒冷，最后他蜷缩成一团，竟然在惊恐中死去了。那间冷冻室的制冷设备其实根本就没有打开，而冷冻室里面的温度也根本不至于把人冻死。

从上面的案例中，我们可以清楚地看到自我暗示的力量是何等巨大。那么，我们是否可以利用暗示的力量来为谋求快乐与幸福呢？答案当然是肯定的，我们可以利用积极、正面暗示，让自己在健康、积极的心态中乐观生活。

催眠中最常用的 6 类暗示

心理暗示，是指人接受外界或他人的愿望、观念、情绪、判断、态度影响的心理特点，是日常生活中最常见的心理现象。想一下，在日常生活中，你所运用或接触到的各种暗示。早上起来，你被儿子丢在走廊的跑鞋绊倒，当他过来时，你瞥了一下鞋看着他，暗示着：你的鞋没放在该放的地方，拿走。你开车上班，路过一个展示一群人开心听着音乐电台的广告牌，暗示着：如果你也收听一样的电台，你的生活也会更开心、快乐。你的老板进到你办公室说：“我们在找个人做项目主管，这个月底决定。我们十分欣赏你组织、执行培训项目的方式，你对新项目有何想法？”这个暗示有两层意思：你被考虑做项目主管；作为成功的候选人你如何进行自我推荐？回家路上，你在银行停下来，身后排队的男人抽着烟，烟扑到你的脸上，你转过身，看了看那男人手里的香烟，然后给他一个眼神，是在暗示：你该把烟熄掉。你出去吃饭，主菜过后，侍者过来问：“要看甜点菜单吗？”这个暗示是：希望你点些甜点……生活中像这样例子还有很多，只要人们细心观察，就不难发现这些常规性暗示。

这些暗示有些是通过语言暗示的，有些则是非语言的。在催眠交流中，也一定会用到这些暗示。

催眠中，最常用的暗示有 6 类：放松暗示、深入暗示、直接暗示、想象暗示、间接暗示和催眠后暗示。

放松暗示

放松训练是以一定的暗示语集中注意力、调节呼吸，使人的肌肉得到充分放松，从而调节中枢神经系统兴奋性的方法。放松暗示能让你轻松，将你引入一种接受状态，引导你集中精力。这些暗示为进一步暗示打下基础。

放松也是一种很好的解压方式，有助于身心达到暂时的平衡。放松暗示也是催眠治疗的必要手段。在开始放松时，只感到自己放松得越来越深，随着每一次的呼吸，你就会发现自己放松得越来越深，对积极的暗示变得更加有反应。

感觉你的肌肉放松，你的脖子、肩膀放松，当它们放松时，你会发现你的精神放松。当精神放松了，你整个身体更加放松，越来越少地注意到外界环境。

深入暗示

深入暗示把你带到更深的催眠状态。你可以把深入暗示看成是一部下降的电梯——当按下特定按钮时，它会下降到下一层楼。下面介绍了深入暗示的 3 种方法。请注意听以下暗示语，它们会有助于你提高放松能力。

想象从阶梯走下，每下一级台阶都能感觉到身体放松，越来越放松，觉得好像飘下来，飘下每级阶梯，更加深入放松，10，更深入放松，9……8……7……越来越放松……放松……6……5……4……好，继续放松……放松……3……2……1……更深、更深地放松。

闭上眼睛，闭得很紧不能睁开。眼皮被粘在一起，不能分开，你不能睁开眼睛。你的眼皮闭得很紧，非常紧，牢牢地粘在一起，不能张开眼睛。你要慢慢数到 3，想着你闭着的眼睛，每说出一个数字，它们都闭得更紧。试着睁开……1……你不能睁开眼睛……2……它们紧闭着……粘在一起，完全闭着……3……你的眼睛不能睁开。好了，你自己可以尝试着睁开眼睛，试试看……不要勉强……

你在椅子上放松，你的身体与椅子合为一体，你不能从椅子上移开、站起来或四处走，你像雕像一样完全静止在椅子上。你是一座雕像静止在椅子上。你在椅子上非常放松不能动。如此放松，当你试着移动身体，却不能移动。你试着移动身体，它在椅子上太放松了而不能移动。你会发现自己此时已经和椅子连为一体了，你努力想离开它，却发现很难做到。

直接暗示

直接暗示是指无须中间性想象或联想就使被暗示者明白暗示内容。直接暗示通常是简单、扼要的。它们通常在不需要任何有效想象的诱导中使用。这与间接诱导相反，在后者中，想象是必不可少的。

被给予直接暗示时，受催眠者是对语句而不是想象做出响应。暗示可能是一个词或几句话，它能立即引起响应，或者是直接进入下一阶段，常见的直接暗示如下：

现在你要回到过去——处于问题所在的阶段和地点。

你觉得想睡觉，让睡意控制你——过去的想象消失。

想象暗示

想象暗示能增强其他暗示。它产生幻象、建立有特定目的（如放松、培养全新的自我形象、对新行为的彩排或是提供能重新制定行为的环境）的场景。所以想象事情的美好结局，潜意识就会帮你实现。例如，楼梯的想象增强了向下数数、加深暗示；过去的景象能增强对重要事件的回忆，该事件是直接暗示的结果。任何形式的想象或比喻都可以同间接暗示一起使用，如汹涌的河流代表一个人的循环系统，唱歌的小鸟表示希望。

想象暗示可以这样进行。

你觉得自己像你年轻时一样强壮，你在沙地上打本垒打，手里拿着球棒、准备好投掷。你能感觉到旋转、你有力地握着球棒，你看着球飞过防护，你很容易地从一个垒跑过另一个垒。你精力充沛，几个回合下来都不会感到疲倦，现在的你像年轻时一样快乐、自信。

你在亚利桑那沙漠的一个特别地方，每年这时，灿烂、古铜色的落日沿着地平线延伸到几里开外，空气干燥、清新，四周静悄悄的。所有的一切都是静止的、安静的，你能听到自己的心跳声，自己的呼吸，包括自己的思想。

你在海滩上，压力从你身上融化，滑下你的身体，然后被冲进海里。压力从你身体上融化、被冲走。你没有压力地站在那里，你感到很轻松、快乐，充满了宁静。

间接暗示

间接暗示有两种形式。首先，集中一种渴望的情感状态，如高兴。与被催眠的人谈论他的过去，确定曾经激发出渴望情感状态的经历。接下来，在诱导过程中，激发病人重新体验这种经历以及所伴随的积极情感。稍后就可以进行唤起催眠后情感状态的简单暗示。例如，病人可以回想年轻时特定的快乐时光，他和父亲一起航行，他觉得无忧无虑、宁静、快乐。使用的暗示语言可以与这些积极的情感有关，暗示语就是航行。从那时起，病人只去想“航行”这个词，以体验他渴望的情感状态，在这种间接暗示的情况下，病人内心的情感状态能毫无保留地体现出来。

间接暗示的第二种类型与米尔顿·埃瑞克森的成果有关。埃瑞克森在催眠中使用比喻、类推的方式，给予病人意识以外的暗示。他有时将病人有反应的对话与自己的行为结合起来，让病人进入催眠。

间接暗示是非常个性化的。每次对话，每个比喻都必须尽可能地适合问题和病人。例如，如果一位终身从事木匠工作的老人来进行催眠治疗，以减轻胳膊的疼痛，使用比喻的诱导要对这个人有意义才行。比喻与经历越接近，病人越能产生深刻的体会，效果就越好。

催眠后暗示

催眠后暗示，是指催眠师经过催眠以后给予受催眠者的一些唤醒暗示，以便于受催眠者在催眠唤醒后的意识能够逐渐清醒，这也是催眠状态下催眠师必然会做的事情。如果催眠师对被催眠者进行暗示，使其遗忘这个催眠后暗示，那么在受催眠者苏醒后，会对这些暗示自动地做出反应。

催眠暗示的传递途径

催眠暗示的传递途径也就是感觉信号的处理过程。即在我们接应信号的同时，又获得了极大的空间，留给我们去感受、想象，然后把这种信号再逐级往上输送。眼睛、耳朵以及身体所接收到的信息首先传递到大脑的初级感觉区域，然后再传送到更高级的理解区域。比如说，一棵树——反射的光首先进入眼帘，然后转化为图案传送到初级视觉皮层。在初级视觉皮层，大脑辨认出树的大致轮廓。然后图案传送到高一级的区域辨认出颜色，然后再传送到更高一级的区域，破译出树的属性以及关于特定的树的其他常识。

从低级到高级区域的信息处理过程也适用于触觉、听觉和其他感觉系统，感觉信息被神经纤维传送到全身。其中，反方向的信息传递，也就是从高端到低端的信息传递称之为“反馈”。自上而下传递信息的神经纤维的数量是自下而上传递信息的神经纤维的 10 倍，如此大量的反馈途径表明了意识是建立在自上而下的处理过程的基础上。

就是说，如果高端的大脑信服了，那么低端，即人的感觉就会受到影响。受催眠者一定要学会充分利用心与身相互影响的作用，来对自己身体产生良好的影响。

在催眠治疗中，催眠师就是通过语言、表情、手势、行动、环境等，传递与强化着暗示的作用，以此对受催眠者予以帮助。在诸多传递信息的渠道中，语言无疑是最为重要的一种。也就是说，在实施催眠的过程中，言语暗示是非常重要的。的确，几乎所有的以心理暗示为治疗手段的方法中，全都借助语言起强化作用。受催眠者正是因为听到催眠师适当巧妙的暗示语后，才逐渐进入到催眠状态，从而为催眠治疗的成功打下良好的基础。

在催眠师的日常工作中，除了通过某种单一的途径传递暗示以外，也经常使用语言与其他手段相结合的方式来传递心理暗示。这其中包括周围的环境，以及催眠

视觉信号的处理过程

受催眠者在被催眠时的感觉信号处理和平时的感觉信号处理有很大的差别。以视觉为例，催眠时，因为有了催眠师的信号影响，受催眠者会做出与平时不同的判断，“看”到不同的东西。

平时视觉信号处理过程

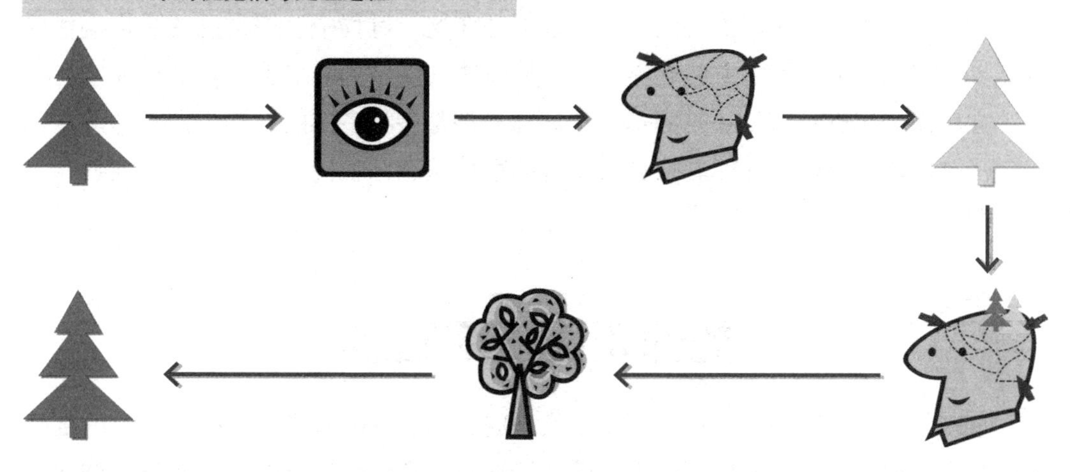

催眠时的视觉信号处理

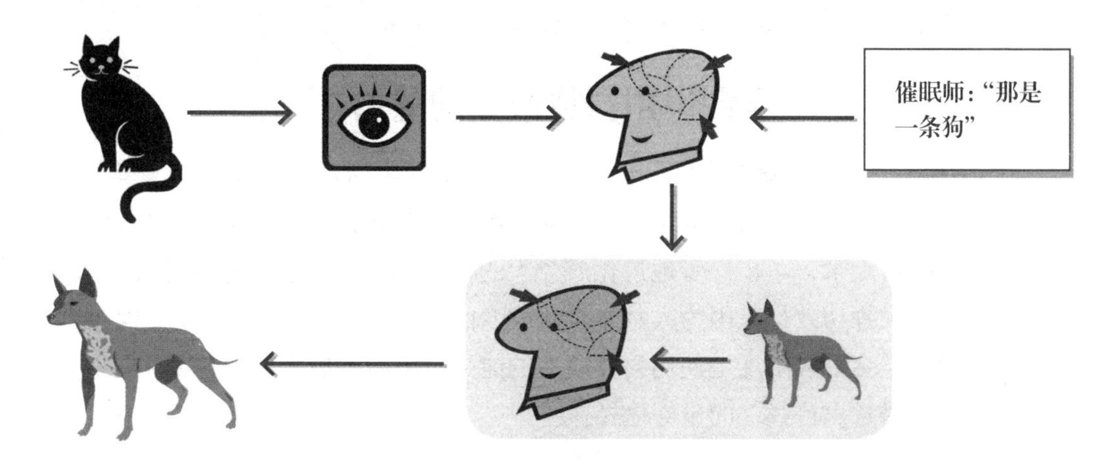

说明：催眠师可以利用催眠时的感觉信号处理，给受催眠者施加一些有益治疗的暗示，使受催眠者减少痛苦或者获得更多益处。

师适当的表情和肢体动作等。

例如，用语言加上环境的暗示方法。催眠师与受催眠者在一个非常适合做催眠的环境里进行催眠，催眠师开始引导：“现在就让我们在这个很安全、很安静、很舒适的房间里开始吧，相信你有这个能力，将会成功地进入一个让你感到无比放松、无比舒适的状态。”听到这样的暗示以后，受催眠者就会自然地进入催眠状态。

再如，用语言加上手势或行动的暗示方法。“当你一闭起眼睛，你就开始渐渐地放松了……”这是在暗示受催眠者闭上眼睛进入催眠状态。然后催眠师用自己的拇指和食指轻轻地在受催眠者的左手上触碰了一下，并且引导：“现在，你的左手感到非常轻盈，感到非常轻盈，非常轻盈，每一次呼吸都会使你的左手感到更加轻盈……”以此类推，从左手再到右手，催眠师在这个过程中会用自己的手指碰触受催眠者，以此调动受催眠者的躯体感觉，从而达到强化言语暗示的效果。

无论是暗示的形式，还是暗示的传递途径都是多种多样的，如果催眠师能深刻领会暗示运作的奥秘，并能洞察受催眠者的精神状态，临机变化，给予受催眠者以合适的暗示方法，便易取得成功。

如何正确使用暗示

催眠治疗的效果通常是通过暗示来实现的，当受催眠者进入治疗所需要的催眠深度时，正确、恰当地使用暗示来协助受催眠者达到催眠治疗的目标，就是催眠治疗中的关键。虽然催眠暗示的侧重点不同，但其主旨是差不多的。那么，到底如何正确使用暗示，使用催眠暗示的关键又是什么呢？

学会运用自我改变的能力

生活中唯一不变的就是变化。的确，我们周围的生活环境在不断地发生着变化，我们自身也是如此。人们为了适应生活、生存的需要，是具有自我改变的能力的。人类从远古走来，一步一步地进化成今天的样子就是一个很好的证明。心理暗示之所以能够发挥功效也是因为人具有自我改变的能力。在接受催眠的过程中，受催眠者一定要学会最大限度地使用自我改变的能力，以取得更好的治疗效果。这也是找到那个“潜意识自我”的最好途径。

明确、具体而现实的目标

不管是环境的变化，还是自身的变化，通常都有一个明确的目标。随着环境的一步步变化，我们会为自己建立着一个个明确的、具体的、现实的、对个人有着积极意义的目标，并为之努力。在催眠中，不管是为他人催眠还是进行自我催眠，都要注意，暗示所要协助人们完成的是一个非常明确的、具体的、现实的、对个人有着积极意义的目标。如果觉得自己在目标的制定或者自我改变上存在着一定的困难，则要做出适当的调整。一般来说，目标不用太远或太高，主要是适合自己就好。

全面、充分地了解个人的具体情况

世界上的每一个人都是独一无二的，有着不同的生活背景、成长经历、知识结构、性格、兴趣、习惯以及对生活的体验与感悟。所以，不论是给他人实施催眠还是进行自我催眠，都需要做到具体情况具体分析，只有充分地了解受催眠者（他人或者自己），才能更加正确、恰当使用暗示进行催眠，这也是暗示的关键所在。

充分利用暗示的作用与特性

在催眠中，如果我们能够充分利用暗示的作用和特性，就会有助于增加暗示的效果。那么，暗示的作用与特性具体都有哪些呢？

1. 暗示效果的反复累加作用

反复暗示会使暗示刺激发生作用的速度不断加快，时间不断延长，影响不断加深，这就是暗示效果的反复累加作用。人们的受暗示性是可以通过训练加强的，受催眠者在接受多次催眠之后，或者反复练习自我催眠之后，受暗示性会得到提高，催眠敏感度就会越来越高，这也是暗示效果的反复累加作用。

2. 利用暗示的双重、多重作用

我们可以利用人的真实感受加上言语、环境等来加强暗示的效果，这就是利用暗示的双重、多重作用。如催眠师说："等一下我会触摸你左手的食指，你的手指会产生被抚摸的感觉……"接着，催眠师一面用手触碰受催眠者的手指，一面暗示说："随着这种感觉的扩散，你的左手会感到非常轻盈，感到非常轻盈，每一次呼吸都会使你的左手感到更加的轻盈……"这种被触摸感是真实的，当催眠治疗师触摸受催眠者手指时，对方一定能够感觉到，以此来调动受催眠者的躯体感觉，从而达到强化暗示作用的效果。

3. 暗示的从众性

从众性是人类具有受社会影响而采取与他人保持一致的一个基本特性。人类的这种特性在催眠中也会有呈现，一些催眠师会利用这个特性来增加催眠暗示的效果。例如，在集体催眠和催眠表演中，催眠师会先选出一些催眠敏感度比较高的人，并先把他们诱导进入催眠状态。而一旦有很多人进入催眠状态之后，其他接受催眠的对象也会随之很快地进入催眠状态，这正是对人类从众性的很好使用。

尽量使用正面、积极、主动的暗示

俗话说“好言一句三冬暖，恶语伤人六月寒”，所以我们在使用催眠技术来帮助自己和他人时，应注意尽量使用积极、正面、主动的语言来传递正面积极的暗示，或者是采用鼓励性的评价以促成良好的合作。如催眠过程中夸奖被催眠者的领悟力强、体验正确等。

例如，一位受催眠者想要解决的困扰是工作压力和睡眠障碍等问题，在催眠过程中，催眠师就尽量不要提及“压力”“失眠”等消极、负面的词汇，而应当尽量使用“放松”“舒适”“愉快”等积极、正面的词汇。一旦催眠师的意志战胜了受催眠者的意志，受催眠者集中、紧张的感觉被突破，积极的暗示便能直接渗透到受催眠者的潜意识中，从而达到解决困扰的目的。

用肯定句来表述目标

我们可以先来做一个实验：“请你不要去想一个猕猴桃，在你不去想一个猕猴桃的时候，请举起你的左手来。”这项任务对于大多数人来说，的确是很难完成的。因为当你告诉自己不要去想某些事物的同时，其实你已经去想。所以，从现在开始，就养成这个习惯：在催眠的时候，请尽量使用肯定句来表述目标，让自己更能明确其对象。假如所定的目标是不想那么紧张，那就多去注意可以取代紧张感的感受，如放松、愉快、舒适，等等。

用简单句给出暗示

在撰写暗示语的时候，语言应当尽量简明扼要，这样既有助于处于催眠状态的受催眠者接受，也有利于催眠师在实施催眠时重复暗示语句。有一个很简单的做法可以帮助你快速撰写出一条简单并且符合各种要素的催眠指令。首先，找到治疗目标的关键词，其次再用简单的肯定句表达出来就可以了。暗示语切记不要过于烦琐，要留有想象的空间，而且尽量详细，不要模棱两可、含糊不清。

例如，受催眠者想要解决的问题是每天晚上入睡困难的问题，那么我们就可以利用上面所述的方法撰写一条暗示语。第一，找到治疗目标的关键词：入睡。第二，具体的时间：每天晚上当你想休息时。第三，正面的、积极的词语：很快。第四，用简单的肯定句表达出来：每天晚上当你想休息时可以很快入睡。在给予明确的催眠指令，并反复暗示以后，受催眠者就能很快进入催眠状态。

给出合乎情理、易于接受的暗示

在催眠状态下，受催眠者仍然有逻辑思考能力，所以，无论受催眠者是在苏醒状态还是在催眠状态中，合乎情理、符合受催眠者道德观与价值观的暗示才容易被接受。在进行催眠治疗时，如果催眠师给予受催眠者有违常规或者有悖受催眠者道德观与价值观的暗示，就可能无法对受催眠者产生影响。例如，面对一位由于工作压力过大而患有紧张性头痛的受催眠者，如果催眠师暗示说："你的头痛已经完全消失了，你现在感到非常轻松，非常舒适。"这就会引起受催眠者的怀疑，因为，通常情况下头痛不太可能在很短的时间内忽然消失。这样，这条暗示就无法取得受催眠者的信任，就可能不起作用。而如果催眠师暗示说："随着你的身体越来越放松，你的头部会渐渐地感觉越来越轻松。"这样既没有提及"头痛"二字，也由于给出的暗示合情合理，会更易于被受催眠者接受。

总之，在实施催眠的时候，催眠师必须善于观察被催眠者每一时刻的心理表现，并迅速做出反应。

暗示使用不当的处理方法

在催眠过程中，我们要特别注意给他人和自己以正面的暗示，如果一旦发现有受到负面暗示影响的情况就要及时进行处理，这样才能够避免其他问题的产生。

催眠状态之外的暗示使用不当

暗示是人们日常生活中最常见的一种心理现象，所以，暗示对人的影响，不仅表现在催眠状态中，也表现在催眠状态之外。从广义上讲，我们随时都处在一个暗示和被暗示的环境中，在生活中，可能会从他人或者自己那里接受一些负面的暗示。例如，父母有时会对自己的孩子说"你怎么这么笨"或者"你的反应真慢，能不能快点"之类的话，这些话对于孩子的成长是有负面影响的；还有的人有时喜欢对自己说"我真倒霉，运气真不好"或者"我一无是处，什么都干不好"，或者有人喜欢对别人说"你这个人真是脑子有毛病，大家都能做好，就你笨"，这些话会对心理产生负面的影响，久而久之就会影响人们对生活的信心。任何人的成长与生活都需要支持与鼓励，鼓励的作用是远远大于惩罚的。当我们遇到类似情况的时候就要注意尽量用“你很聪明”“你一直很努力”等正面、积极的语言给予肯定和支持。即使发现对方或者自己有什么缺点，也应当是进行深入的分析探讨，并加以改变。

催眠中的暗示使用不当

在催眠状态下，受催眠者的潜意识处于一种很开放的状态，很容易接受暗示并且受到影响。所以，如果在催眠中暗示使用不当，一定要及时处理。

1. 催眠操作时不慎出现了负面的、消极的词语

有些催眠师在对受催眠者进行催眠时，可能会不慎使用一些负面的、消极的词语，例如“不要害怕”“不要紧张”等，这时，受催眠者的潜意识常常可能只会接收到“害怕”“紧张”等词。这个时候，催眠师要依照正确使用暗示的原则在催眠状态下以“安全”“轻松”“放松”“愉悦”等正面词句予以替代。只有使用恰当的暗示词语，才能帮助被催眠者达到催眠治疗的目的。

2. 催眠操作时有一些暗示没有予以彻底解除

在对受催眠者进行催眠时，由于不同的目的，催眠师有时可能会做出一些影响受催眠者正常感觉和活动的暗示。这种暗示在实现相应的目的之后一定要彻底解除，否则就可能会妨碍受催眠者正常的感觉和活动。如果发现没有彻底解除暗示的情况，要在更深的催眠状态下予以彻底解除。

还需要特别注意的是，引导人进入催眠状态是相对容易的事情，但是在引导人进入催眠状态之后，要给予正确、恰当的催眠暗示却相对较难，这需要精于相应的心理学知识，并对受催眠者的情况充分了解。所以，当我们遇到生活中的困扰想要寻求催眠帮助时，一定要注意选择一位接受过系统和严格的专业训练，并且遵守专业伦理道德的催眠师。如果是要进行自我催眠，那么就一定要系统地掌握有关催眠的基础知识，并综合评估一下实际情况。如果实际情况超过了自己的能力范围，就应当去专业机构寻求帮助，千万不可轻易尝试，以免发生意外。

有害暗示残留引起的危害

催眠结束后，如果催眠师没有消除某些有害暗示，可能会给受催眠者带来非常严重的危害。因此，催眠师对消除有害暗示都非常重视。

1. 一位催眠师曾在治疗中给一位女士施加暗示：她是公共汽车上的乘客，天正下着雨，雨点滴答打在玻璃上。听着滴答的雨声，她慢慢感到困倦、昏昏欲睡，很快进入了深深的恍惚状态。

2. 催眠结束后催眠师忘记给她消除暗示，结果受催眠者几天后开车时下起了雨。她开始觉得昏昏欲睡。幸运的是她知道她所发生的反应，自己排除了有害暗示。

3. 为防护留在诱导中的有害暗示，只需要暗示：“现在你马上就会返回正常状态，一切与自我提升无关的暗示都不会对你产生任何影响。”

第三章 催眠诱导

催眠诱导，带你进入催眠状态

有专家说，“诱导是通往催眠王国的渡船”。催眠诱导就是催眠师诱导受催眠者进入恍惚或催眠状态的过程。

催眠诱导是实施催眠过程中最重要的一个环节，如果催眠师不能将受催眠者诱导进入催眠状态，那么，催眠的其他活动也就无从谈起了。催眠诱导环节的任务就是催眠师运用一定的诱导技巧，让受催眠者进入催眠状态。通过催眠诱导，催眠师可以引起受催眠者被动地放松、反应性降低、注意范围变得狭窄、幻觉增强，逐渐进入催眠状态。催眠诱导的方法有很多，凡是能够使受催眠者进入催眠状态的方法都可以称为催眠诱导。

最古老的催眠诱导

其实，许多人对于催眠术的最早印象来自一只来回摇摆的怀表。被催眠的人呆呆地凝视着那只来回晃动的怀表……时间随着怀表的嘀嗒声渐渐流逝，而怀表晃动的幅度也越来越小，越来越慢……被催眠的人眼神则越来越僵直，移动得越来越缓慢……这时，催眠师用手在被催眠的那个人的眼睛上轻轻地一抹，用低低的、沉沉的声音说：“睡吧！”于是，被催眠的那个人就随着催眠师的手掌而倒在椅子上，进入了催眠状态……

凝视怀表的方法是众多催眠诱导方法中的一种，称为“凝视法”。“凝视法”发展至今，已经有了太多的演变了。

比如，这种最快捷、最经济、最神奇、最不可思议的“三步催眠诱导法”。

请你把注意力完完全全集中在下面的字句上——

第一句：你可以允许……你现在的感觉……一直继续下去。

第二句：你也许会非常好奇……你的身体到底可以舒适到……什么程度。

催眠诱导的顺序

催眠诱导是指催眠师诱导受催眠者进入恍惚或催眠状态的过程，是实施催眠过程中最重要的一个环节。催眠诱导的方法有很多，大体上都要遵循以下的顺序。

1. 暗示受催眠者眼睛疲劳，无法睁开。

2. 暗示受催眠者感官迟钝，失去痛觉。

3. 暗示受催眠者只接受催眠师的暗示。

4. 暗示受催眠者出现正性与负性幻觉。

5. 暗示受催眠者醒来后忘记过程。

6. 暗示受催眠者醒来后做某些活动。

第三句：你并不一定需要……进入很深很深的催眠状态。

这看似平常，实则蕴含了催眠的整个原理。如果你能够在一个温度适宜而又安静的环境下，以缓慢、平静、镇定的语气来引导对方，那么很多人都可以进入浅度催眠状态。

催眠诱导的两种基本方式

催眠诱导的方法虽然有很多，但是都是建立在两种基本方式上的：命令式和温和式。命令式诱导主要是应用直接指令性语言，比如："你将……""我会……""下面，你就会……"这种权威式的方式，有时更容易让受催眠者信服。而温和式诱导的语言则缓和一点，比如："如果你会……那么……""当我……你就……"这种温和式语言比较有缓冲的优势，能给人留有想象的余地，有时更容易让被催眠者采取行动。

催眠诱导的顺序

催眠诱导的方式有不同，方法有很多，但是大体上都要遵循以下的顺序：

暗示受催眠者眼睛疲劳，全身没有力气，直到眼睛无法睁开。

暗示受催眠者的感官在逐渐迟钝，将不会感觉到刺痛。因为在催眠状态下会失去痛觉，对外界也慢慢没有了感觉。

暗示受催眠者忘记一切，周围发生的任何事情都与他无关，只听得到、只记得催眠师所讲的话与要他做的事。

暗示受催眠者将体验到幻觉、想象，并感觉事情正真实地发生在自己面前。

暗示受催眠者醒来后将忘却催眠中的一切经验，自己将会变得很轻松、愉快。

暗示受催眠者醒来之后会做某些动作，如走到某人的面前道谢、拥抱自己的朋友、吃美味的水果或者打开所有的窗户等。

凝视法

凝视法是刺激受催眠者的感官（视觉），而使受催眠者注意力集中的催眠诱导法。也就是利用生理的集中，造成视觉疲惫，进而使视觉神经瘫痪，最后麻痹大脑中枢神经系统，从而进入意识模糊、身心放松的浅度催眠状态。在凝视法中，由于受催眠者的特性不同，喜欢凝视的东西也不同，就会有很多变化。其实，凝视的对象可以是任何物体，但主要是发光的物体，如电灯、镜子、水晶球、荧光涂料、火苗等，或者是运动物体，例如，钟摆、指尖、手指捏住的戒指等，也可以是特殊的色彩、催眠师的脸和瞳孔等。

天花板凝视法

天花板凝视法适用于习惯逻辑分析与判断的人，它能够很好地分散过于强烈的意识注意力，让潜意识的能量自然呈现，自然进入催眠状态。使用凝视法诱导受催眠者的过程中，还应该给予身体放松指示，及时消除各种不适感觉带来的干扰。具体如下：

先让受催眠者舒展一下身体，做一个深呼吸，让身体放松下来，然后以舒适的姿势坐在椅子上，或者是靠在沙发上，双手以自己觉得轻松、舒适的姿势放好。让受催眠者用轻松的方式，在天花板上选择任何一点，并且将注意力完全集中在那一点上。然后，催眠师开始进行诱导："现在，你的身体非常轻松，非常舒适，你所有的注意力都在那一点上，你将注意力完全集中到了那一点上……你将注意力完全集中到了那一点上……当你看着那一点时，你会觉得自己变得很累，你的眼睛会变得很累，你的腿会变得很累，你的全身都会变得很累……你的全身都变得很累……当我从1数到20时，你将会慢慢地闭上眼睛，进入很深很放松的状态……现在，你很轻松地看着那一点，你的整个身体都非常放松了，变得越来越累了，你的眼皮也越来越重了，它们开始闭上了，你的眼睛开始闭上了，闭上眼睛会觉得非常舒适，你非常享受眼睛放松后的感觉，非常享受眼睛无力的感觉……你再也不想睁开眼睛了，而且你越想睁开反而越睁不开，不信你试试……当我从1数到20时，你将会慢慢地进入很深很放松的状态。1……2……3……4……5……你现在变得越来越累，眼睛已经睁不开了。6……7……你现在越来越放松，越来越放松。8……9……10……11……越来越放松，越来越放松。12……13……14……15……16……当我数到20时，我轻轻地碰一下你的肩膀，你就会进入很深很放松的状态。17……18……19……20……完全放松……进入很深很放松的状态，很深，很放松……让你的头脑完全安静下来，你的心灵和身体将合二为一，只要你的头脑安静下来，你的身体放松下来……你的心灵和身体将合二为一……"

墙壁凝视法

墙壁凝视法适用于那些心思、想法比较多，注意力很难集中的受催眠者。墙壁凝视法的关键是一边放松，一边凝视，同时保持紧张和放松。此法简单易行，可操作性强，成功的概率较高，大多数人都可以通过此法进入催眠状态。具体如下：

先让受催眠者舒展一下身体，做一个深呼吸，让身体放松下来，然后以舒适的姿势坐在椅子上，或者是靠在沙发上，双手以自己觉得轻松、舒适的姿势放好。然后催眠师开始进行诱导："请自然地坐好，将身体放轻松……保持深呼吸，每一次的呼吸，都让你进入更放松、更舒适的状态……深呼吸……放松……很自然地，很放松地，你什么都不必想，什么都不必想，很快就会进入很放松，很舒适的状态……现在请你看着前方的墙壁，把你的目光注视在正中央的那一点上，固定在那一点上，非常专心地，放松地凝视……非常专心地，放松地凝视……一边凝视，感觉到你的身体会越来越放松，越来越舒适……在你注视那一点的时候，你会感觉到身体会越来越放松，越来越舒适，整个人越来越安静，念头越来越少，越来越安静……现在，你感觉到身体更放松了，更舒适了，更安静了……你呼吸的速度变得越来越慢。慢慢地，你感觉到你的眼皮一点一点地越来越沉重，越来越沉重……继续专心地凝视那一点，有时候你会忍不住眨一下眼睛，这是很正常的，你每眨一次眼睛，你就更接近于催眠状态……你的身体越来越放松了，越来越舒适了，你的念头也越来越少了，越来越安静了……好像，你静静地置身于另外一个时空……你只会听到我的声音，外面其他的声音会变得好像从远方传过来……你的身体越来越放松了，越来越舒适了，你的念头也越来越少了，越来越安静了……你的眼皮越来越沉重……越来越沉重……你的眼睛开始闭起来了，慢慢地闭起来了……你的眼睛已经睁不开了，慢慢地闭起来了……享受那种闭上眼睛的放松的，舒适的感觉……当你的眼睛一闭起来的时候，你已经进入催眠状态了……"

催眠师先以令其享受舒适的感觉为"诱饵"，然后过渡到与之相关的放松，特别是无力的感觉，最后归结到检测落脚点——眼睛无法睁开。人的身体变得舒适起来，这是一个逐次累进的逻辑进程，当然，这也需要催眠师的耐心，循序渐进的凝视法为当事人无法睁开眼睛提供了充足的理由。

从以上两种凝视法可以看出，凝视法发展至今确实已经有了很多变化，但是不可否认，在催眠诱导过程中，凝视法是使用得最为普遍的一种方法。它是在几种催眠方法同时使用时的先驱，或第一步骤；而在单独运用时，它又能直接将受催眠者诱导进入催眠状态。所以，在所有催眠用到的方法中，它的使用频率是相当高的。

深呼吸法

要想使受催眠者进入催眠状态，一个很重要的条件就是消除紧张，因此，深呼吸是一个非常好的催眠诱导方式。如果受催眠者知道如何控制自己的呼吸的话，将会非常有利。

深呼吸法的原理是通过深呼吸使受催眠者把注意力集中起来，更好地倾听催眠师的诱导与暗示。具体如下：

在实施深呼吸催眠诱导时，需要先让受催眠者处于一个非常舒适、非常安静

深呼吸法进入催眠深化的小窍门

在利用深呼吸法进行催眠深化的过程中，受催眠者一边侧耳倾听催眠师的话，一边进行深呼吸，这样注意力就集中到催眠师的话语和自己的呼吸上。因此即使是被暗示性低的人，也可以通过深呼吸进入催眠状态。

1. 开始，催眠师要配合受催眠者的呼吸速度说话，而不是受催眠者配合催眠师的话语。通过催眠师配合受催眠者，受催眠者会在某个时候开始毫无反抗地服从催眠师的暗示。

2. 有人没法慢呼吸。催眠师就要加快语速。在反复进行呼吸的基础上，催眠师将语速放慢，受催眠者就会自然地随着眠师的语速呼吸。受催眠者的快速呼吸就会慢下来。这是受催眠者陷入了催眠师的诱导，自然地进行了转换。

说明：深呼吸法可以算得上是催眠应用方法里的“万金油”，无论是催眠敏感度测试、催眠诱导还是催眠深化，都可以使用深呼吸法。

的环境，采取一个非常舒适的姿势坐在椅子上，或者靠在沙发上。然后催眠师进行暗示：“现在，你坐在这里，感觉很舒适，很放松……请你全身放松，微微地闭上眼睛，慢慢地呼吸……先深深地吸一口气，然后慢慢地吐出来，把胸中的气吐完之后，再深深地吸气，然后慢慢地吐出来……好，自己接着做，每做一次深呼吸，深深地吸气，慢慢地吐出来……你的所有紧绷状态完全消失……你会随着每一次的呼吸更放松……你会感觉到你的身体更加放松，进入了催眠状态。”

这种深呼吸诱导法要求受催眠者能够轻松、自然地进行深呼吸，如果他们在深呼吸时过分地用力，使劲地吸气或者吐气，就会感到身体不适。如果出现这种情况的话，催眠师要马上指导受催眠者轻轻地、慢慢地自然呼吸，不要过分地用力，要做到很自然、很放松。而且需要注意的是，做深呼吸的时间不能太长，否则就会使受催眠者产生疲劳感，一般来讲，做10次左右就可以了。然后，催眠师接着暗示受催眠者:“你全身放松，全身都放松……你很想睡，你的身体很沉，很沉……你很想睡，你的身体很沉，很沉……你马上就要睡着了。睡吧……身体很沉……很沉……越来越沉……你马上就要睡着了……”

这个时候，受催眠者就很容易进入催眠状态了。受催眠者仿佛听到这个声音是从极远的地方传来，从他的一侧耳朵传入了大脑，在他的身体内与他的血液一起流动，然后又从另一侧耳朵离开了身体，飘然而逝。在这种自然、静谧、舒适的气氛与感觉中，受催眠者不知不觉间就失去了一切抵抗，全部的身心都沉浸在一种不可思议的美妙的余音中。在状态突破之后，一定不要忘记让受催眠者认真体验一下自己此时此刻舒适的感觉，否则催眠的效果会大打折扣。

这种深呼吸诱导法能促使受催眠者集中注意力，并达到一定的专注程度，从而进入催眠状态。在深呼吸诱导中需要注意的是，受催眠者的呼吸速度不能时快时慢，要注意根据不同的情况来加以区别。比如，当受催眠者对催眠师的暗示明显有强烈的抵抗时，那就不能过快地深呼吸。

常用的4种传统催眠诱导法

除了最古老最普遍的凝视法之外，传统的催眠诱导法还有感觉诱导法、自然诱导法、美好回忆诱导法、学习回溯诱导法等。这4种方法需要正确、恰当地使用才能达到效果，而且每种方法也都不是万能的，必须要懂得在恰当的时候恰当地使用。

感觉诱导法

感觉法适合在受催眠者思绪混乱，不知该从何处说起时应用。这种情况下，让受催眠者从体会自己的感觉开始进入催眠状态，受催眠者的潜意识自然知晓答案。这种靠受催眠者自身的感觉来诱导的方法更加快速，也更加准确。

感觉诱导法适用于敏感细腻的人、触觉型的人，长期病痛或患有严重心理疾病的受催眠者不适合应用感觉诱导法。如果受催眠者身体有很多不舒适，那么他的感觉就会因为安静、内省而扩大，反而阻碍诱导进入催眠状态。所以催眠师在进行催眠治疗之前一定要对受催眠者进行详细的观察与询问，确保找到最适合受催眠者的催眠诱导法。

感觉诱导法具体如下:

“现在，你正自然地坐在椅子上，你能够感觉到自己的脊背正靠在椅背上，清晰感觉到，那种靠在椅背上的感觉……你能感觉到，你的臀部正接触着椅子，你能感觉到，那种接触的感觉……你的双脚正放在地面上，双脚的脚掌正放在地面上，而你的双手自然地放在你的大腿上，你的双手能够碰触到自己的大腿，我要请你集中注意力在那种碰触的感觉上，双手碰触大腿的感觉……你能感觉到手掌的温度……手心与大腿之间的接触……慢慢体会……慢慢去感受……好，感受那种感觉，那是你自己的感觉，你正坐在椅子上，你的脊背靠着椅子，臀部接触着椅子，双脚接触着地面，而你的双手自然地放在大腿上，感受这种接触的感觉，继续感受你自己的触觉……”

自然诱导法

自然诱导法的关键是引导受催眠者自然发生所有的反应，根据这些反应，催眠师进一步诱导受催眠者用心去感受，内心不要做任何的抗拒。具体如下：

“你很自然地，很放松地坐在这里，很自然地坐在这里……感受你自己的呼吸，每一次呼吸都那样自然而放松……感受你的心跳，它很自然地在你的胸腔里跳动着……你只是自然地，放松地，舒适地坐在这里……你什么都不必刻意做，你只是很自然地，很放松地坐在这里，什么都不愿想……一切都会很自然发生……你会觉得很愉快，很舒服……很自然……很放松，很安全……你的潜意识会自然跟随着我的语言，你什么都不必刻意做，你只是很自然地，很放松地坐在这里，什么都不愿想，什么也都不想想了……”

美好回忆诱导法

对很多人来说，回忆那些美好的经历就是自然的催眠诱导。受催眠者能够清晰地回忆起当时发生的事情，体验自己当时的情绪，脑海中是当时的情景再现，再配合手臂升降的动作，这样就非常容易进入中度催眠。这个方法比较适合善于言谈、情感丰富的人，尤其是具有此类特点的老年人。具体如下：

“现在，请你开始回忆，回忆你过去生活里那些让你感觉特别愉快的、美好的事情……你应该回到你的记忆深处去，回忆那些令你愉快、令你开心的事情……你每呼吸一次，你就能够回忆得更深入一些……深入地回忆那些美好的事情，美好的经历，深入地、仔细地回忆，那些美好的回忆令你是多么愉快、多么开心……当你沉浸在你的内心回忆时，你已慢慢进入了无人能打扰的境界……继续去回忆……完全的放开心胸去回忆……回忆美好的事情……深入地回忆，回忆那些美好的事情，美好的经历……回忆那些美好的事情，美好的经历，深入地、仔细地回忆……那些美好的回忆令你多么愉快、多么开心……现在，慢慢地，慢慢地把你的手放下来，慢慢地，慢慢地放下来，一次只要往下挪动一个神经细胞……现在，你会感觉到非常愉快，非常轻松……你的感觉非常愉快，非常轻松……把这种感觉逐渐扩散到你的全身……你的全身非常放松，非常舒适……”

其实，不仅仅是回忆那些美好的经历，紧张、害怕、不安、恐惧、焦虑等感受和经历都可以运用到催眠治疗中。当受催眠者非常清楚自己是受到一些事情的影响而紧张、害怕、不安、恐惧、焦虑时，可以直接让他回忆当时所发生的事情。而一旦受催眠者在催眠师的引导下绘声绘色地讲述当时发生的事情，认真而投入地讲述当时的场景，身临其境地体验当时的情绪，这个过程本身就是催眠导入。

学习回溯诱导法

每一个人都是在不断学习中成长的，回溯曾经的学习经历是一种非常有效的催眠诱导方法。它一方面能让受催眠者逐渐沉浸于自己曾经的学习体验中，不断找寻回味当时的学习感受；另一方面也暗示了新的改变，以及逐渐成长的过程。具体如下：

“曾经的那些学习经历，总是让我们难忘，随着岁月的流逝，这些记忆反而会越来越清晰……还记得你第一次学习骑单车吗？还记得你上学的第一天吗？还记得你第一次上化学课做实验吗？还记得你第一次学习英语单词吗？还记得你第一次学习做饭吗？还记得……那个时候，你一定像现在第一次学习进入催眠状态一样有点喜悦，有点开心，有点好奇和新鲜……就让我们回到第一次学习新知识的回忆里……那是一幅怎样的场景？你是在学习什么呢……你当时的感觉是什么？会不会觉得很有趣，还是觉得很难，很担心……在你的头脑中清晰地描画出这样的场景，你在学习那些新知识，那样的一幅场景清晰地呈现在你脑子里……”

学习回溯诱导法有一个非常有效的技巧，许多复杂的、规模较大的问题都可以使用回溯法，它有“通用解题方法”的美称。它几乎可以带领任何人进入到不同程度的催眠状态。

提高成功率的 4 种压迫诱导法

每个人的催眠敏感度不同，有的人很容易被催眠，而有的人很难被催眠。对于催眠敏感度比较弱的人来说，也就需要有相应的保守技术来治疗，这里主要介绍一下提高催眠效率的 4 种常规压迫诱导法：枕后动脉压迫法、颈动脉窦压迫法、锁骨下动脉压迫法、颞浅动脉压迫法。

枕后动脉压迫法

枕后动脉是在耳朵中央往后 2 ~ 5 厘米的地方。枕后动脉压迫法是一种保守的催眠诱导。一般来说，10 个人中大概有 4 个人只需要通过压迫和指示就能进入催眠状态。

枕后动脉压迫法的具体方法是：首先，让受催眠者坐在有靠背的椅子上，催眠师站在受催眠者的左侧，左手扶着受催眠者的额头，右手的拇指和中指按压受催眠者的枕后动脉。其次，在按压时，催眠师要注意根据受催眠者的年龄情况调整手指的力度。催眠师保持这个按压的姿势，并向受催眠者指示“请你先数数”，然后就保持沉默，直到受催眠者数不上来的时候，催眠师就可以停止按压，因为此时受催眠者一般已经进入催眠状态了。

如果按压得当的话，受催眠者最多只能数到 20，就已经进入催眠状态了。不过，需要注意的是，对受催眠者头部的血管不能长时间按压，如果长时间进行按压的话，容易发生危险，所以，催眠师应当快速地完成这个过程。如果感觉需要的时间比较长的话，那么最好再去尝试一下其他办法。对于按压的位置，一般都是相同的。为了保证效果，催眠师对受催眠者两侧的动脉需要用相同的力气去按压，而且按压的同时还要密切注意受催眠者的表情变化，确保受催眠者能顺利进入催眠状态。

颈动脉窦压迫法

颈动脉窦是指喉咙两侧的脉。颈动脉窦是一个压力感受器，它能将感受到的压力传到大脑，手压颈动脉窦会让它感到压力增加，从而引起血压的上升。当受催眠者的血压上升时，颈动脉窦膨胀，迷走神经受到刺激，就会发挥降低血压的作用。这样就能达到改变受催眠者意识状态的目的。在美国，催眠师曾用这个方法将数千人成功催眠。

在进行颈动脉窦压迫的时候，催眠师一般会让受催眠者站着，并让受催眠者仰望天花板。然后，催眠师用手指轻轻按压受催眠者的颈动脉窦。这个时候，紧挨着颈动脉窦后面的迷走神经受到刺激，血压下降，从而使受催眠者意识的状态发生改变。通过按压颈动脉窦，受催眠者的血压会接近于睡眠时候的水平，思维得到了抑制，催眠师就在这个时候给予受催眠者催眠暗示。需要注意的是，这种方法会让受催眠者的血压快速地降低，所以，催眠师要谨慎操作，如果操作不当的话，可能会使受催眠者昏厥。尤其要注意的是，一定要是轻压受催眠者的两侧颈动脉，如果压迫过猛的话，受催眠者就会因血压急剧下降而引发脑缺血，甚至昏迷。

其实，颈动脉窦压迫法成功的真正秘诀并不在于强迫受催眠者的意识状态发生改变，然后给予催眠暗示，而是在受催眠者的意识稍有改变的时候，引导其进入催眠状态。一个优秀的催眠师，能够用拇指的指肚感觉到受催眠者意识状态开始改变的那一瞬间，受催眠者的意识状态一旦开始改变，催眠师就要马上停止按压，然后小心地将受催眠者放倒在床上，避免妨碍受催眠者进入催眠状态。

另外，由于颈动脉窦压迫法中受催眠者意识状态的改变是瞬间发生的，所以催眠师要注意事先加入预期作用的暗示，或者在按压过程中快速加入预期作用的暗示。比如，可以告诉受催眠者："你的心情非常放松，非常舒畅，现在开始让身体完全放松……放松……全身渐渐地没有了力气，越来越放松，越来越舒畅……周围也越来越暗……你的手臂开始发软……非常轻松……你的膝盖开始发软，全身都慢慢地变软，非常轻松，非常舒畅……"在给予这个程度的暗示，才能再给予深化暗示。一般是等到受催眠者的膝盖发软，全身放松，催眠师平稳地让受催眠者躺倒在床上后，才慢慢引导其进入深度催眠。

颈动脉窦压迫法的成功率很高，但是风险也大。需要注意的是，心脏功能不全者禁用此法，血压低者也要慎用。

锁骨下动脉压迫法

有些受催眠者虽然经过诱导进入了催眠状态之中，但是心中仍然有些不安，难以从轻度催眠状态进入深度催眠中，这种情况是经常发生的。这样的受催眠者一般会有这样的想法："心里总觉得忐忑不安，我知道这是阻碍我进入深度催眠状态的原因。"在这种情况下，催眠师就要应用一些辅助性的方法来帮助受催眠者更好地进入催眠状态。如锁骨下动脉压迫法。

锁骨下动脉压迫法的原理是，催眠师把重点放在受催眠者的颈根部上，用力向下按压。催眠师按压颈根部的目的，就是为了压迫受催眠者的锁骨下动脉从而减少受催眠者的脑部供血，暂时性的抑制受催眠者的思考，从而帮助受催眠者。具体操作如下：

在尽可能地进行催眠诱导之后，催眠师一边柔缓地按压受催眠者的肩部，一边给予一些使受催眠者放心的暗示。"我一按压你的肩部，你就会感到自己被安全感所包围……我柔缓地按压你的肩部，你的心里充满了安全感，你可以感受到时间正在很慢很慢地流逝……好，逐渐开放你的心灵……你慢慢感受到这种感觉……好，用心去感受……"这里是对受催眠者的身体感觉进行刺激，因此暗示时要以感情为主。

这种做法的缺点在于只有让受催眠者坐在椅子上才能进行，所以催眠师事先一定要准备一把舒适的椅子。

颞浅动脉压迫法

颞浅动脉压迫法是利用生理的手段，在受催眠者耳前对准下颌关节上方处加压，通过压迫眼角后面的动脉，减少进入脑部的血液量，引发在催眠状态下的脑贫血状态，从而使得暗示更容易被接受，催眠诱导变得更容易。这种方法的风险也很大，所以催眠师仍需谨慎使用。颞浅动脉压迫法主要适用于那些对于催眠暗示没有什么反应的人。

颞浅动脉压迫法具体的操作是首先让受催眠者采取一个舒适的姿势坐在椅子上，催眠师站在受催眠者的面前。然后，催眠师将手放在受催眠者的太阳穴处，按压受催眠者的颞浅动脉。催眠师边按压边重复让受催眠者闭眼的暗示："请你全神贯注地看着我的眼睛……全神贯注地看着……不要移开你的视线……就这样一直全神贯注地看着我的眼睛……好，继续看着……不要有任何杂念……全神贯注地看着我的眼睛……你的眼睛慢慢地有点疲倦……有点疲倦……你的眼睛慢慢地感觉非常沉重，非常沉重……慢慢地，你的眼睛感觉非常沉重，非常沉重……你的眼睛已经睁不开了，睁不开了……眼睛疲倦地闭上了……闭上了……"等到受催眠者把眼睛闭上，催眠师再给予"头往前倒了"的暗示，使受催眠者的催眠状态保持稳定。这样，颞浅动脉压迫法就完全成功了，接下来催眠师再用深化法加深催眠状态就可以了。

混淆诱导法

混淆诱导法（或称多重诱导法）适用于那些阻抗比较强的受催眠者。所谓阻抗比较强的受催眠者，就是不太愿意配合，或者用常规的催眠诱导方法很难诱使其进入催眠状态的受催眠者。混淆诱导法通常要求受催眠者专注于几件事，这样就会更容易产生疲劳，也防止了受催眠者胡思乱想。

比如，凝视法是要求受催眠者凝视一个物体，直到放松，自然地闭上眼睛，但是对于那些催眠敏感度比较低的人来说，他们往往很难集中精力，那么这时就可以加上另外一项或几项任务，如从 200 每次减 2 这样的数数，一边凝视，一边数数，一边跟随着催眠师的暗示，这样受催眠者往往就会忙不过来，没有时间和精力去想其他的事情，这样很容易就变得疲劳，自然就进入了催眠状态。混淆诱导法最常用的是左右同时诱导法、惊乱诱导法和烛光法。

左右同时诱导法

左右同时诱导法可以请两位催眠师分别在受催眠者的左右两侧进行诱导，诱导语可以是相同的。左右同时诱导法的效果是非常好的，同样的引导方法，一旦有两位催眠师在受催眠者的左右两边同时进行，能够迅速给受催眠者带来恍惚、混淆的感觉，引导受催眠者进入催眠状态。左右同时诱导法还可以只请一位催眠师，催眠师可以在诱导的过程中不断更换到受催眠者左右两个位置，甚至可以尝试以不同的语气、语音、语调进行诱导，其效果也同样明显。

惊奇混乱诱导法

催眠师也可以突然给出一些受催眠者意料之外的一些暗示，让受催眠者在一瞬间产生一种混乱的感觉，这就是惊奇混乱诱导法。例如，催眠师将手指放在受催眠者眼前 100 厘米远处，让他凝视一会儿，然后催眠师将手突然向他的眼睛伸过去，他就会因为吃惊而闭上眼睛。此后，催眠师可以轻轻地按住受催眠者的眼睛，并暗示说："闭紧你的双眼，怎么也睁不开。"停一会儿后，催眠师将手移开，受催眠者努力尝试，却发现怎么也睁不开，当催眠师看到受催眠者的眼皮跳动，就代表他已经进入了催眠状态。

烛光法

烛光法是要求受催眠者根据催眠师的暗示，在边凝视烛光边进行想象的过程中，进入催眠状态。烛光法的关键在于，催眠师对于受催眠者想象的暗示语的把握。具体如下：

"请你凝视着烛光，放松地、自然地聆听着我的声音，我说的话会从你的头脑中轻轻地飘过，轻轻地离开……你，并不需要刻意专注于我所说的话，因为你的潜意识会跟随着我，你的潜意识会知道怎样做出有利于你自己的选择……现在，请你一直保持凝视的状态，放松地、自然地凝视着烛光，在心底想象一种美好、愉快的感觉……这种美好、愉快的感觉从你的心底蔓延，扩散，扩散到你的全身，一直到达你的头部……你可以想象，那是一股清澈、愉快而舒适的水流，从你的心底流出，蔓延，扩散……这股清澈、愉快而舒适的水流扩散到你的全身……这股愉快的水流，流到你的头部，流到你身体的每一个部位，而你的眼睛依然自然地、放松地凝视在烛光上，伴随着这样美好的感觉……现在，我要给你讲述一个女孩儿的故事。在小的时候，她每天都要路过一个毛绒玩具店，里面有许多非常漂亮可爱的毛绒玩具，女孩很喜欢那些毛绒玩具，并且她很想成为这家玩具店的店主，每天和这些毛绒玩具玩耍。那家毛绒玩具店的店主告诉她：‘你当然可以拥有自己的一家毛绒玩具店，可是，这并不是一份轻松的工作，你必须要知道自己在做什么。’于是，女孩儿就在努力读书的同时找了很多份兼职的工作，最终，她终于有了一笔钱可以开一家小型的毛绒玩具店，她带着钱飞奔到玩具厂，她一路上都哼着愉快地音符，到了玩具厂以后，她用心去选购那些漂亮的毛绒玩具，望着那些迷人的毛绒玩具，

利用想象力的烛光诱导法暗示语

烛光法要求受催眠者根据暗示凝视烛光，在想象中进入催眠状态。这种方法的指导语一般是这样的：

1. 请凝视烛光，放松地、自然地聆听我，不需要刻意专注我说的话，你的潜意识会跟随着我，它知道怎样做……

2. 现在，请自然地凝视烛光，想象一种美好的感觉……这种感觉扩散到全身，一直到达头部……流到你身体的每一个部位，而你的眼睛依然自然地凝视烛光……

3. 现在我给你讲个故事。请想象那些画面……你可以很放松地，很自然地闭上眼睛，这样你就会感觉更加舒适……你可以轻轻点头，随着每次点头，你就会进入深深的、舒适的催眠里……

她露出了甜美的笑容……好，你可以很放松地，很自然地闭上眼睛，这样你就会让你的眼睛感觉更加舒适……如果你现在已经准备好和自己的潜意识沟通了，那么你可以轻轻地点一点头，随着你每一次的点头，你就会进入深深的、放松的、舒适的催眠状态里……好，继续放松……继续去感受……"

直接诱导法

大家都知道，在进行催眠之前，受催眠者一般都要经过催眠的被暗示性、敏感度等一系列测试。如果受催眠者能够通过被暗示性、敏感度测试的项目，那么，催眠师通过催眠方法，就可以将人诱导进入一种特殊的意识状态，再结合一些言语或动作整合受催眠者的思维和情感，从而产生治疗效果。这种使受催眠者直接进入催眠状态的诱导方法叫作直接诱导法。直接诱导法包含 3 种：眼皮沉重、手臂僵直和手臂升降。

眼皮沉重

由眼皮沉重测试进入催眠状态，操作比较简单，时间也比较短。首先，催眠师要求受催眠者用一只手的大拇指和食指捏住一枚硬币，将注意力完全集中在手指上。然后，催眠师进行暗示："现在，你可以感觉到你的大拇指和食指紧紧地捏在一起，它们紧紧地接触着，下面会有一些有趣的事情要发生……过不了多久，硬币就会变得越来越沉重，越来越沉重，同时，你也会觉得自己的眼皮越来越沉重，但是你依然全神贯注地盯着硬币。你如果觉得疲倦了、不能忍受了，那你可以闭上眼睛。当然，你也可以一直盯着这枚硬币，全神贯注于那种感觉上……你会觉得越来越放松，越来越轻松，你的呼吸开始变化，或者更加急促，或者更加缓慢，但是，你的身体只会觉得越来越放松，越来越放松……硬币越来越沉重，越来越沉重，它会自然地落下来，自然地落下来，好像你并没有刻意地去关注一样……硬币自然掉落在地上的声音会告诉你和我，你已经进入了非常舒适的放松状态……让这一切自然发生，让这一切自然发生……好，继续盯着硬币……放松……你的眼皮越来越沉重……沉重……"

在硬币落地之后，催眠师接着暗示："好，做得非常好。这一切都非常自然地发生了，你的眼皮已经沉重得闭上了……闭上了……好，你的手臂也越来越沉重，越来越沉重……它们会很自然地放在舒适的地方……慢慢地挪到自己感觉舒适的地方……你可以让自己进入更舒适的催眠状态，更自然、更舒适的催眠状态……"

由眼皮沉重测试进入催眠状态

催眠师可以在被暗示性或敏感度测试时使受催眠者直接进入催眠状态，这个诱导方法叫作直接诱导法。由眼皮沉重测试也可以让受催眠者进入催眠状态，具体步骤如下：

1. 催眠师要求受催眠者用一只手的大拇指和食指捏住一枚硬币，将注意力完全集中在手指上。

2. 催眠师对受催眠者施加暗示，一直暗示到受催眠者手中的硬币掉下来。

3. 在硬币落地之后，催眠师接着施加暗示，让受催眠者直接从敏感度测试中进入催眠状态。

手臂僵直

在手臂僵直测试之前，催眠师要求受催眠者先彻底舒展一下自己的身体，做一个深呼吸，让身体能够放松下来。然后让受催眠者以自己感觉舒适的方式坐在椅子上，或者是靠在沙发上，双手以自己感觉舒适的姿势放好，两腿自然地靠着，只要放松不别扭就好。

此后，催眠师进行暗示："请继续保持深呼吸，请将你的眼睛轻松，自然地闭起来，你的眼睛一闭起来，全身就都跟着放松下来……好，请继续保持深呼吸，你的眼睛轻松，自然地闭着……好，现在，请把你的右胳膊伸出来。"同时，催眠师用手把受催眠者的胳膊拉到合适的位置。催眠师接着暗示："你的手臂就这样固定在半空中，不能动弹，你的肩膀、你的手肘都好像被螺丝锁住了一样，变成了一条直挺挺的非常僵硬的铁棍，没有知觉，即使我晃动你的手臂，你的手臂也会因为充满了弹性而立刻弹回原来的位置。"这个时候，催眠师做晃动受催眠者手臂的动作，受催眠者的手臂回到了刚才的位置。

催眠师接着暗示："我会请你尝试着把你的手臂放下来，但是，你会发现，你的手臂就这样固定在这里，根本放不下来，放不下来；任何让你的手臂放下来的动作，都会使你的手臂又立刻弹回去，固定在那里。现在，我会从 1 数到 5，我每数一个数字，你都会感觉到你的手臂变得越来越坚硬，当我数到 5 的时候，请你尝试着把你的手臂放下来，但是，你会发现，你的手臂坚硬无比，想放放不下来，放不下来……1，你的手臂像一根铁棍一样非常坚硬，硬邦邦的……2，你的手臂直挺挺的，非常坚硬……坚硬……3，你的手臂已经牢牢地固定在了这个位置，非常坚硬，无法动弹……非常坚硬……无法动弹……4，你的手臂非常坚硬，就这样牢牢地固定在这个位置……就这样固定住了……固定……5，你的手臂已经牢牢地固定在了这个位置。现在，我要请你尝试着把你的手臂放下来，但是你放不下来，放不下来……来，再试一次看看，你越用力，你的手臂就越放不下来……最后再试一次看看，你的手臂还是放不下来……好，非常好，现在，停止尝试，将你的手腕放松，手肘放松，将你的肩膀也放松。"这个时候，催眠师抓住受催眠者的手，慢慢把他的手臂放下来，轻轻地放下来。接着，催眠师暗示："你的全身都放松下来了，你变得很轻松……没有任何力气……没有力气……你会进入更深的催眠状态。"

手臂升降

在做手臂升降测试之前，催眠师会要求受催眠者先舒展自己的身体，做一个深呼吸，让身体放松下来。然后，催眠师进行暗示："请将你的双臂向前伸直，左手掌心向上、右手掌心向下。请将你的眼睛自然地，轻松地闭起来……你的眼睛一闭起来，你的全身就都跟着放松下来了……想象你的眼睛凝视着鼻尖，把你的全部注意力专注在你的鼻尖上……继续保持深呼吸，放松……现在，想象你的左手托着一大盘水果，有苹果、香蕉、樱桃，你的左手感觉到越来越沉重，越来越沉重……那盘水果非常重，你的左手越来越沉重……你的左手正在慢慢地往下降……同时，想象你的右手手掌上绑着一串彩色的气球，这串彩色的气球正在逐渐向上飘浮，正在把你的右手慢慢地往上拉，慢慢地往上拉……你的右手变得越来越轻，越举越高……尽可能地，在你的脑海里浮现这样的画面，你的右手手掌上绑着一串彩色的气球，这串彩色的气球正在逐渐向上飘浮，正在把你的右手慢慢地往上拉，慢慢地往上拉；而你的左手托着一盘很重的水果，你的左手感觉到越来越沉重，正在慢慢地往下降……尽可能地，在你的脑海里浮现这样的画面，如果画面还不够清晰，那么，你也可以假装真的有一盘很重的水果托在你的左手掌上，压着你的左手慢慢地往下降；假装真的有一串彩色的气球绑在你的右手掌上，拉着你的右手慢慢地往上飘……好，继续不断地深呼吸，放松。随着你每一次的吸气，你会感觉到你右手上那串彩色的气球不断增大，而你的右手也越来越轻，越来越往上飘……随着你每一次的吐气，你会感觉到你左手上那盘水果更加沉重了，而你的左手也越来越往下降……好，吐气……你的左手越来越重，越来越往下降；吸气……你的右手越来越轻，越来越往上飘……继续吐气……左手在逐渐地下降，下降……继续吸气……吸气……右手在逐渐地上升……吐气……左手在逐渐地下降……下降……吸气……右手在逐渐地上升……”

经过一段时间后，受催眠者的双手就会有明显的差距，催眠师可以就此引导受催眠者进入催眠状态。催眠师可以让受催眠者的手臂固定在这样的高度，保持深呼吸，逐渐忘记身体的感觉，自然地、放松地保持深呼吸。催眠师可以这样进行暗示：“好，现在你可以放下手臂，让你整个身体都放松下来，继续放松，让你的手臂恢复到它本来舒适的姿势，当你的手臂一放下来，你整个身体就完全放松了，松弛了，你感到前所未有过的轻松，继续放松，放松，你感到越来越舒适，你也就进入了深深的、舒适的催眠状态……”

直接诱导法的操作其实很简单，而且操作时间也比较短，因此使用也非常广泛。这种直接诱导法能促使受催眠者集中注意力，并达到一定的专注程度，从而进入催眠状态。当然，在具体的催眠实践中，催眠师还是需要根据受催眠者的特性选择合适的方法。

手臂合开诱导法

手臂合开诱导法是以动作为主体的诱导方法，如手抬起的动作或双手向外开的动作等。这个方法适用于有噪声的环境，不过在具体操作过程中要特别留意言语暗示与动作的时机。

在进行催眠之前，催眠师要求受催眠者采取一个自己觉得舒适的姿势，坐在一张舒适的椅子上，然后让受催眠者调整好呼吸，放松一下身体，两手自然地放在膝盖上。注意背部不要靠在椅背上，双脚自然地放松摆放，不能跷二郎腿，整个人松弛下来，肌肉不要紧绷，此时需以全身舒适为宜。

催眠师站在受催眠者的前方，将受催眠者的双手上举，然后，进行暗示："做一个深呼吸，将你的全身放松……深呼吸……全身放松……好，睁开你的双眼，看着你的手。"接着，催眠师拿起受催眠者的手掌，接着暗示："我的手一离开，你的手就这样自然地分开。"这个时候，催眠师将受催眠者的手打开，并让受催眠者一直都看着自己的手。

催眠师接着暗示："放松……两手分开……再放松……两手分开……继续放松……两手分开……分开……"这个时候，催眠师将受催眠者的双手开合几次，并且在开合的时候注意让受催眠者的手保持放松的状态。

接下来，催眠师将受催眠者的双手从下面轻轻地拖起来，并且用自己的双手将受催眠者的双手固定在那个位置。然后继续暗示："当我的手一离开，你的手就会打开。"这个时候，催眠师的手就会迅速离开。如果受催眠者的手是处于很放松的状态，那么催眠师的手一离开，受催眠者的手就会稍稍地下降，很自然地打开。

在受催眠者的手打开的同时，催眠师暗示："好，打开了，再打开一点，慢慢地、自然地打开了……继续这样打开下去，打开下去……"等受催眠者的双手打开到与肩同宽时，催眠师暗示："好，停下来……下面，当我的手碰触到你的手臂时，你的双手就会一直慢慢地向上举……"这个时候，催眠师用双手轻轻碰触一下受催眠者的双手，然后迅速离开，受催眠者的双手就会慢慢地上升。接着，催眠师暗示："慢慢地，放松地向上举，一直这样慢慢地向上举……不断地，慢慢地向上举，放松地向上举……好，你的双手正在逐渐地接近你的脸……慢慢地，放松地向上举……等你的手一举到你的脸处，你就会感觉很累，感觉非常累……你的眼皮也很累，非常累，就会下垂了……好，继续向上举……你的眼皮非常累，它非常累，它已经在下垂了，你现在就要闭上眼睛了……好，再举一次……你感觉非常累……非常累，眼皮也非常累，慢慢地，你闭上眼睛了……"如果这个时候，受催眠者没有闭上眼睛，催眠师就要接着暗示："你的眼睛非常累，眼皮已经下垂了，眼皮没有了力气……请慢慢地、自然地闭上眼睛……慢慢地、自然地、放松地闭上你的眼睛……请慢慢地闭上你的眼睛……好，闭上眼睛……闭上……"

等到受催眠者完全闭上眼睛，催眠师暗示："现在我要数数，当我数到5的时候，你的手就会分开……1，你现在非常放松……2，你现在很放松，什么都不想，什么都不想……3，你现在非常放松，非常舒适，什么都不想……4，什么都不想，只有全身那放松、自然、美妙的感觉……5，好，你的双手分开了，你的手已经非常放松了……你的手开始慢慢地下落，自然地、放松地下落……你的双手自然地放松下落，落到你的膝盖上了，当你的手一落到你的膝盖上，你的整个身体就完全放松了，你的头也就变得很沉，让头继续往下吧……让你的头继续自然地放松吧……这样，你全身放松下来……放松……慢慢进入催眠状态……放松……进入深深的、舒适的催眠状态……"

此法是以动作为主，具有快速诱导的优点，能使受催眠者快速地进入催眠状态。

渐进式放松诱导法

在催眠诱导中，是没有失败可言的，催眠师成功的绝招就是坚持，有耐心重复，不怕单调，渐进地诱导受催眠者放松，直到进入催眠状态为止。

如果遇到很难被催眠的受催眠者，催眠师就要拿出自己十二分的耐心与坚持来进行诱导，以强大的毅力，渐进地引导受催眠者放松、自然地进入催眠状态，这就是渐进式放松诱导法。当然，渐进式放松诱导法要根据不同的受催眠者、不同的受暗示性采用不同的暗示语，只有灵活使用才会达到事半功倍的效果。具体如下：

催眠师先要求受催眠者做一个深呼吸，放松一下身体，然后选择一个自己觉得舒适的姿势坐在椅子上，或者靠在沙发上。然后，催眠师进行暗示："现在，让你的眼睛自然地、轻松地闭起来，当你的眼睛一闭起来，你就开始放松了……现在，想象你的眼睛凝视着你的鼻尖，把你的全部注意力专注在你的鼻尖上……好，现在做深呼吸，缓慢而深长的呼吸，均匀而有规律的深呼吸，慢慢地、深深地把空气吸进来，再慢慢地、深深地把空气吐出去……吸气的时候，想象你把空气中的氧气吸进来，氧气流经你的鼻腔、喉咙，然后进入肺部，再渗透到你的血液里。这些美妙的氧气经过血液循环，输送到你全身的每一个部位、每一个细胞，使你的身体充满了新鲜的活力；吐气的时候，想象你把体内的二氧化碳通通都吐了出去，也把所有的紧张、压力、不安、烦恼、疲劳、怀疑通通吐了出去，让所有的不舒适、不愉快的感觉都离你远去……好，继续保持深呼吸，每一次的深呼吸，都会让你进入更深沉、更放松、更自然、更舒适的状态……你一边深呼吸，一边聆听着我的引导，很自然的，很放松的，很舒适的，你什么都不必想，也什么都不想了，好，继续保持深呼吸……很自然的、很放松的、很舒适的呼吸……什么也不必想……你只是跟着我的引导，很快地，就会进入很放松、很舒适的状态……

“你现在非常放松，非常舒适，你的头皮很放松……头盖骨也很放松……你的耳朵很放松，耳朵附近的肌肉很放松……你的眉毛很放松，眉毛附近的肌肉很放松……你的眼睛很放松……眼皮也很放松……你的鼻子放松……呼吸放轻松……你的脸颊很放松，脸颊附近的肌肉很放松……你的下巴很放松，下巴的肌肉很放松……你的下巴平时承担了吃饭、咀嚼、说话的压力，现在都彻底地释放掉了……

“接着，放松你的脖子……放松你的喉咙，放松你喉咙附近的肌肉……放松你的肩膀……你的肩膀平常承受了太多的紧张、压力、不安、重任，现在就把它彻底地放松下来吧……放松你的左手，让左手的骨头、肌肉都放松……放松你的右手，让右手的骨头、肌肉都放松……放松你的胸部，让胸部的骨头、肌肉都放松……放松你的背部，让你的脊椎与背部肌肉都放松……你的背部平时承受了太多的紧张、压力、劳累，现在就让它彻底放松下来吧……放松你的腹部，彻底地放松你腹部的肌肉，毫不费力地、自然地、舒适地放松你的腹部，然后你的呼吸会更加深沉、更加轻松……放松你的上半身……彻底放松你的身体……放松……

“放松你的左腿，让左腿的骨头、肌肉都放松……放松你的右腿，让右腿的骨头、肌肉都放松……放松你左脚的脚踝，放松你右脚的脚踝……放松你左脚的脚掌，放松你右脚的脚掌……

“继续保持深呼吸，每一次呼吸的时候，你都会感觉到自己更加放松、更加自然、更加舒适……放松……继续放松……就这样进入很放松、很舒适的状态……”

在渐进式放松诱导法中，一些平时神经过于紧张的受催眠者，可能很难通过想象来放松自己的身体，还有一些受催眠者放松下来后会觉得四肢疼痛、头昏脑涨，这是他们平时神经过度兴奋的缘故。如果遇到上述两种情况，催眠师可以告诉受催眠者：“这是你身体给自己发出的信号，你平时没有时间来关注自己身体的感觉，也没有时间去聆听自己身体的声音，现在，它们在发出信号向你求救了……”对于这些受催眠者，催眠师一定要有足够的耐心来引导，来暗示，以便于受催眠者能更好地放松下来，顺利地进入催眠状态。

在渐进式放松诱导法中，还可以选择一些比较轻柔的背景音乐作为放松心灵的诱导，继而使用具有情绪色彩的音乐诱导受催眠者进入不同的催眠状态。使用适当的音乐，可以让受催眠者快地放松下来，进入状态，最终达到非常好的效果。

催眠诱导的过程不是那么难，但也不是简单之事。说不是那么难，是因为有很多诱导的方法，甚至从来没有对别人进行过催眠的人只需要照着催眠语念下去，就有可能诱导受催眠者进入催眠状态。在亲人或者很熟悉的朋友之间，双方互相信任、比较亲近的时候，这种可能性会更高。但是，催眠诱导却又不是简单之事。试想一下，一位完全陌生的受催眠者来到你面前，如何让他的潜意识自然、放松、自由地呈现，是需要敏锐的洞察力、细腻的心灵和丰富的实践经验的。

催眠诱导是一个反馈、体察、引导、再反馈的循环过程，也是一个充满美感的艺术创造和体验过程。催眠师可以自由地发挥、综合应用不同的诱导方法，这本身就是一种无条件的关注、一种爱的沟通和交流。如果有一些受催眠者确实很难进入催眠状态，催眠师就要完全展现自己的耐心，平和地告诉受催眠者："如果你的潜意识今天还没有准备好进入催眠状态，那么它会在恰当的时候带领你进入到自己内心深处，你只要平静地等待这些自然地发生就好了。顺其自然，相信在下一次，当你的潜意识准备好的时候，就可以顺利进入催眠状态。到时候你依然可以来到这里，和我一起去探索心灵的花园，我也会一直引导着你，让自己进行一次完全放松、解脱、舒适、美妙的旅程……"

总之，在实施催眠的过程中，需要的是极大的耐心与毅力，催眠术中的失败并不是受催眠者没有反应的时候，而是催眠师自己要放弃的时候。催眠师要明确自己行动的目的性，增强催眠助人的责任感和使命感，在催眠时一定要有强大的毅力来坚持，让催眠继续下去，直到成功为止。

第四章 如何进入深层催眠状态——催眠深化

催眠深化，催眠诱导的延续

进入催眠状态的人受到暗示有可能使催眠深化，也就是说，当受催眠者进入催眠状态之后，继续对其进行催眠，那么受催眠者就会从轻度催眠进入更深的催眠状态。催眠深化的用意在于使受催眠者更加深入地进入催眠状态，其中深化的技巧在于诱导受催眠者更专注在一件重复操作上，如此潜意识能更容易接受暗示。简言之，催眠深化环节是催眠诱导的延续，催眠深化法是用来加深催眠状态的方法。

在催眠深化这一环节，经常出现这样一个问题：当受催眠者被诱导进入更深层次的催眠状态时，如果催眠师要求受催眠者做出一些违反常态的动作，或其暗示涉及受催眠者的敏感问题，那么，受催眠者或许是绝对服从及真实地回答，或许会出现特别强烈的抗拒行为。一般来讲，如果出现抗拒行为，是因为催眠师没有把握好使受催眠者进入深层催眠状态的时机。对此，催眠师应当特别谨慎，不可操之过急，注意观察受催眠者任何细微的反应，根据这些反应再做出相应的调整，以便于受催眠者能更好地进入催眠状态。

具体而言，如果在催眠的过程中，受催眠者出现了这种强烈抗拒的情况，那么催眠师应当及时诱导受催眠者回复到先前已经成熟了的催眠阶段。经过反复暗示之后，再采取进一步的措施。

在催眠深化环节，催眠方法是比较灵活的，催眠师可以根据受催眠者不同的情况来进行选择。有人说，催眠的深化是随机应变的，技术的运用完全依赖于催眠师的想象能力，是即时创造发挥出来的。的确，在一定意义上来讲，催眠师有多高的想象能力，就有多么高超的催眠深化方法。不过，常用的深化方法是一定要掌握娴熟的。除此之外，还要勤加练习，并且要学会用敏锐的眼光去抓住受催眠者的动态，一旦催眠师抓住了这个机会，就可以顺利进行催眠深化的环节。

反复诱导进行催眠深化

反复诱导法是一种清醒与催眠多次交叉、重复进行的，将催眠引向深入诱导的技术。所谓的“清醒”，并不是指完全的清醒，而是指受催眠者被唤醒但还滞留在催眠状态的一瞬间。这个时候接着又进行催眠的话，就很容易再次将受催眠者引入深一层的催眠状态。催眠师必须要在受催眠者还没有完全苏醒以前，再次引导其进入催眠状态，这是重点所在。如果催眠师诱导后发现受催眠者仍未进入或进入较浅的催眠状态，也不必心急，再一步一步地反复暗示，逐渐加深催眠，只有坚持下去才会成功。具体操作如下：

催眠师对处于催眠中的受催眠者暗示：“当我的手拍三下的时候，你就清醒过来了。”说完，催眠师就要拍三下手，见受催眠者的眼睛睁开之后，立即进行暗示：“现在，请你的眼睛看着我的手指尖，看一会儿……是的，自然地、放松地看着我的指尖，看一会儿……现在，你的眼皮又开始沉重了，又开始沉重了……我的指尖逐渐的朦胧起来……朦胧……你的眼皮很重……很重……你会进入比刚才更深一层的催眠状态……”见受催眠者的眼睑下垂了，催眠师进行暗示：“是的，你的眼皮已经沉重得睁不开了，睁不开了，你现在已经进入更深一层的催眠状态了……静静地闭上眼睛吧，好，闭上眼睛……闭上……你比刚才更轻松了，更舒适了……”当受催眠者完全闭上眼睛之后，催眠师立即又进行暗示：“当我的手拍三下的时候，你就清醒过来了……我每拍一下，你就更加清醒……”然后，催眠师拍三下手，重复刚才的催眠过程。

就这样反复、交叉进行几次，催眠师就能将受催眠者引入深度催眠状态。经过反复诱导催眠后，受催眠者就会自我感觉良好，逐渐恢复健康。

数数法

催眠深化可以采用简单的数数法。催眠师在数数的同时，暗示受催眠者随着每一个数字的数出，其催眠状态就会更深化一步。此法简单易行，可操作性强。

慢慢数数字是一个相当需要集中注意力的深化法，因此，催眠师一定要注意用平静、和缓的语调来进行，配合受催眠者自然而放松的呼吸进行数数，是能够顺利进行催眠深化的条件。催眠师在催眠之前也会提供一个让人感觉十分安全而安静的环境。

催眠师暗示：“当我数到20（或其他数字）的时候，你就会被诱导进入更深层的催眠状态……听我的声音，你渐渐地被诱导进入更深层的催眠状态中……1……2……3……先放松……放松。4……5……6……全身放松……什么都别想。7……8……9……你跟着我的引导，很快就会进入很放松、很舒服的状态……好，你变得更轻松了……轻松。10……11……12……开始打瞌睡了，你变得更加轻松了。13……14……15……继续自然地放松吧……现在我仍然继续数数，每数一个数字，你会进入更深入的催眠状态中。16……17……18……自然放松……放松……19……20……好，这样，你就进入了更深的、更舒适的催眠状态……”

数数字可以是催眠师来数，也可以是受催眠者自己数，如果是受催眠者自己数，也是上述同样的操作。另外，数数的方法，除了从“1”依序开始数外，也可以采用倒数的方法，除了3个数字连起来数以外，也可以5个数字一起数，只是难度增加了一些。

身体摇动法

身体摇动法是以“运动暗示”为主体的深化方法。身体摇动法操作起来比较简单，实用性高，效果也比较明显，因此被广泛应用。

在开始身体摇动法之前，催眠师一定要了解受催眠者经过催眠诱导而进入的催眠状态达到了什么程度，一定要选择适合这个阶段的深化法。因为身体摇动法主要适用于将受催眠者从较浅的催眠状态引向深度催眠状态，所以身体摇动法既可以单独使用，也可以用于其他催眠深化方法的前驱步骤中。

催眠师在使用身体摇动法后，需要仔细观察受催眠者脸上的表情是否变得柔和，呼吸节奏是否变长，身体肌肉是否放松了。这样就可以评估受催眠者是否进入了催眠状态。具体操作如下：

当受催眠者经催眠诱导进入催眠状态中，催眠师让其坐在椅子上，头下垂，上半身尽可能地保持向前倾的姿势，这样有利于受催眠者身体的摇动。催眠师双手按住受催眠者的肩膀，稍稍用力摇动，并暗示：“当我开始摇动你的身体时，你身体的力量就要放松，你就会进入更深层的催眠状态……好，我现在在摇动你的身体，你要放掉你身体里的力量……好，放掉你身体里的力量，放松，进入深层催眠中……你的身体开始朝左右用力地摇动了……”催眠师一边暗示，一边不断地摇动受催眠者的身体，受催眠者就会不由自主地摇晃起来。这时，催眠师放开手，并接着暗示：“就算我放开手，你也会继续摇动……是的，你的身体在那儿大大地摇动着……是，摇动得更厉害了……摇动的时候，你就能放松全身的力量，觉得非常轻松，非常舒适，心情非常愉快……现在，你的身体摇晃得更大了……好，不要停

身体摇动法的步骤

身体摇动法是以“运动暗示”为主体的深化方法。身体摇动法主要适用于将受催眠者从较浅的催眠状态引向深度催眠状态，所以身体摇动法既可单独使用，也可用于其他催眠深化方法的前驱步骤中。

1. 催眠师暗示受催眠者在身体摇动时全身放松。催眠师说：“当我开始摇动你的身体时，你身体的力量就要放松，你就会进入更深层的催眠状态。”

2. 催眠师一边暗示，一边不断地摇动受催眠者的身体，受催眠者就会不由自主地摇晃起来。

3. 催眠师放开手后受催眠者身体依旧摇动，说明催眠深化很成功。催眠师：“就算我放开手，你也会继续摇动……是的，你的身体在那儿大大地摇动……非常轻松，非常愉快。”

止，继续摇动……大幅度摇动……你感到越来越舒适……心情越来越愉快……放松全身的力量……摇动……”在持续给予这些暗示时，受催眠者身体的摇动幅度会逐渐地扩大。

当受催眠者的摇摆幅度一直在增大时，应暗示：“当我数到3以后，你的身体就会向前后摇。1……2……3……现在，你的身体已经在向前后摇了……”受催眠者的身体向前后摇动时，催眠师应当将手置于受催眠者的肩膀上，然后暗示：“现在，你的身体一边摇动，你的头就渐渐被拉向后面……是的，你的头又被向后拉了。”这个时候，催眠师应轻轻按住对方的肩膀后方，接着暗示：“你的头在一直向后拉……对，一直向后拉，你的身体也向后拉了……”催眠师一边给予这样的暗示，一边让受催眠者的身体向后靠。

催眠师接着暗示：“你的身体被拉到后面了……”由于受催眠者是坐在椅子上，所以他的头会变得不稳定。催眠师接着暗示：“就算你的头被拉到后面，我也可以用手接住……”这些话可以安定受催眠者的心，使他能放心向后靠。接着，催眠师暗示：“你身体的力量更加放松了……现在，你的头下垂，下垂以后，你会觉得更轻松……现在，你的头在下垂……下垂以后，你会觉得，整个人都轻松了……变得轻松、舒适……下垂以后、更轻松，更舒适了……你觉得更轻松了、更舒适了……”这样，受催眠者就能够进入更深层的催眠状态中了。

意象法

意象法就是受催眠者主观的思维和客观的自然情景结合，使受催眠者成为想象的主角，从而使受催眠者进入深层催眠状态的方法。意象法中所描绘的想象，可以是任何自然情景。最常利用的意象情景是阶梯、深谷花园和海滨。催眠师的想象力越丰富，描述越逼真，就越能够使受催眠者从暗示中浮想出具体的形象来。

阶梯法

催眠师进行暗示：“想象你现在正站在白色楼梯的最顶端……在你眼前，看见了红色的牌坊，有阶梯向下延伸……是的，你能够看到白色的阶梯了……看到白色的阶梯以后，请举起你的右手向我做出一个信号……好，现在，慢慢地，一阶一阶地走下这个白色的阶梯……对，一阶一阶地，慢慢地走下去……是的，每向下走一阶，你就会越轻松一些……好，一阶再一阶，慢慢地走下去……你感到非常轻松，非常舒适……非常轻松……非常舒适……渐渐地，你就能进入深层催眠状态了……是的，一阶又一阶，你终于到了最后的第十阶……是的，一直走到下面去，走到了最后的一阶……渐渐地，你已经进入深层的催眠状态了……进入更深、更舒适的催眠状态了……”

就像这样，以视觉上的想象，利用红色或者白色等能使受催眠者明确想象的色彩，或者是在数梯的时候能够明确暗示出一个终点，使受催眠者身临其境，都能够产生非常好的催眠效果。

深谷花园阶梯法

有的催眠师喜欢采用深谷花园阶梯法。这种方法要求受催眠者想象他们正置身于一个非常美丽的花园之中，阳光明媚，微风和煦，鸟语花香，花丛间有蝴蝶在翩翩飞舞，蜜蜂在轻轻地歌唱。脚下的泥土踩上去松软如毯，远处林木葱郁挺拔，灌丛铺大盖地，高山草甸，蓝天白云，让人心旷神怡……

这种美好的情景安排妥当之后，催眠师便指导受催眠者从花园里穿过，一直走到一个通往下面的深谷花园的阶梯前。这时，催眠师再暗示受催眠者，当他一步一步地走下台阶时，其催眠状态也会随之渐渐加深。在到达底部时，通常要求受催眠者再走几步，来到一个清澈而平静的水池前面。安排这个水池的主要目的是，受催眠者可以从水池中看到催眠师所暗示的任何东西。或者看到那些对于自己特别重要的东西，湖水就是受催眠者内心的折射，催眠师此时要求受催眠者将其所见到的事物进行详细的描述，之后再根据受催眠者本身情况做出合理的安排。

海滨法

除了阶梯，深谷花园阶梯，还一种情景经常被利用，那就是海滨。想象那美丽的波涛在沙滩上涌散，和煦温暖的阳光洒在身体上，耳边是海鸥清亮而婉转的叫声，脚趾间塞满了醉人的沙土，所有这一切都能给受催眠者以丰富、美好的想象。海滨法和阶梯法的操作程序基本相同，只是暗示的要点在于使受催眠者将注意力集中到自己的脚步上，每走一步，都感觉到脚又向沙土里深陷了一些，同时也能感到自己进入了越来越舒适的催眠状态。当然也可以适当加入帆船与微风等细节描绘，使其更加逼真。

在意象法中，视觉的想象更具有效果。随着上述意念的不断深入、身体的不断放松，受催眠者不久即可进入催眠中去。当然，如果将意象法与数数法联合起来使用，其效果可能会更好。

催眠深化的四个小技巧

1. 基本深度加强法。当受催眠者知道他不能做一些事时，会使他更相信自己被催眠了，也会让催眠深度加强。

2. 金字塔形暗示。每个成功的测试，可以促成下一个更难的测试成功，必须由简单到难，依序进行。

3. 催眠后暗示。记住每次都暗示，尤其第一次催眠时："下一次催眠时，你会更容易进入催眠状态，而且进入更深的催眠状态中。"

4. 重复诱导。重复面谈并在面谈中重复诱导：多次面谈，并在每次面谈中都多次施加诱导催眠、催眠，暗示，唤醒，再催眠，再给予暗示。

第三篇

每个人都可以成为催眠师

第一章 神奇的瞬间催眠术

10 秒之内将你催眠

只要在 3 分钟之内使受催眠者进入催眠状态的催眠方法，就可以称之为瞬间催眠。瞬间催眠最理想的时间段是在 10 ~ 30 秒。这种方法的原理是基于受催眠者对催眠术及催眠师的信赖所产生的预期作用而致。

瞬间催眠术又叫作快速催眠术，但是快速催眠术和瞬间催眠术并不是完全相同的。快速催眠不是完全意义上的瞬间催眠。快速催眠的正确定义是，在极短的时间内使受催眠者完全进入催眠状态的催眠方法。如果想使受催眠者尽快进入催眠状态，通常都需要受催眠者的主动配合，对催眠师持信任态度，否则催眠就很难成功。实际上快速催眠更适用于催眠敏感度比较高，或者是对于催眠要求比较迫切，以及拥有催眠疗法的成功经验的受催眠者。由于他们受暗示性比较高，放松得比较快，所以进入催眠状态也比一般人要迅速。而我们所说的瞬间催眠，基本上已经脱离了普通的催眠诱导方式，它甚至可以不需要受催眠者的主动配合。

瞬间催眠术有各式各样的施加方法。其中一种是先让受催眠者直接进入深度催眠状态中，然后在受催眠者被暗示性亢进的时候进行关键词暗示。比如说，催眠师可以进行这样的暗示："不论什么时候，在我把手放到你的额头上之后，你就会像现在一样进入深度催眠状态之中。" 这就是一种预先施加暗示的方法。这时，受催眠者的思想和精力集中到某一点上，难以产生别的思维和感觉，特别容易接受暗示，在这种情况下，即使周围环境不够理想，受催眠者也可以马上进入催眠状态。这种预先肯定的某种暗示或指令，很大程度上影响了受催眠者的行为和感觉。

但是从严格意义上来讲，上述这种方法并不属于瞬间催眠术的范畴，而和后催眠暗示更接近一些，因此，这里并没有把它归入瞬间催眠术之列。

瞬间催眠术对于时机的把握是重点中的重点。任何人都有一个容易接受暗示的最佳时机，如果错失这个最佳时机，基本上就不可能顺利地施加暗示了。可以说，

练习程度影响催眠的结果

当你将瞬时自我催眠付诸实际后，对于不同的人来说练习的程度不同，结果也不同。

药物吃得再多有时候也于事无补

反复练习催眠技巧效果才显著

对于药物治疗而言，你即使吃再多的药，效果也是一样。

催眠，你越是不断地练习，增强自己的催眠技巧，你所达到的效果就越是持久而有效。

当然，有些既定目标的实现是比较模糊的，大概需要较长的时间才能完全表现出来。在有些时候，你还需要将自己的大目标分散成几个小的目标来进行。

瞬间催眠之所以会成功，主要是因为一些敏锐的催眠师感受到受催眠者细微的内心变化，从而抓住了那一瞬间；而瞬间催眠的失败，基本上也都是因为催眠师没有把握好催眠的最佳时机。

另外，一定要注意的是，瞬间催眠可能会对受催眠者造成不同程度的惊吓，对受催眠者产生一定的负面影响。所以，催眠师在进行催眠治疗时，要尽可能少用或者不用瞬间催眠。如果确实有必要使用，必须严格制订实施方案，严肃遵守行业规范。并且，在实施催眠的过程中，催眠师务必细致观察受催眠者任何细微的反应，以便于出现情况后进行及时处理。

催眠前的暗示是重点

大家应该都听说过，假如催眠师暗示受催眠者将在 10 分钟之后被催眠，受催眠者就会在 10 分钟之后进入催眠状态；如果暗示受催眠者将在 5 分钟之后被催眠，受催眠者就会在 5 分钟之后进入催眠状态。以此类推，假如催眠师暗示受催眠者将在一瞬间被催眠，受催眠者就会在一瞬间进入催眠状态。

这段描述听起来有点牵强，实际上，其可行性的关键就在于在施加瞬间催眠术的时候，要把整个催眠前的暗示重点对待。这也是催眠术成功的核心所在。与前面所说过的催眠方法一样，催眠师之前要向受催眠者进行必要暗示，经过暗示后受催眠者摒除了自我的观念，就能很快地进入催眠状态。

比如说催眠师要求受催眠者直立，双脚并拢，做几次深呼吸，然后彻底放松全身肌肉，尤其是要消除积压在胸部的紧迫感。催眠师可以询问一下受催眠者是否感到轻松，如果受催眠者点头或者轻声回话，就说明施行催眠的时机已到。此时，催眠师就应该马上要求受催眠者闭上双眼，并且要在进行瞬间催眠之前进行如下暗示："当我大叫一声'睡吧'，你就会突然进入催眠状态，顿时感觉全身松软无力地往后倒下去。"然后，催眠师一手扶住受催眠者的腰背部，一手轻轻按压住受催眠者的头顶部，继续如下暗示："你现在已经开始感觉到松软无力了，你的身体已经开始晃动……晃动幅度越来越大……晃动得越来越明显……好，继续晃动……"这个时候，受催眠者的身体就会随之晃动，这说明受催眠者已经接受暗示——这就是进行瞬间催眠的最佳时机，催眠师应当抓紧时机继续暗示：

"准备好，你马上就要进入催眠状态了，我放在你头上的手一松，你就会立即入睡。往后倒，不要担心，我会扶住你的，注意！要进入催眠状态了！"这个时候催眠师立即大叫一声："睡吧！"同时松开压在受催眠者头上的那只手，用双手扶住进入催眠状态之后突然后倒的受催眠者，然后让受催眠者坐在沙发上或者躺在床上。

可见，催眠师将必要的暗示全部集中在前暗示之中，就可以很容易地将受催眠者在瞬间导入催眠状态。但是有一个问题催眠师一定要注意：一定要把握好进行瞬间催眠的最佳时机。

一般来说，催眠师在做完前暗示以后，要在不早不晚恰到好处的时机对受催眠者施加瞬间催眠的暗示。假如施加过早的话，前暗示就不能充分地发挥其作用，而假如施加过晚，又会让受催眠者心生疑虑，不能很快地做出明显的反应。所以，施加瞬间催眠暗示的工作是催眠成功的关键。

在以上的例子中，当催眠师暗示说"晃动越来越明显……"时，受催眠者的身体就会晃动，说明受催眠者已经接受了暗示——这就是施加瞬间催眠的最有利时机。只要催眠师细心观察，利用好这一时机，就可以成功地进行瞬间催眠。

瞬间催眠的方法

压手法

压手法可以说是最简单容易而强有力的瞬间催眠方法，催眠师通过压手法可以瞬间诱导出受催眠者深度的催眠状态，压手法的具体操作如下：

催眠师要求受催眠者用力往下压催眠师的手，在受催眠者往下压的时候，要求闭上眼睛。当受催眠者闭着眼睛往下压催眠师的手时，催眠师的手突然从受催眠者的手下抽离，制造出一种持续时间非常短的爆发反应，这个爆发反应最多持续两秒钟。在这个两秒钟的"瞬间"，受催眠者心里会突然有种落空的感觉，因为压不到催眠师的手，所以产生短暂惊愕的效应，此时受催眠者就处于一种高度的被暗示性的状态。

这时，催眠师应该抓住时机，用一种绝对权威的语气暗示："睡！"这样就可以在瞬间诱导出深度的催眠状态，当然，如果没有立即接着进行深化暗示的话，受催眠者很可能就会醒过来。所以，在这个时候，催眠师必须立即进行短而简单的深化暗示，如："放松，放松，好，继续放松……随着你每一次的呼吸，你会更加放松……当我轻轻摇晃你的头时，你的脖子会感到非常轻松，非常轻松，你感觉到一种松弛通过了你的整个身体……好，放松吧，放松地睡吧……睡吧……此时你已经非常放松了……非常放松……全身心都放松下来……好，继续睡吧……睡吧……你已经进入了深深的催眠状态……"

这种压手催眠法，可以简单地概括成8个字："压我的手……睡……放松……睡！"虽然压手法是瞬间催眠方法中最为简单容易的，其效果却是相当强有力的，因此被广泛使用。

惊愕法

在进行催眠诱导的方法里，经常有一些加强语调的暗示——这种暗示含有一定的惊愕效应。当受催眠者就要进行非暗示内容的行动，有可能惊醒的时候，催眠师应当马上大声暗示："不要动"，"不能看其他地方"等，那么在瞬间惊愕的效应中，受催眠者就会照常进入深深的催眠状态。这同时也是一种强行催眠法，这种特殊方法就是选择受催眠者毫无戒备的状态下突然施加暗示，从而使其不自觉地进入催眠状态。

人类在处于惊愕状态的时候，身心都会在一瞬间呆住，变得精神空乏，思考自然也受到了抑制，就会不知道下一步该干什么。“惊愕瞬间催眠术”就是利用了这个简单的原理，在这个特定的瞬间里施加暗示，使得受催眠者能够快速进入深深的催眠状态。

传统的惊愕瞬间催眠法通常是让受催眠者凝视眼前呈V字形的两根手指，等到受催眠者的意识已经全部集中在催眠师手指上的时候，催眠师就会把手指突然猛向前推进。在这时，受催眠者就会因为惊愕而将眼睛闭上，催眠师就顺势将手指轻轻按在受催眠者的眼皮上，并进行如下暗示：“现在，你已经没办法睁开眼睛了！”假如一切进展顺利，受催眠者就会无法睁开眼睛，于是催眠就进入了稳定状态中。如果受催眠者顺利地睁开了眼睛，那么催眠师就应该改变催眠战略，寻找适合受催眠者的催眠方法。

传统的惊愕瞬间催眠法经过多年演变，如今已经发生了诸多改变。例如，在刚开始诱导时，诱导受催眠者的注意力已经不仅仅是集中于催眠师的手指上，也可以是其他的某一点或者某一物。催眠师的操作如下：当受催眠者将注意力集中到某一点或某一物时，催眠师此时要把握好时机，迅速将手指伸近受催眠者的两眼，在距离受催眠者的眼睛2 ~ 3厘米的地方突然停住，受催眠者就会因吃惊而闭上双眼。紧接着，催眠师立刻将受催眠者闭合的双眼按住，用坚定有力的口吻，大声地、命令式地暗示：“双眼紧闭，不许睁开。”催眠师继续暗示：“身体向后倒，进入深度催眠，放心，我会接住你的。”稍等一会儿，催眠师就可以把手拿开，并托住受催眠者向后倒的身体，让其自然地躺着床上或靠在椅子上。这个时候，受催眠者的眼皮就会跳动，代表着他已经顺利进入了催眠状态。

当催眠师将一个人催眠之后，对周围的其他人也就很容易施加该法了。比如，催眠师可以突然转向另一个人，并盯住他的双眼，大声地说：“你的身体已经紧紧地贴在椅子上了，怎么也离不开了。”说话的同时把手指向这个受催眠者，而这个受催眠者因为观看了刚才的催眠实验或表演，会完全信服“一定是这样”，不由自主地接受了暗示，顺利地进入催眠状态。

在舞台表演中，催眠师经常会使用一种所谓的“吆喝术”，其实也就是惊愕法的演变。所谓的吆喝术，就是表演的催眠师突然大喝一声，引起受催眠者注意，使受催眠者陷入瞬间无所适从的惊愕、精神空虚状态，而这种状态也是一种渴望他人进一步指导其意识行动的状态。催眠师把握好这个时机，紧接着只要施加暗示诱导就可以了。

在催眠治疗中，除了在特殊情况下使用惊愕瞬间催眠法之外，一般不推荐使用这种方法。催眠师应当根据不同的需求和目的，采用不同的催眠方法，这样才会达到事半功倍的效果。

贴额法

贴额法是指利用受催眠者将手贴在自己的额头所引起的生理反应，从而接受暗示进入催眠状态的方法。在国际催眠界，贴额法是一种非常具有影响力的手法。

贴额法的操作非常简单，只需要对受催眠者做出如下的暗示：

“请将你的右手（或左手）紧紧地贴在额头上，从手腕到指尖全都紧紧地贴住……不要放开……要紧紧地贴住，手掌和额头之间不能一点儿空隙……手掌和额头紧紧依靠在一起……保持这个状态，当你听到我说‘好’的时候，你的手马上就要固定在那里，不可以离开额头了……好！你的手已经不会离开了，无法离开了……你可以放下来试试看，好，放不下来了……”可能会有人怀疑，就这么简单的动作和语言就能够使受催眠者进入催眠状态吗？不需要其他的指令或暗示了吗？

实际上，贴额法的原理是这样的：假如人的额头部位的毛细血管受到一定程度的压迫，上升到人脑的血量自然也就会相应减少，分辨能力也就会相应地减弱，从而更容易接受来自催眠师的专业暗示。以前很多催眠师在实施催眠的时候，都会抱着受催眠者的头，并用力按压其额头，使其进入恍惚状态。

如果想要贴额法取得更大的成功，还需要其他的条件，如催眠师要懂得巧妙地利用人类的大脑和肌肉之间的关系。有这样一个催眠实验：催眠师要求受催眠者直立身体，双手垂直向下贴住身体的两侧，也就是保持“立正”的姿势不动。然后，受催眠者一直保持这个姿势，催眠师从背后抱住受催眠者。这时催眠师双手开始用力，而受催眠者则会借着这股力量，试图把双手向外打开。这样进行 20 ~ 30 秒以后，催眠师突然不再用力，松开双手。这时，受催眠者的双手就会产生一种自然向上抬的感觉。为什么受催眠者会感觉到自己的双手自然向上抬呢？在受催眠者双手用力向外打开的时候，会不自觉地慢慢地发力，他的大脑也就随之逐渐地兴奋起来。当催眠师的双手松开时，受催眠者大脑的兴奋却并不会马上消失，它还会处在这种兴奋地状态下，即使受催眠者不再用力了，但是他的双手却还会不由自主地向上抬。

假如在实施这个方法时能够把握好节奏，即使是初学者或者是进行自我催眠，其成功的概率也是非常高的。

第二章 不可思议的集体催眠术

一种别开生面的催眠术

根据接受催眠的对象不同，催眠可以分为个别催眠（或称他人催眠）、自我催眠和集体催眠这 3 种类型。每一种类型都有其各自的催眠优势，如何进行选择，这就需要受催眠者根据自身的情况来判断了。

我们之前已经提到过的，由催眠师对单个的受催眠者进行催眠治疗的催眠方法，都属于个别催眠的范畴；自我催眠是由某人自己进行催眠诱导的一种催眠，这种方法我们将在后面详细论述；而集体催眠法，则是指让病情、年龄、催眠敏感度都比较相近而且性别相同的数人或者十余人，在一间治疗室里同时接受同一个催眠师的催眠治疗。

集体催眠的人数并没有严格的限制，可以是数人到数十人，甚至是多达数百人。为了治疗的目的，应当根据不同的病种和要求，具体情况具体分析，进行分组集体催眠治疗，通常情况都是在 10 个人左右。在集体催眠前，催眠师应当保证集体催眠有一个适当的环境，同时受催眠者也要做好充分的心理准备，遵守催眠治疗的规则，不要影响其他受催眠者，另外应该要求各受催眠者尽量倾注于自身的感受和体验，这样会比较容易取得催眠治疗的成功。如果集体治疗的过程中出现秩序混乱的局面，那么催眠师应该做出相应的调整，使之安定、和谐起来。

实际上，集体催眠并不像一般人所想象的那么困难，只要实施得当，它往往比个别催眠更易成功，也更容易取得良好的治疗效果。这是因为受催眠者身处群体之中，相互之间有着影响和促进的作用，而且会有一种集体的安全感。这些优势是个别催眠和自我催眠所无法相比的。

那么，集体催眠到底应该如何操作呢？

首先，一定要准备好催眠的场地——最好是催眠治疗室，也可以是条件近似于催眠治疗室的房间。假如条件允许，可以在房间天花板上装一个晃动的摆锤，这会对受催眠者进入催眠很有帮助。如果没有摆锤可以用怀表等代替，能把晃动的物体和一些音乐巧妙地结合进来，对于受催眠者而言，整个催眠会更加顺利。

其次，要在催眠治疗室内布置好10个带有靠背的比较舒适的椅子。按照习惯摆放妥当。

在这一切都准备好了以后，催眠师就可以开始对大家进行一些简单的讲解：

"一会儿，我要对大家进行集体催眠。大家被催眠之后会变成什么样呢？你们的身体会很放松，心情会很舒畅，短短10分钟的催眠就相当于两个小时的睡眠。你们在这个过程中会感到全身温暖，暖流在全身流动。你们能清晰地听到我的指令，你们只与我保持联系，就算在催眠状态中你们也能很清楚听到我在说什么，假如你们被成功催眠了，那么今天晚上你们一定会睡个非常舒适的觉……"

在简单的讲解过后，催眠师还要进行一些测试，用以分辨受催眠者催眠敏感度的高低，这样就可以选择催眠敏感度相近的受催眠者为一组进行集体催眠。当然，在催眠开始的时候催眠师也会让各人闭目全身放松，聆听自己的呼吸声，让整个房间处于安静的状态。

集体催眠前测试

在进行集体催眠之前，催眠师必须进行一个或几个小测试，对一群受催眠者催眠敏感度的高低进行测试，从而可以在受催眠者中选取催眠敏感度高低相近的受催眠者为一组进行集体催眠。

进行测试时，催眠师可以发出如下的指令："现在，我想让大家做一个小小的测试，用来看看你是否容易被催眠，希望可以得到大家的配合……现在，请你坐在椅子上……首先，请把你的头向右边倾斜，直到你感觉到脖子的另一边有点疼为止……好的，再倾斜一些……慢慢来……尽量向右倾斜……好的，可以了，现在再把你的头抬回到原来的位置……

"接下来，请把你的头向左边倾斜，直到你感觉到脖子的另一边有点疼为止……好，做得非常好，再倾斜一些……慢慢来……尽量向左倾斜……好的，再倾斜一些，直到你感觉到脖子的另一边有点疼为止……可以了，现在请将你的头抬回到原来的位置……

"现在，将你的头慢慢地向前倾斜……将头慢慢地向前倾斜，让你脖子的后面得到充分的伸展……现在，请用力将你的肩膀慢慢地向后拉，头慢慢地向前倾斜……好的，肩膀慢慢地往后拉，头慢慢地往前倾斜……头继续向前倾斜……脖子继续向后拉……好的，可以了，现在请把你的头抬起到原来的位置……接下来是向

手臂升降测试导入催眠状态

测试前，应教会受催眠者测试用的手势，然后请他关掉手机，去掉身体上的饰品、腰带、眼镜等。找个感觉舒服的地方站好，两臂自然下垂。以下是导入催眠状态使用的指导语：

1. 将双臂向前伸直，左手掌心向上、右手掌心向下。自然地闭上眼睛，全身都放松……想象眼睛凝视着鼻尖，保持深呼吸，放松……

2. 想象左手托着一盘水果，感到越来越沉重……正在慢慢地往下降……同时想象右手手掌上绑着一串气球逐渐向上浮，把右手往上拉……

3. 不断地深呼吸，放松，随着每次吸气，你感觉到右手上的气球增大了一倍，右手也越来越轻，越来越往上漂……随着每次吐气，你感觉左手那盘水果沉重了一倍，而左手也越来越往下降……

4. 现在你可以放下手臂，让整个身体放松下来，让手臂恢复到本来舒适的姿势，当手臂一放下来，你整个身体就完全放松了，松弛，你进入了深深的、舒适的催眠状态……

后，将你的头慢慢地向后仰……将头慢慢地向后仰，尽量把你的头向后仰……慢慢地向后仰……好的，接着向后仰，直到你的额头可以正对天花板……好，慢慢地向后仰……好的，可以了，现在请把你的头抬起回到原来的位置……”

实际上这个测验所利用的原理就是我们前面所提到过的“渐进式放松诱导法”，简单地说，就是先让受催眠者的肌肉紧张，然后再让肌肉放松。目的就是为了让脖子的肌肉更加放松。当受催眠者体验了一下肌肉放松后的舒适感时，就会逐渐放松全身。

其次，催眠师继续进行暗示：“好的，现在，请大家都慢慢闭上眼睛……我说一声‘好’，大家的头就会自动地向后仰……好……头开始向后仰了……开始向后仰了……好，一直往后仰……头越来越往后仰了……越来越往后仰了……继续往后仰……继续……头往后仰下去，就再也抬不起来了，再也抬不起来了……你越是想要抬起头，头反而会越往后仰……现在，请将你的头抬起试试看，看自己能不能抬起头来，对，你绝对抬不起来了……绝对抬不起来了……

“你的头是不是抬不起来了？现在我准备唤醒你们，你们注意我的指令，当我从 1 数到 3 时，你们都会快速苏醒过来，在暗示被解除之后，请你马上站起来，注意我开始数了，1……2……”

在这个小测试中，很多人都会把头往后仰，真的抬不起头的人却没有几个。这与给予暗示的方法也是有很大关系的。用这个小测验可以很直观地分辨出受催眠者催眠敏感度的高低，这也是集体催眠的首要步骤，催眠师需要用心分辨，进行合理分配。

集体催眠介绍

选择好了受催眠者的分组，接下来我们就要正式进行集体催眠了。首先需要进行的是集体催眠介绍，这样做主要是为了创造一个不破坏受催眠者进入催眠状态的良好环境，其次也是为了使受催眠者做好充分的心理准备，倾注于自身的感受和体验，遵守催眠的规则，不影响其他受催眠者。集体催眠介绍可以参考如下这段：

“在我做催眠治疗的这段时间，请大家保持安静，专注于我的声音……好，请大家稳稳地站好……不要乱动，仔细听我的声音……两手稍微有些接触，放在自己的腿上……然后，请大家舒适地坐在椅子上……选择一个自己觉得最舒适、最放松的姿势坐好，并自然地、轻松地靠在椅子后背上……保持非常舒适的，非常轻松的姿势……好，静静地听我说……我知道这里很多人都没有被催眠过……其实，最开始的催眠都是很浅的……大家会很清楚周围发生的事情，清晰地听到我的声音，这并不是睡着了，也不属于无意识的状态。你还是能清晰地了解周围环境里所发生的一切……但是对于我说出来的事情，大家会产生无论如何都想去做的心情，怎么也阻止不了……

“当大家出现这种心情的时候，千万不要试图去反抗，你们只要遵从自己的内心，让自己的身体随之动起来就可以了。一切顺其自然，这样的话，你将会感觉到很舒适……很轻松……也许你们中间会有一些没能被一起催眠的人，所以在这个过程中，请大家务必保持安静，直到我示意大家可以说话为止。在你还没有被催眠的时候，请不要打搅你旁边的人，注意用心去体会……不要笑，也不要说话……现在，请大家放松，静静地听我说话……好的，就让我们开始催眠吧……首先……”

这个时候，催眠师可以开始播放一些催眠曲，并让布置在天花板上的摆锤开始晃动。让所有的人在这种大环境的影响下，开始慢慢进入催眠状态。

其实，集体催眠介绍，就像个别催眠时所使用的催眠语一样，不必过分拘泥于某一种固定的形式或者说法，一定要具体情况具体对待，灵活地处理和使用。催眠师也需要勤加练习，做到熟能生巧。

集体催眠诱导

在简单介绍了集体催眠之后，催眠师就可以进行集体催眠诱导了。催眠语可以是这样：

“现在，请大家注意看着我的眼睛……放松，慢慢地放松……你现在感觉非常轻松，非常舒适……接下来，请大家注意看天花板上那个晃动的灯……你现在感觉非常轻松，非常舒适……好，请继续看天花板上那个晃动的灯……继续看天花板上那个晃动的灯……集中注意力来凝视那盏灯……你们会逐渐地感到视力模糊……逐渐模糊……已感到模糊了，你感到有点疲惫……有点疲惫……你开始觉得你的身体变得疲惫……觉得你的身体变得非常疲惫……非常疲惫……越来越疲惫……现在，你开始犯困了……你的身体越来越疲惫，你现在感到非常困……感觉身体很疲惫，很沉，感觉很困……很困……越来越困……越来越困……感觉身体很疲惫，很沉，感觉非常困……很疲惫，很沉，感觉很困……非常困……越来越困……真困啊……

“现在，你的眼皮开始变得很疲惫、很沉……你的眼皮开始变得很疲惫、很沉……很疲惫……很沉……你的眼皮越来越疲惫，越来越沉……你感觉越来越困……你的眼皮感觉很沉，眼睛都要睁不开了……你开始眨眼睛……有一种特别疲惫的感觉，你感到特别困……非常困……对，就像这样，你的眼皮变得很沉，眼睛已经睁不开了，你感到非常困……你的眼皮很沉，眼睛已经睁不开了……好的，慢慢地闭上双眼……慢慢地闭上双眼，听我说话……慢慢地闭上双眼……有人已闭上眼睛了，已不想睁了，闭上眼休息吧……闭上眼睛……当你一听到我的声音，你的心情就会变得非常平静，非常宁静，非常放松，非常轻松，非常舒适……有一种重力消失了的感觉，现在感觉很轻松……很轻松……一种彻彻底底放松的感觉……一种彻彻底底放松的感觉……是的，你现在很放松……非常放松……感觉非常舒适……非常舒适……

“接着，你的手也开始感觉疲惫……你手臂的肌肉感觉很疲惫……手渐渐抬不起来了……很疲惫……你的脚也开始感觉很疲惫，很沉……像灌满了铅一样，很沉、很累……你脚很疲惫、很沉，也像灌满了铅一样，变得很沉……现在你感觉很累、很疲惫……非常累，非常疲惫……你全身的肌肉都开始感觉很沉……很疲惫……非常疲惫……

“接下来，开始深呼吸……深呼吸……现在，深深地、静静地吸气……吸气……好……深深地、静静地呼气……呼气……深深地、静静地吸气……吸气……深深地、静静地呼气……呼气……深深地吸气……吸气……深深地呼气……呼气……深深地吸气……吸气……深深地呼气……呼气……每做一次深呼吸，你都会感觉越来越平静，越来越舒适……好，继续吸气……深深地吸气……呼气……深深地呼吸……感觉非常平静，非常舒适，你已经进入了催眠状态……每做一次深呼吸，催眠状态就会更加深入，轻松地、自然地闭着眼睛，直到我说起来为止……而且你也会按照我所说的去做……轻松地、自然地闭上眼睛，渐渐地进入深度催眠状态……轻松地、自然地闭着眼睛……对，就是这样，轻松地、自然地闭着眼睛……你不会想睁开眼睛，就这样轻松地、自然地闭着，感觉非常舒适……就是这样，感觉非常舒适，非常轻松……就这样放松地坐着……你感觉非常舒适……非常舒适……只关注我的声音……只关注我的声音……你感觉非常轻松，非常舒适……非常轻松……非常舒适……已经进入了催眠状态……

“轻松地、自然地闭上你的眼睛，你感觉非常舒适……非常舒适……想象着接下来我说的话……就是这样，对的……很好，轻松地、自然地闭上你的眼睛，你感觉非常舒适……非常舒适……想象着接下来我说的话……好，做得很好……轻松地、自然地闭着你的眼睛……”

这一群受催眠者就这样被诱导进入了集体的催眠状态。

集体催眠深化

在受催眠者经过诱导而进入集体催眠状态之后，催眠师就要运用适当的方法进行集体催眠深化，这些方法主要有手臂上升法、神经疲劳法、连续变化法和意识退行（前进）法等。目的是降低受催眠者的疲劳、烦恼、紧张、压力、怀疑等，让受催眠者所有的不愉快、不舒服的感觉都离他远去，从而变得轻松、舒适起来。

手臂上升法

在一群受催眠者进入催眠状态以后，催眠师接下来就要用手臂上升法来进行集体催眠的深化。通过手臂上升法可以统一受催眠者的步调，只是这种方法需要花费一定的时间，催眠师需要耐心对待。在开始进行催眠的时候，仍需要受催眠者先舒展一下身体，做个深呼吸，让身体放松下来，然后以最舒服的姿势坐在椅子上，或者靠在沙发上，双手以最舒服的姿势放好。做完这一切以后就可以进行催眠了，其具体的操作过程可以参考下面。

催眠师暗示说："……好，现在请大家开始想象……想象你的左手臂上系了一串彩色的气球……就是这串彩色的气球在慢慢地将你的左手臂抬起，你的左手臂会渐渐地上升……渐渐抬起，越抬越高，越升越高……你的手臂每上升一点，你的心情也会随着变得更加轻松，感觉更加舒适……你的左手臂抬得越来越高……越来越高……你无法阻止它的上升……你也不想阻止……你的左手臂抬得越来越高，也变得越来越轻……抬升得越来越高，变得越来越轻……请大家想象，你的左手臂变得越来越轻，抬升得越来越高……越来越高，越来越轻……身体也变得越来越轻……越来越轻……现在身体有一种快要漂浮起来的感觉……非常轻松，非常舒适……好，左手臂继续抬高……向上升……你的身体越来越放松了，你的念头也越来越少了……越来越少……

"接下来，出现了一串更多的气球，比刚才那串气球要多出10个，这新出现的一大串气球系在你的右手臂上，慢慢地抬起你的右手臂……慢慢地抬起你的右手臂，越来越高……越来越高……你的右手臂被这串气球牵引着往上升，越来越高……你的胳膊抬升得越来越高，你自己根本就阻止不了它……你也不想去阻止它……你的右手臂抬升得越来越高，你自己根本就阻止不了……你也不想去阻止……让它升高……你的右手臂抬升，越来越高，越来越高……越来越高……越来越高……现在，你的两只手感觉都要漂浮起来了……你的两只手抬升得越来越高，感觉都要漂浮起来了……现在，你的身体也变得很轻，非常轻……身体也变得越来越轻……越来越轻……你的身体有一种马上就要漂浮起来的感觉……变得越来越轻……越来越轻……现在，你感觉非常轻松，非常舒适……你的手臂抬升得越来越高，你的身体也已经漂浮起来了……现在，你感觉非常轻松，非常舒适……非常轻松，非常舒适……好了，现在，你已经进入了更深的催眠状态……进入了越来越深的、舒适的催眠状态……”

神经疲劳法

神经疲劳法指的就是通过某种暗示，使受催眠者的神经产生疲劳，从而更容易专注地接受深化催眠的暗示，这样就可以更容易地进入更深的催眠状态。具体操作可参考如下：

催眠师暗示说：“……当我从 3 数到 1，你就会感觉到非常困……3……2……1……好，你现在很困了……非常困……身体已经完全没有了力气……心灵也没有了力气……现在，请放松你的手臂……放松……越来越放松……现在，我从 3 数到 1，你就来到了一个很巨大的冷冻室里，非常非常寒冷的冷冻室，非常非常寒冷……3……2……1……好的，现在你已经到了一个很大的冷冻室……冷冻室里非常寒冷……是一间非常非常寒冷的冷冻室……冷得受不了了……实在是太冷了……里面温度太低了……温度太低了……你就要被冻僵了，冷得受不了了……太寒冷了……你现在感觉非常冷，这么寒冷的冷冻室，冷得让人受不了……你几乎要被冻僵了……真的是非常冷，非常冷……全身已经冻得没有知觉……冻得没有知觉……然后，寒冷渐渐褪去……渐渐褪去……你离开了冷冻室……温度开始上升……温度在上升……开始变得暖和起来……暖和起来……

“现在，你闭着眼睛，轻松地坐在椅子上，渐渐地感觉到暖和起来……渐渐地感觉到暖和起来，心情也开始变得舒畅，变得愉悦……接下来，你来到一个欧式的大厅里……大厅里非常暖和……非常暖和……你全身的温度恢复正常……恢复正常……你坐在壁炉旁边，壁炉里面的火让你感觉有点热……现在，慢慢地，你感觉开始变得有点热……有点热……渐渐感觉很热……很热……全身变得非常热……非常热……非常非常热……你热得受不了了。你的汗都冒出来了……壁炉里面的火烤得你汗都冒出来了……你感觉非常热……非常热……非常非常热，你热得完全受不了了……然后，这种热又渐渐变得柔和了……非常柔和……你舒适地，放松地坐在椅子上……”

像上面这样，通过交叉、反复地给予受催眠者“寒冷的暗示”与“热的暗示”，那么，受催眠者的植物性神经系统就会自动开始调节：在感到寒冷的时候努力让身体变得暖和一些，而感到非常热的时候又会努力让身体变得凉爽一些。这样交叉而反复的暗示，会使受催眠者的自主神经变得非常疲劳，也更容易加深受催眠者的催眠状态。接下来，催眠师会让受催眠者的头倒下来，以使疲劳的植物性神经系统放松，催眠状态也就能完全稳定下来了。

催眠师可以这样暗示："……现在开始，我会轻轻地拍你的肩膀三下，你的头就会往前倒去，我每拍一下，你就会进入更深一层的催眠状态，好的，准备好，等我拍三下以后，你也会进入深度催眠状态……"催眠师一边说，一边轻轻地拍受催眠者的肩膀三下。

"……好的，现在你已经进入了深度催眠状态，进入了深度催眠状态……眼睛就会自然地闭上……你的整个身体都放松了，变得越来越累了……现在，你感觉你的头很沉，非常沉，沉得已经开始往前倒了……不要担心，你可以尽情向前倒……向前倒……好，继续倒……是的，你感觉你的头很沉，非常沉，沉得已经开始往前倒了……沉得已经开始往前倒了……你一直专注于我说的话……你只听得见我说的话……好，现在你感觉你的头越来越沉了，往前倒了……往前倒了……现在，你已经进入了越来越深的催眠状态……越来越深……"

这样，受催眠者的头就会按照催眠师的暗示真的往前倒去，同时也就进入了更深的催眠状态。

连续变化法

连续变化法指的就是通过让受催眠者接受连续变化的暗示，从而让受催眠者彻底地释放自己的压力，更好地进入深度催眠状态。此法的具体操作可以参考以下内容：

催眠师这样暗示说："……好，请专注于我说的话……现在，大家也只能听见我说的话……现在，请大家的思维继续跟着我走，集中注意力……注意听我说的话……从现在开始，大家会变成各种各样的事物……首先，当我从1数到5的时候，大家就会变成一块面包……好，我开始数数……1……变成面包……2……变成面包……3……面包……4……你已经是一块面包……5……一块松软可口的面包……好的，现在，你变成了一块刚刚出烤炉的面包，热气腾腾，香喷喷的……好，这面包真的是非常香，非常香……松软可口的面包……非常香……非常香……你是一块刚出炉的香喷喷的面包……非常香……香喷喷的……

"我再数五下，你就会变成吃面包的人……1……2……3……4……5……你看见了刚才那块香喷喷的面包……这块面包实在是太香了……真的是太香了……香得让人流口水……你很想吃掉这块面包……非常想吃掉这块面包……非常想……你朝这块面包走过去……你拿起了这块面包……啊，多么美味的面包啊……真的是太香了，太好吃了……你尽情享用着这美味的面包……非常好吃……非常香……你尽情享用着美味的面包……尽情享用着……享用着……直到享用完为止……”

根据这个暗示，受催眠者就会开始自主地活动，并且做出吃面包的动作。由于每个人的想象力是不会完全一样的，所以受催眠者做出来的动作也是因人而异，千奇百怪。动作越大、越激烈，就表明被催眠的程度越深。

接着，催眠师继续暗示：“……当我数五下之后，大家就会进入沉睡……1……2……3……4……5……开始沉睡……好，现在已经进入更深沉、更放松、更舒服的状态……睡吧……睡吧……现在，你的头完全没有了力气……没有了力气……脚也完全没有了力气……没有了力气……身体完全没有了力气……没有了力气……你的心也没有了力气……没有了力气……

“这次，你将会变成一架钢琴……当我从1数到5的时候，大家就会变成一架钢琴……1……2……3……4……5……你现在成了一架钢琴……在全国钢琴比赛中取得第一名的钢琴家在忘情地弹奏着钢琴……琴键的跳动是那么欢快，钢琴家的手指是那么娴熟……琴键欢快地跳动着……钢琴家的手指在琴键上娴熟地飞舞着……娴熟地飞舞着……弹奏的音乐是那么动听……那么动听……好，现在，当我数五下之后，你再次进入沉睡……1……2……3……4……5……好，开始沉睡……沉睡……你的头完全没有了力气……没有了力气……脚也完全没有了力气……没有了力气……你的身体完全没有了力气……完全没有了力气……你的心也没有了力气……没有了力气……

“现在，你变成了一只可爱的小猴子……1……2……3……4……5……你变成了一只可爱的小猴子，你在丛林里跳来跳去……自由地、幸福地跳来跳去……从这棵树跳到那棵树……又从那棵树跳到另一棵树……远处有一座巍峨的高山……小猴子跳到那座高山去看看吧……从天空中俯瞰那座高山……你自由地、幸福地跳来跳去，愉快极了……啊，有一只狮子过来了……小动物们吓得都跑了……大家都四处逃窜……你也吓得一身冷汗……啊，赶紧逃跑吧，不要发呆了……那只狮子过来了……越来越近了……它看到你了……看到你了……危险，快逃，快逃……你抱着头飞快地逃开了……飞快地逃开了……拼命地逃跑……拼命地逃跑……离狮子也越来越远……越来越远……

“当我数五下之后，你就会进入沉睡……好，我开始数数……1……2……3……4……5……好，开始沉睡……沉睡……你的头完全没有了力气……没有了力气……脚也完全没有了力气……没有了力气……你的身体完全没有了力气……完全没有了力气……你的心也没有了力气……完全没有了力气……”

意识退行（前进）法

意识退行（前进）法是让受催眠者的意识回到过去或者去到未来的某一段时间，使其进入回忆或想象中，让潜意识把受催眠者那种愉快或者痛苦的感觉调动出来，然后，催眠师再一一进行分析与引导，使受催眠者可以很好地深化其催眠状态。下面，我们就以意识退行法为例：

催眠师可以参考这样的暗示："……现在，你感觉非常轻松，非常舒适……只专注于我的声音……你只听得到我的声音……现在，我会降低大家的年龄……不论现在你有多大，当我从1数到5的时候，大家就睁开眼睛，睁开眼睛之后，就回到了自己6岁时候的样子……1……你要在头脑中清晰地描画自己6岁时的场景……2……回到6岁……回到6岁……3……已经是6岁了……6岁……4……完全回去了……5……好的，现在睁开眼睛……"根据这个暗示，让受催眠者的记忆回到过去，催眠就会因此得到深化。

手臂上升法、神经疲劳法、连续变化法和意识退行（前进）法都是非常常用的集体催眠深化方法，集体催眠实践中，需要催眠师根据受催眠者的具体情况来进行灵活掌握与巧妙运用。

集体催眠的唤醒

现在，是时候要结束这次神奇的集体催眠了，催眠师可不要忘记把受催眠者唤醒。当然，集体催眠的唤醒也离不开催眠师暗示性的唤醒指令。

催眠师可以用这种暗示："现在，我要对所有人说，在大家睁开眼睛之后，我刚才所做的催眠与暗示就会全部消失。当我从5数到1时，大家会逐渐地苏醒过来，明白了吗？下面我开始倒计数，大家准备好……5，请大家开始慢慢地，舒舒服服地睁开你的眼睛……慢慢地睁开眼睛……4，睁开眼睛，慢慢地睁开你的眼睛……3，慢慢地，舒舒适服地睁开眼睛……2睁开眼睛……1，睁开眼睛，睁开眼睛！你们感觉非常轻松，非常舒适，睁开眼睛……好，暗示解除了，你们醒过来了。"唤醒后，催眠师应要求受催眠者原地进行简单的活动，不要影响周围正在苏醒的人。

对于那些给予了后催眠暗示而没有解除催眠的人，催眠师一般应使他们再回到催眠状态，然后再对其进行唤醒。可以暗示"闭上眼睛……睁开眼睛……醒来"，这样就可以解除他们的后催眠暗示。或者直接在他们面前打一个响指，也可以简单地解除。所有的人都回到现实生活中，并且都感到很轻松、很愉快，那就代表集体催眠取得了良好的效果。

 公开演讲中的小窍门

演讲是一门语言艺术，它的形式是“讲”，同时辅之以“演”，使讲话艺术化，从而产生艺术魅力。演讲的很多技巧里都蕴含着催眠原理。通过以下三个技巧，可以很快提高自己的演讲表现。

1. 解除目光压力。从听众中寻找善意而温柔眼光。把视线投向强烈“点头”以示首肯的人，对巩固信心也具有效果。

2. 展现脸部表情。通过自我催眠暗示自己获得跟演讲内容符合的表情，能起到非常好的效果。

3. 控制声音速度。想给人沉着冷静的感觉，语速应稍慢，要展现激情，语速应稍快。

第三章 轻松掌握 12 种催眠方法，晋升催眠师

躯体放松法

受催眠者根据催眠师的暗示，通过躯体放松而进入催眠状态，这种进入催眠状态的方法就是躯体放松法。实施躯体放松法之前对受催眠者进行放松说明和适当的训练是十分必要的。

那么，躯体放松是如何使受催眠者进入催眠状态的呢？对于这个问题，首先需要指出的是，使躯体放松是一种非常符合生理学原理的医学技术，这种技术绝非人人生而有之。那些催眠敏感度比较低的人，以及知识贫乏、智力偏低的人，往往很难做到躯体的放松，甚至对什么是放松都不是很明白。因此，在我们正式实施催眠之前，对于那些要实施躯体放松法的受催眠者，催眠师需要对放松的概念、意义、方法等进行必要的说明和介绍，并对受催眠者进行适当的训练。只有这样，才能奠定躯体放松法的成功基础。在受催眠者放松的过程中，需要一边聆听催眠师的引导，一边积极地配合，整个人处于很自然的、什么都不必想的状态，受催眠者只是跟着催眠师的引导，就能够很快就会进入很放松、很舒服的状态。

一般情况下，躯体放松法的具体实施步骤是这样的：让受催眠者仰卧在床上，任其选择一个他自己感到最为舒适的姿势静静地躺着，将手表、皮带、领带等有可能对人体产生束缚的物品摘去。受催眠者静静地躺上几分钟之后，催眠师开始下达放松的暗示。放松的顺序一般来说是眼皮放松、面部肌肉的放松、颈部肌肉的放松、肩部肌肉的放松、胸部肌肉的放松、腹部肌肉的放松、脚部肌肉的放松，最后是手臂的放松。当受催眠者完全进入放松状态以后，就可以迅速导入催眠状态。躯体放松法简单易学，效果立竿见影，同时也可以配合深呼吸疗法、按摩疗法等，适用于每一个人。但是在进行放松的过程中，一定要注意下列问题。

第一，应当反复暗示，使受催眠者做到反复放松。

催眠师对受催眠者某一部位的放松一定要进行不厌其烦的反复暗示。比如，催眠师可以这样说："把你的手臂放松……手臂再放松……再放松……继续放松……好，现在看得出来，你的手臂已经很放松了，但是我要求你还要继续放松……将你的手臂继续放松……好，接着放松你的手臂……再放松一些……再放松一些……尽可能地放松……好，做得非常好，再放松一些……再放松一些……好，继续放松……放松……让手臂深深地放松……放松得越来越深……越来越深……你的手臂已经完全地放松下来，它们很自然地放在舒适的地方，现在你可以做一个深深的呼吸，让你自己进入更舒适的催眠状态……"

如此反复地暗示，并且使受催眠者随之做到反复的放松，就可以使受催眠者的注意力高度集中，全身也会随着手臂放松而放松，整个躯体放松也使受催眠者易于进入催眠状态。

第二，在放松之后应当发出舒适、愉快的暗示。

为什么一定要在受催眠者放松之后做出这样的暗示呢？这是因为，在身体得到彻底的放松之后，人确实可以体验到催眠师所说的那种舒适、愉快的感觉。如果在放松之后又发出这样的暗示，让受催眠者做这样的体验，既可以增加受催眠者与催眠师之间的默契的程度，更可以达到使受催眠者注意力高度集中的目的。另外，伴随着这种轻松、舒适、愉悦的感觉，受催眠者的躯体完全放松，自然地进入最深的放松状态，那么，埋藏在人们深层心灵世界中的反暗示防线是最容易被冲垮的，也就最容易进入理想的催眠状态中。

第三，注意留出足够的时间，使受催眠者充分体验舒适愉快的感觉。

在令受催眠者彻底放松身体，并且让受催眠者体验到了放松之后舒适、愉快的感觉之后，应当留出足够的时间，使受催眠者能够充分体验舒适愉快的感觉。假如催眠师发出了一个暗示，受催眠者还没来得及体验，催眠师就紧接着发出了另一个暗示，那么受催眠者就无法感觉到放松，以及放松之后的舒适感、愉悦感。这些感觉的体验都需要一段足够的时间，而具体的时间掌控需因人而异，所以催眠师要注意根据受催眠者的情况来预留时间。许多催眠术的初学者在采用躯体放松法对受催眠者进行催眠时却不起作用，这往往都是由于没有留出足够的时间让受催眠者来充分体会而所造成的。

第四，跳跃进行的继续暗示，使受催眠者放松。

在一些个别的情况下，进行一次从眼皮到手臂到腰部最后到足部的全过程放松，仍然不能使受催眠者进入催眠状态，尤其是那些初次接受催眠的人。此时催眠师应该怎么做呢？这个时候，催眠师应当心平气和地对受催眠者继续进行暗示，努力使受催眠者放松。不过，这个时候的放松一定要注意一个重要的细节问题，就是不能再从眼皮到手臂到腰部这样重演一遍，而是应当在躯体的各部位之间跳跃进行。之所以要在躯体的各部位之间跳跃进行，是因为如果再依原来的顺序依次进行，受催眠者就会很自然地产生一种预期心理，当放松到颈部的时候，受催眠者就会这样想：嗯，下一步就该是放松肩部了。如果受催眠者产生了这样的预期心理，那么就会直接妨碍他注意力的集中，而这样就更加难以进入催眠状态了。如果催眠师的暗示从颈部突然跳跃到脚步，受催眠者就会感觉出乎自己意料之外，于是就会将分散的注意力再次集中起来，用心去听催眠师的下一步暗示，这样一来，就能顺利地进入催眠状态了。

第五，舒适的按摩，大大增进受催眠者躯体放松的效果。

有时，虽然经过催眠师的反复暗示，但是受催眠者的躯体放松状况还是不足以达到进入催眠状态的要求。这个时候，如果以按摩催眠法作为辅助，就可以极大地增进受催眠者躯体放松的效果，进而使其迅速进入催眠状态。在受催眠者躯体难以放松的情况下，催眠师可以这样告诉受催眠者："现在，我开始给你按摩……轻轻地按摩……你尽可能放松……好，放松……继续放松……随着我的按摩，你的肌肉会越来越放松，你会感到越来越舒适……越来越放松……非常放松……非常舒适……你将越来越感到疲倦而进入催眠状态……"

催眠师可以一边暗示受催眠者进行放松，一边同时对受催眠者进行轻柔地专业按摩。在对受催眠者进行按摩的时候，催眠师需要注意的主要有以下两点：第一，按摩力度不能过重，也不可以太轻，如果过重的话，会使受催眠者感到不适，使其注意力不能很好地集中，而如果过轻的话，则又起不到按摩应有的作用。第二，按摩讲究方法，按摩皮肤的方向也是要讲究生理学依据的，应当以顺势而下为最佳，这是符合皮肤纹理及其构造的专业方法，这种方法能让受催眠者很快放松下来，并且顺利地进入催眠状态。

言语催眠法

在种类繁多的催眠方法中，还有一种非常神奇的言语催眠法。言语催眠法是指催眠师不需要任何道具，也不用受催眠者做出任何配合的动作，只是通过催眠师特定的催眠言语暗示，就可以将受催眠者导入催眠状态的一种催眠方法。催眠师的言语必须是积极的、易于接受的、正面的，绝对不能是消极的、具有伤害性的。

虽然言语催眠法是一种仅仅借助于语言来进行催眠的方法，看起来好像很简单，可实际上这种方法内在的要求要比其他方法高很多。如果催眠师的技术拙劣，不仅不会将受催眠者顺利地导入催眠状态，还有可能使受催眠者对催眠产生怀疑或者对催眠师产生反感。

在实施言语催眠法之前，催眠师有必要向受催眠者做出一些关于言语催眠术的必要说明和解释，讲清楚催眠术的原理以及种种益处，还要给予受催眠者一系列积极、正面的暗示。比如：你的智商非常高，情商也一样高，你这个人非常聪明，悟性很强，人格非常健全，心理非常健康，像你这种优秀的人是最容易进入催眠状态的。如果条件允许，可以让受催眠者来旁观已经进入催眠状态的其他受催眠者，或者让一些已经享受过催眠所带来的种种益处的受催眠者谈一谈自身的催眠体会。这样做主要是为了形成受催眠者积极而强烈的预期心理，完成一次明确的、具体的、有利的、对个人有积极意义的催眠治疗。

言语催眠法的具体施术步骤一般是这样的：先让受催眠者静静地坐在椅子上或者躺卧在床上、沙发上，让他安静地休息片刻，使其排除杂念，心情放松，精神安逸。然后，催眠师以鼓励性、正面积极的言语调动受催眠者的积极性，增进双方的感情交流，形成相互之间信任、默契的心灵感应。接下来，催眠师可以进行言语暗示。受催眠者通过言语催眠，在苏醒以后也会觉得精力丰富、精神振奋。

使受催眠者进入催眠状态的言语暗示，基本上都可以采用如下的一些言语：“现在你静静地坐（躺）在这里，你感到非常放松……你的心情已经十分平静，平静得不能再平静了，你的心情非常轻松，非常愉快……外面的声音已经越来越模糊了，越来越小了。但是我的声音显得非常清楚，越来越清楚……现在，你对其他声音充耳不闻，只有我的声音你才听得十分清楚，你只专注于我的声音……你只能听得到我的声音……现在，你感觉非常舒适，很想睡觉……呼吸变得越来越平缓了，越来越平缓了，平缓了……随着这种平缓的呼吸，全身更加放松了，更加放松了，更加放松了……你的眼皮非常沉重，很想睡觉……你的眼皮非常沉重，想睡了……想睡了……不想睁开，也无法睁开……”

经过以上一番言语暗示以后，催眠师就可以开始对受催眠者进行催眠状态检测。比如，在暗示其眼皮非常沉重无法睁开，手臂非常沉重不能举起之后，可以要求受催眠者睁开眼睛或者举起手臂。如果受催眠者不能睁开眼睛或者举起手臂，那就表明受催眠者已经进入了催眠状态。这个时候，催眠师应当继续进行暗示：“现在，你已经进入了催眠状态，感觉非常轻松，非常舒适……外面的声音已经越来越模糊了，越来越小了。但是我的声音显得非常清楚，越来越清楚……你只专注于我的声音……感觉非常轻松，非常舒适……非常轻松，非常舒适……你只能听得到我的声音……现在，你继续全神贯注地听我的指令，按照我的指令去行动……你只专注于我的声音……你只能听得到我的声音……按照我的指令去行动……”接下来，催眠师可以给出一个暗示使受催眠者完全进入深度的催眠状态。

催眠师在采用言语催眠法的时候，应注意的一个问题是：催眠师的语音、语

为什么暗示接受性会增强

每个人受暗示的能力都不太相同，这种受暗示的能力被称为被暗示性，也叫作暗示接受性。人在催眠状态下，被暗示性变得比平时强很多。被暗示性亢进是催眠状态的重要特征。

反复施加相同暗示

催眠师反复施加相同暗示，就会出现被暗示性亢进现象，当被暗示性提高到一定程度，便让其他暗示也容易接受。

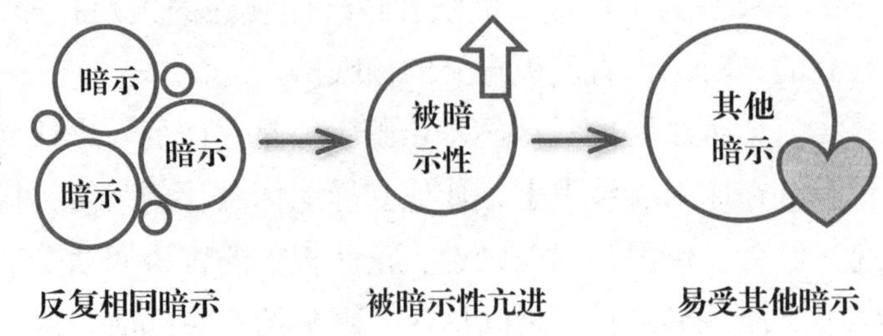

催眠时注意力更集中

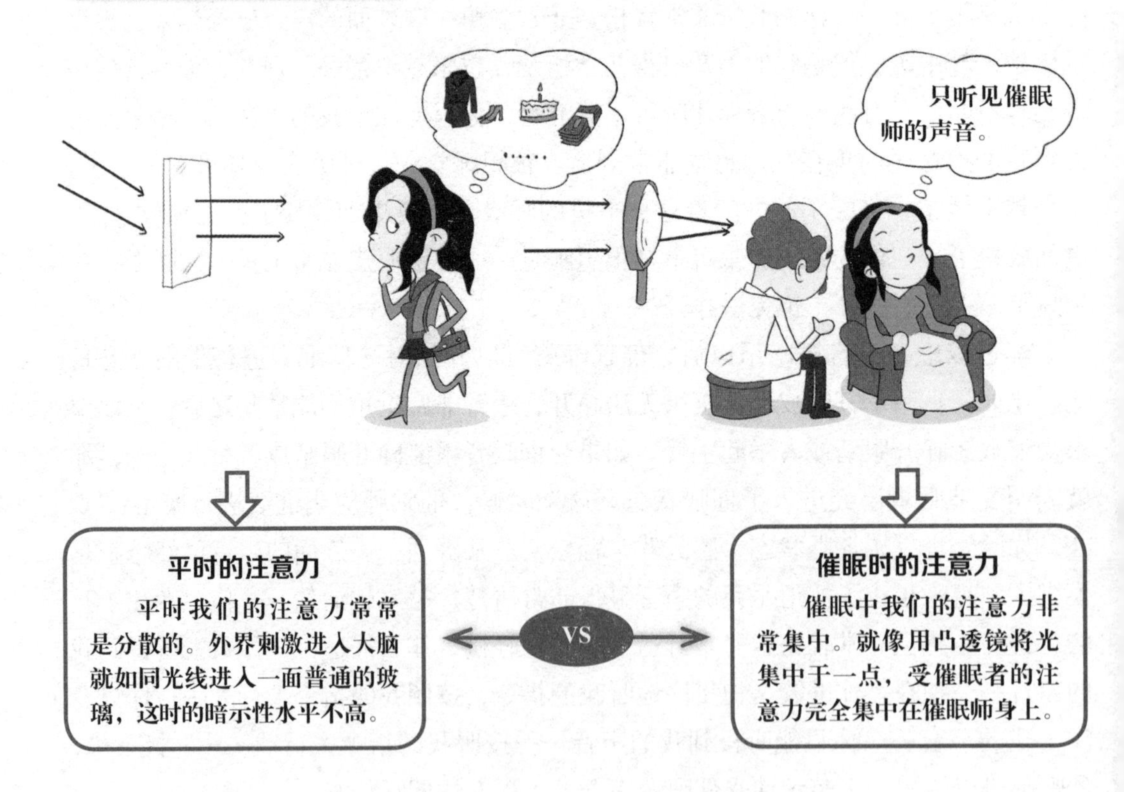

调不仅要平和，还要沉着镇定；既要充满情感，又要坚决果断。而比这更为重要的是，催眠师要密切观察受催眠者任何的细微反应，注意观察受催眠者大致已经进入何种程度的催眠状态。根据观察结果来决定应该发出什么样的暗示语。如果催眠师的暗示语与受催眠者的状态不相符合的话，催眠师很可能就会失去受催眠者的信赖，如此一来，受催眠者的反暗示力量就会暗中产生、增强，对催眠师的催眠形成干扰，催眠成功的可能性就会大大降低。

口令催眠法

催眠师只是对受催眠者施加口令，用这个口令作为暗示诱导手段，也可以使受催眠者进入催眠状态，这种催眠方法就是口令催眠法。这种方法目前在国内使用较普遍，大多用于注意力难以集中或者心神不宁的病人。虽然施加口令进行催眠比较简单、单调，却非常适用，口令催眠的成功率也很高，一般的人通过口令催眠，基本都能达到成功催眠的效果。

口令催眠法的原理是让被催眠者听取口令而行动，放松神经，并且非常有顺序引导受催眠者进入催眠状态。一般来说，它可以通过以下几种方式来进行：

第一种方式，让受催眠者自己选择一个他觉得最为舒适的姿势仰卧在床上，也可以坐在有靠背的椅子上，然后任其调整自己的身体状态，但一定要使身体处于最为舒适轻松的状态之中。这些基本步骤对于后面进行的催眠治疗尤为重要。

然后，催眠师要求受催眠者自然地闭上眼睛，将双手屈举在自己胸前。这时候，催眠师可以告诉受催眠者，假如听到口令喊“1”，就要抬起双手，如果听到口令喊“2”，就要把双手放下，恢复到原来的姿势。当催眠师提前暗示了受催眠者以后，受催眠者就会知道其目的，就能够准确按照催眠师的要求去做，不至于出现茫然无措的局面。催眠师开始施加口令：“好的，现在我就正式开始喊口令了。1！”受催眠者就会抬起双手；催眠师喊口令“2”，受催眠者则放下双手。

需要注意的是，在催眠师喊口令的时候，语音、语调、语速等都要有所变化，应当做到时而急骤、时而缓慢、时而连续、时而暂停，使受催眠者完全没有规律可循，从而使其注意力高度集中。如果催眠师的口令语调过于单一、语音过于乏味、语速过于平缓，受催眠者就可能会掌握催眠师喊口令的规律，产生预期心理，这会严重影响注意力的集中，进而可能导致催眠无法实施。

催眠师刚开始喊口令的时候，声音可以比较大，然后再渐渐地降低，直至停止。另外，催眠师喊口令的过程中，应注意适当地运用一些暗示语：“现在，你已经很累了，非常困，很想睡了……是的，你现在很累，非常困，很想睡了……好的，那你现在就睡吧，就这样睡吧……这里没有什么能干扰你，吵醒你，你也不会听到任何不相干的声音，你只能听到我的声音……听到我的声音……你将进入到非常轻松、非常愉快、非常舒适的催眠状态。”随着催眠师发出的口令与暗示语的不断重复，受催眠者就将顺利地进入催眠状态。

第二种方式的准备工作与第一种方式大致相同，但也有所不同，这主要表现在手势上。在这里，催眠师要先让受催眠者闭上眼睛，两手保持自然下垂的状态，然后告诉受催眠者，喊“1”的时候要将双手握成一个拳头，喊“2”的时候则必须将双手全部摊开。口令声也是要时而急骤、时而缓慢、时而连续、时而暂停，务必使受催眠者注意力高度集中，完全按照催眠师的口令行事。然后，催眠师就可以进行暗示：“现在，周围的声音越来越小了，你听不到任何杂乱的声音……周围一切都安静下来……非常安静……安静极了……你只能听到我的声音……现在，你感觉非常舒适，非常轻松……你的心情平静似水，非常放松、非常舒适……是的，你的身体感觉非常放松，你的心情非常愉快……你很快就要进入催眠状态……”

第三种方式的准备状态仍然与第一种方式差不多，但这种方式在口令上与第一种方式有一些不同。当催眠师喊口令“1”的时候，是要求受催眠者闭上眼睛；当催眠师喊口令“2”的时候，是要求受催眠者睁开眼睛。就像这样，将“1”“2”的口令反复喊十几遍，喊口令的速度也是要或急骤，或缓慢，或连续，或暂停。但是有一个问题是非常值得注意的，就是要让受催眠者闭眼睛的时间比睁开眼睛的时间长一些，并且在受催眠者的眼睛闭上时，催眠师可以发出一些相应的暗示：“现在，你的眼皮感到沉重了，很沉重了，疲劳得不想睁眼了。你的周围变得越来越黑暗了……眼皮重了，重了，重得像铅块一样……你的头脑模糊不清了，你现在非常想睡觉……你已经很累了，非常困，很想睡了……是的，你现在很累，非常困，很想睡了……好的，那你现在就睡吧，就这样睡吧……”

经过这样地反复进行暗示，当受催眠者的眼睛已经不想再睁开的时候，催眠师此时应当用食指和拇指轻轻地压在受催眠者的眼皮上，反复暗示：“现在，你已经很疲惫了，非常困了，很想睡了，不想再睁开眼睛了……是的，你现在非常困，非常想睡了，不想睁开眼睛了……不想再睁开眼睛了……好，你将进入更深的催眠状态中。”经过多次反复暗示之后，受催眠者就会渐渐进入催眠状态。

口令催眠法还有第四种方式，准备工作与第一、第二、第三均完全相同，不再赘述。在受催眠者选择好了他感到最为舒适的姿势以后，催眠师就开始要求受催眠者闭上眼睛，然后在喊口令“1”的时候，要求受催眠者的膝盖打开，在喊口令“2”的时候，则要求受催眠者将双膝合拢。喊口令的方式也同上 3 种方式，也要时而急骤，时而缓慢，时而加快，时而放慢，时而连续，时而停止，在这个疲劳神经的过程中最好加上必要的暗示语："现在，你已经很累了，非常困很想睡了……想睡了，想睡了……睡着了，睡着了……睡吧，睡吧……是的，你现在很累，非常困，很想睡了……好的，那你现在就睡吧，就这样睡吧……"

以上就是口令催眠法的四种常用方式，这个方法对于那些注意力难以集中的受催眠者来说是最适合不过的了。另外，口令催眠法也非常适合运用于体育运动，帮助运动员调节情绪，能让他们注意力变得更加集中，从而保持良好的竞技状态，提高竞技水平。除此之外，口令催眠法对那些对催眠术以及催眠师持怀疑态度的受催眠者，同样有着相当不错的施行效果。

口令催眠法完全可以单独作为一种催眠诱导的方法来实施，也可以作为其他催眠方法的前奏。因为，完全顺从地遵循口令可以使受催眠者养成无条件接受催眠暗示的良好习惯，这为导入催眠状态奠定了非常好的成功基础。一位优秀的催眠师应学会通过口令来控制和调节受催眠者的情绪，培养他们集中注意力，最后才能取得好的催眠治疗效果。

抚摸催眠法

从古希腊时代开始，宗教人士就经常通过抚摸来治疗一些疾病，抚摸法在当时也是一种易于掌握和调节情绪的有效方法。值得肯定的是，通过抚摸确实可以使人的身体各部位得到彻底的放松，使心情愉悦。现在，抚摸催眠法已经成了一种最普通、最容易被接受，同时也最受受催眠者欢迎的一种催眠方法。

抚摸催眠法的原则就是协助受催眠者进行放松，因此在催眠放松诱导的时候，催眠师可以根据自己在暗示中所提出的身体部位，对受催眠者进行轻柔地抚摸。抚摸催眠法可以选择受催眠者的头部、前额、肩、上肢、下肢等进行抚摸，一边抚摸，一边还要施加暗示语。让受催眠者跟着催眠者的引导，很快就会进入很放松、很舒服的状态。

举例来说，催眠师在暗示受催眠者的头部很放松时，就可以轻轻地抚摸受催眠者的头部，有时也可以小心翼翼地摇晃受催眠者的头部。这样做，通常都能使受催眠者感到非常放松，昏昏欲睡。如果暗示受催眠者放松手臂、手、腹部或者腿部时，催眠师同样也可以轻轻抚摸这些部位，让受催眠者的肌肉和神经得到松弛，从而逐渐放松下来。

在进行放松诱导时，催眠师时常会添加一些躯体微微发热之类的暗示。这是因为，发热的暗示更能够促进受催眠者进行放松。在这种状况下，催眠师的抚摸能够帮助受催眠者更切实地体验到发热的感觉。经过一段时间的抚摸，受催眠者自然就

 抚摩师格瑞特里克

17世纪的瓦伦丁·格瑞特里克是当时众所周知的“抚摩师”，传说他拥有用双手治愈疾病的超凡本领。这与“御触”非常相似。

1. 瓦伦丁·格瑞特里克那神奇的手在当时是远近闻名的，传说他只需要用手抚摸病人就能治愈一些疾病。这与“御触”非常相似。史料记载，他可以治愈淋巴结核等疾病。

我有一双神奇的手，能做到手到病除！

2. 有趣的是，在格瑞特里克的治疗过程中，一些病人感觉不到疼痛。与之相吻合的是，现代催眠中，一些患者在恍惚中也会丧失痛觉，感觉不到疼痛。

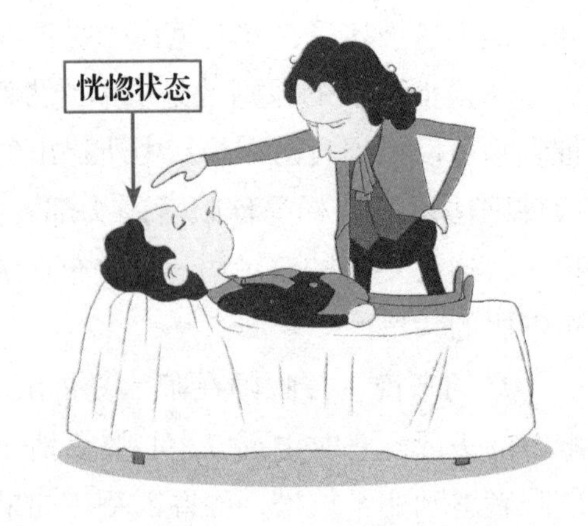

3. 实际上，格瑞特里克是让病人进入了深深的恍惚状态。格瑞特里克的方法在当时受到了一些科学家的关注。他的方法实际上就是催眠了病人，并给了病人“疾病很快会痊愈”的心理暗示。

陷入了催眠的状态中。

在对受催眠者进行必要的抚摸时，一定要注意，手势务必要轻柔，不能重压，避免受催眠者产生不舒适的感觉。另外，受催眠者如果为异性，催眠师在进行抚摸催眠时要避开受催眠者的敏感部位。

对于那些患有疼痛以及其他异常不适的受催眠者，使用其他方法容易发生被

“痛”等较强刺激分散注意力的情况。这时如果使用抚摸催眠法，轻轻抚摸其疼痛的部位，同时给予轻松、舒适的暗示，将其注意力集中于异常感觉部位，那么就可以将其顺利导入催眠状态了。恰当的抚摸不但能可以促使受催眠者进入催眠状态，而且还会让受催眠者感受到额外的放松。

睡眠催眠法

所谓睡眠催眠法，就是指当受催眠者处于自然睡眠过程时，对其实施催眠，以使其由自然睡眠平静地转为催眠状态。这种方法的原理，就是利用受催眠者在睡眠中精神已处于没有思考的状态，故而得以乘机催眠，使之快速进入理想中的催眠状态。

自然睡眠和催眠状态是截然不同的。在自然睡眠过程中，人类的知觉通道基本是处于关闭的，而在催眠状态下，人的意识虽然处于空白，但是通过催眠师的暗示，受催眠者仍然可以看到、听到、嗅到（主要是一些主观感受，并不存在真实的客体）。在自然睡眠状态中，人基本上不会有语言产生，即使有，那也是由于缺少逻辑中枢的控制而变得语无伦次的梦呓。但是在催眠状态中就不同了，受催眠者在这种状态下的意识还是十分清醒，只要催眠师发出暗示，受催眠者照样可以说话、阅读、写作，甚至效率会更高、创造性会更强。由此可见，自然睡眠状态和催眠状态绝对不能混为一谈。

想把受催眠者从睡眠状态直接导入催眠状态，要比从清醒状态导入催眠状态困难得多，而且对于受催眠者催眠敏感度的要求也更高。假如是催眠敏感度比较高的人，催眠师只需给予其一定的暗示，就可以将其顺利地转入催眠状态。但是对于催眠敏感度比较低的人，催眠师给出受催眠者进入催眠状态的暗示，可能非但不能使其进入催眠状态，反而可能使其迅速地清醒过来，导致整个催眠过程的失败。

总的说来，睡眠催眠法是一种相对较难的方法，因为这个原因，实施的时候就更需要催眠师有相当丰富的催眠经验和高超的催眠技术，其具体的操作过程大体如下：

在催眠师开始实施睡眠催眠法之前，首先要排除自己内心中的杂念，做到心无旁骛，专心致志，用严谨的精神进行催眠，注意力高度集中。然后，催眠师要走到受催眠者的面前，坐在受催眠者的身旁，再用手掌对受催眠者实施离抚法。

离抚法是离体轻抚法的简称，具体操作就是催眠师将掌心朝向受催眠者，但不能接触受催眠者的皮肤、身体，在距离受催眠者 8 ~ 10 厘米左右处对受催眠者进行所谓的空中“抚摸”。这样做的目的是使受催眠者的精神集中，注意用心去感受，不生各种杂念，从而容易进入催眠状态。

当催眠师在对受催眠者进行离体轻抚 20 次以上后，可以开始轻声呼唤受催眠者的名字，并且需要暗示受催眠者："现在，你深深地熟睡着，非常轻松，非常舒适，感觉非常美妙……是的，你现在睡得很香，睡得很熟，不会醒过来的……不会醒过来的，对于周围的声音你充耳不闻，但是，你能听到我的声音，听得非常清楚……是的，你只专注于我的声音，其他的声音一点也听不到……你只专注于我的声音……现在，我轻轻地叫你的名字，你就能够答应，但是你不会醒来，肯定不会……在睡眠中你仍然会感到轻松，感到舒适……头脑清醒，不会有任何忧虑，你会感到睡眠是最愉快、最舒服的时刻……你熟睡着，非常轻松，非常舒适……"

按照上述暗示方法，进行反复的多次暗示之后，催眠师双手离抚，慢慢地接触受催眠者的额部，再轻柔地从受催眠者的额部、面部到两肩。催眠师在抚摸的时候，一开始的动作一定要轻，然后才可以渐渐地加重（这个"重"的度，以一般人能接受、感到舒适为最适宜），然后再由重转轻。此时催眠师就可以举起受催眠者的双手，并再次暗示受催眠者："好，现在，你的手就按这种姿势停在这里，就这样固定在这里，不要动！你也不想动……好，保持这种姿势……不能动，也不想动……是的，你的手就按这种姿势停在这里，就这样固定在这里……你不能动，也不想动，继续保持住……你的双手就这样固定在这里……固定在这里动弹不了……动不了了……"

经过如上的暗示数次之后，催眠师就可以将手拿开了。此时，如果受催眠者的手臂果然不能做出反应了，那就证明受催眠者已经进入了催眠状态；而如果受催眠者的手迅速下垂，那就证明这次催眠没有成功，还需要重新进行暗示。催眠师只有坚持进行反复暗示，才能让受催眠者成功地进入催眠状态。

如果决定要采用睡眠催眠法，受催眠者最好是已经接受过催眠术的人，这样催眠成功的概率会比较大。而且，在进行催眠之前——在受催眠者清醒的时候，催眠师应当通知受催眠者要对其进行催眠，这种提前告知的暗示会让受催眠者有一个心理预期，对接下来催眠的感应性也会好一些，催眠的成功率也会大大提高。

数数催眠法

数数法一般都是通过渐进式的放松来实现催眠的，简单地说，其特点就是在让受催眠者放松的时候加入了数数。这样一个看似简单的步骤，却可以大大提高了催眠成功的可能性。数数法的侧重点在于数数而不是放松，切记不可本末倒置。

数数法还有很多种实施形式，举个例子来说，可以采用正序数的数法，即从最低位到最高位检查正序数的每一位，也就是数字从小到大，依次来数。例如："1，放松……2，放松……3，放松……4，放松……5，放松……"也可以采用逆数法，也就是从高到低，从大到小来数。例如："10，放松……9，放松……8，放松……3，放松……2，放松……1，放松。"

还有一种方法是倒序减法数数，相对其他方法而言，倒序减法数数的专注程度比较高，因此也就更容易诱导受催眠者进入催眠状态。这种方法通常都是运用 200 减 2 的减法数数。在开始的时候，催眠师可以先协助受催眠者一起数数，然后催眠师再让受催眠者单独数。如果受催眠者经过了催眠师的协助之后，仍然不会数或者数数的方法仍旧发生错误，那么催眠师就需要继续协助受催眠者多数几次，直到受催眠者能够正确掌握为止。一般说来，受催眠者的暗示理解程度会有不同，所以催眠师要因材施教，如果催眠师能在数数的过程中夹杂一些积极正面的暗示语，效果则更好。

用倒序减法数数进行诱导催眠的时候，催眠师可以参考这样的暗示："现在的你非常放松，非常舒适，就这样轻松、舒适地坐着……好，请闭上你的眼睛，集中注意听我说，并根据我所说的去做……对，就这样轻松地闭着眼睛，你会感觉到非常舒适……现在，我们要做的是进行倒序减法数数……请注意听我说，按照我的方法数数。我们先从 200 开始，然后以 200 减 2 往下数，每数一个数，你就会体会到身体很放松的感觉……是的，每数一个数，你就会体会到身体很放松的感觉……好，我们现在开始倒数，注意听我的声音，跟着我的引导走……200，放松……198，继续放松……196，继续放松……194，再放松……192，放松……好，现在开始我们一起数数……200，放松……198，放松……196，继续放松……194，继续放松……192，再放松……"

催眠师一般都要带领受催眠者先连做几个倒序减法，然后催眠师突然停住，由受催眠者自己接着往下数。有些时候，受催眠者可能一时还弄不清楚这种减法数数到底是怎么回事，对催眠师的行为表示不理解。所以一旦催眠师停止倒序减法数数之后，受催眠者也就跟着催眠师停住不数了。这个时候，催眠师一定要有耐心，将这种倒序减法数数再清晰地、详细地向其重新介绍一遍，并带领受催眠者重新开始数数，仍然是从 200 开始："200，放松……198，放松……196，放松……194，放松……192，放松……"催眠师要耐心引导受催眠者，直到受催眠者能自己独立往下进行为止。

在数数催眠法的实施过程中，催眠师的注意力要高度集中，一定要心无杂念，只是随意地数数，不可能将受催眠者诱入催眠状态。当然，这种减法数数法也能较好地促使受催眠者集中注意力，并且达到一定的专注程度，从而使其更快进入催眠状态。

联想催眠法

相信大家都曾有过这样的体验，当自己的一位同学、朋友或者同事无意之中这样问自己："你以前是不是也像今天一样，这么开心、这么迷人？"听了这样的话，你的脑海里是否联想起过去某些特定的美好时光，或者联想到自己与爱人、好友在这样的场景下的开心、愉快？你的思绪似乎慢慢地被那些美好的时光和开心的感觉牵引过去，眼前浮现的图像也越来越清晰，想象或回忆当时一幅幅动人的场面，深深地沉浸在里面，完完全全地陶醉了……

其实，这就是学术界所推崇的催眠术中的联想法则。在催眠术中，通过联想使受催眠者进入催眠状态的方法就叫作联想催眠法。具体来说，催眠师以详细、生动的言语性图像描述来引导受催眠者进行非随意性的想象和联想，让受催眠者充分体验催眠师所描述的那些生动的意象，这种情况被称为催眠性意象渗入。而通过催眠性意象渗入使受催眠者进入催眠状态的方法就被称为联想催眠法。该方法适用于想象能力比较好的人。当催眠师开始进行场景或画面描绘时，受催眠者可以根据自己的潜意识来进行想象，最终达到理想的催眠状态。

联想催眠法能够使受催眠者放松对外在环境的把握与感觉，促进受催眠者接受催眠师的联想暗示，更快地进入催眠状态。在此法中，受催眠者自身想象力的高低决定着受催眠者进入催眠的深度，想象力高、联想比较丰富的受催眠者显然更易于进入催眠状态。如果催眠师在暗示的时候再配合和想象内容有关的音乐，那么效果会更好。

在催眠师运用联想法进行催眠诱导时，催眠师通常都会要求受催眠者集中注意联想、体验一些非常优美迷人的自然风景、轻松愉快喜悦的场面以及受催眠者所喜爱的一些比较有特点的特定场所。举例来说，催眠师可以让受催眠者想象他正在风景如画的园林小品里散步；或者在一望无际的大草原上欣赏着壮丽的风光；或者坐在竹筏上，荡漾在平静而迷人的湖面上；或站在高山的巅峰，俯瞰山脚下那绿油油的迷人田野……催眠师最好选择那些最能引起受催眠者想象与联想的情景，并且加以最生动、最具体、最详细的描述，让受催眠者专注于对美好场景的联想上，在不知不觉中进入催眠状态。有时候，受催眠者想象的图景会不太清晰，没有关系，催眠师依然可以根据指导语来加强暗示。经过详细而具体的反复暗示后，受催眠者大脑中的图像会越来越清晰。

联想法经常使用的联想场景就是风光旖旎、美丽迷人的海滨沙滩。把这一场景运用到催眠实践中，催眠师就可以对受催眠者进行如下暗示："现在，你非常放松、非常舒适……你只听得到的我的声音，对其他声音充耳不闻……是的，你现在感觉非常轻松、非常舒适……你轻轻地闭上眼睛，感觉更加轻松、更加舒适了……现在，你的注意力非常集中，你只专注于我的声音……好，请按照我说的去想象……好，你想象现在正是初夏的黎明，在风光旖旎的海边，你躺在松松软软的沙滩上，感觉非常舒适，非常惬意……看那远处，是的，太阳正从远远的地平线升起……正从远远的地平线升起……天空渐渐地明亮起来了，大地开始变得温暖起来了……啊，太阳越升越高，原来灰蒙蒙的天渐渐变成了橘红色……是的，沙滩开始变得温暖起来了……太阳越升越高，天渐渐变成了橘红色……变成了橘红色……你看到天与海的连接处泛起了一层薄薄的白雾，迷茫茫地笼罩着天和海，就像那轻盈的纱一般，遮挡着直射过来的阳光，使天和海融成朦朦胧胧的一片……海鸥拍打翅膀的声音越来越近……越来越近……微风轻轻地吹拂着，带着清新的气息，你感到非常惬意，非常舒适……你仔细地听，集中注意地听，那美丽的海浪正柔和地一阵接着一阵地拍打着你身边的沙滩……是的，那美丽的海浪正柔和地拍打着沙滩……你感到全身心的轻松，非常舒适，非常惬意……海水就在你的脚边一伸一退，此起彼伏……海浪的嬉闹声使你感到轻松、欢畅，使你感到心旷神怡，非常惬意……你与这大海、这沙滩似乎已经融为一体。你的感觉变得越来越敏锐，思绪越来越清晰，精神越来越充沛……是的，海浪的嬉闹声使你感到轻松、欢畅，海水在你的脚边一伸一退，此起彼伏……你感到轻松、欢畅，非常舒适，非常惬意……你与这大海、这沙滩似乎已经融为了一体……是的，融为一体了……太阳越升越高，越升越高……周围逐渐变得明亮起来……眼前画面逐渐清晰起来……越来越清晰……太阳光照在你的身上，暖洋洋的……暖洋洋的……你感到非常舒适……非常轻松……”

催眠师在指导受催眠者精神专注于联想场景的同时，必须时刻注意观察受催眠者的躯体放松程度，借以推测受催眠者意识的恍惚程度。如果受催眠者的种种表现显示其尚未完全进入催眠状态，那么，催眠师就需要反复进行专注联想的诱导，一直到受催眠者完全进入催眠状态为止。总之，受催眠者必须根据自己的需要来进行最合适自己的想象，努力让画面清晰起来，相信这样一定能达到美妙的催眠效果。

通过观念产生运动进行催眠

催眠师通过暗示受催眠者产生观念性的运动，也是可以将其导入催眠状态的。许多催眠大师认为，这是一种非常自然、简单易行而且成功率非常高的催眠方法。

通过观念产生运动主要有钟摆运动法与扬手法两种形式，我们分别来进行描述。

钟摆运动法

所谓钟摆运动法就是通过受催眠者的意念，使受催眠者手里拿着的用线吊着的重物随着暗示摆动，据此获得感受性。钟摆运动法源于我们前文所讲述的最古老的催眠诱导，它有点近似于凝视法。它也是一种常用的证明催眠暗示起作用的方法。钟摆运动法的具体实施可参考如下。

将一个铅锤或者其他类似的重物绑在一根线上，令受催眠者将拿着线的手放在桌面上，线的长度不能过长或者过短，以不让铅锤碰到桌面为准。然后，受催眠者两眼专注地凝视铅锤，思想必须高度集中。接着，催眠师发出这样的暗示："好的，凝神地注视这个铅锤……对，集中全部注意力在这个铅锤上……现在，铅锤已经开始向左右摆动……摆动在逐渐地加大……越来越大……你的眼睛也跟随着移动……左右移动……现在，铅锤已经摆动得很厉害了……摆动越来越大，摆动得很厉害了……你的眼睛也跟随着移动……左右移动……请注意看，摆动越来越大，摆动得很厉害了……你的眼睛也跟随铅锤快速地移动……移动……注意看……现在，你的眼睛已经有点疲劳……想要闭起眼睛休息一会儿了……你已经想入睡了……但是现在铅锤摆动得更加厉害了……你现在很疲劳，那就睡吧……睡吧……"

像这种由钟摆暗示而产生的观念运动，是比较容易使受催眠者产生反应的，观念运动越强代表受催眠者感受性越高，观念运动越弱，受催眠者的感受性就越低。虽然钟摆运动只能收到轻度暗示的效果，但是一般来说是可以使受催眠者进入浅度催眠状态的。

扬手法

扬手法的具体过程是这样的：催眠师命令受催眠者全身放松，尤其是要做到两肩的自然放松，放松程度以自我感觉舒适为宜。然后，令受催眠者两眼凝视催眠师右手的手指。催眠师对受催眠者开始进行暗示："好的，凝神注视我的手指……对，集中全部注意力在我的手指上……渐渐地，你的手在渐渐地有点发热，并且开始有点沉重的感觉……是的，你的手渐渐地在发热，并开始有沉重的感觉……这种感觉很奇妙，你过去从来没有体验过的，非常舒适……手越来越热……越来越沉重……越来越热……越来越沉重……现在，你仔细体验，一定能体验到这种舒适的感觉……继续体验……继续体验……非常舒适……非常舒适……"

当受催眠者体验到催眠师的手的温度和手的沉重感之后，进一步的暗示就应该立刻开始："现在，你右手的手指似乎很沉重……是的，你右手的手指似乎很沉重，好像不能动了……其实，你的那个手指正在微微地动着呢……是的，在微微地动着呢……如果你更为专注地凝视你右手的话，你会发觉自己的小指、无名指、中指、食指、拇指都在微微地动呢……是的，它们都在微微地动着呢……现在，请注意看正在动着的小指，你会发觉你的小指正往无名指的方向移动呢……是的，你的小指正往无名指的方向移动呢……请继续注视，你的小指已经越来越接近你的无名指了……是的，你的小指已经越来越接近你的无名指了……越来越接近你的无名指了……越来越接近了……现在，你的无名指也开始往上移动了，你的无名指、中指、食指还有大拇指也正逐渐往上移动呢……你的整个手掌都在渐渐地往上移动……是的，整个手掌都在渐渐地往上移动……都在渐渐地往上移动……越来越高了……此时，你感到你的精神非常恍惚，眼皮非常沉重，你的眼睛好像睁不开了，要闭起来似的……现在，你的右手很自然地，然而又是那样紧紧地贴在你的脸上……紧紧地贴在你的脸上……现在，你的眼皮非常沉重，你的眼睛已经睁不开了，要闭起来了……是的，你的眼睛已经睁不开了，它已经合起来了，你感到非常累，非常困……你的精神已恍惚了……眼睛已经闭上了……闭上了……外面的声音已听不到了，只能听见我说话……周围越来越安静……安静……你想睡了，想睡了……现在，你的心情非常好，非常轻松……你的身体非常累，你感到非常困……非常困……你已经进入催眠状态了……”

气合催眠法

气合催眠法听起来有些怪，其实就是指用气合的喝声将受催眠者导入催眠状态的一种方法。气合，又称神阙、气舍、维会，是经穴名，属于人体的任脉，在腹中部，脐中央。气合的喝声通常都是非常沉稳有力的，这也正是选用气合的喝声来对受催眠者继续催眠的深层原因。

气合催眠法有着比较高的技术要求。一般的催眠师在实施气合催眠法以前，都要进行多次练习。如果喝声无力，或者由于催眠师自身缺乏自信、技术不够高超、心里犹豫恍惚等不良因素的影响，那么就很难取得预期的效果。即使催眠师强行逼迫自己用这种方法施于治病矫癖，也是收效甚微。

气合催眠法的具体实施过程如下：让受催眠者选择一个自己觉得最为舒适的姿势，比如坐在一张舒适的有靠背的椅子上，催眠师则站在离受催眠者 2 米远的地方。受催眠者集中全部注意力凝视催眠师的面部，并做几次舒缓的深呼吸。同时，催眠师开始暗示受催眠者：“只要我大喝一声，你将会立刻闭上眼睛，而后迅速进入催眠状态，是的，一定是这样，只要我大喝一声，你就会立即闭上眼睛而进入催眠状态。肯定是这样的，绝对不会错的！”暗示时，催眠师一定要坚定地看着受催眠者，表现出极大的自信，让受催眠者完全信任自己，从而使受催眠者能顺利进入催眠状态。

然后，催眠师要面对受催眠者，将自己的右手高高举起，举过头顶，然后右手下垂，集中全部注意力凝视受催眠者的眼睛，并仔细观察受催眠者的反应及其表现。当催眠师发现受催眠者已经进入精神平静、注意力高度专注的状态时，应立即用下腹丹田之气大喝一声，同时迅速降下刚才举起的右臂。如果一切顺利，受催眠者将由此闭上眼睛，进入催眠的状态。这时，催眠师可以再走到受催眠者的身旁，反复施予受催眠者进入深度催眠状态的暗示诱导，从而取得良好的催眠效果。

气合催眠法的要求是非常严格的，并不是每一个催眠师都可以轻松掌握。而对于受催眠者来说，一般应是已经接受过数次催眠的人，或者催眠敏感度相当高的人成功的概率才会比较大。

怀疑者催眠法

从目前的情况来看，催眠术在我国的普及程度还非常不够，很多人对催眠术都抱着一种将信将疑的态度，存在着诸多疑问，甚至有的人根本不知道催眠到底是做什么的。想让对催眠术持怀疑态度的人接受催眠不是一件容易的事情，因为催眠本身要建立在与催眠师相互信任的基础上，受催眠者如果顾虑重重，那么就很难进入催眠状态。

怀疑的原因可能不尽相同，但是究其根本原因乃是对催眠术缺乏科学、充分的认识。出现这种现象十分正常，不足为怪，可是如果对这些怀疑者进行充分、详细的讲解和介绍后，还是难以打消其疑虑，那么，如何对持怀疑态度的受催眠者实施催眠术呢？这是一个不容易解决的问题，但也是一个必须解决的问题。“怀疑者催眠法”是解决这一难题的最佳方案。

和其他催眠方法一样，怀疑者催眠法先让受催眠者选择一个自己觉得最为舒适的姿势，坐在舒适的椅子上。然后，催眠师用平和、中肯、真诚的语气将催眠术的一般原理、功用，催眠治疗的适应范围及科学依据等向受催眠者做一个概要式的阐述，同时应当重点强调催眠术对于催眠师来说是特有的职业技术，催眠师和所有人一样，在对待工作时都是认真负责的，催眠治疗是相当有益的，对受催眠者目前所面临的问题也非常适用。然后，再描述催眠过程中的种种表现等，使受催眠者对催眠术的一般情况有一个大致的了解，这样就可以部分地消除受催眠者原有的偏见与疑虑。当然，如果受催眠者的问题并不是能用催眠术来解决的，催眠师也应当实事求是。催眠师在解说的过程中千万不可夸大其词，不然最后就有可能造成无法收拾的局面。

其实，有一个方法应对怀疑者是最有效的，那就是在正式对其进行催眠之前，先选一位催眠敏感度比较高又曾经多次接受过催眠术的受催眠者，当着怀疑者的面实施催眠术，让怀疑者亲眼看到催眠术在增进身心健康、开发个体潜能等方面的独特作用。还要让怀疑者清楚地看到受催眠者的苏醒过程，并倾听受催眠者接受催眠的感受，这样可以完全消除怀疑者有关进入催眠状态以后难以苏醒、精神衰弱的种种顾虑。由于怀疑者是身临其境、亲眼所见，因此绝大多数怀疑者都会为之折服。就算不能全部消除怀疑者的怀疑心，也可以大大减弱他们对于催眠术的怀疑程度。万一怀疑者露出失笑的轻率举动，催眠师必须以极庄严的威力去慑服他，在这之后，怀疑者也必然会改变态度。接着，催眠师便可以对其实施正式的催眠暗示了，可以按照如下的说法：

“现在，你不会怀疑催眠术了吧，也希望我使用催眠术来解决你所面临的问题了吧……好的，现在，就让我对你实施催眠术。就像你刚才看到的一样，你也将很快进入催眠状态，你也将很快享受到催眠术所带来的轻松愉快的体验以及它对你身心健康的帮助。”这时，亲眼看见催眠成功的受催眠者已经消除了对催眠疗法的疑惑，心悦诚服，信任、崇敬之情会油然而生。因此，催眠师的各种暗示、各种指令便尽可以长驱直入，迅速占领受催眠者的整个意识状态，很快就会将其导入催眠状态。

总之，对于这些怀疑者，一定要注重有效地说服，既要摆理论，又要引实例，尽量消除他们的怀疑心理。催眠师催眠怀疑者，表面上看来很难，但如果能使怀疑者亲身经历，产生催眠感应的观念，那就一定能使怀疑者催眠成功。

反抗者催眠法

如果在实施催眠的过程中，遇到受催眠者消极的反抗，催眠师应该怎么办呢？在长期的催眠治疗实践摸索中，聪明的催眠师创造出了一种别开生面的反抗者催眠法。

受催眠者的反抗可以大致分为两种：一种是受催眠者生理上或者说身体上的反抗，也就是受催眠者以体力作反抗动作；另一种则是受催眠者心理上的反抗，也就是以一种阳奉阴违的态度来对待催眠师。这两种情况有很大区别，所以催眠师要仔细辨认反抗者的类别，然后再做出相应的催眠治疗方案。

体力反抗

以体力作反抗的受催眠者，大部分是某些精神病人。他们在接受催眠的时候可能会表现出种种狂暴、粗野、无理，甚至是不可思议的行为，而家人又无法使其安静。这个时候，如果必须仍然对他们施行催眠的话，只得用布带、绳条等绑缚其四肢，使受催眠者无法动弹，还要使用一些微量的麻醉药品。同时慢慢地施以诱导催眠的言语，也并不是没有可能使之进入催眠状态的。另外，还可以用比较强烈的光线直接照射受催眠者的眼睛，等到他的眼睛经受不住强光而闭合之后，再予以诱导催眠的种种暗示，让受催眠者能顺利进入催眠状态。需要注意的是，对于这种受催眠者进行催眠，不能寄希望于他能进入很深的催眠状态。

心理反抗

受催眠者在心理上作反抗，对催眠师阳奉阴违的原因有很多种类型。可能是处于好奇，想要试一试催眠术是否灵验，或者想要和催眠师开一个玩笑，故意对催眠师的指令阳奉阴违，反其道而行之，想要试试催眠师的功力、技术、耐心等。假如出现这种情况，想要使催眠实施成功，催眠师就必须以敏锐的洞察力看破受催眠者的这些想法，掌握受催眠者的心理动态，然后见招拆招，以和善的心态来积极对待。

例如，催眠师让受催眠者按照要求数数字，假如受催眠者故意数错了数字，那么催眠师就要和他讲明道理：如果注意力不集中，就会发生错误，有了错误还得从头数起，这样岂不是非常浪费时间和精力。这个时候，受催眠者就会觉察到催眠师已经将自己的真正心态看破了，势必会有所收敛。此时，催眠师就可以乘胜追击，马上再施加暗示："请你不要故意不遵从指令，这是为了更有效地使你的身心健康得到恢复，所以，请你一定要努力配合。"在打消了受催眠者的反抗心态之后，再对其施以其他的催眠暗示，受催眠者就有可能会配合催眠师的暗示来真正尝试催眠，这样一来成功的可能性就变得大多了。

对于心理上有反抗的受催眠者，另一个非常有效方法就是反向激将暗示法。在催眠术的实施过程中，对于那些非常固执的人，用一般的正面诱导法往往无法奏效，这时候，只有巧妙地施以反向激将暗示法，才能够将他们导入催眠状态。

对于一个非常固执的受催眠者，催眠师可以这样对他说："其实，我觉得你是无法接受催眠术的。不过为了让你体验一下，咱们稍微试一下吧……好，现在，我想让你感到眼皮渐渐沉重，请你立刻闭上你的双眼……是的，让你立刻闭上双眼……不过，我已经注意到了，你的双眼现在睁得这么大，一点也没有变得沉重……是的，看来你真的无法接受催眠术……现在，毫无疑问，你的眼皮感到越来越轻，双眼也是睁得越来越大。进入催眠状态是要放松的，可是你却变得越来越紧张，身体挺得那么直……是的，我看出来了，我看得出你是那么紧张，是根本无法接受催眠术的……是的，现在你也毫无倦意，精神非常好，你正变得越来越清醒，根本无法接受催眠术……想要你全身心放松根本不可能……你自己也无法做到这一点……你根本无法接受催眠术……无法接受……”

沿着这种逆向思维的思路，催眠师反复地说一些与催眠意图截然相反的话，慢慢就会对受催眠者起到逆向激将作用，逐渐把他的反抗心改变成信仰心，从而诱导他进入催眠状态。受催眠者的心机一转，催眠师便予以意想不到的暗示，催眠的效果便达到了。

杂念者催眠法

有一些受催眠者难以进入催眠状态，很多时候不是因为他不想被催眠，而是因为这些受催眠者杂念比较多，注意力很难集中。从人格特征上来说，这样的受催眠者性情一般比较浮躁、好动，在日常生活中就很难获得宁静。了解这一点以后，催眠师就需要寻找适合受催眠者集中注意力的催眠方法，对症下药。

大家都知道，催眠术对受催眠者的首要要求就是要集中注意力。只有受催眠者集中了注意力，催眠师才能诱导其进入催眠状态。假如受催眠者杂念丛生，脑海里一团乱麻，必然无法正常接收催眠师的暗示。所以，对于这些心有杂念的受催眠者，排除杂念便成为首要的任务和最基本的保证。杂念者催眠法就是专门针对这种情况的一种行之有效的科学方法。杂念者催眠法可以分为两种，一种是让受催眠者通过深呼吸达到心中的宁静，另一种是借助于外部动作的劳累消除心中杂念。

深呼吸

让受催眠者直立站好，催眠师开始发布指令：

“现在，请舒展一下你的身体，找个最为舒适的姿势……好，放松，放松你的整个身体，然后做几个深呼吸……缓缓地吸气……然后，缓缓地呼气……呼气……吸气……在呼吸中，你会觉得你的内心开始渐渐地平静……是的，你会觉得你的内心开始渐渐地平静……好，继续吸气……呼气……放松……对，你现在已经开始慢慢闭上眼睛了……当闭上眼睛的时候，你就更放松了，你的内心就更加平静了……对……当闭上眼睛的时候，你就更放松了，你的内心就更加平静了……对，就这样……开始闭上眼睛……享受这一时刻的平静……继续吸气……呼气……

“对，很好，就这样……你现在更加放松了，你的内心更加平静了……好的，在这一时刻，你就把自己的内心完全交给自己……很好……就是这样……让思绪自由地在脑海中滑过……继续慢慢地吸气……慢慢地呼气……对，慢慢地吸气……慢慢地呼气……任由思绪自由地飘过……你会感到非常轻松，非常舒适……非常轻松，非常舒适……

“好，非常好……随着缓慢的呼吸，你的心情在渐渐地平静……在缓慢的呼吸中，渐渐地平静……渐渐地平静……现在请按自己喜欢的速度呼吸……自由地呼吸……吸气……呼气……在呼吸时，会感觉到四肢很沉重……很温暖……很放松……是的，你现在感到非常轻松，非常愉快……你的心情是那样平静……在缓慢的呼吸中，享受这一刻的平静……呼气……吸气……继续享受这一刻……享受这一刻……”

这个时候，催眠师一定要检查一下受催眠者是否真的处于非常平静的状态。如果是，那么就应该立刻进行下一步的治疗，但是如果发现受催眠者还没有完全归于平静，催眠师就应当担负起自己的责任，继续耐心地诱导受催眠者消除所有杂念，使其达到内心的安宁。

外部动作的劳累

让受催眠者直立站好，催眠师开始发布指令：

“将你的两手向前举，两掌相握，向右摆动20次，先由慢而快，然后由快而慢。当你迅速摆动的时候，你可以看到不可思议的奇观。”受催眠者按照催眠师的指令行事，在摆动10余次之后，身体就会站立不稳，与此同时，心中的一切杂念也将消失殆尽。当受催眠者因站立不稳而欲跌倒时，催眠师应马上上前将受催眠者扶住，并帮助受催眠者仰卧在床上或者安坐于椅中。此刻，正式的催眠暗示开始：“你的各种杂念已经完全消失，现在，你的心情十分平静，请闭上眼睛，一切变得安静起来，你只能听见我说的话，专心致志地听我的指令，并按照我所说的去做。”

这时，催眠师可以暗中检查一下受催眠者的眼动情况，如果受催眠者的眼动状态已经基本停止，眼皮也不再眨动了，便证明受催眠者的杂念已经消失。接下来便可以进行暗示：“你胸部的血液开始往下流动，额部感到非常凉爽，请体验这种感觉！请体验额部凉爽后的舒适的感觉……体验吧！是非常舒适的，非常轻松的……你的眼睛已经不能睁开了……手臂也很重，不想抬了，也抬不起来了……脚也很重，不想动了，也动不了了……你会感到很困，很困……睡吧，睡吧……在最愉快、最舒服的时刻慢慢进入更深一层的催眠状态中……”

由于杂念顺利消除，暗示的效果也就会成倍增加，本来是心怀杂念而很难进入催眠状态的受催眠者，一步一步地进入较深的催眠状态。

第四章
成为催眠专家的必备技术

绝不能将操作简单化

在通过手的开合进行催眠时，有技巧的催眠师往往会使用这样的方式进行暗示："请将你的手慢慢地打开……逐渐地打开……不断打开……继续打开……"而另外一些催眠师则是这样暗示："手打开……慢慢、慢慢、慢慢……好……慢慢、慢慢、慢慢……"像这样过多地使用形容词，只会让受催眠觉得单调。只有逻辑思维合理，催眠暗示循序渐进，才可能更好地将受催眠者引入理想的催眠状态。

从一定程度上讲，催眠技术过硬与否，就在于会不会把催眠的操作简单化。将操作简单化是催眠专家绝对不会犯的错误。因为，他们清楚，暗示是需要不断地积累才能逐步强化的，即便只是使用副词，也会有一定的效果，但是过多使用副词的人会倾向于使操作变得更简单容易，这对于催眠的成功与治疗效果是非常不利的。另外，将操作简单化这个习惯如果得不到尽早纠正，以后可能就很难改过来了。催眠师只有不断地改正不良的习惯，做到操作标准、语言丰富，催眠水平才能不断得到提高。

有一个有着 5 年经验的催眠师，在他工作的 5 年中，他做过很多的催眠诱导，但是很少能顺利地将受催眠者催眠。在实际的演练过程中，一位催眠专家看了他的操作，发现了他的问题所在：他总是过多地进行那些没有意义的重复，比如说"你的手将越举越高，好，越举越高，越举越高，越举越高，越举越高……"，或者是"你就这样向前走，对，向前走，向前走，向前走……"。这类简单的无意义重复是不可能让受催眠者进入催眠状态的。催眠师只有根据受催眠者的状态灵活调整催眠策略，才能更好地催眠。

有不少催眠师都是一边发出暗示，一边却在想着下一步要做出什么样的暗示，也就是说催眠师的操作不够熟练，技术也不过关。如果是像背诵课文一样，照本宣科地将暗示简单地念出来，这是绝对不行的，因为如果只是简单地背诵暗示，那么暗示的力度必然会减弱，就难以调动受催眠者的情绪。所以，催眠师必须将注意力集中在催眠的进行中上，仔细观察受催眠者的反应，以便随时准备采取适当的暗示进行催眠。

后暗示催眠法

后暗示催眠法就是指在诱导中给出一个特定的暗示，在诱导完成以后，在催眠后阶段的某个特定时间内去完成这个暗示的催眠方法。后暗示催眠法中所应用的这个特定的暗示也就是学术上常说的催眠后暗示。通俗来讲，就是催眠状态中暗示被催眠的人，要他在清醒之后的某个时间或看到某个信号的时候，去做某一件事情。

大家都知道，即使人在意识状态非常清醒的情况下，如果催眠师对其施加暗示仍然可以使其进入催眠状态。催眠师给予受催眠者相应的不同的暗示，这种暗示分别对受催眠者的心理、生理和行为产生影响，而利用这类暗示可以深化受催眠者的催眠状态。这两种暗示一种是在清醒中暗示，一种是催眠中暗示，另外，还有一种暗示称为催眠后暗示。每一种暗示所起到的作用都不一样，具体要根据受催眠者的情况来定。

催眠后暗示是指在催眠过程中，催眠师给予的那些让受催眠者在催眠唤醒后、意识清醒状态下发生影响的暗示。例如，在催眠过程中所用的“好，现在慢慢地告别……暂时告别这片迷人的海滨，当你想要回来的时候，你随时都可以回来……”和“在下一次的催眠中，你将会进入更深的放松状态……”这种暗示就是我们常说的催眠后暗示，前一种催眠后暗示使受催眠者在生活中很快地放松下来，而后一种催眠后暗示则可以使受催眠者在下一次的治疗中可以更快、更容易地进入催眠状态，也会取得更好的催眠治疗效果。还有的催眠师可能会暗示受催眠者醒来以后忘记一些事情，如催眠的过程。

这种催眠后暗示主要是用来消除受催眠者的某种不良习惯，如吸烟、酗酒等；或是以其他方式来改变受催眠者的某些行为，如增强工作中的私人关系或者是提高自信等。从侧面对受催眠者进行积极地鼓舞，间接地暗示受催眠者正确的做法，这些都可以收到很不错的效果。

那么，催眠后暗示是如何起作用的呢，或者说催眠后暗示的原理是怎样的呢？其实，这里面的原理说出来就非常简单了。当受催眠者听到催眠发出的催眠后暗示，就会在潜意识里将这个暗示整合到自己的大脑神经中，在催眠诱导结束之后就会在潜意识里对催眠后暗示做出反应，最终达到催眠治疗的目的。下面的催眠后暗示实例可供大家参考：

“……现在，请大家都坐回到沙发上，放松……放松……继续放松……好，从现在开始，我会轻拍一部分人的肩膀，只有被我拍到肩膀的人才能听见我所说的话，没有被拍到肩膀的人则相反。被我拍到肩膀的人睁开眼睛之后就会做出反应……”

在这里，对于每个人所给予的后催眠暗示都是不一样的。催眠师把手放在某个人的肩膀上：“我叫醒你之后，每次只要我一举起我的左手，你就马上从椅子上站起来，大吼‘你要干什么！’记住了吗？要按我说的来做……”

然后，催眠师再把手放在另一个人的肩膀上，对他说：“当我叫醒你之后，每次只要听见有人大吼‘你要干什么！’你就马上站起来，你就大叫‘老师，我要出去尿尿’，明白了吗？按我说的去做……”

然后催眠师再对下一个人说：“当我叫醒你之后，每次只要你听见有人大叫‘老师，我要出去尿尿’，你就站起来，生气地说‘闭嘴！不要吵……’”

催眠师再对下一个人说：“当我叫醒你之后，每次只要你一听见音乐，你就变成了世界上最年轻最有名的指挥家，所以只要听到音乐——管弦乐响起，不管你是在哪里，不管你正在做什么，你都要马上走到舞台的中间，开始指挥。可是当音乐停止的时候，你会很奇怪为什么会有这样的事情发生，你就会有羞愧感，然后回到自己的座位上，再不出声……”

催眠师再对下一个人说：“当我叫醒你之后，每次只要有人给你香烟，不管烟是否已经点上，你都要像狮子一样发出一声吼叫，表示自己很生气……”

然后，催眠师依次轻拍全体女性受催眠者的肩膀，说：“当我叫醒你们之后，不管什么时候，只要你们听见音乐响起，你们就变成了跳肚皮舞的舞女，你们尽情地、欢快地跳着肚皮舞，不会感受到其他异样眼光，尽情地跳……”

这些都做完之后，催眠师就可以对舞台上全体受催眠者说：“现在开始，没有被我拍肩膀的人也能听见我所说的话了，当你们听见音乐——迪斯科的音乐响起，不管你们是在哪里，在做什么，都要回到舞台上来跳迪斯科，疯狂地跳动，尽情地扭动……”

“好的，现在我数三下，你们的心情就会变得很舒畅，感觉很舒适。我每数一下，你们就会更加轻松愉悦，好，注意，我要开始数了，3……很轻松，很愉悦……2……非常轻松……非常舒适……1……好了，睁开你们的眼睛！现在，你们感觉很舒适，请大家睁开眼睛……”

经过这样操作复杂的暗示，受催眠者就会按照催眠师所说的去做。有一点必须说明的是，受催眠者会按照暗示的字面意思去理解，所以暗示的时候一定要详细、明确，不能马虎。如以变成指挥家的受催眠者为例，有一些催眠师可能只是说：

“当你听到音乐之后，你就变成指挥家了。”即使是这样的暗示也算不上详细、明确，还必须再加上“不管何时”这个暗示，这样每次音乐响起，他才会变成一个指挥家。

之后，在播放管弦乐的时候，那个受催眠者就会变成指挥家，配合音乐做出指挥的动作，而催眠师在合适的时机突然停止音乐，然后受催眠者的“为什么会发生这样的事情”这个暗示就会马上开始起作用，他就开始产生一种混乱的感觉。这时，催眠师可以大声呵斥：“你在做什么？快回到你的位置上去！”这样会更加加强受催眠者的混乱感，也就更加能集中注意力来听催眠师的暗示和引导。等到受催眠者坐回到自己的椅子上之后，催眠师再次播放管弦乐，让受催眠者再次变成指挥家，站在舞台中间去指挥表演。

像这样重复两三次之后，受催眠者不仅会出现混乱感，同时他的思维也会停止，接受暗示的可能性就大大提高了。这也只是诱导他人进入深度催眠状态的一个小技巧。这种技巧能让受催眠者更快地进入催眠中去，从而达到催眠放松的目的。

到此为止，第一个回合的诱导就算结束了，在这中间可以让受催眠者稍事休息。休息之后再接着用摇晃法对受催眠者进行诱导。休息时间可自由控制，一般以10 ~ 15 分钟为佳。

休息后开始播放迪斯科的音乐，那么刚才“当你们听见音乐——迪斯科的音乐响起，不管你们是在哪里，在做什么，都要回到舞台上来跳迪斯科”的暗示就会开始发挥作用，全部受催眠者就会跳着回到舞台上……被拍肩膀被给予后催眠暗示的受催眠者都会对催眠后暗示做出反应——说出催眠师暗示时的话语或者做到催眠师暗示时的动作。

持续，将催眠治疗效果发挥到最好

有一些生理或者心理上的疾病，如果只是进行短暂的催眠治疗，往往并不能收到非常明显的效果，或者效果不能保持长久、稳定，这时就需要长期稳定的催眠治疗，这样才能有效地调整患者身心、攻克疾病、恢复健康。在这种情况下，持续催眠法也就应运而生。所谓的持续催眠，就是指催眠师需要运用特殊的催眠方法，使受催眠者持续处于催眠状态较长一段时间（具体时间通常是要超过一般催眠时间的至少两倍），从而使受催眠者的心理状态发生了变化，催眠师就可以更加行之有效地治疗受催眠者的身心疾病。

如果按照催眠时间来划分的话，持续催眠法有如下几种形态：几小时的持续催眠、夜间的持续催眠、一昼夜的持续催眠以及自由的持续催眠。具体的选择要根据受催眠者的暗示敏感程度来决定。

几小时的持续催眠一般就是指使接受催眠者陷入持续 2 ~ 3 小时的催眠状态的方法，属于短期持续催眠。

夜间的持续催眠则是使受催眠者在夜间进入催眠状态，并且使这种状态一直持续到第二天早晨。需要指出的是，我们现在所说的夜间的持续催眠法与睡眠催眠法并不是一回事，前者是指在夜间的清醒状态时对受催眠者实施催眠，而后者是在受催眠者熟睡的时候实施催眠。这两者之间有着概念上和本质上的区别，催眠师需要深刻了解其中的奥秘，并能灵活运用。

一昼夜的持续催眠就是指从之前的那天晚上开始，催眠师就要使受催眠者进入催眠状态，而且一直持续到第二天晚上的同一时间才让受催眠者清醒过来的长效催眠方法。这种方法极大地考验了催眠师的耐心与意志，需要催眠师耐心对待。

自由的持续催眠可以使受催眠者的催眠状态持续较长时间，也就是说，在比较长的一段时间内，受催眠者一直都处于催眠状态中。在进入这种极为特殊的催眠状态之后，催眠师应当立即对受催眠者发出这样的暗示："当你的身心不再需要催眠时……你就会立刻自然地苏醒过来……当你的身心不再需要催眠时……你就会立刻自然地苏醒过来……"这样一来，苏醒与否就是由受催眠者本身自行判断和负责，而不用催眠师从中叮嘱，按时唤醒。其实，这个方法与自我催眠法在某种程度上有着一定的相似之处，就看催眠师如何把握和灵活运用了。

由于持续催眠法在各种催眠法里都算是比较特殊的一种，所以催眠师在运用时必须尽量避免出现不利因素，否则可能会出现很多不堪设想的后果。

由于持续催眠法进行的时间相对比较漫长，所以催眠师要注意反复暗示受催眠者不要受周围环境中的影响，尤其是不要受到其他人的谈话声和噪声的影响，免得让这些杂音分散受催眠者的注意力或者成为惊醒受催眠者的不利因素。

不论是在何种情况下，采用这种持续催眠法的最基本的条件都是要将受催眠者导入深度催眠状态，浅度、中度的催眠状态是绝对行不通的。而且还要设法使受催眠者在较长时间的催眠状态中不至于会感到无聊、空虚、乏味。这样，在他的无意识中也就不会涌出在不该醒来时自己醒过来的念头。

要使受催眠者在催眠状态中可以睁开眼睛，可以去吃饭，上厕所或者做一些其他日常生活中必要的活动，用以保证受催眠者的日常生活能够顺利地进行，生物节律不至于受到破坏。这就需要催眠师在实施催眠的过程中必须加入这样的暗示："如果有需要的话，你可以自由地去上厕所，也可以津津有味地吃饭。而且，根据你已经习惯的时间和周期，你还可以进入到自然睡眠状态。早晨醒过来的时候，仍然可以进行的一些习惯性的锻炼，但是在这一切活动结束之后，你将重新陷入深度催眠状态。这一点是必须做到的，而且也是你完全可以做到的。你一定能做到的。”受催眠者在得到这一系列的暗示后才能顺利地进行催眠治疗。

由于夜间的催眠会与自然睡眠有一部分重叠，因此，通常来说并不会发生什么问题，但是一到了早晨，便会难以抗拒受催眠者以前养成的生活习惯，而且会在不知不觉之中起来洗脸、刷牙、吃饭等，这种情况很容易引发一些意外。这时，催眠师就要以受催眠者的母亲、妻子（或丈夫）或催眠师的护士以及其他治疗人员等为助手，来诱导受催眠者再进入催眠状态。正是由于这种原因，所以催眠师们一致认为，由晚间吃饭之后开始，一直到第二天早晨苏醒的“夜间持续法”是最为自然、方便、合理，也是风险最小的长效催眠法，因而也是最值得倡导的一种催眠方法。

当受催眠者的意识状态出现起伏或跳跃的时候，当受催眠者从深度催眠中惊醒，或者是催眠状态由深变浅的时候，要立即诱导受催眠者，使之再次进入较深的催眠状态里。至于受催眠者能否与家人、护士及其他治疗人员等发生感应关系的问题，最好是通过催眠师在实施催眠并且受催眠者已经达到较深的状态时，“转移”给第三者的方式来解决。如此一来，就可以保证催眠治疗的顺利进行。

这种持续催眠法虽然相对来说可以获得更好的治疗效果，但是由于方法极为特殊，操作过程中的情况通常也比较复杂，实施时间又较长，再加上各种不可控的因素，所以催眠师应当予以高度的重视，相当谨慎地对待。例如，为使这一切能够顺利地进行，应当尽可能地在环境的问题上给予较好的配合，受催眠者必须住在安静的医院中，必须有适当的人来监护，还必须有经验丰富的催眠师来实施催眠。只有做好充分的准备工作，才能让受催眠者的催眠治疗顺利地进行下去，从而达到最佳的催眠效果。

榜样，让受催眠者更容易进入催眠状态

不论是在学习中还是在工作中，假如可以树立起一个好的榜样，那么你学习、工作的效率往往会更高。其实，从一定意义上来讲，榜样的存在，也会使催眠更加简单容易。榜样，可以让催眠师更好地实施催眠术，也可以让受催眠者更容易进入催眠状态。即使是很难被催眠的人，榜样的力量也能使受催眠者迅速地提高受暗示性，从而快速提高催眠敏感度。

曾有一位催眠师需要给一名已经是花甲之年的退休工人实施催眠治疗。由于这名工人的年龄偏大，所以催眠师判断他可能是那种催眠敏感度比较低的人，于是催眠师首先在这名工人面前催眠了一个曾经被催眠过的人，也就是使用了榜样的力

榜样的奇异力量

催眠本身也是一种学习，而榜样的存在，又会使催眠这种学习更加简单容易。催眠师可以利用榜样的力量更好地实施催眠术，受催眠者也会因为榜样的感染而更容易进入催眠状态。

1. 曾经有这么一个有趣的关于榜样的故事。一位催眠师要给一个老人实施催眠。催眠师知道年龄大的人往往很难被催眠，于是当着老人的面催眠了一个“榜样”。

2. 催眠师顺利地将“榜样”导入催眠状态。最后加入“不能数出6”的暗示，结果他竟然数出了。催眠师非常尴尬，不过依然镇定地进行了下去。

3. 接着，催眠师顺利地催眠了老人。催眠师给他做了忘记自己名字的后催眠暗示，成功了。然后催眠师又做了“不能数出6”的暗示，奇怪的是老人和榜样一样数出了6，这就是榜样的奇异力量。

量。催眠师给“榜样”做了这样的暗示：“非常疲惫”“非常累”“非常沉重”“站不起来了”“眼睛睁不开了”“走不了了”等。其次，催眠师顺利地将这名“榜样”导入催眠状态，最后，催眠师在对这名“榜样”解除催眠暗示的时候，加入了健忘暗示：“睁开眼睛之后，你不能数出6……你将不再认识6这个数字……你的世界里从此不再有6这个数字的存在。”等这名“榜样”睁开眼睛之后，催眠师再继续给他指示：“请你从1数到10。”出人意料的是，受催眠者竟然数出了6这个数字。催眠师刚才的后暗示并没有起到作用！但是，这位有着丰富经验的催眠师并没有着急或者产生任何气馁的情绪，因为他明白即使是这样，刚才成功的催眠还是能够起到相当不错的作用。工人已经大概了解了催眠术，逐渐产生了信任，于是他开始给那名工人做诱导。

结果，工人很容易地就被成功催眠了。催眠师还给他做了后催眠暗示："当你睁开眼睛之后，你就会忘记你的名字。"然后，催眠师询问他的姓名，他的第一反应就是："名字？"催眠师的确非常成功地催眠了他。既然健忘的暗示对他起了作用，那么刚才的"你不能数出6"这个对"榜样"失败的暗示能不能对他起作用呢？催眠师于是又给了工人同样的暗示，结果工人也数出了6这个数字。这实在不得不让人惊叹榜样所产生的力量。

时机，把握住最佳的瞬间

催眠是一门非常讲究时机的技术，这个时机有的时候很容易掌握而有的时候则很难，原因在于有一些受催眠者的时机非常短暂，催眠师必须在那一瞬间抓住。一名优秀的催眠师往往能把握受催眠者最佳的时机，利用瞬间的机会及时进行催眠暗示，使其顺利进入催眠状态。

比起健康的人，对想要接受催眠疗法的人进行诱导反而会变得相对困难很多。因为他们本身就已经处于一种不安的状态，或者认为什么办法也解决不了自己的烦恼，或者一直对催眠治疗犯嘀咕，有疑问，来进行催眠疗法只是无奈之举。所以，催眠师首先要消除受催眠者心中的不安、疑虑等，让他们能从内心深处信任自己，从而顺利诱导其进入催眠状态。

下面是一个心脏神经症的受催眠者案例，要知道心脏神经症患者自心悸发生时就会有一些不安的症状，现在让我们看看催眠师是怎么消除其不安，巧妙地抓住那个短暂的时机，使其顺利进入催眠的。

受催眠者消极地描述着："有一天，我在洗澡。当我洗头发的时候，突然陷入了一阵恐慌。我莫名地开始害怕起来，我的心怦怦直跳，怎么都停不下来。在这之后，我每天都会担心心悸发生，担心得晚上都睡不着觉了，这种不安情绪一直持续到现在……"

"这是什么时候的事情？"催眠师问道。

"大概是半年前吧。"

"发生这种情况后有没有去医院检查呢？"

"去了，但是全面检查后医生说没有异常，我的身体各项功能都正常。"

“哦，是这样啊……”

“以前我得过甲状腺亢进，所以我就担心是不是复发了。不过检查结果证明我的猜想是错误的……”

“那你去神经科看了吗？”

“没有，因为我总觉得神经科有点……”来访者尴尬地笑了。

“那你后来就没再去专业医院做检查吗？”催眠师继续追问到。

“没有，我的家人后来带我去了，大夫给我开了一些药物，让我回去好好休息，什么也别想，但是我不想吃药。”

“为什么不想吃？”

“我觉得如果吃了一次，以后就停不了，是这样吗？”

“不会的。放心吧，好了之后就不会再想吃了，也就不会想起要吃药了。因为当你好的那个时候就是已经完全好了，药自然就会停下来了。而且你的潜意识会告诉你已经完全没有必要再吃药了，所以你根本不用担心这一点。”

这时，催眠师观察到患者的表情稍微放松了一些，这就是恍惚状态出来的瞬间。不过这只是一瞬间，所以还没有到进行诱导的最佳时机，催眠师继续耐心观察。

“难道还是不能消除那个时候的恐怖体验吗？”

“嗯，我总是会想起自己第一次的恐慌感，特别是在紧张的时刻……”

“一次就将潜意识里的东西完全消除掉，让你不再想起，这是不太可能的。即使是催眠，也是不可能的。所以你不要想逃避，要学会去超越。相信我，我会帮助你的，我们一起来面对，才能更好地解决……”

“你觉得我可以超越吗？”

“在你的记忆里，还残留着那次体验，这就是你能够超越的最好证明。你要对自己有信心。如果你没有超越的能力，那么，那次体验就会留在你的潜意识里，而不会上升到你的意识里了，所以还是很有希望的……”

说到这里，患者那种恍惚的状态又出现了。

“其实，我也想好好工作，可是担心心悸……这是我最大的压力。我担心过不了多久，我就会被压垮了……现在这个问题已经影响我的正常生活了，所以，你一定要帮帮我……”

“你平时都是怎么减压的？要知道症状出现的时候并不是你感受到压力的时候，而是感受到的压力释放出来的时候。健康的人都会通过运动或者自己的兴趣来释放压力，你会这样吗？你有自己发泄释放的方式吗？”

“没有，我不擅长运动，平时又没有什么活动，对什么都没有兴趣……”

“其实，这些都是一种释放的渠道，正因为你不通过这些方式来释放自己的压力，所以，在你的无意识里，就会通过症状的方式来释放压力。所以，我们才说没有什么症状的人其实更危险。”

“这么说，症状还是个好东西？我要是不心悸说不定会有别的毛病？”

“是的！”

当谈话进行到这里，患者露出了轻松而释然的笑容，看得出来，他总算是放心了。催眠师此时明白，催眠的最好的时机到了，这就是唯一能够开始催眠的那个瞬间，无论如何一定要把握住。

“来，以你认为最放松最舒适的姿势坐到沙发上，只要你觉得舒适就行……好，闭上你的眼睛……闭上眼睛之后，平缓地呼吸……慢慢地吸气……慢慢地吐气……慢慢地呼气……慢慢地吐气……持续这种平缓的呼吸……好，你的呼吸现在越来越平缓，你也越来越放松……平时，你的呼吸很急促，这表明你的理性在起作用……现在，像这样反复平缓的呼吸之后，理性运动就会静止下来，你就会渐渐地进入放松的状态……就这样，放松……继续放松……接着放松……放松后，你可能会开始担心心悸……可能会有一些不安的感觉，不过，这没有关系。随着你越来越放松，这些不安的感觉就会慢慢地消失……现在，你的心也没有了力气……手没有了力气……脚也完全没有力气了……感觉非常好，非常轻松……感觉全身都没有了力气，自己怎么使劲也没有力气了……完全没有了力气……非常舒适……非常轻松……心里越来越平静……越来越平静……”

就在这个时候，受催眠者原本靠在沙发背上的头一下子就垂了下来。本来，他内心就非常担心心悸症状的发生，所以他的意识是朝向心脏的，而且精神也是集中于心脏的，这也刚好可以让催眠师加以利用，这种诱导法在催眠界里被称为“症状利用法”。催眠师首先暂时地消除受催眠者的不安，然后抓住短暂的间隙，找准合适的时机，有针对性地对患者进行治疗，合理地进行催眠暗示，这样就大大缓解了受催眠者心悸的毛病。

一般情况下，受催眠者一旦进入恍惚状态，催眠师就会给予他类似全身无力的暗示。这种暗示叫作“弛缓暗示”。需要注意的是，这个弛缓暗示必须在受催眠者吐气的时候给出，否则就没有任何意义。不过对于第一次接受催眠的人要区别对待，对第一次接受催眠的人在呼气的时候给予弛缓暗示也是有一点效果的。在一呼一吸的那个瞬间，暗示是最容易被接受的，但是也是非常不好掌握的。当然，对于催眠师来说，这些经验不是一朝一夕就能练出来的，这需要长时间经验的积累、反复的练习、细心的观察才能做到。

第四篇

奇妙的自我催眠术

第一章 揭开自我催眠的神秘面纱

美妙的“高峰体验”与自我催眠

在现实生活中，每个人都经常进行不同形式的自我催眠。例如，清晨出门的时候，迎面看到几只漂亮的喜鹊冲自己欢快地叫着，那么，一整天都会神清气爽，感到一切事情办得都比以往顺利，一切事物看起来都是那么美好。这种自我催眠，或者更确切地说是类自我催眠，虽然看不见也摸不着，却是无处不在，直接影响我们的身心体验。自我催眠的好处很多，不仅可以改善我们的生活品质、提升健康，还可以给我们带来愉悦、美妙的“高峰体验”。

是的，自我催眠确实能够带来非常美妙的“高峰体验”，到底什么是高峰体验呢？具体怎样做才能够体验到呢？

一位自我催眠者曾经描述过他在自我催眠过程中对呼吸的体悟，对我们的讨论有着一定的参考作用。当然，自我暗示语可以根据每个人不同的需要而做调整或改变，不必千篇一律。具体引用如下：

大雨过后肯定就会有艳阳高照，岁月的潮汐伴随我们起起伏伏，就如同秋日里飘落的叶子，等待着来年丰盈的新绿……潮起潮落是大海的呼吸，春夏秋冬是大地的呼吸，云卷云舒是天空的呼吸，圆缺亏盈是月亮的呼吸……我们的情感也是同样的，欢聚和别离是爱的呼吸，理解和信任是朋友的呼吸……这呼吸，如同温暖的阳光笼罩着我们，给我们滋润，教我们放松，使我们快乐，又让我们沉静，指引我们探索，带领我们成长！有太多的呼吸等待着我们去感受，去体验，去发现……呼吸能使我们精力更充沛，心情更舒畅……用心去呼吸，用心去感受，很快就能发现一个充满活力与希望的未来……

“高峰体验”的概念是著名心理学家马斯洛提出来的，它的原意是指自我实现的人在人生历程中曾经体验到的欣喜感、幸福感和完美感，多是在人生领悟、苦尽甘来、至亲至爱相融或宗教悟道等情境下产生的，是人生中非常难得的经验。马斯洛所说的自我实现的人，在人群中的比例甚至还占不到1/10。为此，马斯洛采用了自由联想、心理测验和人物传记等多种方法去探讨“自我实现者”的心理行为模式。马斯洛对这些自我实现的人的人格特质进行研究，发现这些人格里有非常多的相通之处：

自发、自主、自然、单纯、宁静的心态；良好的现实知觉；有自立和独处的能力和需要；对人、对自己、对大自然表现出最大的认可；对生活经验有着永不落伍的欣赏力和分析力；较常人有着更多的高峰体验；不受周围环境和文化等的支配；不受现存文化规范的束缚；关心社会，喜欢深层思考；思考时以问题为中心，而不是以自我为中心；有自知之明，充分了解自己的优点和缺点；知觉宽广，不偏不私，独立思考，判断正确合理；富有创造性，看待问题和做事情不墨守成规、不随波逐流，他们自主独立，其思想和行为遵循自己内心的价值与规范；同时也有着根深蒂固的民主性格；还有着明确的伦理道德标准；富有哲学意味的幽默感；良好而深刻的人际关系，乐于助人，乐善好施，懂得享受生活……

虽然自我实现的人在人群中的比例非常稀少，而且即使是那些赫赫有名的伟人，一般也只有到了60岁左右的时候才能达到这一状态，正如我国的大教育家孔子在描述自己的时候所说“七十而从心所欲，不逾矩”，但是值得我们一般人欣慰的是，许多人在自我催眠的过程中似乎能“提前享受”到那种难得而美妙的高峰体验。身体与心灵是如此自然、和谐与美好，在受催眠者自己的潜意识与广阔的自然、无垠的宇宙、广博的世界全部接通的那一瞬间，受催眠者可以强烈感受到自己就是大自然的一部分，与大自然融为了一体，天人合一。随着自己的呼吸与大自然的一切进行交流与分享，内心自然而然地涌出一股平静、深刻而美妙的喜悦。这种欣喜感、幸福感和完美感犹如人饮水，只有亲自练习自我催眠的人才能够感悟到。自我催眠是一种非常美妙的能力，需要不断练习才能达到越来越好的效果。

实际上，日常生活中许多调节身心的运动都能够带来异常美妙的高峰体验，如太极、瑜伽等。太极、瑜伽等运动的特点是专注于呼吸和动作，相对更为关注身体的感受，以求达到身心与大自然的和谐统一；禅宗的开悟境界与自我催眠的体验也是非常相似的，禅本质上就是一种与自然、呼吸融为一体的内心体验，这种禅的境界实际上也就是深层自我催眠的境界。就像一位禅师所言：“当我终得开悟，我看到眼前的一切以及我自己都是清澈澄明的。”的确，有关人类心灵的学说从来都有相通之处。经过一番痛苦的探索，经过那些纷扰纠缠、经过那担心怀疑、退缩惧怕，我们才会最终体会到身体、心灵、自然相融为一体的澄明境界。著名的催眠大师米尔顿·艾瑞克森曾说，所有的催眠都是来访者本人的自我催眠，催眠师只是一个帮手而已。所以自我催眠注重的是与自己的潜意识进行沟通。

自我催眠的练习过程与禅宗的开悟有着惊人的相似，两者都必须经过不断地练习与感悟，才能享受到澄澈透明的喜悦与完美，也就是催眠术里所说的高峰体验。正如一位自我催眠者的描述："我可以既放松又集中，既舒适自然又专注认真，既随心所欲又有章可循，真是奇怪了，那样矛盾而又和谐美妙的感受轻轻地抚慰着我的心灵，是那样喜悦的平静，幸福的安宁，绝对完美的体验，在自我催眠中我似乎忘却了自我，忘却了存在，忘却了时间和空间的转换，世界与我消融在一起，没有边界，四周只有一片纯净的虚空，深邃而神秘……"

在现代社会，紧张忙碌的生活让我们像停不下的陀螺，拼命想获得上司的认可、父母的欣喜、亲人的赞赏、恋人的幸福和朋友的钦佩。我们实在太想获得这些外在的东西，一旦我们可以停下来，仔细地思考"我想要的到底是什么，什么才是我生命中最重要的东西，什么是我需要舍去的东西"的时候，常常会感到无所适从，好像内心里有许多声音在激烈地争吵，在疯狂地战斗，却找不出一个宁静轻松的港湾可以让自己停下来稍做休息，没有一个真正纯净快乐的芳草园可以让我们憩息感悟。高峰体验不能通过个人的意愿发生，但却有可能通过安排自己周围的环境提高它发生的可能性，所以高压下的人们需要学会适当地调节自己，为自己创造一分安静而轻松的独处环境。

当你坐在路边的长椅上时，你可以观察那些追逐嬉戏的孩子，他们跳着、蹦着、喊着、笑着，他们的神情是多么快乐、多么纯净；当你在公园里漫步，看看那些开心的中老年人，他们踢毽子、跳绳、打太极、唱歌、拉二胡，他们专注认真，又轻松自在；当夕阳渐渐收敛起金色的余晖，晚霞如同一片赤红的落叶，坠向了遥远的天际，你独自在美丽的海边散步，白天的喧闹、嘈杂、熙攘、骚动渐渐隐退，那沁人的安谧，正在填充你的内心，你充分享受着这美景如画的淡泊与宁静……

当你看到这些，你难道不觉得自己的不快乐实在是有点太可怜了吗？那自己的不快乐是为什么呢？何必这样不快乐呢？内在的快乐，我们的心灵空间到底可能会有多么宽广？你有没有试过静静地聆听过你那疲惫不堪的内心？有没有审视过你曾经的那些所谓痛苦的挣扎？你是否体会到了一直在啃噬你的心灵的那份不满足？你的梦想呢？你的生活呢？你的一切呢？曾经的骄傲去哪了？为什么现在会时常感到空虚？逃避压力是解决问题的最好办法吗？你还要以闭关自守的姿态来面对生活吗？

你当然可以选择快乐的生活，你当然可以选择实现你的梦想，你当然可以在人生中不断地感受那美妙的高峰体验！为什么不呢？其实你可以尝试让自己完全沉浸在自己世界里的"催眠状态"，在那样的你自己给自己创造的状态里，你会看到那只属于自己的方向，你会感受到更加宽广而强烈的力量，更为平静、更为喜悦、更

马斯洛的需要层次理论

马斯洛将人的需要分为五个层次，低层需要满足后，高层需要会取代它成为推动行为的主要原因。高层需要比低层需要具有更大价值。

5. 自我实现

5. 自我实现。最高等级的需要。满足它就要求完成与自己能力相称的工作，充分发挥潜在能力，成为所期望的人物。这是一种创造的需要。

4. 尊重需求

4. 尊重需求。包括自我尊重、自我评价及尊重别人。尊重需要很少能够得到完全的满足，但基本满足就可产生推动力。

3. 社会需求

3. 社会需求。指对亲情、友情、爱情、信任、温暖的需要，与个人性格、经历、民族、生活习惯等都有关，这种需要难以度量。

2. 安全需求

2. 安全需求。生理需要满足后就希望有能力保障这种满足，每个人都有获得安全感和自由的欲望。

1. 生理需求

1. 生理需求。这是最基本需要，如吃饭穿衣、住宅医疗等。不满足则有生命危险，是最底层的需要。

为奇妙、更为完美。它们本来就在那里，静静地待在那里，只是它们很久不曾被你打开过罢了。其实你的内心仍充满着充沛的活力和美妙无比的欣喜，灵感激荡，思想饱满而充实，你只需要去开启它，用心去感受，去体验……

自我催眠的练习完全不同于任何一项运动，从你想要开始进行的第一秒，你就踏上了平静喜悦而又妙趣横生的心灵探索之路，你所经历的快乐、痛苦、纷扰、美妙、纯净、繁杂统统很难用言语去描述，你最终所得到的那种澄明完美的体验也只有你独一无二的心灵才能够深深知晓。现在，自我催眠将邀请你去打开你自己内心的宝库！你的内在世界是如此丰富多彩，远远超乎你的想象，走近它，你似乎听见了心灵的笑声，品尝到生命融入那种永恒与无限的感觉。勇敢去尝试，你的内心会荡漾出坚毅、活力和创造力，你会找回曾经的自信，体验那完美绝妙的高峰体验！

什么是自我催眠术

许多催眠专家认为，任何催眠在本质上都是自我催眠，每一个人并不一定需要别人的诱导才能进入催眠状态。催眠的基本要素——使自己进入恍惚状态并施加暗示，每个人都可以学习并直接应用。你可以简单安全地把自己潜意识的潜能释放出来，自己去寻找催眠所蕴含的巨大力量。

自我催眠与他人催眠的区别在哪里？其实，从很多方面来看，它们之间没有什么区别。很多催眠专家认为，各种催眠在实质上都是属于自我催眠，这是因为，虽然是其他人诱导你进入催眠状态，但是，终归是自己的而不是催眠师的意识在起变化。即使自我催眠与他人催眠在进入催眠状态的途径方面略微不同，但是在催眠的各个要素中，却都包括了自我诱导的内容。

自我催眠与他人催眠之间存在的差别在于：首先，在自我催眠中，没有其他人在你进入催眠状态之后对你的潜意识施加暗示，而在他人催眠中，显然这是由催眠师为了满足受催眠者的特定需要（治疗疾病，开发潜能等）而按照提前制订好的计划或方案而进行的。为了在自我催眠中能够有效地进行暗示，我们必须采取不同的技巧。其次，在自我催眠中没有其他人来诱导自己进入催眠状态，必须靠自己来完成。这也是自我催眠首先要克服的一个困难。而且，如果你以前从来没有体验过催眠状态，那么即使是他人催眠，催眠诱导的难度也将会更大。

自我催眠与他人催眠之间存在的这两个差异也是自我催眠的弊端，但是它们都可以被克服、被战胜。不论何种催眠，要想取得应有的效果，受催眠者都要相信催眠的益处，并且乐意赞同催眠的一切有利因素。但是，并不是所有人都能做到这一点。

当然，对于自我催眠的人来说，他们对催眠的怀疑肯定会比较少，而且动机要相对纯正得多。毕竟，对于催眠的效果持怀疑态度的人，或者不愿意被催眠的人，是不会进行自我催眠的。

为什么有人选择进行自我催眠呢？回答这个问题要从几个实际的因素来考虑。首先，为了巩固初始催眠治疗的效果，催眠师也常常教给受催眠者如何进行自我催眠的方法。这是因为，催眠不是灵丹妙药，如果有益的暗示不定期进行巩固的话，治疗的效果就会逐渐淡化。因此，学会自我催眠是保证初始催眠治疗持续有效的好办法。其次，这也和资金的支出有关。催眠治疗的费用有多有少，但是去催眠诊所或者去看催眠医师要开销的费用也不少。如果在接受催眠师治疗之外，能够用自我催眠进行补充或者替代，就可以省去一些费用。此外，从地理位置及便利方面来考虑，如果是在偏远的地区，也许在住所附近找不到合格的催眠医师。与其选择长途跋涉去求诊，还不如选择自我催眠呢。

其实，学习自我催眠的另外一个非常重要的原因是，患者不能够或者不希望随时随地得到催眠师的帮助。比如说，你接受催眠医师的帮助，能够控制焦虑，但是你不能指望每次在你被一些不相干的人骚扰或自己的汽车半路抛锚的时候，催眠师都及时地给予帮助，你也根本不想催眠师在老板怒斥你的时候过来帮助你。如果知道如何进行自我催眠，这时就可以自己单独控制局面了。

总之，自我催眠属于催眠学的一个自然的分支。催眠能够帮助你最大限度地发挥自己的潜力，帮你规避、治疗一些身心疾病。如果你能熟练地掌握自我催眠的技巧，那么，你的生活一定可以更加愉快了。

科学研究表明，自我催眠的效果并不比他人催眠逊色。只要催眠暗示的内容与方法得当，没有任何理论能够证明自我诱导的催眠不如他人催眠有效。事实上在某些领域，它能获得比催眠师治疗还要好的效果。当然，刚开始接触自我催眠的人需要一定的时间才能弄清楚自己需要采取哪种方式，为什么采取那种方式以及怎样才能达到最好的效果。

如果想要自我催眠取得成功，产生好的效果，首先，一定要有强烈的愿望。不要以为随意躺在床上，打开 CD 机，催眠就能发挥神奇的作用，这就好比守株待兔，根本就是在做无用功。自我催眠的正确方式与实施技巧也不太可能马上就能学会，在这方面也是熟能生巧。拥有想让催眠发挥效力的愿望或者至少相信它能够起作用，是最基本的，我们对它的作用信任度越高，愿望越强烈，自我催眠的进展也就越快。另外，还要最大限度地放弃批判，接受催眠技巧。最理想的状态就是，你乐意停止思维，抛开任何的顾虑，完全相信催眠将发挥巨大的作用。这种心理状态可以有效地帮助你打开自己的潜意识，使你易于接受暗示，是自我催眠成功的关键。

其实，自我催眠的方法并不神秘，每个人都可以尝试。同时，自我催眠和生活中其他的美好事物一样，也需要一定的努力、练习和实践。通过实践你会逐渐习惯进入催眠状态的感觉，而且你越能够适应这种感觉，就越容易成功地诱导自己进入催眠，让催眠发挥其应有的作用。

自我催眠和他人催眠一样，只要实施得当，没有什么危险性。但是有一些事项一定要注意。在进行机械操作、驾驶或者做任何其他需要精神集中的事情时，不能播放催眠用的磁带、CD等。此外，曾有过心理疾病的人，如果没有征得适当的医疗建议（催眠医师、催眠师的建议），最好不要擅自进行自我催眠。此外，在你不知道疼痛的原因时，如果没有征得医疗人员的同意，最好不要利用自我催眠的方式来减轻疼痛。比如，如果你手腕骨折了，而你采用自我催眠的方法减轻了疼痛并且继续使用受伤的胳膊，可能会造成无法挽回的损害。

由于处于催眠状态时，对自己的潜意识施加暗示是一件不太容易的事，因此进行自我催眠时，使用磁带或CD会对催眠的成功有很大的帮助。所用的磁带或CD可以是自己录制的，也可以由催眠医师录制或者让朋友按照自己所编写的内容来录制。

自我催眠的应用

自我催眠这项活动目前在世界许多国家已经被广泛应用。它是通过积极的暗示，进行自我控制身心状态和行为的一种有效的心理疗法。人类的大脑和神经系统进化到今天，已经完全具备利用自我意识和意象审视自己内心的能力了，人们完全可以通过自己的思维资源，在大脑中进行自我认知、自我肯定、自我教育、自我强化、自我治疗、自我激励与自我提升，这些行为实际上都属于自我催眠的应用。许多成功学大师所传授的成功窍门与我们要讲的自我催眠就有着微妙的、脱不开的联系。可以说，全世界的成功人士都曾经有意或无意地使用着这项心理技术，用来帮助自己控制情绪、集中注意力、迅速消除疲劳、调节肌肉紧张等。

自我催眠主要可以应用在以下几个方面：

减除心理应变性激动，改善睡眠，提高人体的免疫功能和社会应用能力，有效防治各种身心疾病；

增强大脑记忆力、精神注意力，有效存储记忆，提高学习效率；

矫正各种不良习惯，美容、减肥、戒烟、戒酒；

控制神经疼痛，自然分娩，手术应用；

在一定程度上激发人的潜能，提高体育训练和比赛成绩等；

自我催眠的主要应用

自我催眠是一种通过积极暗示、对身心状态和行为进行自我控制的有效的心理疗法，目前在很多国家得到了广泛应用。人们通过自己的思维资源进行自我的认知、肯定、强化、治疗、激励与提升，这些实际上都属于自我催眠的应用。

1. 改善睡眠，提高免疫力，防治各种身心疾病。

2. 矫正各种不良习惯，美容、减肥、戒烟、戒酒、戒毒。

自我催眠的主要应用

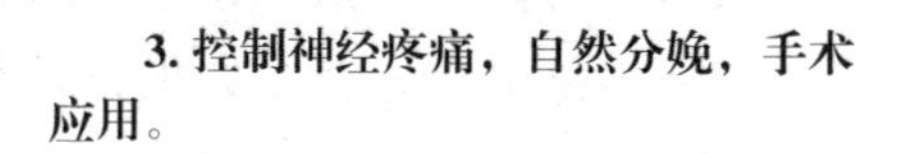

3. 控制神经疼痛，自然分娩，手术应用。

4. 激发潜能，提高体育训练和比赛成绩，达成新的目标。

达成新的人生目标，并充满活力和动力，积极地督促自己努力奋斗。

在历史上，人们很早就已经开始应用自我催眠暗示了。祈祷、印度的瑜伽术及我国的气功等，都是以不同的方式实施自我催眠暗示，其目的都是为了保护人的身心健康。

在前面讲述催眠暗示的时候，我们就提到过，暗示在人类的社会生活和日常生活中都具有非常巨大的作用。当人在清醒状态下，暗示虽然也有作用，但是只有在催眠状态下的暗示，暗示的内容才更容易进入人的潜意识领域，且具有更强大而且更持久的影响力。在催眠状态下的暗示，不仅能够改变人身体的感觉、意识和行为，甚至还可以通过调节人体自主神经来影响内脏器官的功能！除此之外，催眠暗示还能帮助人控制不合理的膳食，激励人坚持身体锻炼。

脑科学研究已经明确地证明，大脑的前额叶不仅仅是与意识和思维等心理活动密切相关，而且与调节内脏器官活动的下丘脑之间也存在着异常紧密的联系。而这正是人类能够主动利用意识和意象，来调节和控制内脏生理功能的首要物质基础。只有打好了这一基础，才能让人的生理功能到达平衡的状态。

人类的潜意识对调节和控制人体的呼吸、消化、血液循环、物质代谢、免疫反应以及各种反射和反映均起着不可替代的巨大作用。许多研究都已经明确地证明，在催眠状态下，如果被暗示身体处于不同的状态，人体的代谢率也就会随之出现相应的变化。

研究同时还发现，人在喜悦、快乐、大笑、听悦耳的音乐、回忆幸福的体验时，大脑内会有大量的脑啡肽和内啡肽的分泌。相反，当人的身体有疼痛或者痛苦等消极情感时，就会在体内有大量的 P 物质及去甲肾上腺素的释放。而内啡肽类物质具有抑制体内产生 P 物质和去甲肾上腺素的作用。有了这个理论基础，我们可以得出这样一个结论：在催眠状态下，如果自己能够不断地强化积极性的情感、良好的感觉以及正确的观念，使这些正面的情感、观念等在意识和潜意识中贮存，从而在大脑中占据优势，那么就可以通过多种心理或生理作用机制对人们的身体状态、心理状态及行为进行自我调节和控制。因而，当处于应激和焦虑状态的时候，体内分泌的大量去甲肾上腺素引起的心悸、心慌、心跳加速、呼吸增强、头晕、冒汗、胃部不适、下肢发软、皮肤发凉以及精神恐惧不安等症状，都可以通过一定时间的自我催眠暗示来进行缓和。

总之，自我催眠对于保护身心健康、改善生活来说是非常有利、非常有价值的。而且因为是自我操作，比起去看催眠医生、催眠师或者心理医生，自我催眠实践的机会要大得多，这也是它最大的优势。不过，催眠不是灵丹妙药，如果只是在很短的一段催眠过程之后，就希望能够彻底改变积累了 10 年、20 年，甚至更长时间的习惯，这种愿望肯定是不切实际的。只有反复的、长期的催眠治疗才能够产生实质性、稳固的变化。

自我催眠的应用是非常灵活的，可以是多种多样的，治疗疾病、开发潜能、完善自身等。在使用自我催眠的时候，也可以做不同的尝试，但是必须要坚持下面的这条基本原则：如果出现需要专业医生治疗的疾病症状，必须立刻寻医就诊，而不能考虑用催眠来解决。

哪些人最需要使用自我催眠术

哪些人最需要使用自我催眠术呢？

患有强迫症、焦虑症、恐惧症、抑郁症等心理障碍患者；

工作压力较大，很难有时间放松的人。如推销员、业务员、公司职员等；

从事竞争比较激烈的行业，整天神经紧绷的人员。如娱乐名人、运动员、企业管理人士、金融界人士等；

需要增强记忆力、害怕进考场、恐惧面试的人。如想提高学习成绩的学生、参加各类考试而怯场的考生、继续深造学习的成人；

患有各种慢性疾病者，如头疼、糖尿病、身体发热等；

有成瘾症者，如吸烟、酗酒、吸毒等；

需要靠增强自信心来减轻体重、美容及抗衰老者。如年轻少女、中年妇女等；

需要增强自身免疫力，增强抵抗力，减少疾病发生者。如体弱多病或者身体亚健康者；

有不良习惯者，如咬手指、摇头不止、多动症等；

需要改善睡眠质量者；

有晕车（船）情况者。

……

哪些人不能使用自我催眠术

虽然自我催眠术在治疗身心疾病、开发潜能、改善生活方面有着不可思议的作用与功效，但是自我催眠术和这个世界上的任何疗法一样，不可能是包治百病的，而且有一些人是绝对不能使用自我催眠术的。我们一定要意识到这点，尽量避免这类人进行自我催眠，以免出现不良的反应。

精神分裂症或其他重型精神病患者是不可以使用催眠术。这类病人大脑内部已经严重病变，在自我催眠状态下会导致病情恶化或者诱发幻觉妄想，从而导致无法顺利地进行自我催眠。

大脑器质性损害的精神疾病并伴有意识障碍的病人也不能使用自我催眠术，因为自己很难能全身心放松下来，理智的接受催眠暗示，自我催眠还可能会使得症状加重，甚至危害自己和他人的生命安全。

患有严重的心脑血管疾病，例如，不建议冠心病、脑动脉硬化、心力衰竭患者使用自我催眠术，以免过度激动诱发疾病。

最后，还有一些对催眠有着严重的恐惧心理，经过耐心细致的解释后仍然持强烈怀疑态度者，也是不适宜进行自我催眠的。即使勉强进行，也不会取得良好的效果，反而有可能适得其反，得不偿失。绝对不能强迫其他人进行自我催眠。如果一些轻度病患者坚持要尝试自我催眠的话，那么在第一次进行自我催眠前，应多了解一些自我催眠的相关知识，或在专人指导下进行，以免催眠不当。

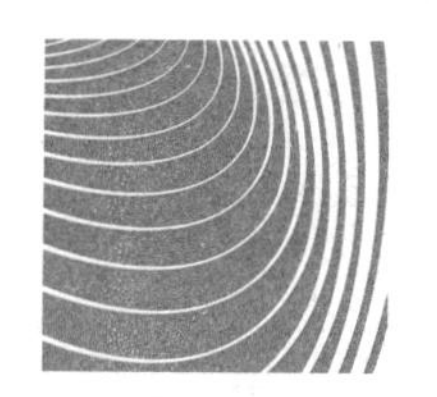

第二章 自我催眠的步骤

选定目标是关键

如果决定要进行自我催眠，首先是要明确你的目的。不管做什么，目标明确都是有益无害的。即使你的目标只有你自己能够明白，而其他人根本就无法理解你，你也完全不需要担忧，不要悲观，不要放弃。

潜意识状态就是在我们察觉得到的思想（显意识）表面之下，埋藏着更大量的运作活动，是平日不留意也无法认识的，但是一到关键时刻或者在完全放松的状态下，潜意识就会自然的迸发出来了。

那么，你知道你目前最主要的目标是什么吗？不知道？不清楚？不要悲观，不要放弃，下面我们将介绍一种方法，让你一步一步找出当前你最需要实现的目标。如果你的目标有两个或者两个以上，那么你就需要将它们逐个进行比较，然后心平气和地问自己："假如我只能选一个，而另一个必须抛弃，那么，哪一个才是我最需要的？"在进行这种自我反省时，最好是在很放松的状态下，也就是在轻微的半睡半醒状态下选择目标，这样得出来的答案也会比较准确。选定目标的具体方法可以参考如下：

列出目标

我们日常生活中养成了种种行为习惯，都可以交给潜意识去处理，这其中也包括梦想的选择和目标的实现。你可以把自己头脑里产生的所有目标都用一张纸列出来，并随意地用数字进行排列，如 1、2、3、4……一般先排列 10 个左右。如果一时想不出来也不用着急，可以随想随记，比如你可以这样写：

买一辆新车；

让自己的工作压力减小一些；

通过英语六级考试；

改善睡眠质量；

完成这个月的工作任务，制订计划；

找到一份轻松的工作；

交下个季度的房租；

买一部新的相机，并设法将旧的卖掉；

到郊外写生、摄影；

到云南去旅游。

……

进行自我催眠

首先你要选择一个自己觉得最为舒适的姿势坐下，手里还要准备好这3件东西：目标列表、一张图表、一支笔。这样就可以进行自我催眠诱导了。但是要注意，此时还不能立刻完全进入催眠状态，当你感到非常放松或者有沉醉感觉的时候就应该睁开眼睛。随着生活节奏的加快和竞争的加剧，人们感到十分紧张，总是放松不下来，怎么办？有的催眠专家认为，一般人只要能够专心听一段轻音乐，就可以很轻松地进入这种状态。

进行比较

将列出的所有目标都填入到图表中（参考下表）。左侧垂直的数字（1，2，3，4……）是你列出的目标，而顶端横着的数字是你将要进行比较的目标数字，比如垂直的目标“1”和横排的目标“2”进行比较，然后再把垂直目标“1”和横排目标“3”作为比较，以此类推。

得分	目标	2	3	4	5	6	7	8	9	10	11	12	13	14
	1													
	2	×												
	3	×	×											
	4	×	×	×										
	5	×	×	×	×									
	6	×	×	×	×	×								
	7	×	×	×	×	×	×							
	8	×	×	×	×	×	×	×						
	9	×	×	×	×	×	×	×	×					
	10	×	×	×	×	×	×	×	×	×				

（续表）

得分	目标	2	3	4	5	6	7	8	9	10	11	12	13	14
	11	×	×	×	×	×	×	×	×	×	×			
	12	×	×	×	×	×	×	×	×	×	×	×		
	13	×	×	×	×	×	×	×	×	×	×	×	×	

做出选择

一切就绪，然后就是需要你自己做出选择的时间了。现在，你需要把每一目标与其他目标一一进行对比，在每次两个目标的比较中选出一个你认为相对来说较为重要的，需要优先达到的目标。每个人选择的标准可能各有不同，通常来说有两种标准：一种是按照自我感觉为准（哪一个我感到是最重要的），另一种是按照生活中的实际情况为准（哪一个目标我应该先达到）。前者相对比较感性，后者相对比较理性。但是在催眠中并没有高下之分，而是要具体情况具体分析，然后，你将比较的结果（目标数字）填入空白中。比如，比较目标“1”和“2”时，如果你觉得目标“2”需要优先达到，你就在垂直数字 1 与横排数字 2 相交的空格中写上“2”。继续把目标“1”和目标“3”作为比较，如果目标“1”需要更为迫切，那么你就在垂直数字“1”与横排数字“3”的空格中写上“1”。下面我们将范例的目标进行了一些虚拟的比较，并填入了结果（参考下表）。

得分	目标	2	3	4	5	6	7	8	9	10	11	12	13	14
	3	1	2	1	4	1	1	7	7	9				
	6	2	×	2	4	2	2	2	2	2				
	4	3	×	×	4	3	3	3	3	9				
	5	4	×	×	×	4	4	4	4	4				
	2	5	×	×	×	×	5	7	5	9				
	1	6	×	×	×	×	×	7	8	6				
	1	7	×	×	×	×	×	×	7	8				
	0	8	×	×	×	×	×	×	×	9				
	9	×	×	×	×	×	×	×	×					
	10	×	×	×	×	×	×	×	×	×				
	11	×	×	×	×	×	×	×	×	×	×			
	12	×	×	×	×	×	×	×	×	×	×	×		
	13	×	×	×	×	×	×	×	×	×	×	×	×	

打分

比较目标和填完图表后，你就可以开始完全地清醒过来，然后再给表中的结果打分。请看上面的图表，在目标“1”这一横排中，1共出现了3次，那就在“1”前面的格子中写上3；目标“2”这一排中，2共出现了6次，就在目标“2”前面的格子中写上6，如此一一写下去，最后再做详细统计。

评估结果

从打分的表中就可以看出来，打分栏中得分最高说明相应的目标出现的频率最高，频率最高说明最重要，就是我们所寻找的最需要优先达到的目标。因此，这个目标应该考虑重新定位为自己的第“1”目标，再看看出现频率第二高的目标是什么，可以找出来重新定位为自己的第“2”目标，以此类推。如果有两个或者两个以上的目标出现的频率相同，那么你需要再次将它们进行比较，重新选出哪个相对优先，例如，从表中找出目标“6”与“7”的得分都是1，那么，就可以再次比较这两个目标，直到选出略胜一筹的那一个为止。

重新写出列表

整个过程的最后，你需要另外再拿出一张白纸，依据你刚才打分的结果，将你的目标进行次序排列，重新写一份目标列表。这样，你的目标就非常清晰地呈现在你的面前了。你也就能合理地按照计划来实施，最终达到自己追求的目标。

编写自我催眠的暗示台词

明确你的目标之后，就可以开始撰写你自己的暗示台词了。暗示台词写得好对于我们摆脱各种心理障碍及生理疾病是非常有用的。这一步要认真遵循一定的指导方针，请参见下面：

保持直接暗示简洁、扼要、有效

1. 简洁、扼要

当你被自己催眠时，清楚、迅速地理解被暗示的内容对你来说是相当必要的。台词的简洁、扼要指目的很单纯，不复杂繁多，也是指语言文字本身的简洁。尽可能地突出重点，直接暗示不应该被包含在冗长的独白中。很多病人对直接暗示更能有效地反应，想象力不是很好的人也可以对直接暗示进行吸收并做出反应，然后所做的规划就能够发生。

2. 重复暗示

重复也是非常重要的，甚至可以说是催眠过程中最重要也最常用的手段，因为它能帮助你循序渐进地增强暗示、延续保留暗示的时间。当你反复接受同一信息，暗示就会变成本能的行为。你会自动、自愿、轻而易举地实施。不管你要暗示什么，你都要最少重复3遍。特别是对于那些受各种精神神经症折磨、困扰的人，尤为有效。

比如你可以完全地重复："你已经停止吸烟，停止吸烟，你已经停止吸烟。停止吸烟，你将永远不再抽烟，永远不再抽烟。"

重复也可以解释一些关键性的暗示："你已经停止吸烟。你不再想吸烟，你不是一个吸烟的人，你是不吸烟的人，你怎么可能会吸烟呢？"每个人都可根据自己的情况，设计符合自己特点的、行之有效的暗示台词。

你可以用同义词或相似的词语去加强相同的暗示。你的目的是用不同的方式陈述肯定的暗示，以达到一定的说服力，让它变得更为熟悉，并且最终会以某种方式改变你的行为。如果你强行给它规定复杂的过程、方法，结果只会适得其反。

3. 让暗示可信、令人渴望

如果认为自己还不具备改变暗示目标的能力，即使你并不想放弃，但你的潜意识里可能会抵制它。进一步说，如果你的真实想法其实不想通过律师考试，不想减轻体重或不想成为有影响的公众演讲者，那你对自己发出了暗示也只能是表面上的，不能进入到你的潜意识当中。

为暗示制定一个期限

你不必为自己制定严格的行为改变时间表，但你需要指出期望发生某些改变的具体时间。如果你想指定一个立即发生的行为，就用"现在""不久"或"马上"等有效的词，让自己的潜意识来掌控时间。

如果你的目的是只是放松肩膀，并希望在几分钟或几秒钟内发生，你可以对自己做出这样的暗示："现在放松你的肩膀，就让肩膀放松。感觉肩膀放松了，现在放松你的胳膊，让胳膊放松。好，继续放松，很快地你感觉到自己的肩膀越来越放

编写暗示语的方法

在自我催眠中，催眠诱导、深化、唤醒全部是自己进行的，我们完全可以为自己量身定制一套属于自己的暗示语。编写暗示语要注意以下几点。

不可信目标：明天我要长高10厘米。

不渴望目标：喜欢听无聊的课。

可信且渴望目标：我想用一个月减轻3公斤。

2. 可信渴望

编写暗示语的要求

1. 简洁重复

3. 最后期限

松，越来越放松。”

短暂的时间期限也可以这样暗示：“不久，你就能回忆起梦中让你害怕的情景，然后彻底清醒过来。”“马上，你要举起你的手指表明你的手发麻，没有知觉，没有反应。”

如果你的目标是要经过长时间努力才会见效，你暗示的时候就需要这样说：“到上课的时间”或“当我下周开车过桥的时候”。当把催眠用于自然分娩时，指定特定的时间就更为必要。你可以这样说：“当你继续放松，想象婴儿的诞生，想象世界上又多了一个小生命……”

在进行，如学习、运动员想象预赛或从事创造性的活动时，指定一个期限是特别重要的。否则，一个运动后大脑反应强烈的人很可能会持续精神旺盛直到筋疲力尽，浪费了不必要的时间和精力。你可以这样说：“每天早上你写剧本，充满灵感、十分轻松。中午你停下来，想一想你所写的内容。回顾所做的工作，这样会你会很有成就感。”对于选择在下午或是晚上继续工作的暗示，要指定好一个停止时间，让暗示完全有效、实际，并且防止筋疲力尽。只有这样才能有更好的状态继续工作下去。

确保暗示表达确切

如果你暗示一位田径选手，在接下来要进行的比赛中他将会“像鹿一样奔跑”，这位选手可能穿上运动裤就想奔跑。如果你暗示“尽可能地快速奔跑”，那么选手可能会感到迷茫或无所适从。

确切的暗示不应该明显地激发那些不合需要的过激反应。下面我们通过实例来说明不确切的暗示将给人带来什么样的尴尬与麻烦。曾经有一位催眠师对一位妇女进行如下暗示：“今晚，你离开办公室，关上灯，轻松、平静地回家。当到家时，你继续感到轻松、平静，直到你睡着进入梦乡为止。”

那天晚上，这位妇女离开办公室。然后，她要找个方式去关灯，因为催眠师给她的暗示顺序就是这样的。她走到外面，找到一个控制整座大厦灯光的保险丝盒，然后就把所有的灯都关上了。

确切表达暗示也有例外。如果暗示对个人有害或有悖于病人的道德模式，受催眠者就不会遵循暗示。比如说，你不能暗示一个人去抢银行并希望他听从这个暗示，除非那个人想抢银行，只等着得到允许去这样做。不然，一般情况下受催眠者会极力抵制这种行为，直到清醒为止。

一次暗示限定在一个问题上

如果催眠师想一次完成太多改变或突然重新安排生活的几个方面，只会降低其中每一个暗示的效果，也会分散受催眠者的注意力。

也就是说你不能同时戒烟和减轻体重，也不能在两三个月内同时消除失眠和恐慌症。实际上，同时完成两个目标并不是不可能的，但是那将让自己不堪重负。所以一定要分清事情的轻重缓急，按照需求来合理安排和分配。

主要目标应分解为一系列暗示增强的步骤

催眠暗示如果可以直接指向要达到的行为或目标，这个暗示才能算是有效的。分析你的主要问题和最终目标，比起对问题进行次要的改变要重要得多。因此中心的环节是编定、选择对自己最有效的“自我暗示语”。

如果能从一个暗示中获得了一点点成功，那任何人都要继续激发自己潜能，增加原来的成功。你可以把暗示看成是箭靶上的圆环。从外环开始，击中；这是个小小的成功。然后，你继续进行下一个更小的环，以此类推，直到你击中靶心。靶心代表你要改变、消除的行为或问题的最核心内容。比如，你想要改变在高速公路上所有有害的、不合理的行为，当你看到有人插到你前面时，你可以假装视而不见，并尽量不要大吼大叫，然后你就会逐渐进步，直到你让别人插到你前面，并对此保持微笑，你也会认识到在高速公路上表现得大方一点并不会影响你往返的时间。

请记住，成功是一种连锁反应，成功会引发继续的成功。所以，在开始时，保持暗示适度，依次加强，结果不仅是有益的而且还会更加持久。如此一来，受催眠者的情况也会越来越好。

使用肯定的词语

在进行暗示时，尽量使用简短和直接的陈述是非常必要的。避免使用诸如“不、尝试、不能、不要”等词语。一般人的潜意识反应都是按照肯定的主张进行的，例如，“我能、我是、我会”。你必须很好地推敲字词，它们对潜意识有不同效果的暗示作用。

要想进行肯定暗示的叙述，可以进行如下练习。你可以将你在生活中想要改变的行为简单、单一地陈述出来，可谈及需要减少或消除的任何习惯。现在试着读一下你的陈述，找找否定词语，如果你没有使用此类的消极词语，你已经是积极思考的了，应该能容易预见你的目标。如果你用到了消极词汇，就要重写。这一次，要把暗示写得就好像它们已经达成了一样，如此一来，催眠效果也就能相应更好。例如：

“我不想紧张。我更加放松。”“我要试着减轻体重。我正在减轻体重。”“我不想再吸烟。我是不吸烟的人。”

消极词语是不确定、不一致、让人讨厌的词汇，不利于自己，能引起不愉快的想象或使暗示的意图变得混沌。比如说，在放松诱导中，这个暗示是不合适的：“现在从脖子跳到肩膀，放松你的肩膀……”使用“跳”这个词恰恰与你的目标是相反的。

避免引起思考的放松暗示

在诱导的开始阶段，放松具有非常重要的意义，要保持暗示的普通以避免引起思考。典型的安全暗示是：“放松，漂移到一个相对放松的舒适状态，感觉到你的整个身体放松……”而下面这个过于详细的暗示就是非常不合适的，因为它引起思考：“放松，想象你自己像个孩子一样在湖面的某一个橡皮艇上坐着，船在慢慢漂移。记住你漂浮在湖面的感觉。记住你觉得有多放松，微风迎面吹来，你感觉非常舒适……”

假如你有过在小艇或小船上漂移的经历，假如你不会游泳，或者你害怕像孩子一样独处，这个暗示就会引起你很大的不适。你会异常焦虑甚至感到害怕，而不是放松。所以催眠之前，写催眠暗语一定要考虑周全。

3 种方法迅速增强暗示效果

一个人能否进入催眠状态，取决于其受暗示性的高低。人的受暗示性高低存在很大的差异，那么，如何迅速增强暗示效果呢？

用提示性词语或短语触发并增强暗示

提示性词语经常用于诱导后暗示和间接暗示。在诱导后暗示，如果你的目标是关于习惯控制的，你会发现经常使用提示性词语可以增强暗示的效果，让你的注意力更加集中，这对于催眠治疗是非常有利的。

例如，对于吃得过多的人来说，提示性词语就是“饱了”。在诱导中，这个词可以触发并增强暗示的效果，当你极度想吃东西的时候，你说“饱了”这个词，你可能就不再想吃了，也吃不下去了。

诱导中的另一个提示性词语会帮你在面临频繁压力、焦虑中保持正常血压。比如说在高速公路上，你在拥堵的车辆之间开始紧张，手掌出汗、血压升高。在这个时候，你只要在心里说提示词——这个词也许是“打开”，也许是“放松”，总之是与紧张、焦急、焦虑完全相反的词——这样就可以让自己的情绪快速稳定下来，心也会慢慢平静。

在间接暗示法中，提示性词语可用于回忆特定的情感、时间或地点。它作为反应开关，可以把你带回到过去。例如，你周末曾经在森林里进行远足。你感觉精力旺盛、愉悦、无忧无虑。提示语“森林”就可用于把你的思维带到那时那地，你能感觉到那种经历中的情绪，仿佛身临其境一般。

你可能非常想改善与老板之间的关系。每次老板与你谈话，你都觉得是在承受压力。这个结果是消极、抵触、不适当的行为。你的提示性词语可以是“躲避压力”。当老板叫你到他办公室谈话时，你就可以对自己说提示语。这会让你的行为更加积极，不抵触他的要求、讨论或观察报告，让自己能轻松与老板沟通。

提示性词语可能会给一位强烈缺乏自尊心和非常注意外表的妇女非常大的感情支持。在她进入必须与人们接触的房间之前，她对自己说提示词“伊丽莎白女王”。这个提示暗示她有自尊心、重要感，把头高高昂起。在她使用提示语后，她的行为不再显露她没有自信，反而能反映出明显的自尊。连续使用提示词，她自我感觉好了许多。如此循序渐进，效果最佳。

选择想象以增强直接和诱导后暗示的效果

这些暗示是重新规划自己时的框架。每个想象都应该有助于你完成主要的目标。

要知道你的想象是有力量的，精神想象可以预言真实的结果。当你生动地想象你已经达到目标或提升了你生活的各个方面，你实际上是激活能帮助你达成目标的一定大脑活动和精神类型。想象也可以产生失败。如果你想象自己不能骑自行车到达某一座山或不能通过考试，你可能真的就不能了。所以在想象之前一定要找自己能力范围以内的事物进行想象。

运动员通过想象可以使自己增强能力，成功使用“精神训练”，可以提高运动速度并且取得胜利；作家和艺术家本来就是运用想象来创作；学生有时候需要运用想象通过考试，他们想象自己考试、感觉放松、注意力集中、成功通过考试；公众演讲者想象自己在众人面前演讲，感觉镇静、放松、被万人敬仰。语言文字的暗示作用配合上视、听等感觉，配合上周身的感觉，会格外有效。

把一张纸折成两半，用肯定方式在左边写下你的目标（这是你的诱导后暗示）。右边，建立积极想象并且说明当达成目标你的感觉如何、看到什么、为什么、结果是什么。下面是两个例子：

※例子一

催眠后暗示：我在工作时更加放松。我的工作正在我面前，进展顺利，一切都那么轻松。

正面想象：我正坐在临窗的桌子前，这真是一个惬意、阳光明媚的日子，我感到平静又舒适，外面的天是那么蓝，空气是那么清新。

※例子二

催眠后暗示：我正在减轻体重。

正面想象：我看着镜子，看到自己更加苗条。我进到屋子里面，到壁橱拿出我以前的小码裙子，穿上，非常合身。我为自己感到骄傲，我的身材很具吸引力。凹凸有致的线条让我感到前所未有的轻松，前所未有的舒服。

想象越生动清晰，也就会越奏效。你可以把你的所有感官——嗅觉、触觉、视觉、听觉和味觉全部都结合到想象中，增强积极想象。你运用的感官越多，对你的潜意识来讲，你的想象也就越真实。这一切都有助于你的潜意识接受最后那个根本的、美好的、目的性的“指示”。

在放松诱导中，你能够按照下例中引导的想象来建立一种平静的感觉。或者你使用同样想象来设定你特定的地点，并且在这个地点进行诱导后暗示。

可以想象出一个漂亮的、白色沙滩的海滨，无边无际，炫目的蓝色天空；你能听到海浪的拍击声、远处孩子的笑声、海鸥的叫声，当你在海滩散步，你感觉到太阳暖洋洋地照在你身上。现在你深呼吸，闻到海边新鲜的空气，你尝到海风的咸味，凉爽的湿气进到肺部。你喜欢这清新的空气，为你补充无穷无尽的能量。你喜欢大自然一切的美好。

学会利用评价语来增强暗示的效果

下面 12 个暗示在某一个方面都是不正确的。请阅读每个暗示，找到缺陷，然后再简短地加以描述。

外面的噪声不能干扰你。这噪声不能以任何方式干扰你，你只会沉浸在你的世界里……

在我数 3 的时候，及时回到你第一次被狗吓到的时候。你会回忆起来，当我数 6 的时候，你一定要回忆起第二次被狗吓到的时候，你会记起你的感觉还有你所看见的，然后你会感到紧张、害怕……

放松，就想象你自己在秋千上荡来荡去，想象着在你 8 岁时，你的哥哥推你荡秋千。放松，就想着那时愉快的景象……

放松感正渗入你的身体，它从头部一下跳到你的脚部，是那么舒适……

太阳火辣辣的，非常明亮，火辣辣的，非常明亮，照耀着你的眼睛快睁不开了……

你看着自己苗条又有形，你已经瘦了许多。现在，当我从 1 数到 10 的时候，你要恢复到完全清醒的意识状态。好，准备，我要开始数了……

当你开始学习，你全神贯注在你的学习中。你忘记了时间，注意力完全集中在你正在学习的内容，你是那么专注，那么认真……

在交通中你非常平静，非常放松、平静，你全神贯注在你前面的车上，排除所有其他令人烦恼的交通……

你要停止吸烟、停止吸烟、停止吸烟。你同时也会发现自己对很少量的食物就能满足，在每餐之间，你也不需要吃东西，你一般都是很饱的状态。

你骑自行车上山，你的脚有力地踩踏板。最后，你成功到达山顶大声地欢呼起来。

可以想象你自己在一个特别的地方，你在一个特别的地方，你喜欢在那里。那儿很美，你觉得非常舒适，你很享受在这里待着，很享受。

背景音乐就是你放松的信号。当听到音乐，你开始放松，你觉得好像你很容易入睡。你没有入睡困难，音乐就是你入睡的信号。现在，当我从 1 数到 10 的时候，你要恢复到完全意识。

现在，来看一下我们在每个例子中设置的缺陷，并检查看看你改正了多少。

“噪声”是不一致的词，而不是否定词。较好的描述应该是“那声音在帮助你放松”。

这个直接暗示不够简单、扼要。对病人要求太多，应该这样暗示：“在我数 3 的时候，你会及时回到你第一次被狗吓到的时候。”同时也不应该出现消极的词语，如紧张。

这是一个引起思考的放松练习，会产生相反结果。病人可能恐高，可能曾经从秋千上掉下来过，或者不喜欢他的哥哥，所以说之前应调查清楚。

“渗入”这个词可能会引起不恰当的想象。“跳”这个字也是不一致的，如果是放松就不应该跳。在这两个句子里，用“流”这个字效果会更好。

你应该更精确地描述暗示，产生让人不舒适的具体温度。最好是循序渐进，逐步升温。

这个暗示是要通过重复、解释暗示或用同义词来进行强化的：“你苗条又有形，感到轻了。你喜欢感觉苗条又有形，现在你感觉更好，你更加苗条，感觉更好。”而不应该过于直接。

应该设定出一个时间，否则，你会一直学习直到筋疲力尽。你可以这样暗示自己："你将在下午学习，成功地工作到四点，开始休息，回顾你所学习的内容。"这样可以让大脑有休息缓冲的时间。

这是个非常危险的暗示，必须要准确地解释。应该设定一个不限制你开车能力的提示词作为镇静状态的信号，集中精力在车的前方，而不顾其他。

在这一个暗示里有两个目标。目标太多效果当然就会很差，你不可能同时踏入两条河流。

"试着"和"最后"都是消极的词语，你不能轻松达到目标。这需要奋斗，所以想象不是积极的。

应使用想象来增强你的直接暗示。"想象你自己在一个特别的地方，月亮出来了，你能闻到松树的味道，听到小溪冲刷石头，十分安静，空气寂静而芳香，你很平静……"可以描绘地尽量细致一点。

你需要舍去用这段特定音乐带病人到欲睡状态的暗示。因为受催眠者很可能在开车时、在超级市场购物时、看电影时、参加聚会时或是睡眠时，甚至是其他危险的地方听到这个音乐，必须要为受催眠者的安全考虑。

自我催眠的准备工作

在尝试自我催眠之前，有必要做一些准备工作来提高自我催眠成功的概率。

首先，一定要保证自己处于一个当进入催眠状态时不会受到任何人、任何事物打扰的安静空间里。当然，在有足够的经验之后，你也可以在嘈杂或者存在干扰的环境里进行自我催眠，但是在刚开始学习、实施的时候，你必须确保你的手机、CD 机以及任何其他的干扰源都已关闭。如果屋里还有别人的话，必须让他知道你不能受到干扰的需要。如果你在催眠中使用磁带或 CD，请尽量使用耳机，这样可以帮助你完全隔断那些外在的噪音。

接着，你就要为自我催眠选择一个自己觉得最为放松最为舒适的姿势。你可以坐在直立的椅子上，而且椅子最好不会松动或滑动，你也可以躺在沙发上、床上或者铺有柔软毯子的地板上，要使自己尽量轻松舒适。必要的时候，你还可以用垫子和枕头，因为你可能需要静止地躺上或坐上半个小时左右的时间。此外，不要忘了在催眠开始之前去一趟洗手间，以免到时候"内急"干扰催眠的正常进行。

在进行自我催眠之前做一些轻柔的伸展运动，拉一拉肩膀、后背，扭一扭头颈，甩一甩胳膊以及腿部的肌肉。这些活动能够有效地促使你放松身体，使你易于进入催眠状态，而且可以防止你在催眠状态下出现肌肉痉挛的意外情况。

催眠时的穿着并不是很讲究，但是所穿的衣服必须要宽松舒适。应该解下领带、皮带，摘下你的手表以及耳环、项链等饰品，否则它们可能会使你在躺下或者端坐的时候感觉到不舒适。如果戴眼镜，还应该取下眼镜，隐形眼镜也最好先取出，以免在自我催眠结束之后戴着隐形眼镜进入睡眠。

另外，你还可能需要一个定时器，它可以使你只在规定的时间里处于催眠状态。当然，如果你是在睡眠之前进行自我催眠，那就不需要定时器了。关于这一点，你不用担心你会在催眠之后难以醒过来。那个定时器，只是在你催眠后进入潜睡状态后但又不想睡着的时候，它才发挥作用的。有一点需要注意，定时器的声音不能太响，否则它会吓你一跳。

最后，注意不要过分关注规则。上面的建议只是帮你达到自我催眠效果的经验之谈，而在实践中，如果你有更好的办法，完全可以打破或者改变这些套路。要知道，那些只会背诵催眠语，并不能灵活使用的人，进行自我催眠的效果是远远不行的。如果你能够更好地为自己考虑，并且能够找到最适合自己的东西，你的自我催眠也就越成功。

如何进行自我诱导

当你已经找到了一个感觉最为轻松舒适的姿势，一切准备工作就绪之后，就可以开始进行自我催眠了。但是，到底怎么样才能让自己进入催眠状态呢？这个过程被称为自我催眠诱导，或称自我诱导。

就如前面的催眠诱导，自我诱导有很多方式可供选择，但其归根结底是要分散意识的注意，让潜意识能够发挥主导作用。自我催眠与他人催眠的不同之处在于，诱导必须是由自己来完成的。多数催眠师都认为，本质上两种都是自我催眠，所以从理论上来讲，自我诱导的成功并不存在障碍，只是进行诱导的媒介、方法稍微有一些差别。

自我诱导的媒介

自我诱导最常用的媒介就是使用录音的磁带或者 CD。录音的内容可以自己来编写，也可以在其他录音内容的基础上进行改写。同样，如果条件允许的话，你也可以让催眠师提供磁带，或者在市场上购买现成的、合格的磁带或者 CD。其优点在于，你可以听“外在”的声音，不用和自己说话或者借助想象的方式而将自己导入催眠状态；但是缺点在于，录音的诱导速度可能会太快或者太慢，不能完美地配合你进入催眠状态的速度。

自我诱导

现在你已经找到了感觉舒服的姿势，准备开始自我催眠。但怎么样才能让自己进入催眠状态？这个过程被称作催眠诱导。

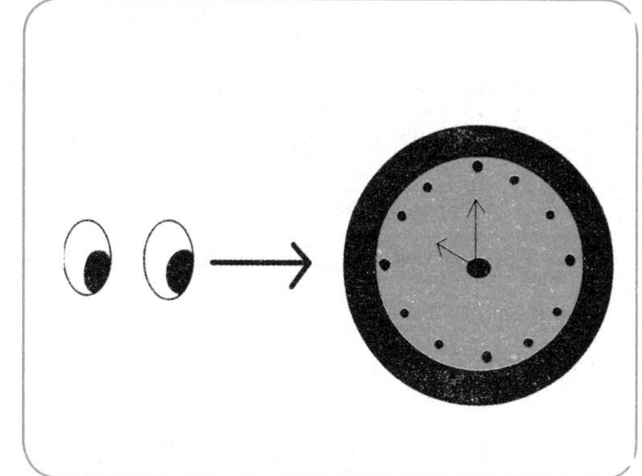

诱导的一种方式是使用录音的磁带或CD。录音的内容可以自己编写，也可以在其他录音内容基础上改写。

诱导另一种办法是利用意识自我诱导，或借助物体吸引自己的注意力。这种情况下，你可以控制诱导的进程。

直接的诱导是告诉你在哪里要做什么，感觉如何。

而间接或非强制性的诱导却比较随和。

两种诱导方式不分对错，因人而异。在诱导结束后，你应该会感到非常松弛，双眼紧闭，进入术语所称的“中性催眠”状态。

自我诱导的另一种“媒介”，就是利用意识自我诱导，或者借助物体来吸引自己的注意力。这种情况下，你可以控制诱导的进程。从理论上讲，有意识地地让自己进入催眠状态似乎听起来很矛盾，但是在实践中，由于我们很自然地能让一部分头脑与另一部分分开，所以用自己的意识进行自我催眠是完全有可能的。

不论你在自我诱导中是让催眠师为你录音，还是买现成的磁带、CD，你都需考虑什么语汇是最适合自己的。直接的诱导是告诉你在哪里要做什么，感觉如何，比如“现在，你感觉很松弛，你感觉到你的双腿在松弛”。而间接或者非强制性的诱导却会比较随和，同样的例子可能会说成“你也许会感觉到自己有些松弛，可能也意识到自己的双腿在放松”。两种诱导方式不分对错，无所谓好坏，因人而异，要知道自己对哪一种暗示的反应更好，选择适合自己的。

自我诱导的方法

自我诱导的方法主要有逐步松弛法、凝视法、手持物体法、楼梯想象法及风景意象法等。

1. 逐步松弛法

逐步松弛法是一种普遍、易学，且比较适合初学者使用的自我诱导方法。

在你找到感觉舒适的姿势并准备进行自我催眠时，想象自己的身体从一端至另一端正在慢慢地放松：从头部到双脚或者从双脚到头部都可以。想象你的脚部正感觉非常松弛。在你感觉脚部渐渐松弛，松弛感从一只脚流动到另一只脚的时候，暗示自己正在进入催眠状态。同时，也要注意这种松弛感怎样逐渐在身体中蔓延，怎样从一个部位流向另一个部位，将自己带入更深层次的催眠状态。这个过程中间不要有任何停顿或停止，直至整个身体，包括胳膊和双手，都感到松弛。

逐步松弛法是操作最简单、使用最安全可靠的一种诱导方法，但是你也可以尝试一下其他的诱导方法，看看自己最适合哪一种。这些不同种类的自我诱导方式，都是通过关闭你对外界的知觉，并让你集中于内部身体的知觉来发挥作用的。

2. 凝视法

凝视法也是一种最简单易学、普遍使用的自我诱导方法。

在你找到一个舒适的姿势坐好时，请将注意力聚焦在位于眼睛略上方的一个物体，其位置能够使你很轻松地看到整个物体而头颈又不会感到费力。请专注地凝视这个物体，并且深呼吸。暗示自己的身体越来越温暖，越来越松弛，并且注意你的胳膊和双腿怎样变得沉重起来。在你缓慢平静地吸气、呼气的同时，体会自己正在变得多么松弛，并且体会这种松弛感是怎样传遍全身的。注意当你将注意力聚集在这个物体上并且专注地凝视着它的同时，你会感觉自己变得越来越松弛。同时暗示自己，这种温暖的感觉正在增加，在凝视的同时，你正进入更深层次的催眠状态。同时也注意，你的眼睑也开始变得松弛，变得沉重起来，你继续呼吸，吸气、呼气，随之，你感到张开眼睑变得越来越困难，眼皮几乎睁不开了。在你坚持凝视物体的时候，舒适的松弛感在向你的全身传播。继续凝视并保持这种呼吸，直到你完全闭上眼睛，感觉自己极度松弛和舒适。

3. 手持物体法

使用这种方式的时候，你手中拿着一个如硬币一样的小物体，胳膊抬到面前，将注意力集中在拇指的指甲上，并凝视它。之后，暗示自己正变得越来越放松，当你的胳膊、手和手指变得松弛的时候，手指就会自然张开。再一次暗示自己当手指更加松弛时，它们会张开并放开硬币，让它落下，这说明自己已经进入深度催眠状态。不断重复这些话语，感觉自己的手对硬币的抓握正变得越来越松，直到手指松开，慢慢地放开硬币。当硬币跌落的时候，你会闭上双眼，进入催眠恍惚状态。你的胳膊会轻轻地落到身边，你感觉越来越松弛，逐渐进入更深的催眠状态。

4. 楼梯想象法

想象自己在楼梯间的最上方。闭上双眼，看见自己正缓慢地逐级地走下楼梯。想象中可以是任何一种楼梯，但必须保证该楼梯没有消极的影响。要数自己缓慢地走下的各级楼梯，并一直观察自己，并暗示随着你缓慢地走下楼梯，你会感觉越来越松弛，并逐渐地进入更深层次的催眠状态。想象当你到达楼梯底部时，你会感到完全松弛并进入深度催眠状态。

5. 风景意象法

想象自己来到了一个美丽的、让人感觉非常舒适的地方，它可能是海滩、小树林、草地、你最喜爱的公园或者是河滨。和前面介绍的练习相同，想象你在逐渐放松。你可以在心里慢慢地从 1 数到 10，每数到一个数字，你都能看到自己在想象地中所看到的新的细节。你对周围的景色变得全神贯注。暗示自己已经变得松弛，随着数数的进行以及新景象的不断出现，你逐渐进入更深层次的催眠状态。

在自我诱导结束之后，你就会感到非常松弛，双眼紧闭，进入中度催眠状态。

自我诱导的三种常用方法

自我诱导除录音法外，还有以下三种方法最常用，这就是松弛法、凝视法和楼梯法，下面就详细介绍一下。

1. 松弛法： 想象你的脚部非常松弛，松弛感从一只脚流动到另一只脚的时候，暗示自己正在进入催眠状态。同时，也要感受这种松弛逐渐在身体中蔓延，从一个部位流向另一个部位，将自己带入更深层次的催眠状态。不要停顿或停止，直至整个身体都感到松弛。

2. 凝视法： 将注意力聚焦在位于眼睛略上方的一个物体，专注地凝视并且深呼吸。暗示身体越来越温暖松弛。同时暗示自己这种温暖的感觉正在增加，正进入更深层次的催眠状态。眼睑开始松弛、沉重，眼皮几乎睁不开了。继续凝视并保持这种呼吸，直到完全闭上眼睛。

3. 楼梯法： 想象自己在楼梯间的最上方。自己正缓慢地逐级地走下楼梯。要数自己缓慢地走下的各级楼梯，并一直观察自己，并暗示随着你缓慢地走下楼梯，你会感觉越来越松弛，并逐渐地进入更深层次的催眠状态。想象当你到达楼梯底部时，你会感到完全松弛并进入深度催眠状态。

自我催眠的再唤醒与深化

一旦进入催眠状态，接下来就要深化催眠，然后对潜意识施加暗示。我们将对这两个步骤做简要的讨论，但是，在接受暗示之前，你还是有必要练习如何进入和退出催眠状态，所以我们首先要谈谈再唤醒。

自我催眠的再唤醒

从学术角度看，就算离开催眠状态之后，你并没有被再唤醒，因为你本来就没有睡着。但是，“唤醒”与“再唤醒”是催眠学中常用的语汇。再唤醒是一个简单的步骤。如果你用定时器，则只需要告诉自己，当定时器报告时间到了的时候就要准备起来并慢慢醒来或恢复平常的知觉，或当你从 1 数到 10 后就会醒来，感到身心放松。而在没有定时器时，也同样暗示自己从 1 慢慢数到 10（或任何其他数字），同时逐渐平静地从催眠中恢复，并暗示当数到 10 的时候，你醒来并且头脑十分清醒。

如果你采用楼梯或其他的诱导方式，那么你可以想象自己重新登上了楼梯（或走下楼梯，视情况而定），你将要暗示自己，当重新走上楼梯时你将缓慢地从催眠中清醒过来，而当到达楼梯的上端后，你会完全恢复、精神抖擞。

自我催眠的深化

在进入催眠状态之后，就要深化催眠。深化催眠并不是件奇特的事情。通常说来，催眠的层次越深，暗示的效果就越好。好的催眠深化方式往往能借助周围的环境。虽然你会尽量找安静的地方进行自我催眠，但是没有一点噪音是不太可能达到的要求，在催眠状态下你可能会听到飞机声、车辆来往或邻家的狗叫的声音，等等。这些噪声并不完全是阻碍催眠的东西，相反它们可以被用来帮助增加自我催眠的深度。暗示自己当每次听到飞机飞过，或每次狗叫的时候，你将会进入更深层次的催眠状态。这种深化方式影响力会非常大。虽然大部分催眠的意图能在相对较浅的催眠状态下就可以实现，但是深化催眠可以让你了解不同催眠层次之间的差异，从而你能更好地体验催眠状态。而你对自己催眠状态的感觉越熟悉，自我催眠的能力也就变得越强。

深化催眠和催眠诱导的方法很相似。数数字就是个大家熟悉的例子，暗示自己每数到一个数字，你将进入更深层次的催眠状态。还比如说楼梯，你可以再开始攀登或走下新的一层楼梯，每走一步暗示自己催眠的层次正变得越来越深。

第三章 触手可及的自我催眠练习

快速自我催眠法

快速自我催眠法是一个非常简便有效的方法，几乎适用于任何人。自我催眠是一种非常美妙的能力，只要通过不断的练习就能达到越来越好的效果。有时候，常常练习自我催眠的人只要闭上眼睛，试着让自己安静下来，全身心进行放松，就能立即进入很舒适的状态。与此同时，再快速进行积极的自我暗示，就能够顺利进入催眠状态。

快速自我催眠法需要选择一处比较安静、不被打扰的地方，尽量选择舒适、温馨、有利于放松心情的环境，这样就能让人自然而然地感到轻松、舒适和安全。快速自我催眠法往往可以在会议或考试开始之前运用，只要你能找到不被打扰的角落就可以。

快速自我催眠法在具体操作时，要先做几个深呼吸，让自己完全平静下来。尽量保持每次呼吸时，都要深沉而平缓的吸气，充分地吐气，静静地感受自己小腹的起伏。外界发生的事情都与自己无关，自己此时只沉浸在一个人的世界里。

暗示语可以参考这里："好，现在请你缓缓地舒展一下身体……找一个舒适的姿势坐好……做几个深呼吸……深深的深呼吸……慢慢地闭上眼睛……慢慢地闭上眼睛以后，继续缓慢地呼吸……呼吸……呼吸……心情随着缓慢地呼吸渐渐地平静……非常平静……非常舒适……现在，开始数……1，心情渐渐地平静……2，渐渐地平静……3，非常平静……4，心情随着缓慢地呼吸渐渐地平静……5，心情渐渐地平静，非常平静……6，现在心情非常平静，感觉非常舒适……7，越来越平静，越来越舒适……8，越来越平静，越来越舒适……

"慢慢地从 1 数到 20，每隔 5 秒钟数一次，每数一个数字，身体就会更加放松，心就会更宁静，等数到 20 的时候，你就会进入非常舒适的催眠状态。数数中如出现错误，可以重新再数一次，一直数到 20 为止。

“数数的时候要注意，不要太着急，每隔 3 秒或 3 秒以上往上数，而且需要你数得非常有规律，既集中精力，又保持心灵的敏感、警觉，每个数字都要清晰地数，仿佛每数一个数字，就会沉浸于更深的意识状态。在数到 20 以后，基本上就能进入舒适、美妙的催眠状态了。”

这时，就可以根据每个人不同的需要，进行快速而且积极的自我暗示了。在这个方法里，最常用的暗示语是“每天，我在各方面都会越来越好”。也可以暗示自己能够早睡早起、成绩能够快速提高、考试能够不紧张、面试能够顺利通过、恋爱能够甜蜜下去、业绩能够圆满达标、工作能够顺利完成、梦想目标也能够尽快达成，等等。

在清醒过来之前，还可以暗示自己从此时此刻开始，精力会更充沛，心情也会更舒畅，然后从 20 数到 1，引导自己完全清醒过来。也可以事先写好唤醒语，加深记忆。

对于一些初次尝试自我催眠的人来说，需要反复使用这个方法，即使在一开始觉得心情很乱很糟，很难沉静下来，或者很容易就进入了睡眠状态而不是催眠状态，但你也一定要坚持下去。经过多次的运用和体察，你就会越来越熟练。当你能够顺利进入状态，并能随心所欲驾驭自我催眠的时候，才可以帮助别人进行催眠，否则只会弄巧成拙，费力不讨好。

放松法自我催眠

放松法算是自我催眠最舒适的一种方法，它适用于那些平时压力比较大的人群。放松法最好是采用躺着的姿势，而且不要忘记在身上盖一块薄毯。房间的空气要流通，光线不要太强，温度适宜，躺下之前先将皮带等束身的东西解开。

运用放松法时，首先要做几个深呼吸，以让自己完全平静下来。必须明确做什么，并只能设计一个解决目标。记清放松的每个步骤和方法。一开始可以想象着有一股暖流从头顶流下来，缓慢而舒适地流下来，流遍全身，这时你可以这样对自己说：

“暖流缓慢而舒适地流过我的头顶，让我的头皮很放松……头盖骨也放松……这股缓慢而舒适地暖流流过眉毛，让眉毛附近的肌肉很放松……让耳朵附近的肌肉很放松……让鼻子很放松……鼻子周围的肌肉也很放松……

“暖流缓慢而舒适地流过脸颊附近的肌肉……放松我的嘴巴……包括嘴巴周围的每一块肌肉，确定我的牙齿没有紧闭在一起，继续放松我的下巴……让下巴的肌肉很放松……下巴平时承担了吃饭、咀嚼、说话的压力，现在就把它彻底地放松下来吧……整个头部都沉浸在这股暖流里，温暖而舒适的暖流，让头部如此放松，安静……

“暖流继续缓慢而舒适地流过脖子……放松了喉咙附近的肌肉……暖流流过肩膀……肩膀平常承受了太多的紧张、压力与重任，现在，就把它们都彻底地释放掉吧……我能感觉到双肩完全的松弛下来，好轻松，好轻松……好，继续放松……

“暖流流过左手……流过右手……流过左手、右手……到前臂、到手腕……到手掌……一直流到每一个手指，完全沉浸在这股暖流里，如此放松、温暖……十个手指头都完全地放松……我的整个手臂都完全放松了……

“暖流继续流过胸部，让胸部的骨头、肌肉都放松了……暖流流过背部，让脊椎与背部肌肉都放松了……暖流缓慢而舒适地流过腹部的肌肉，毫不费力，然后呼吸会更加深沉、更加轻松……这种放松的感觉一直向下到我的胃部，我的胃部非常健康，非常舒服……

“这股暖流流过左腿……流过右腿……让腿上的肌肉一股一股地放松……这舒适的暖流一直流到脚踝上、脚掌上，流到每一个脚趾头上，非常舒适、非常温暖、非常宁静……继续保持深呼吸，每一次呼吸的时候，都会感觉到自己更加放松、更加舒适……现在，我的身体都完全地放松了，我会感觉到非常舒服……”

“一点一点地，就进入非常舒适、非常放松的催眠状态里，整个人就像一个大大的棉花糖，像一朵轻松舒展的白云，是那么轻松……那么自在……整个人就这样进入这样放松、美妙的状态里……已经进入催眠状态了……”

放松法需要你真切地关注自己身体的感觉。有些人会觉得这样很难做到放松，那么你可以简单地想象一架心灵的扫描仪把自己从头到脚扫描了一遍，看看自己还有哪里没有放松，那么就都让它完全地松弛下来。对于那些不容易放松的部位，你可以对自己多暗示几次，充分放松之后，再进行催眠状态下积极的暗示。等到催眠快要结束时，再暗示自己“当我足够放松的时候，我就会自动醒来，醒来以后我的身体变得越来越好，越来越轻松，甚至所有的不良的状况都消失了”。

如果你确实觉得自己的身体很难做到放松，也想象不出来有一股暖流在自己的身上流过，那么，你可以试着在开始自我催眠之前先用放松法，让自己尽可能地先放松下来，变得舒适起来，具体步骤如下：

握紧你的拳头，再慢慢地松开；

握紧你的拳头，将拳头举到肩膀，再握紧，再慢慢地松开；

抬起你的脸，眼睛向上面看，舌头向上顶，再慢慢地松开；

收缩你的脖子，肩膀耸起来，再慢慢地、用力地放下肩膀；

深呼吸：吸气到肺部，让胸腹部慢慢地放松，继续深深地呼吸；

难以放松时的做法

感觉很难放松时，可以想象有一台扫描仪把自己从头到脚扫描了一遍，看看自己还有哪里没有放松，那么就都让它完全地松弛下来。对于不容易放松的部位，可以多暗示几次。

如果你确实很难做到放松，可以尝试这么做：

握紧拳头，再慢慢地松开；握紧拳头，将拳头举到肩膀，再握紧，再慢慢地松开。皱起你的脸，眼睛向上面看，舌头向上顶，再慢慢地松开；收缩你的脖子，肩膀耸起来，再慢慢地、用力地放下肩膀。

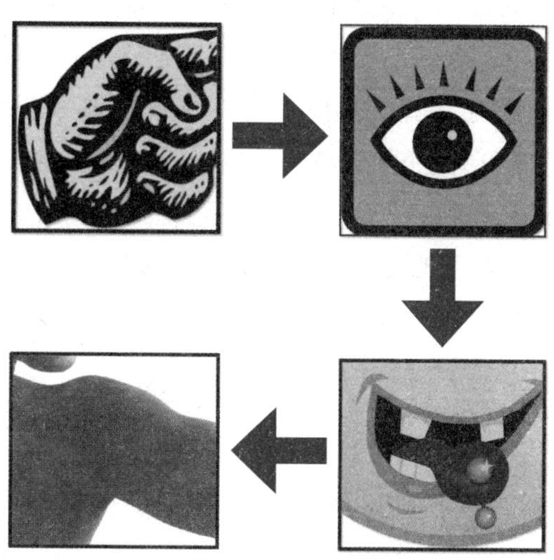

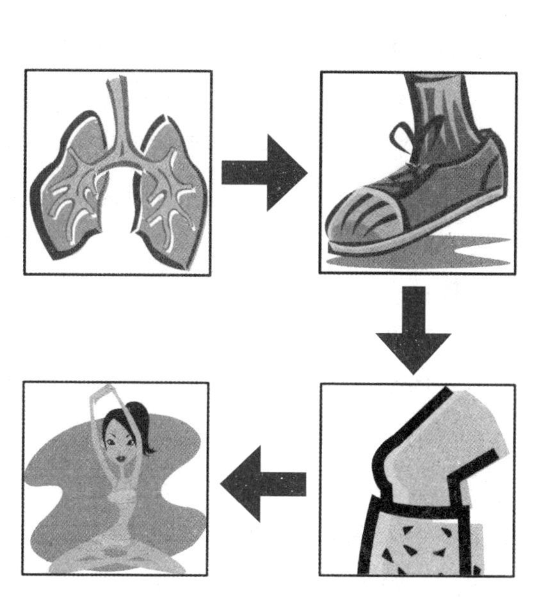

深呼吸，吸气到肺部，让胸腹部慢慢地放松，尽量向前伸你的脚，脚尖下压，再慢慢地放松腿部。尽量向前伸你的脚，脚尖上翘，再慢慢地放松腿部；最后让自己的全身松弛。

放松法可以让你全身的肌肉都快速松弛下来。你可以进行反复的练习，直到身体感觉松弛、舒适，甚至有一点疲倦、松软、慵懒的感觉，然后再进行暖流想象。

尽量向前伸你的脚，脚尖下压，再慢慢地放松腿部；

尽量向前伸你的脚，脚尖上翘，再慢慢地放松腿部；

最后让自己的全身松弛。

放松法可以让你全身的肌肉都快速松弛下来。你可以进行反复练习，直到身体感觉松弛、舒适，甚至有一点疲倦、松软、慵懒的感觉，然后再进行暖流想象，相信经过这些放松练习后，你就能顺利地进入催眠状态中。

需要指出的是，有一些自我催眠者第一次做这样的练习时，因为他们很久都没有关注过自己身体的感觉，所以在放松的时候就出现了头痛、胳膊疼、腿疼等一些不舒服的感觉。不要担心，多练习几次就会变好，这其实是你平时缺少锻炼的表现，你是身体是在提醒你该好好休息了。

温暖法自我催眠

人感受到温暖是血管扩张的结果，通过调节肌肉毛细血管的血液运行使血流增加，就可以产生温暖感，温暖有解除人身心紧张的效果。

温暖法通常是这样进行的，首先做几个深呼吸，让自己可以完全平静下来。然后想象自己浸在温热的泉水里或者是在温暖的阳光下，然后逐渐地产生一种温暖的感觉，注意语气一定要缓慢柔和，语调要尽量慢一些。

温暖法可以参考下面的这段引导示例进行发挥：

“好，现在，你可以找一个自己认为最舒适的姿势坐好或者仰卧下来……慢慢地调整一下身体的姿势……慢慢地调整……现在，慢慢地做几个深呼吸……慢慢地吸气……慢慢地呼气……慢慢地……吸气……呼气……慢慢地闭上眼睛……在缓慢的呼吸中……慢慢地闭上眼睛……心情会变得越来越平静……越来越平静……好……在缓慢的呼吸中……心情会变得越来越平静……越来越平静……心情越来越平静……好，闭上眼睛……享受这份平静……闭上眼睛……感受这份平静……

“现在，在缓慢的呼吸中，请把注意力放在你的右胳膊上……对，在缓慢的呼吸中，把注意力放在右胳膊上……注意力放在右胳膊上……请想象……想象你的右胳膊很温暖……很温暖……非常温暖……想象右胳膊非常温暖……就像浸在了温热的泉水里……温热的泉水里……泉水很温暖……很温暖……

“右胳膊就像是浸在了温热的泉水里……非常温暖……非常舒服……请想象右胳膊浸在了温热的泉水里……非常温暖……非常舒服……右胳膊很温暖……很舒服……就像浸在了温热的泉水里……实在太舒服了……太温暖了……舒服……温暖……泉水四周都散发着热气……散发着热气……很温暖……

“随着每一次的呼吸……右胳膊越来越温暖……越来越舒服……随着每一次的呼吸……你的右胳膊越来越温暖……越来越舒服……非常舒服……非常温暖……越来越温暖……越来越舒服……尽情浸泡着吧……浸泡着……胳膊渐渐没有力气了……没有力气了……

“右胳膊越来越温暖……越来越舒服……舒服得不能再舒服了……好，现在请在缓慢的呼吸中，把注意力放在左胳膊上……现在，继续慢慢地吸气……再慢慢地呼气……在你缓慢的呼吸中，把注意力放在左胳膊上……感觉左胳膊很温暖……很温暖……左胳膊就像是浸在了温热的泉水里……感觉很舒适……很温暖……就像浸在了温热的泉水里……感觉非常舒适……非常温暖……感觉很舒适……很舒适……

“感觉左胳膊很温暖……非常温暖……随着每一次的呼吸……左胳膊变得越来越温暖……越来越温暖……随着每一次的呼吸……左胳膊变得越来越温暖……越来越舒适……越来越温暖……越来越舒适……好……做得非常好……左胳膊很越来越温暖……就像浸在温热的泉水里……感觉非常舒适……非常温暖……没有力气了……没力了……

“左胳膊变得越来越温暖……越来越舒适……越来越温暖……越来越舒适……对……做得非常好……随着每一次的呼吸……两个胳膊都变得越来越温暖……越来越舒适……越来越温暖……越来越舒适……随着每一次的呼吸……两个胳膊变得越来越温暖……越来越舒适……就像浸在温热的泉水里……两个胳膊越来越温暖……越来越温暖……越来越温暖……感觉越来越舒适……越来越温暖……好，非常好……就是这种感觉……

“好……做得非常好……两个胳膊变得越来越温暖……越来越温暖……就像浸在温热的泉水里……好……做得非常好……两个胳膊很温暖……就像浸在温热的泉水里……随着每一次的呼吸……两侧胳膊变得越来越温暖……越来越温暖……越来越温暖……对……两个胳膊很温暖……很舒适……越来越温暖……越来越舒适……对……就这样随着每一次的呼吸……两个胳膊很温暖……越来越温暖……胳膊都非常舒适……舒适感越来越强烈……

“好，两个胳膊很温暖……越来越温暖……越来越温暖……好，很好……继续缓慢地呼吸……慢慢地吸气……慢慢地呼气……在缓慢的呼吸中，变得更加平静……在缓慢的呼吸中，请把注意力放在右腿上……把注意力放在你的右腿上……现在，右腿会感觉很温暖……很温暖……非常温暖……呼气……感觉很舒适……吸气……感觉很温暖……

“右腿就像是浸在了温热的泉水里……感觉很温暖……很舒适……非常温暖……非常舒适……好……做得非常好……右腿感觉越来越温暖……越来越舒

适……右腿就像是浸在了温热的泉水里……感觉越来越温暖……越来越舒适……右腿没力气了……没力了……

“右腿感觉很温暖……非常温暖……越来越温暖……越来越温暖……右腿就像是浸在了温热的泉水里……感觉非常温暖……非常舒适……感觉越来越温暖……越来越舒适……不想动了……不想动了……

“好，做得非常好……随着每一次的呼吸……右腿感觉很舒适……很温暖……越来越温暖……越来越舒适……随着每一次的呼吸……右腿感觉越来越温暖……越来越舒适……越来越温暖……越来越温暖……浸在了温热的泉水里……越来越温暖……

“右腿感觉很温暖……很温暖……越来越温暖……越来越温暖……感觉就像浸在了温热的泉水里……越来越温暖……越来越温暖……有点困了……困了……好，非常好……就是这种感觉……

“对……做得非常好……继续慢慢地吸气……慢慢地呼气……慢慢地吸气……慢慢地呼气吸气……呼气……呼吸时请把注意力放在你的左腿上……请把注意力放在你的左腿上……好，很好……在缓慢的呼吸中，请把注意力放在左腿上……对，把注意力放到左腿上……现在，左腿会感觉很温暖……很舒适……非常温暖……非常舒适……吸气……继续吸气……很舒适……很温暖……呼气……继续呼气……

“好，做得很好……现在，左腿感觉很温暖……很舒适……越来越温暖……越来越温暖……感觉左腿就像浸在了温热的泉水里……越来越温暖……越来越温暖……左腿就像浸在了温热的泉水里……越来越温暖……越来越温暖……舒服得没有力气了……没力了……

“随着每一次的呼吸……左腿感觉很温暖……很舒适……越来越温暖……越来越温暖……随着每一次的呼吸……左腿感觉很温暖……很舒适……越来越温暖……越来越温暖……对，感觉左腿就像浸在了温热的泉水里……越来越温暖……越来越温暖……越来越舒适……越来越舒适……

“好，做得很好……感觉双腿就像浸在了温热的泉水里……很舒适……很温暖……非常舒适……非常温暖……感觉双腿就像浸在了温热的泉水里……越来越温暖……越来越温暖……好，很好……感觉双腿很温暖……很舒适……很温暖……很舒适……好……现在感觉四肢很舒适……很温暖……很舒适……很温暖……随着每一次的呼吸……四肢感觉很温暖……很舒适……越来越温暖……越来越温暖……感受温热的泉水的四肢……很舒适……非常舒适……

“好，很好……四肢感觉越来越温暖……越来越温暖……你的四肢就像浸在了温热的泉水里……越来越温暖……越来越温暖……随着每一次呼吸……你的四肢感觉越来越温暖……越来越温暖……有点困了，想睡了……睡吧……睡吧……好，非常好……就是这种感觉……已经进入催眠状态了……

“现在……请记住这种感觉……在下一次的催眠中会有更加明显的感觉……在下一次的催眠中会更加温暖，更加舒适……好，非常好……现在，身体的感觉已经完全地正常了……完全地正常了……完完全全地正常了……好……你现在非常想睡觉，这很好，这里没有什么能干扰你，吵醒你，你也不会听到任何不相干得声音……睡吧……睡吧……20 分钟后你会自然地醒来……20 分钟后你会回到现实中来……完完全全地回到现实中来……”

等到 20 分钟后，自己就会慢慢地睁开眼睛，回到现实中来。醒来后自己就在原地，缓缓地舒展身体，慢慢地向左右摇晃几下头，非常舒服，还非常自在，这就代表着自我催眠取得了很好的效果。

静坐法自我催眠

静坐法可以说是最优雅的自我催眠法，选择一个安静、独处、温度适宜的场所，将灯光调至自己最喜欢的柔和度，甚至可以带一点浪漫的昏暗，放上自己喜欢的音乐，点上喜欢的熏香，找一个温暖舒适的沙发或椅子，总之，就是要宠爱你自己。在这样的情境中，使自己进入催眠状态，真可谓是优雅动人的行为。凡每天练习此法的人，无不感到轻松自在，心态平和。

静坐自我催眠法是可以随时随地使用的，能够很好地提高注意力，提高各个感官的感受能力，几乎适合所有的人。

静坐法，也叫默坐法，顾名思义，当然是要采取坐姿，选择一个自己觉得最为舒适的姿势，双脚自然地放在地面上，双手自然地放在自己的大腿上，背部自然地靠在椅背或沙发上。保持这个舒服的姿势，开始积极地进行催眠暗示。

静坐法通常可以这样进行：只是静静地坐着，静静地感受自己的呼吸……静静地坐着……静静地感受自己的呼吸……随着每一次的呼吸，整个人变得越来越平静、安宁、祥和……变得越来越平静……越来越平静……一边深深呼吸，一边默默地数数，从 1 数到 100，越数越慢，越数越平静，直到你觉得整个人就只有呼吸的感觉，只有气流流过鼻孔、鼻腔、气管、肺部的感觉……随着数字的增加，人越来越放松，越来越平静……自然而然地进入催眠状态……

1，心情变得越来越平静……2，心情变得越来越平静，感觉越来越舒适……3，越来越平静，越来越舒适……4，现在，心情非常平静，随着每一次的呼吸，心情变得越来越平静……5，随着每一次的呼吸，心情变得越来越平静……6，现在，心

 掌握静坐法的关键

静坐法一般需要反复多次练习，最关键在于如何把注意力完全集中在呼吸上，平静而细腻地感受那些气流的吐纳。

1. 选择一个安静、独处、温度适宜的场所，将灯光调至适宜，放上能让自己心情平和的音乐，点上喜欢的熏香。

2. 刚学习静坐法时，很多人会感到自己的头脑中有一些纷扰的念头，让自己没法静下心来。这是无须担心的，我们完全可以把它们想象成天上的一朵朵白云在脑海漂浮，随着注意力的慢慢集中起来后，这些念头就会像白云一样不知什么时候自然地消失了。如果它们始终都存在于你的头脑中，不要因为过度关注它而打破了内心的宁静，让它自然地存在，它自然就会慢慢地流过，消失。

3. 数数的时候，开始可以较快，到后来逐渐随着呼吸的缓慢会自然放慢速度。如果你觉得自己仍然很难集中注意力，也可以轻轻地发出声音数，随着呼吸的缓慢，自己的声音也就会自然地变轻，变柔，变弱，最后自然就会转为心里数数。

情非常平静，非常舒适……7，静静地感受自己的呼吸，心情变得越来越平静……8，静静地呼吸，越来越平静……9，静静地呼吸，随着每一次的呼吸，心情越来越平静……10，越来越平静……11，非常平静……12，非常平静……13，越来越平静……14，平静……15，呼吸，呼吸……继续呼吸……16，一切变得那么祥和……祥和……17，感觉越来越舒服……越来越舒服……

逐渐地，你会忘记自己数到哪个数字了，好像全世界就只剩下那种静静呼吸的

感觉而已。在这时候，你已进入非常安静、非常轻松、非常舒适的催眠状态了。学会了这种静坐技术，将使你远离浮躁，变得平静起来。

静坐法一定要多次练习，其最关键之处在于如何把注意力完全集中在呼吸上，静静地、细致地感受那些气流的进进出出。刚开始，你很可能会觉得自己的头脑中有一些纷扰的念头，不用担心，随着你注意力的慢慢集中，这些念头都会自然消失。数数的时候，开始可以较快，到后来逐渐随着呼吸的节奏会自然放慢速度。如果你觉得自己仍然很难集中注意力，也可以轻轻地发出声音数，随着呼吸的节奏，自己的声音也就会自然地变轻、变柔、变弱，最后自然就会转为心里数数。用自己的潜意识来控制自己，让自己平静下来，然后进入很舒服、很放松的状态中去。

多次练习之后，这个方法肯定能带领你进入比较深的催眠状态，内心会浮现一些非常美妙的意象。不过，在进行静坐的练习时，最好能有催眠师给出的指导和建议，以免自己走入误区或者长时间都进入不了状态。

沉重法自我催眠

当我们的肢体完全松弛之后，肢体本身的重量自然也就会体现出来。这里所说的沉重感其实就是肢体肌肉完全松弛以后的那种感觉，而并非是疲劳时感到的那种酸重感。所以，当你在进行自我催眠时，使自己放松下来就好，肢体完全松弛之后自然就会产生那种美妙的沉重感觉。自己反复进行暗示，从胳膊到腿，从腿到四肢，使其处于一种沉重状态，就能很快被催眠，现在，请尽情享受吧。

沉重法自我催眠一般是从优势手那一侧开始，我们是以右利人（“利”指自己惯用哪一只手）为例的。现在，就让我们来到一个适当的环境，参考下面的引导示例来开始自我催眠。

“好，现在请缓缓地舒展一下身体……找一个舒适的姿势坐好或者躺好……做几个深呼吸……慢慢地闭上你的眼睛……闭上眼睛以后，继续缓慢地呼吸……呼吸……呼吸……心情随着缓慢地呼吸，渐渐地平静……非常平静………非常舒适……在呼吸时，请把注意力放在右胳膊上……好，继续呼吸，把注意力放在右胳膊上……好，很好……现在，请发挥你的想象力……想象右胳膊就像是一块正在吸水的海绵……对，想象右胳膊就是一块正在吸水的海绵……在不断地吸着水……就像是一块正在吸水的海绵……在不断地吸着水……不断地吸着水……渐渐地……水越浸越多，右胳膊也变得越来越重……海面还在继续吸水……继续吸水……水越吸越多……越吸越多……右胳膊变得很沉重……越来越沉重……越来越沉重……

“右胳膊就像一块浸满了水的海绵……软塌塌的……很沉重……非常沉重……

右胳膊就像一块浸了水的海绵，越浸越多……软塌塌的……越来越重……渐渐地……觉得右胳膊越来越重……越来越向下沉……对，越来越向下沉……右胳膊越来越重……越来越重……越来越向下沉……好，很好……随着每一次的呼吸……右胳膊变得越来越重……越来越向下沉，右胳膊变得越来越重……越来越重……真的变重了……变得很沉重……非常沉重……右胳膊已经处于很饱满的状态……很沉重……很沉重……

"随着每一次的呼吸……右胳膊变得越来越重……越来越重……越来越重……越来越向下沉……好……继续下沉……下沉……现在请把注意力放在左胳膊上……注意力到左胳膊上……继续呼气……吸气……

"随着缓慢的呼吸，心情变得越来越平静……越来越平静……在呼吸时，请把注意力放在左胳膊上……把注意力放在左胳膊上……好，现在请发挥想象力……想象左胳膊就像一块正在吸水的海绵……正在吸水的海绵……水越吸越多……越吸越多……

"想象左胳膊就是一块正在吸水的海绵……渐渐地……水越吸越多……越吸越多……水渐渐地越吸越多……越吸越多……变得软塌塌的……很沉重……非常沉重……左胳膊就像一块浸了水的海绵……软塌塌的……很沉重……非常沉重……还在不断地吸水……不断地吸水……水越吸越多……越吸越多……

"感觉左胳膊变得越来越重……越来越向下沉……对，就是这样……下沉……左胳膊变得越来越重……越来越重……越来越向下沉……随着每一次的呼吸……左胳膊变得越来越重……越来越重……越来越向下沉……左胳膊真的变重了……变得很沉重……很沉重……非常沉重……真的变重了……很沉重……很沉重……非常沉重……左胳膊正在一点一点下沉……一点一点下沉……

"左胳膊就像一块浸满了水的海绵很沉重……很沉重……非常沉重……就像一块浸满了水的海绵……软塌塌的……很沉重……非常沉重……越来越往下沉……越来越重……越来越向下沉……好，吸气……呼气……继续吸气……继续呼气……

"随着缓慢的呼吸，心情变得越来越平静……越来越平静……在呼吸时，请把注意力放在左腿上……请想象左腿就像是一块正在吸水的海绵……一块正在吸水的海绵……在不断地吸水……想象左腿就像是一块正在吸水的海绵……正在吸水的海绵……在不断地吸水……不断地吸水……越吸越多……渐渐地……水越吸越多……越吸越多……

"左腿就像一块浸满了水的海绵，软塌塌的……越来越重……越来越向下沉……就像一块浸了水的海绵软塌塌的……越来越重……越来越向下沉……觉得左腿变得越来越重……越来越重……非常沉重……越来越向下沉……好，很好……随着每一次的呼吸……左腿越来越重……越来越向下沉……就这样……左腿真的变重了……变得很沉重……非常沉重……左腿真的变重了……变得很沉重……非常沉重……慢慢往下沉……往下沉……

“左腿像一块浸满了水的海绵，软塌塌的……变得越来越重……越来越向下沉……软塌塌的……很沉重……非常沉重……好，呼气……吸气……

“随着每一次的呼吸……两腿都像浸满了水的海绵，变得越来越重……非常沉重……随着每一次的呼吸……两腿变得越来越重……越来越重……越来越向下沉……随着每一次的呼吸……两腿变得越来越重……越来越重……越来越向下沉……继续呼气……继续吸气……

“两腿软塌塌的，变得越来越重……非常沉重……越来越重……越来越向下沉……两腿都像浸满了水的海绵……非常沉重……越来越重……越来越向下沉……现在，感觉非常平静，非常舒适……两腿变得越来越重……越来越重……好，呼气……吸气……

“随着每一次的呼吸……四肢都像浸满了水的海绵，软塌塌的……变得越来越重……很沉重……非常沉重……随着每一次的呼吸……四肢变得越来越重……越来越重……越来越沉重……四肢都像浸满了水的海绵，软塌塌的……很沉重……越来越重……越来越向下沉……对，四肢都像浸满了水的海绵越来越沉重……越来越向下沉……现在，感觉非常平静，非常舒适……继续呼气……继续吸气……两腿都像浸满了水的海绵……非常沉重……越来越重……很舒适……舒适……

“好，请记住这种感觉……在下一次，会有更加平静，更加舒适的感觉……好，非常好……现在身体的感觉完全正常了……完全正常了……完完全全地正常了……好……请慢慢地自然地睁开眼睛……回到现实中来……回到现实中来……睁开眼睛……好，你完完全全地回到现实中来……好，你回来了。”

然后，就在原地，缓缓地舒展自己的身体，慢慢地向左右分别晃几下自己的头或者是伸伸懒腰，看看远方，你就会感觉到非常轻松，非常舒服，也非常自在。

任何人在最初体验某一种自我催眠法时，都需要一定的时间。假如你在第一次进行自我催眠的感觉并不明显，那你就更要始终保持在放松的状态，千万不要刻意强求。因为越是强迫自己去寻找某种感觉，反而可能会越紧张，这样只会适得其反。所以，一定要让自己保持放松，这正是沉重法的关键所在。肢体放松后，沉重感自然就出现了，一旦有了沉重感也就自然会下沉，这会让人感到更舒适，进入催眠状态及进行治疗也就容易多了。

心跳法自我催眠

大家都知道，通过调节并且感觉自己心跳的频率和速度可以达到缓解紧张、迅速放松的目的，自我催眠心跳法就在这种情况下应运而生了。就让我们来到一个适当的环境，采取仰卧位，细细地去体验那种内心平静时心跳的感觉吧。当然，心律不齐者要谨慎掌握催眠暗示语。现在，就让我们参考下面的引导示例开始进行。

“请舒展一下自己的身体，然后找到一个比较舒适的地方仰卧下来……好，现在做几个深呼吸……缓缓地吸气……然后，缓缓地呼气……呼气……吸气……在呼吸中慢慢闭上你的眼睛……当你闭上眼睛的时候，你就开始放松了……对……当你闭上眼睛的时候，你就开始放松了……非常放松……就这样……享受这一时刻的平静……好，闭上眼睛……开始放松……放松……

“对，很好，就这样……放松……在这一时刻，把自己的内心完全交给自己……很好……就这样……非常好……让思绪自由地在脑海中滑过……继续慢慢地吸气……慢慢地呼气……吸气……呼气……任由思绪自由地飘过……继续放松……放松……用心享受这种宁静……

“好，非常好……随着缓慢的呼吸，心情在渐渐地平静……在缓慢的呼吸中，渐渐地平静……渐渐地平静……平静……现在请按自己喜欢的速度呼吸……自由地呼吸……吸气……呼气……就这样自由呼吸……在呼吸时，会感觉到四肢很沉重……很温暖……很放松……呼气……吸气……感觉非常舒适……非常舒适……

“在呼吸时，请想象你的四肢就像是浸在温水里……你就像浸在温水里的海绵……很沉重……很温暖……吸了很多水……温水越浸越多，四肢越来越温暖……越来越沉重……对，四肢就像浸满了温水的海绵……软塌塌的……非常沉重……非常柔软……非常温暖……四肢感觉很舒服……很舒服……

“好……做得非常好……就这样……四肢非常沉重……非常温暖……做得非常好……四肢都像浸满了温水的海绵……软塌塌的……非常沉重……非常温暖……非常沉重……非常温暖……非常舒适……非常舒适……内心越来越平静……越来越平静……

“四肢就像浸满了温水的海绵……越来越沉重……越来越温暖……越来越沉重……越来越温暖……四肢越来越沉重……越来越温暖……越来越沉重……越来越温暖……好……做得很好……就这样……现在，心情很平静……越来越平静……继续感受那份温暖……感受那份舒适……呼气……吸气……

“在平静的呼吸中，请把注意力放在胸膛……在那里，心脏在平稳地跳动着……平稳地跳动着……好……做得非常好……就这样……在缓慢的呼吸中，请把注意力放在胸膛……在那里，心脏在平稳地跳动着……平稳地跳动着……心脏在平稳地跳动着……平稳地跳动着……呼气……吸气……心脏均匀地跳动着……跳动着……

“随着每一次平静的呼吸，缓慢的呼吸，心跳越来越轻柔……越来越平缓……这每一下平稳的心跳，都会令自己更加平静……更加放松……更加舒适……好，心情很平静……越来越平静……

“渐渐地，身体进入最放松、最舒适的状态……最放松、最舒适的状态……在每一次的呼吸中，心跳都会更加的轻柔……更加的缓慢……好……做得非常好……心跳会更加轻柔……更加缓慢……在每一次的呼吸中，会感觉到心跳非常轻柔……非常缓慢……非常轻柔……非常缓慢……心跳非常轻柔……非常缓慢……非常轻柔……非常缓慢……心跳非常轻柔……非常缓慢……非常轻柔……非常缓慢……好，非常好……就是这种感觉……享受这种感觉……用心体会这种感觉……非常舒适……非常轻松……

“现在，身体的感觉完全正常了……现在，身体的感觉完全正常了……完完全全地正常了……好……请慢慢地睁开眼睛……慢慢地睁开眼睛……回到现实中来……请慢慢地睁开眼睛，完完全全地回到现实中来……睁开眼睛……完完全全地回到现实中来……好，已经回到现实中来了……回来了……”

回到现实中后，可以缓缓地舒展一下身体，慢慢地向左右摇晃几下头，深呼吸，就会感觉既舒适又自在。

想象法自我催眠

想象法自我催眠主要适用于想象能力比较优秀的人。想象力是人类重要的能力，但是并不是每一个人都有很好的想象力，正如不是每一个人都拥有出色的体力一样。你可以根据自己的喜好，开始想象不同的场景，但最好是你曾经去过的，或者一直想去的地方，如在清晨的山顶呼吸新鲜空气、在美丽迷人的海边晒太阳，等等。尤其是当工作疲劳或压力过大的时候，最适合使用想象法进行自我催眠，只要根据自己的需要来进行想象，就可以获得美妙的催眠体验。

自我催眠想象法最好是在一个安静的、光线较暗的房间中进行。在进行之前，将身体靠在沙发上或者躺椅上，全身放松，不宜穿着过紧的服装，否则将有碍于全身放松。眼镜、领带、手表、项链、戒指等也要摘下。如果喜欢的话，也可以放一些轻柔的音乐，最好是没有歌手唱歌的自然音乐，如钢琴曲、小提琴曲等。如果配合和想象内容有关的音乐，效果会更好。

进行想象法自我催眠，首先想象你的眼前和四周有一片云雾，在云雾的上空就是太阳。云雾代表障碍、压力、疲劳和困难，太阳代表着成功、创造和智慧的光芒。想象中的太阳最初可能会比较朦胧，以后云雾会逐渐消散，太阳渐渐变得明亮，放射出自由、幸福、美好的光芒。这同时也是暗示自己将会越来越好，身体越来越健康。自我暗示的步骤如下：

“好，现在请缓缓地舒展一下身体……找一个你觉得最为舒适的姿势坐好或者躺好……做几个深呼吸……慢慢地闭上眼睛……闭上眼睛以后，继续缓慢地呼吸……呼吸……呼吸……心情随着缓慢地呼吸渐渐地平静……非常平静………非常舒适……数三下，1、2、3，眼前出现了一片云雾，云雾在身体的周围缭绕，看见

怎样让想象法效果更好

1. 在进行自我催眠想象法时，在想象的过程中要注意，必须完全集中你的注意力，如果配合和想象内容有关的音乐效果则会更好。

2. 有时候，想象出来的图景可能会不太清晰，不过没有关系，依然可以根据一些指导性的语言来进行暗示。经过了几次自我催眠之后，有了经验，你想象出来的图像就会越来越清晰。

3. 其实，当自己学习劳累、工作疲劳或者压力过大的时候，也可以想象面前有一个巨大的水晶球或者一道温暖的白光，而你则像一块蓄电池源源不断地吸取着能量。

了云雾、云雾……右手的小指动一下，数三下，1、2、3……这些云雾对生活、学习等构成了障碍……它代表着不满、失败、压力、挫折、疲劳，它影响了生活……这些云雾让人感到困惑，感到为难，使自己的情绪感到不快……而现在，在这些云雾的上空，出现了太阳……出现了太阳，这太阳有一些朦胧，还有些看得不很清楚。但是它的确存在……这也让人看到了希望……太阳慢慢清晰起来……比刚才看得更清楚了一些……

“阳光逐渐变得明亮，它代表了成功、创造和智慧，你看见阳光渐渐地穿过了云雾……渐渐地穿过了云雾……云雾开始慢慢蒸发，而你自己的双肩开也始感到轻松……太阳照射云雾，强烈的阳光将云雾完全驱散了……完全驱散了……驱散了，只剩一轮红日，一轮红日……太阳光照在身上，暖洋洋的……暖洋洋的……太阳光照射进大脑中，你的大脑中也是一片光明……一片光明……把这些太阳光分别命名为‘自信力’‘集中力’‘创造力’‘成功力’以及自己所希望的名称……现在已经很清晰地看到了太阳……阳光照耀下越来越舒适……越来越温暖……

“你把太阳的光芒充分地吸收进体内，使你自己的身体里也都充满了光明，甚至开始发光……现在你数二十下，当你数到20时就会自然地苏醒过来，回到现实中来，好，准备开始数……1，2……20，慢慢地睁开你的眼睛……慢慢地睁开眼睛……慢慢地回到现实中来……苏醒，好，已经醒过来了……完完全全地回到现实中来……一切恢复清醒状态……回来了……回来了……”

在进行想象法自我催眠时，必须完全集中你的注意力，不要受外界影响不断分心。虽然说有时候想象出来的图景可能会不太清晰，不过没有关系，依然可以根据一些指导性的语言来进行暗示。经过了几次自我催眠之后，有了经验，你想象出来的图像就会越来越清晰。最后，要暗示自己更加清醒、有活力地醒过来。这样关于想象的自我催眠就完全结束了。

其实，当自己学习劳累、工作疲劳或者压力过大的时候，也可以想象面前有一个巨大的水晶球或者一道温暖的白光，而你则像一块蓄电池源源不断地吸取着能量。总之，根据自己的需要进行合适的想象，让自己安静下来，就能进入很舒服、放松的状态，进行积极的自我暗示以后就能达到轻松美妙的催眠状态，最终取得好的效果。

呼吸法自我催眠

呼吸法其实是众多方法中最简单、最易学的自我催眠方法。我们在工作或学习疲倦的时候，伸个懒腰、做上几个深呼吸，立刻就会感到神清气爽，精力十足。当然，我们平常的呼吸都是浅呼吸，是为了维持基本的生理需要。而催眠中的呼吸主要以深呼吸为主，呼吸有时缓慢而悠长，主要目的是为了帮助自己更好地放松。在运用呼吸法自我催眠时，可以采取仰卧位或者坐姿，也可以是其他姿势，总之只要自己觉得舒适就可以。

可以参考以下的引导示例：

“好，现在请舒展一下你的身体……找到一个你觉得最为舒适的姿势坐好或者躺好……把身体调整到最舒适的姿势……好，非常好……现在，请慢慢地闭上你的眼睛，开始完全放松……放松……现在，自由地，轻松地呼吸……对，按照自己想要的速度自由地呼吸……就在这一刻……任由心中的想法自由地浮现……好，吸气……呼气……非常轻松……非常舒适……

“就像这样，顺其自然地吸气，呼气……对，就是这样，吸气……呼气……这样自然地呼吸着……渐渐地，会感觉到四肢非常温暖……非常沉重……对，就这样，会感觉到四肢非常温暖……非常沉重……非常温暖……非常沉重……好，用心去感受那种沉重……继续放松……呼气……吸气……

“四肢就像浸满了温水的海绵，软塌塌的……非常沉重……很温暖……好，就这样……四肢非常沉重……非常温暖……四肢就像浸满了温水的海绵，软塌塌的……非常沉重……非常温暖……非常舒适……继续轻松的呼吸……内心越来越平静……越来越平静……

“在这个平静、舒适的状态下，心脏在轻柔地跳动着……呼吸中，会感觉到心跳很轻柔……非常缓慢……非常轻柔……非常缓慢……心跳非常轻柔……非常缓慢……非常轻柔……非常缓慢……呼吸逐渐均匀……感觉非常舒适……不知不觉间……呼吸变得越来越平和……越来越顺畅……非常平和……非常顺畅……呼气……吸气……就是这样……继续保持……

“对，就这样，感觉到自己的呼吸非常平和……非常顺畅……非常平和……非常顺畅……

“自己的呼吸非常平和……非常顺畅……好，非常好……就是这种感觉……就是这种感觉……在下一次的催眠中，你就会有更加明显的感觉……现在，请记住这种感觉……在下一次的催眠中，你会有更加明显的感觉……你会感觉一次比一次轻松……一次比一次舒适……

“现在，你身体的感觉完全地正常了……好，请你慢慢地睁开眼睛……睁开眼睛……回到现实中来……你身体的感觉完全已经正常了……完完全全地回到现实中来……回到现实中来……好，你已经完全清醒过来……就在原地，轻轻地拍打自己的身体，缓缓地向左右摇晃几下头，感觉到非常舒适，非常自在……轻轻地拍打自己的身体，缓缓地向左右摇晃几下头，感觉到非常舒适，非常自在……非常舒适，非常自在……太舒服了……太自在了……随意地看看远方……伸伸懒腰……感觉好极了……”

在进行呼吸法的时候，可以尝试着结合前面讲述过的放松法，效果将会更好。

腹部调控法自我催眠

腹部调控法，也称“揉肚子催眠法”，是一种比较特殊，但又特别舒适的自我催眠法。它可以非常好地调节你腹部的交感神经和副交感神经，可以使胃、肠、肝脏等腹腔脏器的功能更加强健，更加完善。也可以起到解除疲劳、改善睡眠的目的。一般来说，腹部调控法需要采取仰卧的姿势，而不是按照自己的喜好来选择，这一点一定要注意。现在大家可以参考下面的引导示例进行：

“现在，找一个舒适的姿势仰卧下来……慢慢地调整一下呼吸……缓缓地吸气……缓缓地呼气……吸气……呼气……就这样做几个深呼吸，慢慢地闭上眼睛……让自己安静下来……越来越平静……慢慢地吸气……慢慢地呼气……渐渐地，身体放松了……从头到脚都放松了……每一个活跃的细胞也都安静下来……放松……放松……

“在平缓的呼吸中，身体也随之渐渐地放松了……随着每一次的呼吸，都会使身体更加放松……更加放松……放松……随着平缓的呼吸，身体越来越放松……现在请尽情发挥你的想象力……想象身体的前方出现了一缕阳光……在平缓的呼吸中，这一缕阳光变得越来越清晰……越来越清晰……身体越来越放松……继续放松……

“阳光的颜色是一种温暖的颜色……在慢而深的呼吸中，阳光越来越清晰，越来越温暖……好……非常好，在又慢又深的呼吸中，阳光将越来越清晰，越来越温暖……阳光在照向你的腹部……温暖地照向你柔软的腹部……想象温暖的阳光正照向腹部（阳光照射的部位以胸骨剑突和肚脐连线的中间部位最佳）……好……非常好，阳光非常温暖……非常温暖……阳光非常温暖……非常温暖……你的腹部渐渐感受到了……感受到了……

“温暖的阳光照在腹部……温暖地照在腹部……阳光非常温暖……非常温暖……照在腹部……温暖地照在腹部……渐渐地，腹部变得非常温暖……非常舒适……非常温暖……非常舒适……温暖的阳光照在腹部……渐渐地，腹部越来越非常温暖……越来越舒适……越来越温暖……越来越舒适……用心关注自己的呼吸和腹部的一起一伏……好，吸气……呼气……腹部很温暖……很舒适……

“腹部非常温暖……非常舒适……非常温暖……非常舒适……好……就这样，静静地享受着温暖的阳光……静静地享受着阳光……阳光温暖地照耀……照耀在腹部……腹部越来越温暖……越来越舒适……在温暖的阳光中……腹部变得越来越温暖……越来越舒适……有一种舒畅的快感……很舒适……继续感受……

“在温暖的阳光中，腹部变得越来越温暖……越来越舒适……越来越温暖……越来越舒适……好……就这样，静静地享受着温暖的阳光……静静地享受着腹部温暖的感觉……静静地享受着……温暖的阳光照耀在腹部……非常温暖……非常舒适……就是这种感觉……好好享受……

“好，请记住这种感觉……现在，阳光渐渐地消失了，而当你需要它时，阳光会再次出现……现在你身体的感觉完全正常了……完完全全地正常了……好……请慢慢地睁开眼睛……慢慢地睁开眼睛……舒舒服服地回到现实中来……睁开眼睛……苏醒……完完全全地回到现实中来……回到现实中来……好，已经完全回来了……回来了……”

如果说我们前讲述的几个方法是有利于调控心理的话，那么腹部调控法不仅仅局限在心理层面，它更有利于加强生理方面的功能。只要你能找到那种感觉，并且好好地体验和感受，不需要太长时间的摸索，你就能取得非常好的效果。

专注法自我催眠

专注法自我催眠也是一个比较方便的方法，它可以在任何时间、场合进行。例如，在会议开始前、考试前、等人或者午休时，只要你能够找到一张可以坐下的椅子，就可以立刻进行。通过进行专注法自我催眠，醒来以后，会感觉身体就好像被充了电一样。所以，这个方法不仅适合为自己缓解压力、放松心情、增强自信，还可以作为午后补充能量的绝佳方法。

专注法自我催眠一般的进行方式是这样的：伸出一只手，举到你眼睛前面，与眼睛保持水平；也可以把这只手自然地放在大腿上，低头凝视着这只手，然后用力地张开你的手指，让整个手掌张开，集中精力凝视着手掌，静静地体会整个手掌的感觉，感受手心传来的温度。

需要用到的暗示语是可以参考这样的：

“要保持深沉而缓慢的呼吸，集中注意力进行凝视……随着每一次的吸气，都能感觉到小腹在微微地隆起……吸气……呼气……感受吸气时肚子扩张的感觉，然后感受吐气时肚子收缩的感觉……随着每一次的吐气，都把所有的不快、烦恼、忧愁都吐了出去……都吐了出去……把满足、幸福、愉快都吸回来……吸回来……

专注法使用的注意事项

专注法是一个比较方便的方法，它可以在任何休息的时间、场合进行，是一种简单方便的自我催眠方法。在具体使用中，还需要注意以下几点。

1. 专注法可以在任何休息的时间、场合进行，只要能够找到一张可以坐下的椅子可以进行。通过专注法，醒来以后，会感觉身体就好像充了电一样。这个方法适合为自己缓解压力，放松心情，增强自信，也适合在午后为自己补充能量。

2. 如果一开始觉得这些很难做到，可以多进行几次，只要注意力足够集中，呼吸保持缓慢而平静，就会发现手指可以自动、自然地并拢，好像是手指在听从你的思想一样。这个方法的关键就是要集中注意力在手部的感觉上，一般进行两次之后，都可以达到非常好的自我催眠状态。

3. 另外，在利用专注法进行自我催眠时，有必要加上保护性的指导语："任何时候，我被人打搅或者遇到其他事情需要我及时醒来，我都会非常愉快地，非常轻松地醒过来，不会有任何不舒适的感觉。"这条保护性的指导语能够避免你被人打搅时出现感觉不适的情况。

"继续保持手指用力张开的状态……继续保持，保持大约1分钟……充分地体会手掌的感觉……充分地体会……体会这感觉……现在，开始数数，从10数到1，数到1的时候手指会自动地并拢。体会手指颤动、缓慢并拢的感觉……10，专注地凝视手掌，感觉非常放松……9，手掌在渐渐地并拢，感觉非常放松，非常舒适……8，渐渐地并拢，感觉非常放松、非常舒适……7，专注地凝视手掌，凝视它在渐渐地并拢……6，是的，在渐渐地并拢……5，专注地凝视手掌在渐渐地并拢……4，手掌在渐渐地并拢……3，渐渐地并拢……2，并拢……1，并拢……如此重复数次，直到自己可以明显感觉身心都比平常更为放松，注意力更加集中，即可进行下一步。

“现在，你感觉非常放松、非常舒适……越来越放松，越来越舒适……继续凝视着手掌，保持深呼吸……渐渐地眼睛感觉非常疲倦，无法再坚持凝视了……眼皮已经睁不开了……眼皮感觉很沉重……很沉重……眼睛正在慢慢地闭上……慢慢闭上……好，慢慢地闭上你的眼睛吧，自然地闭上眼睛吧……慢慢地、自然地闭上眼睛吧……现在你已经进入舒适的催眠状态……你会感到更加轻松……更加舒适……”

在这样的状态下，只要再按照自己内心的愿望对自己进行暗示就可以了，比如，“我会度过一个非常美好的下午”，“我能圆满地解决这件事情”，“我会在醒来之后更加呼吸通畅，心情愉快”，等等。醒来以后，会感觉身体就好像被充了电一样。当然，你也可以只是好好地休息一下，在这种催眠状态下，休息也会非常充分、非常舒适，确实是午后补充能量的绝佳方法，要比正常的午睡更加适合。所以对于处于高压下的人来说，多做几次，不但不会觉得不适，反而会有一种舒畅的快感。

如果在一开始你觉得这些非常难做到，没有关系，你可以多练习几次，只要注意力足够集中，呼吸保持缓慢而平静，你就会发现自己的手指可以自然地并拢，好像是手指在听从你的思想一样。这个方法的关键就是要集中注意力在手部的感觉上，我们的思想会带来行动本身。一般来说，进行两次之后，都可以达到非常好的自我催眠状态，放松而专注，也有助于情绪缓和，之后，自然就可以平静而专心地去进行你要做的事了。

另外，有一点需要指出的是，在利用专注法进行自我催眠的时候，很有必要加上保护性的指导语：“任何时候，我被人打搅或者遇到其他事情需要我及时醒来，我都会非常愉快地、非常轻松地醒过来，不会有任何不舒适的感觉。”这条保护性的指导语能够避免你被人打搅时出现感觉不适的情况，或者避免与他人冲突的可能。经过多次练习和体会，你会渐入佳境。

前额法自我催眠

科学研究的数据明确显示，当人心情愉快的时候，人前额的体温是略有下降的，所以通过前额法进行自我催眠，让自己能够更直观地感受到身体舒适的状态，对人们的身心愉悦感有非常大的帮助。

前额法和其他自我催眠法有很多相似之处，比如在一开始，你可以采取坐姿，也可以仰卧，只要选择自己觉得最为舒适的姿势就可以。前额法的导入过程也可以根据自己的需要进行，具体暗示可以参考以下指导语：

“找一个舒适的姿势坐好或者仰卧下来……现在，做几个深呼吸……缓慢而深沉地吸气，呼气……缓缓地吸气……缓缓地呼气……吸气……呼气……在缓慢而深沉的呼吸中，闭上眼睛……闭上眼睛……当你完全闭上眼睛时，身体就随之渐渐地放松了……在缓慢而深沉的呼吸中，身体渐渐地放松了……好，呼气……吸气……现在，请你用你的潜意识把你那种愉快的感觉调动出来，然后，把这种感觉逐渐扩散到你的全身……

“随着每一次的呼吸，身体都会更加放松……更加放松……每一次的呼吸都会使身体更加放松……更加放松……越来越放松……非常放松……放松……好，做得非常好……每一次的呼吸都会使身体更加放松……更加放松……现在请发挥想象力，想象自己在一片自然的风景当中……这片风景是你自己最喜欢的风景……是自己最喜欢的风景……自己在这里享受着这片美丽的风景……渐渐地，有一阵微风轻轻地吹来……轻轻地吹在额头上……感觉很惬意……很舒适……微风轻轻地吹来……轻柔地抚摸着额头……

“清爽的微风轻轻地吹来……吹在额头上……额头感觉非常清凉，非常舒适……感觉非常清凉……非常舒适……微风轻轻地吹在额头上……额头感觉非常清凉……非常舒适……心情无比舒畅，无比快乐……微风轻轻地吹在额头上……额头非常清凉……非常舒适……非常清凉……非常舒适……感觉到额头非常清凉……非常舒适……非常舒适……好……非常好……就是这种感觉……慢慢体会这种感觉……很舒心、很惬意的感觉……

“微风轻轻地吹在额头上……额头感觉非常清凉……非常舒适……非常清凉……非常舒适……心情无比舒畅，无比快乐……非常好……额头感觉非常清凉……非常舒适……请充分享受这感觉吧……微风轻轻地吹在额头上……额头感觉非常清凉……非常舒适……非常清凉……非常舒适……心情也变得无比舒畅、无比快乐……额头真的非常舒适……非常舒适……身心也变得愉悦起来……愉悦起来……

“继续静静地享受……额头感觉非常清凉……非常舒适……微风轻轻地吹在额头上……非常清凉……非常舒适……非常清凉……非常舒适……心情也变得无比舒畅、无比快乐……额头真的非常舒适……非常舒适……好，记住这种感觉……记住这种感觉……

“现在，请和这片美丽的风景暂时告别吧，等你想回来时，你还可以随时回到这片风景之中……想回来时，还可以回到这片风景之中……随时回来……回来……

现在，身体的感觉已经完全地正常了……已经完完全全地正常了……好，请慢慢地睁开眼睛……慢慢地睁开杨静……舒舒服服地回到现实中来……睁开眼睛……完完全全地回到现实中来……回来了……苏醒……你已经完完全全地回到现实中来了……回来了……回来了……”

精神分析中的前额法

弗洛伊德毅然放弃了经典催眠法后，采用了“前额法”。这种前额法和我们介绍的前额法不一样，它也叫作“精神集中法”。

弗洛伊德让患者在清醒时回想患病经历或体验，患者不能回想时，就让他闭上眼睛，然后把手放在他的额部，对他说：“我按着你的额头你就能想起来了，那些事像图画一样出现在你的眼前。不管你想起或看到什么，就直接说出来。”

使用“前额法”治疗也可能会出现两个问题：一是用手按压患者的前额，使其难以进行联想；二是不断提问，干扰了患者的思路。这还是一个接受暗示程度的问题。

两种前额法完全不同

自我催眠的前额法	VS	弗洛伊德的前额法
想象自己的前额变得很舒服，进而将自己导入催眠状态		治疗师把手放在对方额头上，让患者产生自由联想

第四章 自我催眠助你缓解心理压力

缓解压力，带来轻松

每一个人都会想获得自己理想中的成功，而任何意义上的成功，其先决条件都是要有一个心理健康的自我，一个具有高度自信、平静祥和的自我，一个较为完善的自我。

无论人生如何一帆风顺，总会有令人紧张、感到压力的时刻降临，尤其那些事业成功人士。误会、争执和竞争都可能增加心理负担。只有适时减压，懂得缓解自己的压力，才能保持良好的心境，给自己带来轻松。

自我催眠术给人最大的帮助就是改善自我的状态，缓解压力，带来轻松。许多公司职员、老板，即将面临重要考试的学生以及其他人，常常处在一种高度的心理疲劳、紧张的压力状态之中，他们经常都会感到紧张、焦虑、不安、头脑昏昏沉沉、思路非常不清晰，这些来自各方面的压力使得他们烦躁不堪。他们最大的愿望是能够彻底摆脱压力，事实上又很难做到。其实，这些人只要能够利用平时片刻的休息时间，做上一次自我催眠，那么，他们的这些压力就会得到缓解，心情会更加愉快。

以下的指令就是专门用来消除日常生活中经常遇到的紧张、不安或者焦虑等负面情绪的，做完以后，你会感觉到自己的压力得到有效缓解，感到平静而且轻松。当然，这只是作为参考，你也可以根据具体情况进行调整。

“现在，我要把今天一整天的紧张、不安与焦虑消除殆尽。以后，我的每一天都会非常放松、非常舒适、非常平静，就像现在一样。我要将所有加诸我身的紧张、焦虑、不安从我的身体和大脑中赶走，统统赶走，全都赶走，一个不留。每一天，我都会留意自己身体哪一部分会有紧张或者不舒适的感觉，假如有，我就会深深地吸一口气，再深深地、慢慢地、长长地吐出来。在我吐气的同时，身体中紧张的部位也会得到放松，当我的身体得到放松以后，我整个人都感觉好了很多，舒适了很多。在消除了身体的疲劳与紧张之后，我同样将思想上的焦虑也赶走了，因为人在身体相当舒适放松的状态下将不会感受到那些焦虑、不安与紧张。我此时似乎忘却了自我，忘却了存在，时间和空间消融在一起，没有边界，灵魂深处只有一片纯净、一片宁静。

“从现在这一刻开始，我每天都将过得非常轻松，而且在工作时也会十分专心。我每天都可以保持一种轻松愉快的心情，而且发现生活是如此温暖、美好、友善。我与所有的亲戚朋友相处都觉得非常融洽、非常快乐。由于使用了非常明智的方法来激发我身体中的潜能，我变得比从前更加健康了，也更加聪明，更加优秀了。由于我所有的焦虑感都好像是大热天里的水分在不断从地面上蒸发掉一样，所以我对自己的将来充满了信心，我也十分乐观。现在，我更乐于抽出一些时间去与他人相处，游览各地风情，细细地享受我生活中的每一部分。我会经常回想自己经历过的美好经验，回想那安静祥和的一切。很快，我的内心愉快起来，前方变得一片清明。

“我设想着，自己每天醒来都会感到完全地放松和快乐，我心情十分的平静，乐观，愉悦无比，从容地伸着懒腰，打着哈欠。我感到我的精力非常充沛，我没有任何压力，我发现在没有焦虑的时候自己的感觉如此好，而且期待着以后每天都可以这样。当我起来，向洗手间走去，准备进行梳洗时，我感到身体都能体会到自己将要去梳洗。自己内心的东西显得非常清晰，而且还很有条理。我明白，自己每天都可以继续保持轻松、快乐、认真、积极的状态。在我的身体和头脑的每一个具体部分里，都渗透着这样一种潜在的平和、安全、宁静的感觉。所有的焦虑与烦恼都被轻松地冲刷掉了。在我生命的每一天里，都会感到开心、放松、舒适、平和、宁静，我今后的生活也会更加轻松、自在。

“就从现在开始，我可以自己选择远离焦虑，感受放松的生活方式。在任何时候，当我有焦虑、紧张的感受时，我唯一要做的事情就是握紧自己的拳头而已，然后数到 5 慢慢地松开它。当我数到 5 的时候，我的拳头就慢慢地放松了，所有的焦虑也就都消除了，自己也感觉放松多了，非常舒适。一定是这样的，不会错的！”

参考的唤醒模式：“我只要从 5 数到 1，就会让自己从催眠状态中清醒过来。当我数到 5 的时候，我就会变回我原来的活跃状态，完全地清醒过来。5……开始从催眠中醒过来。4……开始感知到周围的事物，有一种满足感、安全感或舒适感。3……期待着催眠给自己带来满意的结果。2……感到平静、愉悦、平和，而且精神振作。1……现在我完全清醒了，又恢复活力了，就好像获得了新生，这种感觉美妙极了。”

改变你对压力的感受

美国有一位心理学家进行了这样一项研究：让 50 位中学教师接受为期两个月的自我催眠训练，其目标主要是改变他们对近期所经历的压力时间的认知或想法。12 个月以后，这位心理学家再将参加过自我催眠训练的教师与没有参加过自我催眠训练的对照组教师进行比较，结果显示，参加过自我催眠训练的教师受压力的影响明显低于那些没有参加过自我催眠的教师，这充分说明了自我催眠对于人们的重要性与必要性。

压力首先是一个物理学的概念和躯体的感受。但是，躯体能感受到的压力都是有形的，人们能够清楚地知道这样的压力的来源、大小和逃避的方式。所以面对精神上的压力，更需要在潜意识里面去说服自己放轻松，由此改变对压力的看法。

其实，你肯定已经注意到了，当自己在面临一种压力事件时，假如你的家人或朋友曾经也有过相同的承受压力事件，那么，你受到这种压力的影响就要小一些，假如你从来没有看到过你周围的人经历类似的压力事件，那你受此压力的负面影响就会明显大得多。这是为什么呢？道理说出来其实非常简单，你对周围的人所经历的同样压力的认知和想法影响着你对压力事件的感受和行为反应。你从周围的人所经历过的同样的压力事件中所得到的认知或一些想法，与你从未看到过任何人有过相同压力时间段的认知和想法可能不一样，你比较清楚压力到底是什么，也知道该压力极有可能会给你带来哪些不良得后果，等等。因此，你对压力的感受可能也就没有原来那么悲观、消极，自然你的压力就能够得到缓解。通过运用合理的暗示作用，自我催眠术就能彻底改变你对压力事件的认知和想法，从而也就改变了你对压力地感受，最终达到缓解压力的目的。一旦你对自我催眠能够驾轻就熟，你无须要求自己，自然而然能够放轻松，也就能达到自我催眠的境界。

在家里进行解压催眠

缓解压力的自我催眠法有很多种，实现的方式也有多种，而且可以在各种场合进行，可以是在家里，可以是在办公室里，也可以是在大自然的环境里。

家无疑是比较理想的解压催眠场所之一。找到一个合适的时间，确定没有任何人打扰你，或者直接告诉自己的亲人不要打扰自己，选择一个相对安静的房间，紧紧地关上房门就可以了。假如是白天，可以将窗帘拉上，让室内的光线暗一点。然后，选择好一个靠背椅子，舒适地坐上去，让自己的后背轻轻地靠在靠背椅上，静静地思索一会儿，确定这次自我催眠可以帮助自己缓解压力、改变心情、放松身心、带来轻松与愉快。在家里进行的自我催眠按照实施情况主要可以分为 4 种：松弛法、想象法、凝视法，以及视觉想象力法。

松弛法

这种方法是最为简单实用的家庭催眠法，所以我们把它列在最前面，你可以跟随着以下台词示例开始放松：

"闭上你的眼睛，现在进行深沉而缓慢的呼吸，当你呼吸的时候，感觉你的身体在真正地放松，同时也让你的头脑完全地平静、放松，什么都不必想，什么也不要去想，只是注意你的呼吸。（停顿 3 秒钟）现在的你确定你自己正在渐渐地放松，你感觉非常舒服，太舒服了，这个时候，不管你心里有什么样的想法，只是完全地感觉自己更加舒适，更加放松。随着你的呼吸慢慢地进行，你的放松会更加明显，你的感觉更加舒适。（停顿 3 秒钟）现在，你感到全身已经完全地放松了，这是你一个人在这里做练习，没有他人为你做，就是你自己。（停顿 3 秒钟）现在，允许你把放松展现在你的面部表情上，只是想想你的脸在渐渐地放松，（停顿 3 秒钟）然后，允许这种放松散布到你的整个头部，这大脑的盔甲，只是想想放松的头部，（停顿 3 秒钟）静静地享受这种放松，这种放松慢慢地移到了你的颈部、（停顿 2 秒钟）肩部，（停顿 2 秒钟）向下到了你的双臂，（停顿 2 秒钟）还有你的双手。现在，让这美妙的放松慢慢向下到你的胸部、（停顿 2 秒）腰部、（停顿 2 秒）臀部、（停顿 2 秒）腿部、（停顿 2 秒）双脚，然后可以慢慢延伸到你的每一个脚趾上。（停顿 3 秒钟）你继续进行缓慢而深沉的呼吸，现在，这种放松已经完全地传遍了你的全身，你更深放松，一点一点地、更深地放松。（停顿 2 秒钟）

"现在，我准备数数，从 10 数到 1，当你听到每个数字时，你就会感受到更深一层的放松，当我数到 1 的时候，你就进入了非常深的放松状态。（停顿 3 秒钟）10，（停顿 4 秒）9，（停顿 4 秒）8，（停顿 4 秒）7，（停顿 4 秒）6，（停顿 4 秒）5，（停顿 4 秒）4，（停顿 4 秒）3，（停顿 4 秒）2，（停顿 4 秒）1。（停顿 4 秒）现在你已经彻底地放松，你已进入一种催眠状态，你所有的注意力都在你的内心，你只专注于你自己的内心，你能够接受或者拒绝外部世界给你的所有信息，你能够轻松地、完全地控制自己。"

这个时候，你已经达到了很放松的状态，进入了你想要的催眠状态。接下来，你就可以使用先前就已经编写好的缓解心理压力的自我暗示台词。比如，"现在，你感觉到每天每时都很轻松、愉快和舒畅，就像此时此刻那样轻松快乐。你将让

 会不会陷入恍惚状态醒不过来

很多不了解催眠的人总是对催眠有很多担心，其中一种就是担心自己陷入恍惚状态后醒不过来。真的会有这样的情况发生吗？

1. 催眠跟做梦是完全不同的，处于催眠状态时，我们的潜意识还在保护着自己，有危险发生时，我们就会自然醒来，不会像在做一个不会醒的、充满恐慌和焦虑的噩梦。

2. 自我催眠中最糟糕的结果也不过是转入睡眠状态，你会瞌睡一段时间，然后自然醒来，忘记了自己是怎么睡着的。自我催眠虽然也有可能有危险，但是危险发生的可能性是极其微小的，而醒不过来的可能性几乎不存在，完全没必要担心。

3. 告诉自己当走出催眠恍惚状态后会精神抖擞、反应灵敏就是一个好办法。比如我们可以这么暗示自己：“我很快就会睁开眼睛。睁开眼睛后，我会清醒过来，精神抖擞、反应敏捷。”

你身体和心理的所有紧张、不安和束缚走开，永远让那些焦虑、烦躁的感受缓解。（停顿 3 秒钟）在今后的日子里，你将会随时注意到身体的肌肉紧张，一旦感觉到了紧张，你将会进行深呼吸，让紧张的部位缓解下来。当你的身体得到彻底放松，你立刻就会自我感觉良好。随着紧张的消失，你的焦虑也会消失。（停顿 3 秒钟）从现在起，当你面对工作压力的时候，你能够从容对待，能够专心处理。你有一个愉快、乐观的态度去面对你自己的人生，你能发现你的生活更加快乐，更加幸福。（停顿 3 秒钟）现在，你能够完全处理好身边的人际关系，能够轻松愉快地与亲人和朋友相处。如今，你的身体状况变得越来越好，这使得你的行为举止非常得体，

你受到人们的称赞。你对你的所有生活计划和工作计划都充满乐观，因为所有焦虑不安的紧张、烦躁心情正在渐渐地蒸发，如同在三伏的夏天里，一滴水珠滴在滚烫的石头上立即蒸发掉了一样。（停顿 3 秒钟）现在，你非常享受每天的生活，享受与他人接触的快乐，享受周围发生的一切所带给你的平静和愉悦。”

或者：“你感觉内心非常安静，有一个内在平和的深蓄水库，无论何时，当你感觉到了情绪性压力所产生的紧张、不安，你就会自动放松，打开内在深度平和的蓄水库，让这种平和流遍你的心智、身体和灵魂。有了这种积极的感觉，你感到满足、平静、快乐，以更新、更强、更大的勇气和能量，重新面对你的人生，这种过程从此刻开始产生效果，并将继续下去，让你永远不停地积累平和。”

或者也可以是这样的：“任何时候，一旦察觉到心理压力，你就会自动放松，你完全能够控制自己的情绪和感觉，你拒绝让压力以任何形式来打扰你。（停顿 3 秒钟）你宁静地、理智地和客观地回顾着自己的每一种情况，对于如何面对你的人生，你做出了最好的决定，你非常快乐，你非常轻松，你非常幸福，那就是你的存在方式。”

想象法

想象法也是操作比较简单的方法，比较适合在家庭使用，可以跟随着以下台词示例进行想象：

“现在，你想象你自己站在一个山顶上，周围的天空一片黑暗，布满了乌云，你周围的空气压力非常重，渐渐地开始刮起了风，下起了雨，时有闪电穿过天空。你无路可走，你感到大雨向你袭来，你的全身都被雨水淋湿了，你明显感到周围非常沉重。”闭上双眼，想象自己被雨水淋湿后感觉非常沉重。

“你看看上面的天空，突然看到乌云中出现了一小片蓝天。啊，好漂亮的蓝天，湛蓝湛蓝的，你以前从未看到过这么漂亮的蓝天。你继续盯着这片蓝天，发现蓝天的面积变得越来越大，越来越大，现在，你头顶上的乌云也正在渐渐地散去……

“这个时候，你看到了一束阳光，阳光好温暖，照耀在身上真的好舒服。你看到那束阳光正慢慢地变大，云团渐渐地消散，阳光越来越明朗。你感到自己正在慢慢地放松，你的身体好平静，你的周围世界也变得很美丽、很干净，一切事物都是那么新鲜。”想象你自己是多么放松……

“此刻，你看到彩虹出现在了天空，你注视着彩虹，并仔细观赏它那美丽迷人的色彩。彩虹横架在天空中，好漂亮，你注视着迷人的彩虹，感到非常轻松，非常快乐。你被这种正面愉悦的心情和美丽的自然风光紧紧包围着，你非常享受这种快乐，你相信自己的身体已经达到了极度的放松，你的心情宁静而祥和。你以往所有的烦恼和消极情绪都随着乌云的飘散而去了。现在，你站在彩虹的下面，心情格外舒畅，心中充满了乐观积极的感觉。你感觉好幸福，你相信这种感受将永远伴随着你。”

另外，你还可以进一步这样想象：“当你每天早上醒来，就感觉非常轻松、非常舒适，看到自己内心非常平静、非常乐观地在房间里舒伸着四肢、打着呵欠，这个时候，感觉非常精神，周身舒适、爽快。你意识到没有烦恼和压力的感觉真的是太好了，并期待着新的一天开始。然后，你走进卫生间开始晨间洗漱，你整饰着自己，同时感觉自己从里到外都非常清爽，身体轻松，内心平静，心情愉悦。你知道在这一天里你能够继续保持这种放松、专心、愉悦、乐观的感觉，这种感觉只能出自于自己放松的躯体以及祥和、乐观、积极的思想。（停顿 3 秒钟）所有的焦虑、担忧、不安和压力将随着早晨的洗漱一起被统统洗刷掉，流进排水管道，取而代之的是你那种幸福、放松、快乐、舒适和平静的感觉，你就这样开始了新的一天。（停顿 3 秒钟）

“从现在开始，你选择一种放松、愉快和没有焦虑的生活方式。只要一旦感觉到不安和烦恼，你就紧握自己的拳头，慢慢数三下，然后慢慢地放松拳头，当你数到 3 的时候，完全地把拳头放松，不安和烦恼也会跟着消失，结果你将感到舒适和放松，一身轻松。”（停顿 3 秒钟）

当你这样对自己进行催眠后暗示时，潜意识就接收到了暗示。这个时候，你停止暗示，你还会感觉非常放松、非常舒适和困倦，想睡觉，但是，你知道应该慢慢把自己带出催眠状态。

“你给自己的暗示，已经深深地植入你的潜意识，现在，它们产生了效果，以你的人生行为格式表现出来，随着你的每一次呼吸，这将越来越有效。你已经能够进行自我催眠了，在任何你希望的时间，你都能够把你自己放进这种潜意识接收暗示状态。现在，将自己从催眠状态中唤醒过来，你能够感觉到自己正在回到正常情形。现在，从 1 数到 5，你数到 5 的时候，你就会完全地清醒过来。（停顿 3 秒钟）

“1，昏睡开始离开你的心智；2，你的身体开始移动和完全警觉；3，你在慢慢地清醒；4，你更加清醒；5，你睁开眼睛，完全清醒回到正常，感觉非常好，非常舒适，精力充沛，心平气和。”

或者，你也可以这样进行想象：

“想象你正走在一条美丽的乡村小道上，你完全被周围的自然风光所吸引，小鸟儿在树上歌唱；绿茵茵的草地上，点缀着五彩缤纷的野花；阳光明媚，天空湛蓝，你走在小路上，心情愉悦极了。（停顿 3 秒钟）你继续沿着小道走下去，边走边唱，你的声音非常美妙和动听，你感到自己在这里非常放松、快乐、自由自在，好像完全可以忽视世界的存在。（闭上双眼，感受你有多么放松）你抬头往前看，在小道的前方，有许多的石头挡住了你的路，石头有大的也有小的，奇形怪状。你停了下来，看看这些石头，你发现每块石头如同是你生活中的一个个压力或阻碍物，阻挡着你去实现人生目标。你可能根本叫不出它们的名字，但是无所谓，你知道它们正在阻碍你的前进。（继续闭上眼睛，想象看到了这些石头）

“此刻，在你的身上出现了一股超人的力量，你看了看周围的石头，这时，地上出现了一把铁铲子，你就像超人那样，拿起铲子非常快地在路边挖出了一个大洞，你看着这个大洞，大得足以将所有的石头放进去，你往洞底看，看不到底部。（想象你在看洞底）你开始一块一块地搬石头，把它们搬起来，全部扔进了那个大洞里，你不在乎石头有多重，你有着超人的力量，很轻易地把它们全部扔进了大洞里。（想象看到自己把石头扔进洞里）当你搬完所有石头以后，你又拿起铁铲子，铲起周围的泥土填充了这个黑暗的大洞，填满之后，你站在上面，跳一跳，蹦一蹦，你知道现在你的道路已经被你自己清扫干净了，所有的压力和烦恼都被埋葬掉了。你做了一下深呼吸，感到一身的轻松，因为所有的紧张和压力都从你的肉体、你的心里和灵魂中同时永远地消失了，你现在感到从未有过的放松与愉快。（停顿 3 秒钟）你感到非常愉快，你又继续往小道上走下去，你感觉自己特别开心，边走边唱起来，非常快乐、非常幸福，你相信这种幸福感将一直伴随着你。”（停顿 3 秒钟）

或者这样进行想象：“你想象看到自己变得非常平静、祥和以及放松，想象自己是在一个浸满了热水的木盆中泡澡，或是在一个美丽的森林小屋内休息，或躺在海边的沙滩上沐浴着温暖的阳光。当这一天中的压力或烦恼像画面一样浮现在你的眼前时，你逐个地修正它们，把它们变小，变模糊，然后将它们全部抛弃。你有无比巨大的力量，你有不可思议的力量战胜它们，将它们抛弃，你的力量还在持续地增加。你能够统治一切，能改变所有消极悲观的事情，并以积极乐观来代替。你非常乐观，并且非常积极，无论你面临什么样的逆境，相信通过自我催眠都能让你转危为安。”（停顿 3 秒钟）

最后，你开始慢慢自我苏醒：“现在，你将通过数数来慢慢地苏醒，从 1 到 5，当你数到 5 的时候，你就睁开了你的双眼，你感到你的身体轻松，精力充沛，心情舒畅，自我感觉非常良好。（停顿 2 秒钟）1……准备清醒过来，（停顿 4 秒钟）2……现在慢慢地开始清醒，（停顿 4 秒钟）3……感觉完全地回到了正常，感到非常满足、非常安全、非常快乐和舒适，（停顿 4 秒钟）4……感受到周围的环境，（停顿 4 秒钟）5……睁开眼睛，完完全全地清醒过来，感到精力充沛，身心美妙极了，好像重新换了一个人，充满了活力，感到无比舒服。”

结束了自我催眠练习之后，你会有一种非常美妙的感觉，好像自己更新了，但是你肯定会感到非常踏实、非常安全，因为潜意识已经开始按照你的种种暗示来进行运作。而且，不断进行想象练习，你就能训练自己进入更深的催眠状态，达到你所期望的目的。

凝视法

在你的家中找一个最安静、最不会被打扰的房间，点上一根蜡烛（也可以拉上窗帘，将房间里的灯光全部调暗）。你坐在一张舒适的椅子上，开始凝视蜡烛的火焰："此时，你不要专门想任何事情，只是把你的眼睛固定在火焰上就可以了，静静地凝视着这火焰，同时让你的心智漂流，让任何思绪自由进来出去。（停顿 3 秒钟）现在，通过你的鼻子深深而缓慢地吸气，憋气大约 10 秒钟，（停顿 10 秒钟）然后通过嘴巴慢慢地吐气。这样重复呼吸过程 10 次。随后你就会发现自己的内心已经沉寂安静了。

"现在，你要对你自己说，'我头顶的肌肉放松了……我的头皮渐渐地放松了……在我的头皮，有一种愉快舒适的感觉。'你想它，你就会感觉到它。然后，让这种奇妙的感觉往下传，传到你的面部，你的面部肌肉也在渐渐地放松。从你的脸，让这种放松继续往下，去放松你的肩部和胸部的肌肉，耸起你的肩膀，然后突然间放松，让你的肩膀垂下来，让这种放松将跟随你的思想一路往下去，放松它们，想象它们都在放松。接下来，想到你的手臂和双手完全放松，想象它们靠在椅子的把手上会有多么沉重，它们变得非常沉重，让你的思想继续往下走，直到你的脚，想象放在地板上的脚会有多么沉重，放松它们，想象它们都在放松。（停顿 3 秒钟）现在，将你的思想集中在你的整个身体，突然间，将你身体的全部一起放松，放松你的整个身体！

"在整个逐步放松期间，你一直凝视着你眼前桌子上那支一直都在燃烧的蜡烛。在这个时候，你的眼睛已经非常疲倦了。现在，你的眼皮非常非常累了，非常非常沉重，已经睁不开了，你非常想要闭上眼睛进行休息。"

当蜡烛四周的事物变得模糊之前，只需要非常少的心理暗示，你疲倦的眼皮就会闭上。在你的眼睛闭上之后，你要接着进行对自己的暗示：

"继续去想，你应该如何想睡，想你自己毫不费力地就要睡着了……想你的呼吸有多么深沉而缓慢……你整个身体感觉是多么轻松愉快，想你整个身体好像都不见了，都消失了的感觉，然后，好像有某种麻痹的感觉正传遍你的整个身体，而后越来越没有感觉；你可能开始体验在你的手指头的某种麻刺感，你的手指放在椅子的把手上，你甚至能感觉到一点点脉搏，开始在你的手指头跳动，你沉下去，沉下去，要睡着了；沉下去，沉下去，继续下去，进入催眠状态。"（停顿 3 秒钟）

此时，你非常想睡觉，但是实质上你不是真正地要睡觉，而是在进入催眠状态，这个时候，你的潜意识显露得最显著，能够非常容易地接受你所希望的种种暗示。接下来，你就可以使用缓解压力的语言暗示和想象暗示，并反复暗示多次。例如你可以这样进行暗示："现在，你是一个拥有非常多情感的，健康、完整的人。你被一个庞大的保护罩保护着，守护着，不会受到任何压力的侵袭。保护罩能够保护你不受压力的侵袭。压力反弹回去，远离你并消失了。压力反弹回去，远离你并消失了。无论压力是从哪里来的，或者是谁给你的压力，都会弹回去消失，弹回去消失，都会消失。（停顿 3 秒钟）

"现在，你感觉非常好，因为整天都被保护罩保护着，不受到任何压力的干扰。现在，你感觉非常好，度过了一天，你看见压力弹回去消失了。外来压力越大，你的内心就会越平静。现在，你感觉你的内心非常平静。让你的内心慢慢平静下来吧，你本来就是一个平静的人，你从来不应受压力的侵袭，你以某种方式让自己轻松，让自己舒适，你现在对过去的刺激有了全新的反应。（停顿 3 秒钟）这个全新的反应让你感觉强壮、平静和自由。你的日子充满了成就，你因为这些成就而感觉幸福。你自我感觉非常好，是因为你有新的反应，并且因此让你的日子更快乐、幸福。你平静、强壮、没有任何的压力。"

或者你也可以这样暗示："现在，你的身体如此轻松，心智如此祥和、平静。一切都已经完全安宁，你非常平静，非常平静，整个世界也十分平静。现在是一片宁静、祥和。现在你能够完全地掌控自己的思维。你已经完全放松了，随时接受平静、快乐的思想。这些平和并且快乐的方法，会毫不费力地把压力和焦虑一扫而空。（停顿 3 秒钟）

"你的忧虑、不安和压力正在渐渐地消失，慢慢地融化在你身边的空气中。非常快地，它们将不复存在。现在，它们真的一点都不存在了。你一点也不会感到担心，更不会焦虑。你坚不可摧，所有的压力和焦虑都无法击败你。"

视觉想象力法

视觉想象力法是最有效的催眠减压法之一。想象的影响力是无比巨大的，它比语言更容易带领你进入到催眠状态，而视觉想象则比单纯的想象更加具体。举个例子，你是一个初学驾驶者，只要你能够经常想象自己轻松自如地驾驶车，想象你是一个非常熟练、潇洒的驾驶员，那么你在学习驾驶技术时就会非常快，害怕上高速公路的恐惧心理也会非常快地消失。

在进行视觉想象力法之前，还是需要找一个安静的房间，尽可能让室内的光线不要太明亮，非常舒适地坐在一个有靠背的椅子上或者斜躺在沙发上。可以选择一首轻柔的背景音乐，当音乐开始播放时，深呼吸几次，让自己的心身平静下来，然后开始自我想象。可以随心所欲去想，想你去过的地方或者想要去的地方；想你看到过的或想要看到的东西，等等，但是要把好一个原则，即想象的画面用心性语言描述，想象能使你达到完全的放松。例如：

“想象自己在美丽迷人的海南度假，正在舒适地斜躺在一张沙滩椅上，置身于风光旖旎的海边，四周都是纯白的沙滩，蓝绿色的海浪不断地冲上岸来，你能够听到来自大海的轻柔而有节奏的旋律；你可以感受到从身边飘过的略带湿气的海风。温暖的阳光静静地洒在身上，你甚至能感到阳光照到了头皮，暖暖的，非常舒适。此刻消除了你所有的紧张、不安和焦虑，就好像你的所有思绪都停滞了，因为你正在集中精力体验那温暖的阳光。（停顿 3 秒钟）你让阳光继续照射你的面颊、双眼，然后到达你的下巴，非常温暖，非常舒适。

“阳光亲吻着你的脖子，阳光轻拂着你的喉咙，阳光正伸出无数只手在温暖地按摩你的双肩和后背，让你格外放松，非常放松。这种放松像温暖的电流一样，慢慢地、暖暖地流向你的手臂，直到流向每个手指尖。（停顿 3 秒钟）你开始注意到你臀部的反应了，连它也体验到了温暖的阳光，也在开始消除紧张，渐渐地放松。此时，你又注意到了你的大腿，它们在温暖的阳光下也开始变得微微发热了，但还是非常放松，你也能感到双脚及脚趾都是如此温暖和舒适。（停顿 3 秒钟）

“你继续沐浴着阳光，感到全身都是懒洋洋的，什么也不想做，同时闭上你的双眼，让自己自然地进入催眠状态。你深深地做了 3 次深呼吸，1，2，3，你好像看到橘黄色的阳光正照在你的眼罩上。这个时候，阳光渐渐变得暗淡，但却更加舒适，而你也在渐渐地、渐渐地走进自己的内心深处。（停顿 3 秒钟）此时，你走进一栋漂亮、高大的建筑里，你穿过旋转式的玻璃大门，进入华丽的大厅。里面的每个人都非常有礼貌，向你微笑着，你也向他们微笑致谢。然后，你走向大楼的电梯门。你从好像镜子的电梯门上看到自己的形象，显得非常轻松和自信，你按了一下向上的按钮，电梯门立刻就开了。当你走进这个宽敞华丽的电梯里感觉非常安全、踏实还有享受。你按了下数字 15，数字‘15’亮了起来，电梯门关上了，电梯开始带有轻微的声音平稳地向上移动。

“电梯很快就到了 15 楼，你又按了向下的数字 1，并对自己说，‘电梯要往下了，我要往下沉了。’电梯开始向下移动。当电梯移动时，聪明的你一直都在观察着电梯楼层的数字，电梯每下一层楼，你就会感到进入更深一层的放松状态。电梯每下一层，你就更加放松，当电梯到达 10 的时候，你已经出现了恍惚的状态。（停顿 3 秒钟）

“此时，你的眼睛一直盯着电梯上的楼层数字显示屏，你的心情非常平静，非

常平静，非常非常平静，整个身体随着电梯的下降而感到更加放松，你的心智更加安静。（停顿 3 秒钟）电梯缓缓地停了下来，你知道自己已经到了 1 楼，这个时候，你也已经达到非常放松的状态了。电梯门打开了，你走出了电梯，在大楼的大厅里休息，坐在柔软的沙发上，非常放松，非常舒适，并享受这种放松。”

这个时候，你进入了令人满意的催眠状态，你开始应用暗示语在潜意识里改变你的压力思想：

“自我催眠中的放松，将激发你内心平静、安详、愉悦的感觉。现在你精力充沛，能够处理好生活中可能遇见的所有烦恼和压力。虽然，你无法改变你的生活和工作环境，但是你能够非常好地自我调节去适应环境，能够以积极、乐观的态度面对那些使你产生压力的人、事件和环境。不管你选定的目标是什么样的，你都能轻松地实现。每时每刻，你给予自己的所有正面的暗示，你的潜意识都能成功地接收到，并重新修改程序，把那些消极悲观的想法和习惯行为全部都消除掉。（停顿 3 秒钟）

“从今天开始，你就会变成一个自由自在、充满活力、积极乐观的人，你能削减曾经或者现在还有的任何心理压力以及任何消极悲观的行为和信念。由压力给你带来的生理和心理伤害全都能够得到修复，并达到一种新的平衡。你拥有了所有必需的内在意志力，能够重新打造你的世界，你变成了一个能力强大的超人，你能够应对任何的压力。你无条件地尊重和接受着本该享受这一切的自己，你具备非常强的自律能力以实现个人目标。每天你能用各种方式增强自律能力。你知道去做那些应该或需要去做的事情，停止做那些对你来说没有任何意义的事。现在，你能适应生活中的各种改变，能保持住改变在你面前慢慢地进行。面对多种选择，你能够做出正确的决定，总是能够去做你喜欢做的事。你是一个非常有自信心和自我信赖的人，你非常独立和果断，能够正面自我想象，能做好任何你想要做好的事。（停顿 3 秒钟）你有雄心、恒心和决断能力做好每一件事，因为你是一个伟大的成功者。你的确有非常强的自律能力来实现你所有的目标。每天的经历都能给你带来增强一点自律的结果。现在，你能把一些复杂的工作合理地分成几个小部分，然后在同样的时间里一步步完成这些让人畏惧的工作。你做事总是得心应手。

“你非常清醒地专注于自己的理想，毫无保留地努力实现自己的人生目标。你随时警觉和专注正在所做的一切，不让其他的任何杂念影响到你正在进行的工作。你是一个成功者，从现在开始将永远展现出一个成功型人格，自信、独立。

“你的内心充满了独立性和果断性，你的自我平静与大自然相结合，融为了一体，你为自己的成就而感到自豪，感到安全、可靠、被保护。每天，不管你是在做什么，都会感到更加自信，感到自己有能力解决任何问题。在人生道路上，没有你

自我检查的简要总结

从正常状态到催眠状态是一个微妙的过程。人们常常会感觉不到这种转变，以为自己没有进入催眠状态。我们可以参考 3 种现象来判断是否成功地进入了催眠状态。

1. 确实带来改变

自我暗示确实带来相应的感受。

如果你做了“香烟会苦得让人不想吸”的暗示后，香烟确实变苦了，说明催眠成功。

2. 感受程度变明显

暗示产生越来越明显的效果。

如果暗示自己“会变得很放松”后，真的感到放松，且越来越放松，说明催眠成功。

3. 产生时间错觉

比较实际时间与感觉时间相差多少。

如果在催眠中，感受的时间与实际时间相差明显，说明催眠成功。

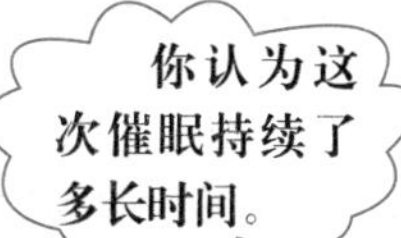

不能越过的障碍，没有不能克服的压力。”

反复地给予了自己这些暗示语之后，你现在就可以自我苏醒了。苏醒的方法和台词完全可以使用前面的示例。

在办公室里进行解压催眠

作为上班一族，大多数压力可能来自你忙碌的工作或者与工作有关的种种人情世故。有的时候，在工作中会遇到一些突发的压力事件，为了不影响工作的正常进行，你需要及时地缓减压力，而这个时候，最好的办法就是在办公室进行一次 5 ~ 10 分钟的自我催眠治疗。在进行自我催眠之前，应该把你办公室的门关上，拉上窗帘，暂时拔掉电话线，避免那些外来的干扰。

镇静催眠法

镇静催眠法可以让你非常快地平静下来，产生安全感。事实上，对你的潜意识而言，镇静催眠法就好像一颗功效非常强大的镇静剂一样。你在进行镇静催眠法之前，按照自己的情况设定好时间，大概 6 分钟即可。这种意识停止的状态能让人完全放松，尽管是短短的几分钟，也能够大大恢复我们的精力。镇静催眠法的步骤可以参考如下：

选择一个自己认为最舒适的姿势，轻松地坐在椅子上，将房间的灯关上或者拉上窗帘。从头到脚让自己完全、彻底地放松，让体内的紧张压力缓缓地流出体外，让自己如释重负。你渐渐感到疲倦，全身感觉软弱无力，大脑一片空白，甚至有一种昏昏欲睡的感觉。

现在，开始梳理你的思绪，保持一颗平静、愉快的心，在让身体放松的同时，心神也尽量达到安定、和谐。此时外界对你不会产生任何影响，你一心沉浸在自己的世界中。

眼睛凝视着天花板，在心中想象天花板已变成飘着朵朵白云的天空。想象自己的身体正在逐渐地飘浮到这些美丽而柔和的云朵上，那么轻飘、那么柔软、那么舒适。

现在开始回想，保持缓慢而舒适的心情，回想不久前让你觉得非常有成就感的讨论或谈判，回想那些事件中使你胜利的转折点，回想你曾经说过的话、做过的事，回想某个兴奋的时刻，充分享受这种感觉。你非常舒适、非常愉悦，从内心深处感到非常轻松、非常自在，还有些得意。不断重复这种景象多次，直到你的得意消失，可以完全平静为止。

慢慢地让自己从云朵上下来，感觉非常平静、舒缓、思绪集中。转换这些愉快的感觉，带到你将要面对的问题上，也就是现在你最忧心的问题。总之，根据自己的需要进行最适合自己的想象，一定能达到美妙的催眠状态。

等到你设定的时间一到，便从椅子起来，拉开窗帘或者打开灯，让房间重返明亮，把这突如其来的光亮视为你个人成功的光明礼赞。你已经成功了，困难和烦恼都已经不复存在，只剩下现在，现在就是你一个全新的开始。假如情况允许的话，你可以反复练习这种方法，直到你的心情完全平静下来。一个人遇到压力并不可怕，关键的是要保持一颗平和镇静的心，直到发现阳光还是会重现在自己的眼前，那么自己将会有勇气和信心来面对。

视觉想象法

视觉想象法就是利用视觉来回忆一些你经历过的愉快假期或者想象期望中愉快的度假经历，来消除你的紧张、不安、烦躁和焦虑心情，达到缓解压力的目的。这个视觉想象就好像你经常都有的白日梦，请记住，你的想象力是非常丰富的，你完全可以自由地想象，随心所欲，你完全可以驾驭它。

你可以选用我们前面介绍过的任何一种方法，让自己进入非常放松的催眠状态。之后，请参考下面的台词进行暗示（因为是进行想象、回忆，所以暗示语用第一人称比较好）：

“我将开始数数，从10数到1，每数到一个数字，我就会更容易、更容易想象去年和好友在那个美丽的山村（具体的地方，当然只能由你自己来选定）旅行，更容易想象那美丽安静地方的环境、声音和感觉。10，更深更深的身体放松，随着每一次深呼吸，我就更容易想象那个美丽的地方，那里是那样漂亮、幽静、完美，蓝蓝的天空，青青的草地，潺潺的小溪……9，更深更深的内心层面的放松，随着我的呼吸声音，我更容易想象那次愉快旅行的感受，那样兴奋、那样愉快、那样满足……8，更深层、更深层的情绪放松，我越来越放松，感觉越来越好，感觉越好，就越想要放松……7，更深更深的全身放松，我越是放松，越容易达到更佳的放松，越容易清晰地回忆那个美丽的地方……6，我的每一个细胞、每块肌肉都在完全地放松，好像我已经成为那个安静美丽如同仙境的山村的一部分……5，每数一个数字，我就进入更深层的放松，我的感觉是如此美妙……4，当我继续向更放松深入，我更加容易回忆那次旅行的所有美好的东西，那漂亮的环境、愉快的玩耍，以及我安详、平和的心情……3，我的身心进入了完全的放松，非常放松，内心也进入完全的平和，无论我走到哪儿，我都非常平静、非常愉快、非常轻松……2，现在只尽情享受这种平静，这种轻松……1，进入了非常深非常深的放松……内心非常平静、非常平静……感觉非常轻松……非常轻松……（停顿3秒钟）

“当我用一根手指触摸一个拇指，或者做一次深呼吸并想‘放松’这个词的时候，我的内心立刻会感到非常平静（用手指触摸拇指），在我任何清醒的时候，我都会感觉得到平和、镇静，能心平气和地思考问题、处理事情……（停顿3秒钟）现在我的内心就如我希望的那样轻松、平静，我感觉就好像小睡了一个小时，我非常享受这段休息，非常舒适、非常美妙……醒后我将焕然一新，精神奕奕，神采飞扬……”

此时，你就可以按照我们上面介绍过的苏醒方法，从1数到10，让自己慢慢地清醒过来。

密集法

假如你想要说服、规劝某人，你可以勇敢、自信地注视这个人两眼正中间的部位，你会发现自己非常容易就能把要讲的信息完整、清晰地表达出来，而且能够轻易地说服对方。假如你注视靠近眼前的物体，你就会感到晕眩，而你晕眩的程度会随着凝视的时间而增加。凝视过一段时间以后，你会发现眼睛周围的视野也会渐渐地变得模糊，所有可见的事物都会从视线上消失，最后只剩下在你两眼中间部分前方的那个物体。这种自我催眠法就叫作密集法，也是视线集中的一种方法。

你可以找一张白色的纸板，用圆规及黑色的笔在纸上画上一些同心圆。最大的圆直径为30厘米，各同心圆的距离大约为8厘米，然后在中心点画上一个粗的黑点，以便你可以把注意力凝聚在这个中心点上，而慢慢忽视旁边的圆。

现在，你可以舒舒服服地坐在你的办公椅上，将那块同心圆图纸板钉在墙上，其高低位置要正好与你的头部平齐，纸板与你的眼睛距离不可以太远（大约20厘米），否则效果很差。然后，你可以把双手臂自然地放在椅子的扶手上，整个人要保持自然地放松，以便能够马上进入到你最自然最舒适的状态。事实上，只要你能够将自己完全地放松，你就能马上感受到放松所带来的舒适感。

此时，你暂时闭上眼睛，进行了几次深呼吸，尽量让自己的身体和内心都能平静下来。然后，睁开眼睛，开始专心注视那个白色纸板上的黑色中心点，持续地注视。过一会儿，你会发现纸板上同心圆的线条开始彼此合并。而后，圆中央的黑点渐渐地变得越来越大，越来越黑。这个时候，你会发觉眼角余光中的物体也变得越来越模糊，同心圆的线似乎也都融化成一条又长又大的黑线，剩下的只是眼前那个黑色的中心点。你的注意力也完全被黑点所吸引，心理状态也在逐渐发生变化。

现在，你已经将视觉之外的所有杂念完全排除，视觉完全专注在一个目标上——也就是这个黑点之上。这个时候，你也要将你的思考集合并专注起来，让你的视觉和心思完全专注在这个黑点上面。身心尽可能地放松，这样一来你眼皮会慢慢感觉到疲倦。

当你心中的杂念已经完全排除，你的身体也就会完完全全地放松。这时你便可以念出那些正面的暗示语。这时，你的心智和视觉已经完全结合，并且一心一意地在一个单纯但是非常重要的目标上，而那些关于自我肯定的信息也正在慢慢地、一点一点地渗入你的潜意识中。你可以用低沉的声音对自己说：

“现在，我的眼皮开始变得非常沉重，渐渐地无法睁开眼睛。我将要入睡了，但是我并不是想要真的睡觉，我仍能听到我给自己的指令，并让我随着这些指令度过这一天。现在，我将进入愉快而舒适的催眠状态。”

最好多重复几次暗示语，你会发觉自己其实并非在睡觉，而是处于自我催眠的恍惚状态中。这种恍惚和被专业催眠师催眠的恍惚是没有太大区别的。然而在你催眠自己的时候，将不会产生被专业催眠师催眠的抗拒感，因为你是按自己所愿。现在，你继续给自己下达进入潜意识的指令或者暗示语：

“我现在所担忧的问题，等一会儿就会全部解决，因为我对所担忧的问题有清晰的洞察能力，我知道问题的关键所在，我非常有信心找出真正解决问题的办法，我会将问题处理得很好，这一点完全不用担心。”

或者：“我看到自己变成了一个非常有能力、自信、勇气和智慧的人，能果断地决定自己心智的人。我能在工作和生活中做出好的、正确的决定，尊重我自己敏锐的判断力。我行动从来不拖拉和推迟，能够好好地计划工作，能够选择最有效率的工作方法。我非常满足于我现有的工作，那些困难根本就压不倒我，那些问题绝对击不垮我，我有足够的能力、信心和力量去战胜它们，我不会为一些小小的挫折而自暴自弃，我会将这些压力变成动力，让自己更加积极主动地去面对这些挫折，直到战胜为止，我一定要让自己变成一个更为出色也更为强大的人。”

到大自然中自我催眠

当你遇到严重的心理压力的时候，可以找个合适的机会走出家门，到大自然里去，与大自然融合。呼吸新鲜空气本身就可以使你身体放松、心情平静。到大自然里去自我催眠，将是一件多么美妙的事。

你应该选择大自然中一个安静的地方，用一张床单铺在草地上或者自带一张有靠背的椅子，穿着一定要宽松，最好是比较休闲的衣服，不要忘记用一张小毯子盖在身上。假如你担心自己会睡着，可以事先带上一个闹钟，设定 15 ~ 20 分钟，然后平静地坐下或躺下，播放轻松的背景音乐或者以自然界的风吹草动，蓝天白云为背景……

凝视法

凝视法的暗示语是这样的："让你的眼睛凝视着远方的山脉、眼前的花草，现在进行3次深呼吸（3次缓慢而深沉的呼吸），随着你每一次的呼吸，都将使你与大自然充分融合而放松，你的肌肉变得非常放松，你感到非常舒适。你继续进行深而慢的呼吸。有这样的轻松时刻对你来说太好了，你可以做到全身心地放松，消除心中杂念，缓解疲惫的神经，从而集中自己注意力，尽情地享受美妙的视觉或者干脆做一个白日梦。

"你知道你的梦想一定会实现，你知道的，那只是一个时间问题，你现在所经历的一切，每个声音、每个思绪、每个情感以及每个感觉都将帮助你进入更深的放松……放松……进入一个安全和舒适的地方，一种深层转换……你继续专注于自己的身体和心智放松，你的呼吸异常平稳，每一次吐气都在帮助你进入到更深、更完全的放松……你感觉你的床（或椅子）完全地支撑着你，支撑着你的身体，它让你完全地放松……它分担了你所有的重量，现在让你的每块肌肉放松……完全地放松……你的面部、肩膀、手臂、大腿、脚以及你的呼吸和心智都非常放松，让你的所有肌肉放松……非常放松……太放松了……你完全置身于大自然之中，远离尘世的喧嚣……

"当你继续放松时，你注意到眼皮正在变得越来越沉重……它们是那样沉重，你想要闭上眼睛。你知道，当眼睛闭上之后，你将进入更深的放松，此时，你的眼皮变得越来越沉重，非常沉重、非常放松，它们想要闭上，然后带你进入更深的放松状态，在那里，你的梦想得到实现。你的整个身体正在变得更沉重和放松……放松……一股清新、温暖的电流正在通过你的全身，那温度真是恰到好处……美妙极了……你感到非常舒适。你的眼皮正在越来越沉重，带着你进入越来越深的放松状态，当你闭上眼睛之后，你已经不能睁开，它们变得非常沉重……你已经不能将它们睁开，除非到练习结束。眼睛已经非常沉重、非常放松，将带你进入更深更深的放松状态，你的眼睛非常沉重，将带你到更深层的放松状态。整个身心和大自然融为一体……和天地大自然融为一体……

"你的双腿和手臂非常暖和、非常沉重和放松，你好像正在温暖的水面上漂浮，那种感觉好极了，那种感觉非常轻松、非常舒服……非常舒服……慢慢地，你开始往下沉，下沉到一个充满能量的温暖海边，随着每一次吐气，你正下沉更深更深，这是一种非常好、非常放松的感觉。现在，你开始数数，从20数到1。20，你正漂浮着渐渐往下沉；19，你像一片叶子从空中飘落大地，感觉越来越愉快，感觉越来越放松，感觉越来越舒适；18，你的身心正漂浮着下沉，更低地下沉；17，随着每一次的吐气，你下沉得更深，周围的环境非常安静、祥和；16，让周围所有的一切都随风而去，慢慢地飘向大地，任它们自由自在；15，当你飘向大地时，感觉到一种非常深的平静，感觉非常舒适；14，你的心身飘落更深更深，大地和善地以它那无穷的疗伤能量轻托着你；13，你的双腿不能动弹，它们变得非常沉重、非常放松；12，你还在往下沉，非常舒适；11，你感觉特别沉重，一种愉悦的沉重感，如此不可思议的轻松的沉重感，一直飘落大地；10，越沉越深，越沉越深；9，心身相互交融进入祥和空间，非常祥和的空间，非常广阔的空间，看到那五彩缤纷的颜色，感到美妙极了；8，感觉非常放松、非常深入，就像进入海底，进入了大峡谷底……非常美妙……非常舒适；7，越来越深；6，你的双腿不能动弹，它们非常沉重，你越感到沉重，你的身体越是沉得更深；5，慢慢地飘浮着呈螺旋式下沉，越来越深，飘浮在一道暖光流之上，越来越沉重，向下，飘向下；4，越来越飘向下；3，那光所放射出的色彩非常平静、非常柔和，这里非常安静，非常静谧；2，你正在越来越下沉到这道光上；1，你进入了这道光的底部，融化在光里，与这祥和的光融合在一起了，如此舒适，如此美妙。”

这一段暗示，请注意其中的逻辑性，特别是层次性和感觉顺序。严谨的催眠暗示语言组织模式能够大大提高催眠的效力。

想象法

这样进行想象：“现在，想象你是在一个非常神奇也非常迷人的地方，或者一个不可思议的洞穴里，那里面有一个小小的瀑布。对你来说，这是一个完美神秘的地方，你躺在一块光滑、暖和如同天然躺椅的大石头上，大小刚刚好，正好可以容得下你，你感到太舒适了，简直无法用语言形容。当你刚躺下来，就有一只豹走了过来，躺在你的身前，你感到了它的重量压在你的脚上，你认出来原来它是这个洞穴的保护者，是过来保护你的。这个时候，你看到一道美丽闪烁的光漂浮在洞里的水池上，那是一个珠宝球，像一颗明亮的星星在闪烁。它的后面是瀑布，那景色实在美丽极了！你已经完全沉浸在这美丽的景色中……你的内心非常祥和……

“当你观赏着那美丽的瀑布时，那温暖半透明的水上展现出一幅迷人的画卷，从画卷中，你仿佛看到了自己曾经的生活。你的身体和心智都被固定了，你不能动弹，同时你非常放松，周围的空气弥漫着松树的味道，非常新鲜，充满能量。那些空气和能量填满你的身体，你能感觉到一种让你恢复的能量，就像一道纯洁之光进入你的每一个细胞，能量也填满了你的每一种思绪、每一段记忆和每一个梦想。洞穴被许许多多的古树包围着，这些古树无限高地伸向蓝色的天空。洞穴内表层由光滑的石头围绕，石头的表面长满湿润的青苔，你专心欣赏着瀑布的流水，倾听着那美妙的流水声。你的身体也变得更加舒服……瀑布流水声也越来越大……你也感到越来越舒服……

“你感到正有一种神奇的力量在你的身体和心灵中穿梭，简直太不可思议了！你的能量是一道纯光，你记得自己是谁、从哪里来、为什么来这里、这次探险有多么珍贵。你真实地感受到自己能做任何想要做的事，你非常相信自己，你明确地知道，你自己一定能够做到，只要你愿意，无论什么事情，你都可以做好，因为你承诺要让自己改变、成长、恢复元气和成功，此时，再次承诺一定会实现你的梦想。这个世界需要你完全自我充实，世界需要你！你获得了重生，你感到非常非常轻松、这感觉美妙极了！现在请你再次闭上眼，感受那不一样的氛围吧……

“你能看到来自瀑布后面的那些色彩，像一些耀眼的宝石，闪闪发光，你看到

想象的力量

想象动作或精神排演非常有效，因为你在想象动作时，神经的感应方式和实际动作时是一样的。据说这些动作和肌肉的收缩可以共同提高肌肉收缩的协调性。

想象，总是为艺术所追求，是它让艺术变成了魅力四射的少女，倾倒了一代又一代的艺术家，又迷恋了一代又一代的观众。

他的演奏真是把我们带进了大自然，仿佛身临其境啊！

想象，总是给人明媚的希望，前进的动力和方向。

在《运动心理》中，一部分人讨论了“精神排演”。他们建议运动员在脑海中排演，正确地做每个细节，这样，运动员的表演就会臻于完美。

的红色，就像红宝石一样，非常纯洁、漂亮、迷人、极富威力及热情。这种亮光形成了一道光柱向你照射过来，带着能量进入了你的全身，就像太阳发出的光芒，威力无比。你站在一个美丽的海边观赏太阳从海上升起，你看到自己心中充满感激之情，双臂伸向天空，开始飘浮起来。你有着无比巨大的力量，非常放松和舒适。这是最不可思议的一年，你比以往任何时候都做得更好、更坚强、更善良、更有耐心和恒心。你看上去非常惊喜和快乐，并充满了自信，相信自己能做好任何事。当你转过去，你就看到20年以后的自己，一个有智慧、有能量、有自尊和自信的老人。他发送了信息给你，使你进入非常放松的状态。此外，在感受大自然的同时，配合冥想、腹式深呼吸等放松练习，更能帮助紧绷的肌肉迅速松弛，排除头脑中的杂念，达到最佳放松效果。

“当你静静地坐在这里，能感觉到身边那头守护你的豹子的能量，你感觉那豹子与你好像融合在一起，充满胆量、激情和绝对的威力。你感到在你的内心深处充满自由和力量，你现在就如同获得了重生一般，是那么自信且拥有活力。

“你听到从水池里有一个光亮星星的声音，它告诉你让你闭上眼睛，然后，你就进入了更深更深的放松。你感觉不可思议的舒适和放松，你的身体和心灵现在非常舒适，如此美丽迷人的色彩，多么轻松而且舒服的感觉！你得身体轻飘飘的……软绵绵的……飘向大地。你越是放松，越是进入更深的大地里层，就更加自信、更加有能量和自尊。你看到自己清晨醒来，精神饱满，全身充满一种神奇的能量，一整天里，这种能量帮助你完成所有通向实现你梦想的事宜。你感到惊喜、温暖、舒适和放松，随着每次吐气，你进入更深更深的放松，就像一片树叶飘入大地更深层，或进入海洋的深处，融化了。每次吐气带你进入更深的舒适、放松和平静。这是自我催眠的深化引导，起到稳定催眠状态或者加深催眠程度的作用。

“你看到自己的豹子躯体正在伸展它全身，然后用它的脚爪挖着树根，你的这个身体健壮、柔软，具有强大的能力。你安静地坐在那里，观望着周围的一切，威严并且平静，像是一个王者，你感到相当的自信，知道能做任何与实现梦想有关的事，相信自己真的能够做到。那种感觉就像拔出了插在大地上没有人敢拔的、没有人能拔出的宝剑，为了光明为了美好而奋战。现在每一个呼吸都能带你进入更深更深的放松，在这样一段时间里，每天你都记住天空中的太阳，感受阳光下的温暖，感觉自信心的存在，你将感受到那红宝石的自信能量瞬间填满了你的身体，还有那些光和热，你感到力量无边。从今往后，你能感觉更加自信、愉快，对获得重生充满感激之情，你无比热爱你的生活，你对生活非常有信心，你相信自己。生活能帮助你成长，这个世界里，每一个人都非常棒！都像你一样棒！活着真好，你爱你的生活，生活如此美妙！

“你的梦就会实现，你能完全看清楚自己的目标。现在，你需要将这种美妙的体验整合一下，然后将其带入你的内心深处。做一次深呼吸……深深地吸气……深深地呼气……让成功的影像和想法也进入你的内心深处。深深地呼吸……呼吸……吸进那些所有的想象、感受和领悟到你的内心，你看到了自己非常成功和幸福。你知道那些完美都将过去，现在真实感受到你的身体和呼吸，你感到眼皮回到了正常舒适的感觉，你恢复了元气，感觉眼皮非常好，双腿也非常舒适、非常强壮和放松，双腿真的棒极了。你正慢慢地苏醒，感觉恢复元气，非常新鲜、非常轻松，能够积极面对生活。这样的练习将会越来越有效果，往后美好的日子将不可思议，会更加幸福。你感觉非常轻松、非常舒适，在接下来的日子里，你一定会获得成功。你开始慢慢地苏醒过来，感觉非常好，现在，你已经准备好了，慢慢地睁开眼睛，迎来了美好的时刻，现在你要慢慢地睁开眼睛，回到现实中来，好，完完全全回到现实中来，睁开眼睛，你已经回来了。”

第五篇
催眠术即学即用

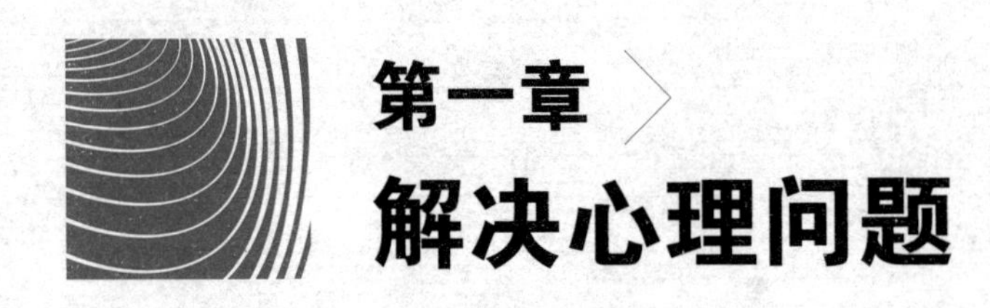

第一章 解决心理问题

减轻恐惧

一天下午，34 岁的家庭主妇朱莉，在一个大商场中购物时变得极度恐惧和迷茫。朱莉的心开始不规则地跳动，呼吸困难。她迅速离开商场，回家去给医生打电话。当她进入她的房子，她的症状开始平息。朱莉正经历“广场恐惧症”——一种害怕在公开场合露面的反常的恐惧。

在朱莉再次去超市时，同样的恐惧又一次出现。几天以后，她和丈夫一起去电影院看电影，她在停车场里非常害怕，不得不回到家。在接下来的日子里，朱莉不敢出门。她丈夫和邻居帮她做所有的差事。在寻求专业人士的帮助之前，她在家待了整整 12 年之久。

朱莉的恐惧症只是成百上千个对人、地点、事物和情形的非理性恐惧的一个例子。这种恐惧所带来的生理反应从轻微到强烈，程度不等。其症状包括掌心出汗、不规则的心跳、恶心、肌肉紧张增强、喘气、眼花和眩晕。

不是所有的恐惧都是有害的。实际上，许多恐惧甚至是有益的。例如，一个还没有被教会害怕交通事故的 4 岁孩子可能在一个两吨重的卡车面前散步。在这种情况下，恐惧是有用的，对于个人安全是有益的。

如果一种恐惧没有用，也并不意味着一定是有害的。事实上，几乎所有的人从生下来之后都经历过无用的恐惧，如对蛇、蜘蛛的恐惧以及恐高。对无用恐惧形成简单恐惧症的人，通常是通过避免引起恐惧的特定事物、动物或情形而能够正常生活。例如，在生活中患有恐羽毛症或恐蛙症的人，仅仅需要远离羽毛和青蛙。如果恐惧症不影响到感情、工作或生活，就不需要进行治疗。

可以通过回答以下几个问题评价恐惧对你的影响程度。

恐惧是否占据了我很多时间？我是否总在去想它？

恐惧是否使我做事艰难？是否使我改变行驶路线，而绕道 5 公里去上班？

恐惧产生的原因

恐惧可能在你生活中已经根深蒂固，似乎是不可能解开的，即使是在知道了原因的情况下。但是，不管导致恐惧的对象是什么——狗、雷暴、癌症、裸体、火、死亡，或被其他人接触，恐惧产生的原因主要是以下 4 种：

你的恐惧是源于极度的压力。

你的恐惧可能是害怕恐惧的产物。

你的恐惧可能是由他人传给你的。

你的恐惧可能是过去创伤的结果。

恐惧是否影响生活中的其他关系？

恐惧是否影响我的生理状态？手是否经常颤抖？脉搏是否经常加速？是否总头疼？是否恶心或眼花？是否口吃？是否抑郁？

如果你对以上任意一个问题回答“是”，你可能就需要进行治疗了。

解开恐惧

恐惧可能在你生活中已经根深蒂固，即使知道了原因似乎也是不可能解开的。但是，不管导致恐惧的对象是什么——狗、雷暴、癌症、裸体、火、死亡，或被其他人接触，恐惧产生的原因主要是以下 4 种：

第一，你的恐惧是源于极度的压力。压力能够被抑制很长一段时间或者抑制到一个程度，以至于以另外一种形式表现，即非理性恐惧的形式表现出来。你可能正承受大量与特定事物、地点和情形相关的压力，但是这些压力将以对其他事物、地点和情形的恐惧具体化。例如，布伦特害怕穿过城里某个桥。作为一间大律师事务所资历较浅的律师，布伦特在工作中承受着巨大的看不见的压力，经常感觉在与老客户面对面打交道中受到伤害。该律师事务所的办公室坐落于一座桥的对面。布伦特对桥有了一种不正常的恐惧，但他却不愿承认恐怖真正原因是工作中的巨大压力。海伦，一个 40 多岁的研究分析家，非常害羞，与人交流困难。经过几个她认为痛苦的社交遭遇之后，她对晚上开车感到害怕。这种恐惧使她逃避了大多数社交活动。布伦特和海伦都是将生活中的压力转移到另一个领域，导致所谓的“替换性”恐惧症。通常，在这种由于压力引起的恐惧中，人们会选择那些很容易避免的事物作为恐惧的原因，而不是害怕真正导致恐惧的难于或不可能避免的原因。因此，一个 9 岁的小女孩可能害怕可以避免的骑自行车，而实际上是害怕她的外祖父（是不可避免的）。

你的恐惧可能是几年来发生的导致巨大焦虑的一系列经历的产物。很多与你自身表现或者处于特定场合相关的恐惧能积累成恐惧的一部分。你可以认为这是一系列忧郁的事情累积使害怕的状态增加并永久保持。

卡尔最害怕参加体育活动。他在 8 岁那年开始学滑冰时，摔倒并把脸刮破了。10 岁时，在地区棒球赛中，自始至终他都受到一个大孩子的嘲弄。高中一年级时，田径教练告诉他需要先练肌肉。在其他人相互比赛的时候，他去绕场跑圈。到上大二时，卡尔就害怕失败，害怕任何体育训练，对在别人面前表演感到恶心。

这种个人经历，包括一系列消极经历，彼此相互强化，最终聚集成为恐惧，并且这种恐惧将延伸到生活的其他方面。

第二，你的恐惧可能是害怕恐惧的产物。“我们没有什么可害怕的，除了害怕本身”，这不只是一个修辞手法。如果你害怕恐慌，也就是说害怕本身，那么它是一个非常真实的恐惧。你的恐惧可能和任何事相联系，因为你认为当某些刺激下压力超过一定阈值时，你将感到恐惧。通过预见恐惧，升高了你的压力水平，对恐惧的恐惧形成了一个恶性循环。你为了避免很多害怕的情形，使自己的生活变得非常有限。你害怕去市区、害怕与某些人交谈、害怕有工作、害怕旅行、害怕养育子女。没有什么能避免你的恐惧，当恐惧扩展到你生活的各个方面时，你的活动将变得非常局限。

第三，你的恐惧可能是由他人传给你的。恐惧的这个起因最容易理解，因为它是由外界力量强加给你的。例如，如果你总是看见父亲对雷电感到恐惧，那么你也可能有同样的反应。这种情况下，你从行为榜样的人那里“获取”了恐惧。

任何与你有密切接触的人，包括朋友、邻居，甚至是陌生人，都可能把恐惧传递给你。如果你看到公寓中的某个人一看见电梯就会恐惧，总是使用楼梯，你自己可能最后也开始害怕电梯了。

第四，你的恐惧可能是过去创伤的结果。过去的痛苦情感经历，能够对以前引起恐惧的相同情形、物体、人或地点产生不合理的恐惧。创伤可以是有意识的或潜意识的，也就是说，你可能注意到恐惧的初始起因。

保罗 62 岁，是一家电子公司的销售代表。他有幽闭恐惧症，即一种常见的对封闭或狭窄空间的异常恐惧心理。30 年来，他一直害怕待在电梯、火车、飞机、轿车里，害怕爬楼梯。除非有其他人在同一个屋子里，否则他不敢洗澡。利用年龄衰退诱导方法，他回忆起在儿童时代，保姆将他一个人关在卧室的壁橱里。在黑暗中，他想象在壁橱里有个恶魔在窃窃私语，计划对他实施恶毒的攻击。长大以后，保罗在处于限制的空间里总会感到恐惧。

安是一个 39 岁的图画解说员，害怕与男人相处。哪怕是仅仅设想做出一个对男人的承诺，也会让她感到焦虑。为了避免可能需要承诺的积极关系（或者至少提供追求某种快乐的机会），安选择了一个满口脏话的男人。如果正好遇到一个细心体贴的男人，她将认为他的感情不值得信赖，害怕他将离开她，终止他们之间的关系。

在返童记忆诱导中，安压抑了 33 年的记忆被唤醒。在她 4 岁到 6 岁间，她父亲打她，折磨她。安的母亲很早就离开——她已经在很多方面受到了伤害。安对那样的一段关系已经形成了扭曲的看法，因为她认为只有全力取悦父亲，才能赢得他的满意，使他停止对自己的折磨。长大以后，安对那些与父亲有些相似的男人以同样的态度对待。在催眠治疗过程中，通过再现过去的事情以及切断它们之间的联系，安的情况得到了改善。

消除你的恐惧

无论是哪种类型的恐惧，都需要通过几个主要的步骤来消除。

第一，你需要确定导致恐惧的特定事件并切断它与恐惧情感的联系。被称作为返童记忆的方法，并不是所有人都适用的。在这里只是作为一个可选方法。

如果你决定继续这个技术，在你寻找恐惧的原因时，一定记住没有必要去强迫一个回忆，或者是集中在一个特定的年龄。使用返童记忆诱导时，事件会自动凸显出来，就能识别出初始的起因。诱导暗示：“让你的思想及时漂到过去。看见你自己在第一次感受到恐惧的年龄。问你自己，‘这是我第一次感到恐惧吗？’如果不是，继续回忆，直到你找到正确的事件。把这件事件呈现在你面前的屏幕上，想象你通过一绳索与这个场景连接。好，现在切断绳索。”

值得注意的是，在应用这项技术时，你需要向后追溯，在整个过程中需要不断停下来问自己，你正在回忆的经历是否就是导致你恐惧的真正原因。

约翰的“蜘蛛人”案例就是返童记忆诱导起作用的一个非常好的例子。约翰是一个36岁的成功商人，已婚并且有两个孩子。他生活的大部分时间里都承受着对蜘蛛的恐惧所带来的痛苦。当生活中有压力时，这种恐惧发展成为一种恐慌。他每天晚上都做蜘蛛攻击他的噩梦。他处于一个持续的焦虑状态，害怕在他还没有察觉时蜘蛛就爬到他身上。这种恐惧病已经严重影响到了他的正常生活，他决定采用催眠治疗。

约翰认为他的这种恐惧来源于儿童时代，那时候一家邻居用塑料的蜘蛛来吓小孩子。当他处于催眠状态时，约翰一直焦急地想知道导致创伤的确切原因。在最初的几个部分，他采用的是放松诱导法。随着约翰的压力在放松过程中减少，他的噩梦也减少了。在随后的几次治疗中，采用了返童记忆诱导方法，约翰回忆了他的整个儿童时代。

约翰的第一个与蜘蛛相关的回忆是邻居拿着塑料的假蜘蛛在草地上追逐小孩。这个时候，治疗师在保持约翰恍惚状态的情况下问了他一个问题：“这是你第一次感觉你害怕蜘蛛吗？”约翰回答说：“不是。”

约翰继续回忆更早的事情，每个让他害怕的回忆。在一个回忆中，约翰下楼到了他家的地下室。他发现了一个旧箱子，在箱子里面有他父亲参军时的随身用品，包括奖章、旧制服以及一顶帽子。在他找这些东西的时候，一只蜘蛛从制服里跳出来，爬上他的手。治疗师又一次问了同样的问题：“这是你第一次被蜘蛛吓着吗？”约翰再一次回答“不是”。回忆继续，直到约翰回忆起最早的事情。当他5岁时，他在一个废弃的地方玩耍，当他爬过碎石，一只大黑手，手指像大蜘蛛的腿，从废墟中伸出来，抓住他的腿。约翰奋力往外爬，终于挣脱了。因为怕不准他再去那里玩，因此，他没有告诉父母这件事。约翰成功把这件创伤置于意识之外。

一旦约翰知道了是什么原因引起他的恐惧，下一步就是让他旧的情感从记忆中释放出去。为此，他想象在电影屏幕上看见了这事情，他被一根绳索连接到屏幕，然后他切断了连接的绳索。

第二，像没有受到威胁的经历一样面对恐惧。想象你与你的恐惧面对面，你很舒适。你微笑着，因为你的恐惧丧失了它的力量和意义，你不再需要它，不再想拥有它。

消除恐惧的注意事项

社交恐惧症是一种对社交或公开场合感到强烈恐惧或焦虑的心理疾病。自催眠疗法用于社交恐惧症的治疗后，一些患者证实，催眠有着独特的疗效。

1. 催眠师诱导受催眠者进入催眠状态后进行暗示。完成暗示后解除催眠状态。催眠治疗一般每日一次或数日一次，病人配合得好，常常一两次即可治愈。

别担心，你的恐惧来自儿时的一次雷雨。

2. 在催眠暗示中，暗示语不能只着眼于症状的消除，而应该更重视去切断恐怖反应与引起这种反应的特殊事物之间的不良联系。

3. 在切断恐怖反应与特殊事物的不良联系后，还要强调曾经引起他们恐惧的所有东西都不再会、也不应该引起受催眠者的恐惧和回避。

第三，提高你的自信。信心总是与没有经历不正常的恐惧相伴而行。可以做这样的诱导暗示："你很自信，你能面对任何事，你充满内在力量，每当你感觉焦虑时所需要做的是感觉体内有巨大的力量。"

第四，根据特定的恐惧，利用积极的催眠后暗示重新编制潜意识。当然，你所使用的暗示想象要根据你的恐惧本身。你特定的催眠后暗示将描述导致恐惧的情形，但是，这个情形的每一部分都是令人愉快的，你对它的反应也是积极的。

进攻计划

因为恐惧症可发展为对世上任何想象的情形、任何人、地点或事情有反应，因此，不可能提出一个通用的、适用于所有恐惧症的诱导方法。所以，用于治疗你特定恐惧症的主要诱导应由 4 个或者 5 个成分组成。如果你的恐惧症的原因已经明确，那么主要诱导有 4 个部分组成。如果恐惧症是源于过去被压抑的创伤，那么主要诱导将包括 5 个部分。

对组成部分进行录音时，应连在一起形成一个整体。第 1 项是为了放松。第 2 项帮助你找到隐藏在潜意识里的恐惧起因。第 3 项帮助你正面面对你的恐惧，并以积极的方式去面对，得到力量超过它。第 4 项详细叙述你所存在的问题，重新编制你的潜意识，使你的行为有一个永久性的变化。第 5 项以放松和愉悦的状态把你带出诱导过程。

使用返童记忆诱导和面对诱导

恐惧可能有一个很深的情感起因，治疗它可能导致新的情感问题。为此，心理学家的指导将非常有益，他将帮助你选择合适的治疗方案。

如果你决定从你的潜意识里查明创伤或第一次引起恐慌的原因，你需要首先问你的潜意识是否允许你去查找恐惧症的原因以及这是否对你有利。如果是，那么诱导就可以进行，否则，你就需要重新考虑你行动的过程。

为了与你的潜意识交流，你需要用到"意想手指信号"。首先通过放松诱导使你自己舒适放松。当你完全放松以后，将你的注意力集中到你的手指。重复念"是……是……是"，一遍又一遍地重复，直到你注意到哪一个手指是你的"是"手指。继续想"是"，直到你感觉你 10 个手指中的一个手指有抽动或者扭曲——是你的"是"手指。现在，重复"不是"，一遍又一遍地重复，同时注意你的另外哪个手指有任何感觉、扭曲或者运动，那么这个手指是你的"不是"手指。

此时，你可以问你的潜意识是否允许寻找有关你恐惧症的信息了。问你的潜意识回归到过去找到恐惧症的起源是否对你有益。如果你感觉到你的"是"手指有任何的运动或感觉，那么你可以继续，让你的思维回到你第一次感觉恐惧的那个时间。如果你的潜意识给你一个“不是”的信号，那么就不要理会恐惧症的缘由，只能用其他方法处理恐惧症。

1. 返童记忆诱导

让你的思想漂移到过去，当你开始轻松地漂移，轻易地回到过去时，你看见自己变得越来越年轻，知道自己是安全的。你被自己的积极能量保护着，你像一个观众一样注视自己过去的经历。你可以在一个安全距离从远处去注视过去的经历，只要记住你是在控制之下的，你就可以从远处注视你过去的恐惧。你或许看见它们逼近你，或者你自己根本没有看见它，但如果你选择停止这部分，你只需要从1数到10，就恢复到完全意识状态。如果你准备好要继续，就让你的思想漂移到过去，回想你的害怕、你的恐惧。此时此地你是安全的，把自己当成一个侦探，你充满好奇，急切想知道你恐惧的原因，想调查所有的线索。及时回去，回到你第一次经历恐惧的时候，从远处观察，你可以想象自己是站在一个安全的距离以内，在屏幕上看见这些情节，你感觉很好，你开始理解为什么感到害怕，谜底一点一点地被解开。当你看到你害怕的第一个场景时，问你的手指:“这是我第一次感到害怕吗？”如果手指说“不是”，继续往前回顾，看见你变得越来越年轻，直到再次看见自己经历恐惧的场景，你再次在远处从屏幕上看见你的恐惧经历。你是安全的，你仅仅是作为一个观众在看你的过去。你对每个回忆都有了更深刻的理解。再一次，问你的手指:“这是我第一次感觉到害怕吗？”如果答案是“不”，再继续回顾，直到回顾到引起你恐惧症的事件。

当你回顾到感觉可能是引起你恐惧症的情节时，问你的潜意识:“这是我第一次感觉到害怕吗？”如果手指说是，从远处看屏幕上的这个事件。当你开始感觉更舒适，并知道过去对你的现在没有影响时，观察事件，开始理解为什么你会变得恐惧。当你了解过去时，让屏幕离你更近一点，在一个舒适的距离处，现在开始释放开与过去相联结的情感纽带、释放恐惧、释放愤怒、释放疼痛。当你释放连接过去的情感纽带时，让屏幕越来越近，记忆将失去对你的控制。当你准备好时，你可以想象一个绳索连接着你和屏幕，一个绳索连接着你和过去，现在想象你正剪断这个绳索，剪断连接屏幕的绳索，把你从过去释放出来。屏幕逐渐消退，屏幕变得黯淡并消失。随着屏幕的消失，你感觉到创伤正在愈合，你正从过去的恐惧和经历中愈合。

现在，你的身体、你的精神、你的心、你的整个自我都从过去的恐惧中解脱出来。你完全自由了，你不再需要你的恐惧，你的恐惧已经消失、消失了。你的恐惧已经丧失了它的力量，如气球被放了气一样，现在你完全、彻底自由了，感觉好像肩上的重担减轻了，感觉舒适，完全自由。你过去的恐惧已消失，消失了，完全自由了，现在你已完全自由了，完全自由了，你将继续感受这种自由。

2. 面对诱导

想象你与恐惧面对面。将你的恐惧放在某种看得见的物体上。现在看着它，你就会发现它是如何脆弱，它是非常脆弱的，非常脆弱。你比它强壮多了，更加强壮。事实上，它害怕你，因为你比它更强壮、更强壮。你很舒适，十分舒适并且强壮。你微笑着，因为恐惧已经失去了它的力量、它的意义，你不再需要它，你不再想要它，你不想要它。想象生活里没有它，你生活得很快乐，你很自信，非常自信，因为你可以面对任何事情，你知道你充满巨大的内在力量。当你感到焦虑的时候，你所需要做的只是深呼吸，放松，感觉体内巨大的力量在波动。你微笑，压力开始缓解，你有能力，充满自信，所有一切均在你的控制之下。

克服特殊的恐惧

1. 对人群的恐惧

目标：培养一种健康的意识，解除对人群的焦虑，认为他人是没有威胁的。

想象你所在的人群是安全的。你可以轻松地融入当中，你享受人群的快乐，你

怎样消除对人群的恐惧

培养一种健康的意识；解除对人群的焦虑，认为他人是没有威胁的。想象你所在的人群是安全的。你可以轻松地融入当中，你享受人群的快乐，你知道你在任何时候都可以让自己从人群中脱离出来，在与其他人密切接触的时候，你感到自由，舒适。

建立自尊心，培养自身安全感。把与人的相互交流看成一种积极的经历。你与人能够交流感情和愿望。你拒绝所有有害的，或者是消极的感情，因为从现在起你只对积极的感情敞开。

试着去接受关爱和适当的身体接触。你是一个热心的，受人喜欢的人，在与其他人相处时感觉舒适，喜欢参与各类活动，喜欢被亲密朋友拥抱。你喜欢拥抱你关心的人，同时也喜欢别人拥抱你和触摸你。在你被触摸时，你感觉到你与你的朋友、你所爱的人之间的亲密的关系。

知道你在任何时候都可以让自己从人群中脱离出来。在与其他人密切接触的时候，你感到自由，舒适。

2. 对动物的恐惧

目标：将特定动物看作是没有危险的，欣赏它的出现以及它的价值。

想象你正接近一只动物，你看着它的眼睛，感到非常平静和放松。你赞美动物的外表，它身体的结构，运动的方式，发出的声音。你伸出手抚摸它，它非常平静。这个动物似乎喜欢你的存在，你伸出手抚摸它，它很平静，非常平静。

3. 对异性的恐惧

目标：建立自尊心，培养自身安全感，把与异性的相互交流看成一种积极的经历。

想象另一个人具有你所期望的伴侣所应具备的全部积极特征，你和这个人有相似的兴趣和愿望，彼此能产生共鸣。你们俩能够交流感情和愿望。你们俩都能交流得很好，你对你亲密的人是坦率的，你现在已准备好拥有一段恋爱关系。你拒绝所有有害的，或者是消极的感情，因为从现在起你只对积极的感情敞开。

4. 对黑暗的恐惧

目标：消除对未知的，或神秘黑暗的焦虑，把黑暗理解成是舒适和必要的。

你周围的黑暗的地方与白天是一样的，只是这些地方被放在了阴影里，休息一会。黑暗就像一块舒适的毯子，覆盖着一切，帮助我们放松，它是充满光线的白天的一种舒适的改变。我们需要黑暗是因为它帮助我们休息和睡觉。

5. 对封闭空间的恐惧

目标：将一个恐惧经历与过去的一个积极经历联系起来，灌输控制和有力量的感觉。

你待在车里，感受平静、放松，喜欢你所处的位置，你希望旅行。你在一个小房间里，感觉有力量，与过去在你喜欢的某地时有相同的感觉。

6. 对开放空间的恐惧

目标：将一个恐惧经历与过去的一个积极经历联系起来，培养对开放空间的喜爱。

你在一个公园里，感觉很放松，你站在开放的空间里，享受阳光、清新的空气以及你周围的空间。你感觉到与你在你喜欢的某地时一样平静。到开放的空间感觉真好，你可以散步、慢跑，或者是坐在那里享受周围环境的宁静。你很放松，感觉一切都在控制之下，独自享受。

7. 对水的恐惧

目标：将一个恐惧经历与过去的一个积极经历联系起来，灌输控制和有力量的感觉，培养一种喜欢在水里的感觉。

想象你自己进入湖水里，你微笑着，充满自信，你在那里很享受。只要你喜欢你就可以到水里去，并且你随时可以选择出来。在水里你感觉平静、安全、自信、强壮。水令人放松。

8. 对失禁的恐惧

目标：灌输控制身体过程的自信。

想象你的肠变得越来越强壮，你正控制你体内的所有器官。它们在你的允许下，只能在你的允许下才能发挥功能。你很好，身体完全在你的控制之下。

9. 对独处的恐惧

目标：提高自信，将独处变得具有吸引力，自己会感觉更愉快和安全。

你是一个能干的人，能有效处理任何情况。你喜欢独处，因为你能做任何你乐意做的事。你能做任何你最想做的事。安静与孤独是平静的、宁静的、缓和的，你感觉自己很放松、强壮和快乐。在这个安静的地方，独自一人，你可以想想你的计划、你的梦想以及成就。你可以做任何你想做的事，你十分平静。

10. 对接触的恐惧

目标：减轻对亲密交往的焦虑，试着去接受关爱和适当的身体接触。

你是一个热心的、受人喜欢的人，在与其他人相处时感觉舒适，喜欢参与各类活动，喜欢被亲密朋友拥抱。你喜欢拥抱你关心的人，同时也喜欢别人拥抱你和触摸你。在你被触摸时，你感觉到你与你的朋友、你所爱的人之间的亲密关系。

11. 对疾病的恐惧

目标：建立健康、完整的感觉，灌输能够避免疾病的信念。

你的身体是健康的、强壮的，不会有任何疾病发生。你看着镜子，面色很好。你的眼睛明亮发光，看起来充满活力、健康。你感觉充满力量和耐力。你的身体感觉好极了。

 治疗你特殊的恐惧

对动物的恐惧：目标——将特定动物看作是没有危险的，欣赏它的出现以及它的价值。

对疾病的恐惧：目标——建立健康、完整的感觉，灌输能够避免疾病的信念。

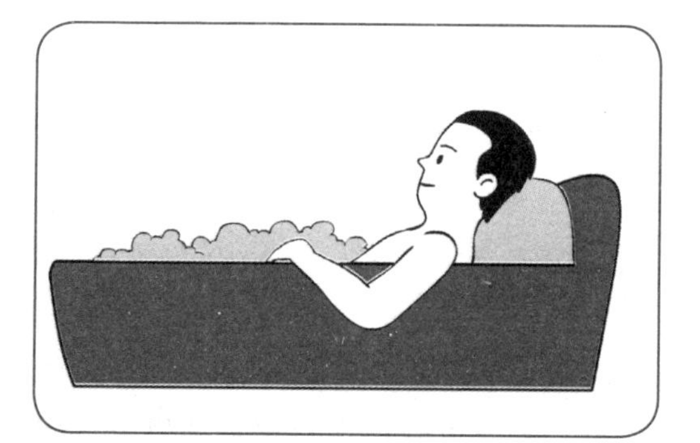

对水的恐惧：目标——将一个恐惧经历与过去的一个积极经历联系起来，灌输控制和有力量的感觉，培养一种喜欢在水里的感觉。

害怕被毒害：目标——将吃看作是一种积极的行为，食物是安全的、令人满意的、美味和有营养的；提高出去吃饭的乐趣。

12. 对心脏病的恐惧

目标：促进身体健康的感觉，鼓励适度劳作，感觉心脏是健康的、正常的。

你感觉整个身体很强壮、充满了力量。你感觉自己充满了耐力和力气。你喜欢每天锻炼身体，如散步、爬楼梯。现在你能够很轻松地走很远，因为你拥有一个强壮、健康的身体。你的心脏很强壮可靠，心脏的跳动如时钟的嘀嗒声一样规则。你能长期过健康的生活，喜欢很多身体的活动，你喜欢任何你所选择的活动。

13. 害怕被毒害

目标：将吃看作是一种积极的行为，食物是安全的、令人满意的、美味和有营养的。提高出去吃饭的乐趣。

你进入一家饭店，喜欢它的风格，厨房发出的香味非常诱人，让你感觉饥饿。你坐在漂亮的桌子前，能眺望到花园。你看着菜单，每个菜听起来都是可口的。你点了菜，当菜上来之后，你的食物都是健康的、诱人的、开胃的。你享受着可口的食物，慢慢地品尝，回味诱人的香味。

14. 对害怕的恐惧

目标：灌输健康的感觉，制定出用于威胁条件下的应急措施，提高对异常恐惧和弱点的免疫力。

想象所有的情况，所有的日常行为都在你的控制之下。如果你曾感觉失去了对自己行为的控制，你也有办法重新得到控制。你停下来，深呼吸，放松，感觉到你的周围有所防护，有了防护，你不再受恐惧的威胁。任何恐惧都不能穿过防护，你的恐惧一到达防护就被融化掉了。

期望和加强什么

开始几周你可以每天诱导一次，然后，在你的恐惧逐渐消退的时候，降低诱导的频率。你可能用一或两个疗程就消除了恐惧，并且以后再没有感觉到恐惧。相反，如果没有发生立刻的改变，你可能需要诱导几个月。

在你的恐惧消失之后，应周期性地检查你的记忆，避免任何恐惧症的复发，或者是新的恐惧症的出现。经常定期做自我检查，看是否处于压力之下。如果处于压力下，要采取适当的措施。改变你的行为，给自己某种奖励、放松，进行短期休息甚至放个长假。

特别注意事项

在治疗恐惧症的时候，要注意你生活的其他方面。考虑你吃的食物，很多食物会引起情绪波动、压抑、妄想、愤怒或恐惧。含糖量高的食物和含有某些色素的食物容易引起古怪的行为。激素紊乱可以导致恐惧反应。有时候，恐惧症可能隐藏了起来，这时需要深层次的、全面的心理治疗。进行全面的健康检查，将催眠治疗作为独立方法或其他精神和情感治疗的辅助手段进行使用。

如果你在治疗他人，面对一个积极的、舒适的潜意识情形可能是有益的。不要取笑、打击或怀疑恐惧的特定刺激因素，羞辱、嘲笑或幽默都会抑制甚至终止进展。

不再害羞

在生活中，感到害羞的人即使不占绝大多数，数量也绝对众多。如遇到我们爱慕已久或一见倾心的人，抑或被要求在一群陌生人面前讲话。大多数情况下，我们会迅速渡过难关然后忘得一干二净，这种害羞不会妨碍我们的生活。

但深度害羞会让一些人苦恼不堪。他们一想到在聚会上与陌生人讲话，在课堂上被提问，在人群里走过，或者给邮递员开门便会紧张不安。他们甚至无法忍受在餐馆等公共场所吃东西。他们脸红、手心出汗、感到恐慌。这往往是别人看不到的，他们会尽全力在朋友或家人面前加以掩饰。这种极其有害的害羞正如恐惧症，能够毁掉患者的一生。

催眠可以给饱受这一病症折磨的人带来巨大益处。某种程度上害羞更是一种后天形成的行为，一种在无意识水平起作用的行为。庆幸的是，无意识可以学习或被教以新行为。

催眠师的方法是，让患者想象自己身处某个社交场合，看到自己以一种更加自信的态度思考和行动。而对无意识的心灵暗示则告诉患者，让患者知道自己拥有巨大潜能，自己的观点很重要，自己可以为周围的世界做出贡献。这样患者的自尊心就会逐渐得以提升，并且在他的行为举止中体现出来。同时，患者在克服害羞方面赢得的每一个小成就都会反过来进一步增强他的自信，建立一个良性循环。

减轻压力

想象交响乐团开始失控，一个小提琴手高出其他弦乐部分3个音阶，打击乐手又比出错的小提琴手高出6个音阶，指挥棒的挥舞速度是乐谱频率的两倍……最后，这个不幸的交响乐团在舞台上乱成一团，他们的乐器散落满地，就像散落在战场上的武器一样。

同样，如果一个人总在经历压力，并持续承受紧张，那么他的紧张会越来越严重，并最终导致与压力相关的疾病发生。

当然，某些类型的压力可能对你是有益的，例如，一次非常浪漫的相遇或者是对奖励的期望所引起的压力，这样的情况就要求你有所改变。既然你不能改变世界，就要改变对它的反应。

首先，分析让你产生压力反应的大体原因。有成百上千种原因能导致压力——从噪声到怨恨，从疲惫到感情波动。尽管你的压力原因看起来难以琢磨甚至是令人迷惑，但它们多将归于以下主要的几个类别中。

你已经继承了压力倾向。你从你父母那里学会了如何显示感情（或者是如何不显示感情），你通过观察你父母一方或双方，学会了在一些公共场合的一定行为，你看你外祖母做意大利面条，你从她那里也学会了。你学会了特定情况下（至少在你家里），最可能产生的行为模式。

你母亲在招待客人的时候，总是感觉到压力。你散漫的兄弟在与你保守的父亲谈论政治的时候显示出极度的压力，在父亲与兄弟同在一间屋子的时候，家庭其他成员也同样会感觉到压力。这些都是一些极端的例子，但它们可以说明一个家庭中压力可能出现的方式。

如果你的父亲在开车的时候感觉到压力，那么你在早年可能形成这样一个意识，开车能引起压力。结果，开车将成为导致你产生压力的一个重要因素。

你的压力是遗传来的。你学会了按你崇拜的或依靠的人那样做事。这就叫作“模式化”，正如恐惧经常“进入家庭”一样，压力反应亦然。

其次，由父母传递给孩子的压力有时因为个人的身体素质差异而被增强。两个孩子在遇到相同刺激（如嘈杂的环境）的时候都可能显示出压力，但是其中一个可能会因为天生的身体素质差异而反应更强烈。

因为恐惧、可怕和“理应如何”而承受压力。注意力集中在生活中的噩梦、灾难或事物最坏的一面上则会导致持续的压力。如果你有过灾难，你就会认定每次都会出现某种疾病或危险。如果你姐姐的丈夫和邻居的丈夫都离开了他们的妻子，与一个年轻的同事结了婚，那么当在你丈夫延长待在办公室的时间时，你就会想象你的丈夫也会那样，只是时间的问题。如果你9月份的销售量下降了，你想象到年终你就会被公司解雇。当你经受任何疼痛或不适，都会被夸大：良性囊肿是一个致命的癌症，消化不良是食物中毒，公司老板给你的一个定期的评估预示着你要失业。

“理应如何”对你的情感几乎是破坏性的。“理应如何”由一些你认为你和其他人必须以此为生的规则构成。问题是你为自己制定了这些规则。然后，你尽量去遵守它们，就像它们是法律一样。当你不能或没有做到时，你感觉自己是一个坏的、讨厌的、低劣的人。你谴责惩罚自己。

下面是几个常见的折磨人的“理应如何”：

我理应是一个完美的爱人、朋友、父亲、教师、学生或配偶；

我不应犯错误；

我应当看起来有吸引力；

我应控制我的情绪，不觉得愤怒、嫉妒或压抑；

我不应当抱怨；

我不应依赖别人，但应当照顾好自己。

你可能还有一些自己所认为的应该添加到这个列表里的理由。不幸的是，你的应当不但妨碍了对自己的准确认识，也影响了别人。你认为你认识的人应当按照你的规则来办事，如果他们没有，则他们是不服从的、不关心的、懒惰、邋遢、缺乏同情和爱。在乎这个看不见的负担列表，生活就是种不必要的消耗。

你经历压力是因为不可逃避的疼痛或不适。不可逃避的疼痛或不适是来自身体上的真正原因，如慢性疼痛。伴随生理感觉的是情感。当你感觉到任何慢性疾患的时候，让你感觉到与世隔绝或孤独，是很正常的。你可能感觉强烈的内疚或愤怒，因为你总是受煎熬的，以至于最后因为这种情形下的无助而让你感觉极度压抑。

你承受压力是因为你压抑和拒绝接受诸如伤害、愤怒或忧愁等重要情感。有些人想完全否认负面情感，认为这些反应是自我破坏的根源。这些人远远不承认他们的真实感觉。他们需要持续的关注、不断地谈话、暴食暴饮，表现出防御行为，把任何事情都变成一个问题。相反，如果认识到了负面情感并接受它，压力的强度和持续时间就会减少一些。

假设一下，与你关系密切的一个人死了，你既悲伤又压抑。但是，你让自己悲伤，然后把生活暂时放在一边，回忆过去，评价未来，辨别你的感情，做这些的时候，其他能量和情感得到休息。即使你没有认识到这一点，你的悲伤已成了释放压力的一个重要起因，而这种起因可能会成为影响你生活的一个重要因素。

再举一个例子，想象一个丈夫因为他妻子对她职业的投入、对工作相关的计

催眠减压，收获阳光心情

以下的指令是专门设计用来为您消除日常生活中经常遇到的一些紧张或者焦虑情绪的。

“现在我要将一整天的紧张与焦虑消除殆尽。”

“以后我的每一天都会非常放松，舒服，就像现在一样。”

“我要将所有的紧张、焦虑、不安从我的身体和大脑中赶走。”

“深深地吸一口气，当我吐气的同时，身体中紧张的部位也会得到放松，当我的身体得到放松以后，我整个人都感觉好了很多。”

划、程序和细节非常细心而感到愤怒。起初，丈夫只是有一点苦恼，并没有显示出任何失望。然后，他开始感觉她的工作是他的直接竞争对手。最后，他虽然没有公开表现出来不满，但他认为他是第二位的，而她的工作才是第一位的。在家里的时候，他总感觉到压抑。每次通电话都是对他私人生活的外在威胁。他妻子的每次商务会议对她都似乎是一个幸福的出行，而他总被排除在外。他没有面对他的婚姻正在发生的事情，与妻子探讨自己的感受，而是让这种伤害聚集、强化，这导致了一个极度压抑的倾向，就像一个正要爆发的火山一样。

你承受压力是因为你受到超出你的生理、心理和情感等能承受的一个特定事件或刺激。想象一个有压力的经历，或者是有压力的刺激因素，作为为你提供的“一个药方”。你把它的期望看作是一种需要，但是你感觉你并没有心理的、情感的或者生理的组分满足这个药方。

可能是你的工作需要才开始治疗，也可能是你的婚姻不正常，更有可能是其他人对你注意力的期望太高。

你产生压力可能有多个原因。当个别分析时，它们都不是很重要的，但是，一旦它们发生了，就显得重要了。你可能坐在车里 15 分钟都还没有把车启动。正当你不得不打算换一种交通工具的时候，引擎又运转了。当你到达办公室的时候，你发现你的秘书根本没有复印完你要在 9 点钟汇报的状况表。然后，中午你与一个潜在投资家的约会也被无故取消了，整个下午被几个无关紧要的电话打断了工作，占去了绝大部分时间。回到家，你的孩子说需要开车去篮球场练习（需要走你想避免走的路）。你丈夫的飞机晚了一个多小时，当你们赶到一个饭店吃饭的时候，感觉你们就像一个个时间机器。这样的一天看起来是非常烦人和有不可避免的压力存在的，可以通过催眠治疗改善。你将发现重新编程是如何避免一天中的小烦恼聚集产生的。

你经历压抑是因为你缺乏合理的饮食。有的食物可导致你的情感一会儿高涨，一会儿又落到低谷。糖、咖啡、酒精等是与压力密切相关的。缺乏 B 族维生素复合物会显著增强易怒性。B 族维生素复合物在全谷物、酿酒酵母、肝和豆类中含量很高。如果你处于极度的压力之下，并且你有不好的饮食习惯，或胡乱地平衡饮食，你通常的压力感觉就会被加深。决定哪一个原因首先出现是很难的——营养不全还是压力？因为压力会导致 B 族维生素复合物耗尽，而 B 族维生素缺乏又能导致压力。不论是哪一种情况，催眠治疗结合新的饮食计划都能缓解或减少压抑。在满足了你的营养需要之后，压力减轻诱导就能作为一个重要的辅助手段。

如果你是一个女性，你可能经历 PMS 产生的压力。目前的推测显示，大约 33% ~ 50%的美国女性在 18 ~ 45 岁时都经历经期前综合征（PMS），PMS 的生理的和情感的症状通常在经期之前的 7 ~ 14 天出现。生理症状包括对糖或盐的需求、疲惫、头痛、体重增加、肿胀、胸部变软。情感症状包括焦虑、迷惑、暂时记忆丧失、从乐观到绝望的情绪波动。此时，适当的营养对减缓压力非常有帮助，添加 B 族维生素复合物能减轻症状。当饮食计划与催眠治疗结合起来使用时，PMS 综合征即使不能消除，也会有显著改观。

你的压力评估

为了让催眠治疗对你的减缓压力有效，压力减轻诱导就必须调整为适合你个人的特定需要。这些需要是由个人的压力刺激因素以及伴随的反应决定的。

克里斯，一个35岁的离婚父亲，对他5岁的女儿雅娜有永久抚养权。雅娜的母亲再婚了，居住在国外，不来看她的女儿。克里斯的压力评估可以让你对伴随不同刺激时生理和情感上的反应有个了解。

压力刺激	生理和情感的反应
一、雅娜问为什么她的妈妈不回来	轻度头疼、感觉虚弱、脉搏改变并压抑情感
二、不得不检查不良工作、与雇员讨论不良表现	胸闷、控制不了脸部肌肉，在不得不处理这个问题时，害怕表现出对雇员不良表现的蔑视、反感时不断地吵闹
三、雅娜和她的玩伴在屋子里玩耍	肌肉紧缩，变得安静，感觉被外界力量侵袭，因为心烦而内疚
四、与一个大嗓门的同事乘一辆车，并有一个烦人的司机	红着脸、害怕愤怒表现出来、感觉受伤害、不安、想象着让他下去

克里斯的例子很好地告诉大家压力与压抑是如何联系在一起的。看看刺激一，克里斯想改变与她女儿的话题，因为对话令人太不愉快了。刺激二中，他不能把自己的情感对雇员表现出来，因此他怨恨整个情况。刺激三中，他没有说任何事，因为他感觉内疚。他的理性自我认识到她需要玩。刺激四中，克里斯在整个途中都抑制着自己的愤怒。

克里斯检查了他的负面反应，开发了针对相同压力刺激下的积极反应。下面是克里斯的积极反应：

当雅娜问起关于她母亲的时候，我放松，接受自己的感觉，对雅娜表示爱，与她谈论她的感觉。

当我检查雇员的不良工作时，我将把自己看作是一个指导者，一个有机会可以帮助其他人把工作干得更好的人。

在雅娜和她的朋友玩耍时，我将把他们的噪声看作是健康的、幸福的释放，不认为这些噪声对我有害。

我自己开车去上班，完全改变我的情形，把雅娜送到幼儿园，并把这作为不与同事一起上下班的合理理由。

现在你可以密切地、详细地看到是什么样的刺激促成了你的压抑和生理、情感的反应。在下面空白处简要描述每个刺激及其反应。

现在你开始下一步，写出你对所列的每个刺激的新的反应。记住陈述你的新的积极反应。例如，让我们假设你的压力刺激是不得不一对一地应付你公司的主席，你现在的反应是手心出汗、声音发抖、呼吸困难、感觉无能。下面是这个刺激的一个新的消极反应：

当我要与主席一对一面对的时候，我尽力放松自己，我不能紧张。我不能让他使我感觉自己无能，因为我能控制我自己。

下面是对同样刺激新的积极反应：

当我要一对一地面对主席时，在进入他办公室之前，我会深呼吸、放松。我会把自己想象成一个成功的、博学的雇员，我还能作很多贡献，我很放松，就像我曾经做出贡献时那样。

现在回顾你的压力刺激和反应，用在克里斯例子中的形式，写下新的反应。也就是说，你的新反应要以同一刺激因素开头："当我的岳母叫吃早饭的时候，我将……"或者"当我女儿像没听见我说话时，我将……"或者"我在学习的时候我的同屋放音乐，我将……"

制订你的新计划

根据你要改变的行为，你的总体目标已经很清晰，它们是：

减少或消除你生活中的消极压力；

把新的反应整合到你的生活中；

做一个更平静、更有效、更健康的人。

这些就是你整体的目标。为完成这些目标，你必须重新编制你的潜意识，使你能够对旧刺激有新的反应。你需要：

接受让你感觉焦虑、愤怒的压抑感情。诱导暗示："让你深藏的情感表露出来，看着这些情感，哪些你想保留，哪些你不想保留，立即保留你想要的情感，抛弃其他的。有时候感觉忧愁或压抑是完全正常的，这是一种善待自己的方式。时间会很快抚平那些感觉，让你感到自由。你可以接受或抛弃任何感觉，抛弃任何你经历过的感觉……"

感觉不受外界压力和压抑的影响。诱导暗示："你被一个保护罩保护着，保护罩让你不受压力的干扰，防止你受外界压力的侵袭。压力反弹回去，远离你并消失了。你感觉很好，因为你整天都被保护罩保护着，未受到压力和压抑的干扰。"

把新的反应整合到你的生活中。诱导暗示："你现在对旧的刺激有全新的反应。"诱导过程中，你要插入一个刺激和一个新的反应。

完整诱导

现在，保留你需要的，抛弃其他的。有时感觉忧愁、压抑是完全正常的，这是一种善待自己的方式。压抑是一个治疗过程，所以让你自己忧愁、悲伤，当这些忧伤过去之后，便会释放自己。你在善待自己，时间很快抚平那些感觉，你会感到自由。你不再拥有这些感觉是因为你接受了或者完全抛弃了它们，抛弃了任何你曾经历过的情感。它们属于你，它们的来去由你控制，随你的需要而来去。

现在放松，继续放松，感觉你随你的情感放松了。现在认为你是一个拥有很多情感的健康完整的人。你被保护罩保护着，不受压力的侵袭。保护罩能保护你不受压力的侵袭。保护你，使你不受外界压力的侵袭。压力反弹回去，远离你并消失了，压力反弹回去消失了。无论压力是从哪里来的，或者是谁给你的压力，都会弹回去消失，弹回去消失。你感觉很好，因为整天都被保护罩保护着，不受压力和压抑的干扰。你感觉很好，度过了一天，你看见压力弹回去消失。外面压力越大，你的内心越平静，你内心感觉越平静。让内心平静下来。你是一个平静的人，你不受压力的侵袭。你以某种方式让自己舒适，你现在对过去的刺激有全新的反应。这个新反应让你感觉强壮、平静和自由。你的日子充满了成就，你因为这些成就而幸福。你自我感觉很好，是因为你有新的反应，并且因此让你的日子更幸福。你平静、强壮、没有压力。

期望和加强什么

每次你成功地重新编写对一个旧刺激的新反应的时候，你可以继续进行编写你列表上的下一个旧刺激的新反应。每个刺激有几种疗程是必要的。除了插入一个新的反应，你的压力减少诱导应保持不变，加强不受压力影响的感觉，确保你是一个更平静的、更健康的人，不害怕经历必要的情感。

在你重新编写了你所有的新反应之后，可以改编压力减轻诱导以满足你的个人需要。你可能需要截取出特别适合你保持压力的一部分，也就是说，一种小诱导作为在你特定的努力时的强化。

一般来讲，无论何时你发现压力又重新形成，你都应该使用完整的压力减轻诱导。如果你发现过去的生活方式又悄悄地回到你的生活中来了，那么恢复诱导，直到你不再需要它。

笑声的作用

在极度压抑的场所——医院、战场——自发的幽默是一种人在无法忍受的情况下处理压抑、损失和焦虑的一种方式。虽然这种幽默是残酷的，但它发挥着作用。

它满足精神和情感的立即需要，此外，它对身体也是有益的。它放松面部肌肉和肺、释放激素，促进幸福的感觉。

在老兵医院的催眠治疗中，病人们正在接受治疗，为再次回到集体做准备。压力减少和放松诱导使老兵的行为产生一个稳定的缓慢的改变。当把笑声治疗增加到压力减轻诱导中时，产生了一个强的、积极的行为变化。

催眠治疗师首先让小组成员回想一个有趣的情形，一个笑话或者喜剧电影。在诱导过程中，一些病人开始大声笑，笑声迅速变得有感染力，小组成员全都笑起来了。所有的病人都被激活了，微笑了。甚至那些过去曾极度压抑的病人也都笑起来了。最重要的是这种暂时的提高导致了加速复原，使大多数病人产生了永久的积极改变。

把幽默整合到你的诱导中，你可以使用过去发生的有趣的事、想象的幽默情形、笑话、喜剧演员的录音——任何你认为有趣的事都可以。你可以以类似于下面的暗示开始你的笑声治疗：

回想一个有趣的事情、一个喜剧电影、听过的笑话。想一想，让自己笑起来，感觉你的嘴角张开，让自己笑，感觉笑从你的喉咙出来，滚成一个热情的笑。感觉它在你的体内震动。当你笑完以后，感觉一种释放和幸福的感觉，让这种感觉伴随你一整天。

除了在压力减轻诱导中采用笑声治疗之外，你可以在你感觉需要缓解的任何时候做一个小诱导，否则你的一天将变得紧张。

案例分析

艾德丽安是一个 55 岁的校长，正处于要离婚的状态，同时她要照顾易怒并且经常完全不可理喻的年迈父亲。他们俩住在艾德丽安的房子里，她不得不雇了一个陪伴，白天与她父亲待在一起。当她回到家的时候，她经常已经历了一整天的要求、做决定、解决问题。她的公关技能从她早上 7：45 到办公室一直到下午 5：00 甚至更晚都在使用。当她回到家，她父亲的要求又开始了：他们晚餐要吃些什么，让她从清洁器中收起来的家常裤在哪里，等等。当艾德丽安一周出去一两次的时候，把她年迈的父亲一个人留在家里总让她感觉很内疚。

艾德丽安的生活充满了工作的要求、压力和内疚。结果，她的血压高了，总是不开心。她用催眠治疗进行缓解。她每周一个疗程，持续了 4 个月。在压力减轻诱导中，她被重新编程，想象她被包围在装甲里面，压力不能穿透。她也学会了想象导致巨大压力产生的非理性情形转化为喜剧的一面。

在 4 个月的治疗结束的时候，她非常开心、和蔼可亲，她把自己看成是一个恢复力量的人，而不是一个受害者。

特别注意事项

严重的压力和压抑缠身时就需要咨询和催眠治疗，特别是在症状持续了较长一段时间之后。需要注意的是在讨论 PMS 症状时所提到的症状也可能是其他身体问题的征兆。安全的方法是检查任何症状以排除可能有需要立即药物治疗的疾病的可能。

最后，记住如果你的情感没有从压抑中释放出来，你的身体会很快感受到结果。

增强自尊心和动机

自尊心是影响你做的每一件事情的最基本因素之一。如果你的自尊心不强，那么你生活中的每一方面——工作、社交和爱情——都可能会困难重重。这一节帮助你增强自尊心，提高积极性，逐步走向成功。其中会给你提供指导性的步骤，帮助你以积极的态度实现自己的需要和目标。

自尊心不强的根源

缺乏自尊心并不是在某一年龄时作为一种症状突然出现，但人们并没有正视这个问题。你可能对自己特别挑剔。你可能害怕尝试任何新的东西。你甚至可能这样解释自己取得的成功："我不过是运气好"或"他们错了"，或"任何人都能做到"。

这种自我贬低并不是意外，它不是凭空产生，它根源于过去。自尊心不强的主要原因是父母亲一直对孩子持有的否定态度。

部分父母亲在某种程度上都是判断性的，因此这里有必要对导致问题出现的这种判断做出解释。这样的父母处处分门别类，认为你的行为要么"好"要么"坏"，要么"正确"要么"错误"。你在大学上了 17 门课，获得 4 个"良好"，一个"合格"，但是你一个"优"也没有得到，因此你的等级是"差"。你打球时没打中一个，即使你接到把对方得分压下去的关键球，你仍然是糟糕的球手。

你在你父亲的办公室接听电话，做记录，表现出良好的电话接听技巧，但是你没问清楚回电话的下午 3 点钟是加利福尼亚时间还是纽约时间，因此你是不称职的。

连续使用类似于上文的单方面归纳的父母亲是"凡事贴标签者"。打个比方，假设你是一名初中生，放学回家后一直和朋友打篮球。回家吃晚饭时你父亲问你家庭作业是否做好，你回答"没有"。你父亲听了说："你是我见过的小孩中最懒的，太懒了。"你父亲也可能会说："我真不知道你在学校是怎么搞的，总想着和同学玩，而不是做作业。"你遭到指责，被完全否定。在这种情况下你是懒惰的，在其他情况下你是马虎的、笨拙的、肤浅的，等等。

当然，标签表中的内容因人而异。有时候最严厉的责备却似乎隐藏得最深，也最容易被忽略。然而它们仍然存在，存在于你的某个潜意识中，影响你看待自我的方式，以及你的自尊心。

你继承了判断性父母亲的思维方式。在你的内心，有一个声音在指责你，你有一种内在的恐惧感。你可能害怕尝试任何新的事情，害怕改变，甚至害怕做日常生活中的任何事情。

桑德拉是一名 29 岁的母亲，在当地成人课程中教英语。由于工作需要，她晚上必须在高速公路上驾车。

有一段时间桑德拉遭受了生活的巨大压力，她开始害怕晚上独自驾驶——尽管她已有多年独自驾驶的经验。当她还是一名大学生，以及在铁路站场值晚班时，她就在晚上驾驶。而且为了目前的这份工作她已经晚上驾驶了 3 个月。她这样向她的朋友解释她的恐惧感："莫名地，我觉得自己错了。我觉得自己在做坏事。"接着她就把自己的感觉和中学时父母亲对她的警告联系起来："你晚上最好别一个人开车狂飙，小女孩。你会撞到沟里，脖子会撞断，你在那自找苦吃。"

为完成大学学业和承担正常的责任，她把父母亲的命令深埋在心底。但是当生活中其他方面的压力越来越大时，过去根植于心底的恐惧便开始动摇她的意志力，削弱她的自信心。

害怕失败是一种停滞不动的情感状态，也是过去消极教育的产物。你对自己的成功不确定，因为你觉得自己不配。而且你告诉自己，如果你碰巧在某个层次成功了，你将不得不在更高的层次取得成功。每一次成功仅仅会带来难以忍受而又不可避免的失败。为了解决这一问题，你告诉自己，"还不如现在就失败，一了百了。"你预计持续的成功很难获得。实际上害怕成功与害怕失败是一样的，都阻碍了个人的发展。

最后，你的自尊心还因你对自我外表的看法而受到影响。这种看法可能会导致你错误地估计自己的潜力。例如，你认为自己的外表是一个不利的因素，你的行为举止，自我贬低的语言，表达（或未表达）的观点会处处表现出来。"我将和珍妮特说同样的话，因为她自信，人缘好"或者"我是个外人，这些人不会对我的想法感兴趣"。

你不但不去承认自己身体上的局限，然后在精神上消除自己的不良因素，反之你认为自己本身就是一个失败。请看马丁和巴巴拉的例子。

马丁很肥胖，但平易近人，穿着整洁，他的问题很特别，尽管他控制饮食，但也无法减肥。医生证实他的体重问题很罕见，可能是化学物质不平衡的结果。总之他觉得自己陷在身体问题里面，特别敏感。身为一名社会学教授，他和同事相处时觉得很不自在。他经常找借口躲开，即使是很小的社交场合，因为他认为别人并不是真的想要他去。他们仅仅出于礼貌才邀请他。马丁想约会，但是他认为自己没有魅力，不会吸引任何人。他的价值体系已经扭曲了。

巴巴拉产生对自己的悲观想法与年龄有关。她是纽约一家小出版公司的主编。她工作时觉得难受。48 岁的她认为任何试图改变自己职位的努力都是徒劳的。实际上她问朋友："我满脸皱纹，怎么会通过面试呢？"她认为自己是一名疲倦的中年妇女，现在还没有自己的公司，一事无成。尽管巴巴拉非常有经验，惹人喜欢，有魅力，但她仍然无法鼓起勇气到更有发展前景的公司去面试。

如果能从新的角度来考虑问题，马丁和巴巴拉两人都会获益匪浅。如果马丁对自己说"我这个人体贴、热情、聪明而又忠诚。如果有机会许多人会来关心我。他们会认识到我的为人，而不是注意我的体重"，他的生活会更加快乐。

如果巴巴拉对自己说"我的能力和经验正是许多公司所寻觅的。48 岁的人生历程赋予我非凡的能力，广泛的兴趣，有效的交流技巧和成功的组织才能"，她也同样能够获得成功。

这种积极的状态是自我接受的表现。马丁和巴巴拉需要接受自己的外表，这样他们才能把注意力转移到自己的精神、社交和情感特质方面。

这两个例子说明缺乏对外表的自我接受所造成的后果。自我接受和你以前的行为同等重要。在对自己进行这方面的检验时，你必须说："无论我做什么，我的行为都是生命中此时此刻的我的表现。"你的行为是你过去的历史、你的文化和你的习惯的产物。它是你在特定时刻的独特的自我。你的任何选择都是你在选择这一时刻前所有意识的总和。这种接受首先要求你接受作为一个人的意义。

当自我接受成为你心理因素的一部分，当过去的消极教育被消除时，你就能在日常生活中享受一定程度的自由——从自我退化的禁锢中解放出来的自由。

树立自尊心的新计划

你的主要目标是提高自尊心，不仅仅是今天、明天或下个星期，而是永久。一种办法是通过催眠法重新树立你的潜意识。具体来说，你需要做到以下几点：

1. 消除过去消极教育的影响

你需要摆脱父母亲认为你"坏"，错误的，笨拙的评价。你需要积极地看待自己，排除你肩上（或潜意识中）承受的指责。自尊法建议你，"黑板上写满了过去人们对你的不利评语，看着黑板，现在拿着橡皮擦，从黑板上擦去这些评语，每擦去一个，就有一个对你再也没有任何意义……"

战胜挫败感的几个小建议

害怕失败是一种非常消极的心理，严重阻碍了个人的发展。对于如何战胜挫败感，除了自我催眠外，下面的几个小建议也会有很大的帮助。

1. 想象自己健康而有能力

2. 让行内高手给你建议和支持

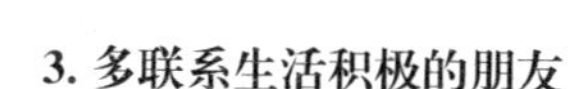

3. 多联系生活积极的朋友

4. 给自己积极的建议

说明：挫败感严重的人往往缺乏自我改善的意愿，他们在通过自我催眠治疗时，可能不会取得特别好的效果。因此，对于挫败感严重的人来说，接受心理治疗或催眠治疗可能是比自我催眠更好的办法。

2. 改善你的自我评价

自尊法建议你：“人们认为你是一位好朋友、好职员。他们认为你是一位好人。想象自己对同事、老板或雇员说话，娓娓而谈，人们对你所说的话非常感兴趣，人们注意你，认为你非常不错。在想象中以最积极、肯定和自信的方式评价你自己。”

3. 提高自信心和自我接受的能力

自尊法建议你："想象自己高高地站立，为自己而自豪，想象你自己所有的积极方面，包括你的创造力，你的聪明才智。想象自己很有信心，对自己的能力、才智和魅力非常自信。"

4. 改变处理具体问题的角度

你需要停止为自己设立路障。你需要改变看问题和处理问题的方式。例如，你不再说，"我做不到。""我不够聪明无法理解。""我没有精力。""我太年老了。""我无法改变。"反之，自尊法建议你这样想："我能做到。""我有精力。""我是工作的合适人选。""我能够承担责任。""我能理解这个问题。"

运用意念法

想象黑板上写满了过去人们对你的不利评语，这些评语妨碍你的进步，没有反应你精彩的、坚强的、优秀的品质。现在看着黑板的这些评语，想象拿着橡皮擦，从黑板上擦去这些评语，每擦去一个，就有一个对你再也没有任何意义，一点意义也没有。现在黑板上是空白的，你写下你想写的任何东西，现在拿起粉笔，写下描绘自己的词语。你写下"自信的、有价值的、重要的、有能力的、熟练的"词语。

现在写下其他描绘自己的词语。注视着这些词语。现在想象自己高高地站立，为自己而自豪。你的行为举止、思考方式都不错，它们造就了精彩的你。想象自己体验新的、健康向上的能量来帮助自己实现梦想。

想象自己是一个积极的、有价值的人。想象你自己对同事、老板或雇员说话。想象自己自信，非常自信，你确信自己的能力，非常确信。想象自己很有信心，对自己的能力、才智和魅力非常自信。你与他人娓娓而谈，非常自在，人们对你所说的非常感兴趣，人们注意你，认为你非常不错。

随后事宜

连续 4 周每日使用意念法。你会注意到你的自我意识、自尊心和自信心有明显的改变。无论什么时候你觉得有必要加强时就使用意念法。

动机层次

一旦你的自尊心加强，你就会向更高层次的动机努力。"更高层次的动机"意味着你在某种层次上已经有了动机，或在某些方面是。心理家亚伯拉罕·马斯洛对人们的动机层次做出了解释，其中包括从生理到心理上的5个层次。如下所示：

层次1——生理的：食物，饮料，睡眠和性的需要。

层次2——安全感：被保护，远离恐惧的需要，机构和秩序的需要。

层次3——归属感和爱：社会交往，朋友，家庭和亲密关系的需要。

层次4——自尊：来自他人的尊重和自我尊重的需要，价值感和重要性的需要。

层次5——自我实现：发展，发掘潜力的需要。

你发现动机已经存在于你生活中的某些方面，也就是说，你已经有了层次1的动机，毫无疑问你也会获得你个人的安全感，如层次2所提到的。层次3是基本需要到更复杂需要的转变。层次4中的自尊在这一章的前半部分已经讨论过，因此这里重点讨论层次5，这个层次的动机会促使你取得成功。

为了提高你的动机层次，最终走向成功，你需要消除对失败的恐惧。你还需要确立目标。当然，目标就是动力。目标还会帮助你确定发展的顺序，体验完成感。

1. 确定顺序

你可能清楚在同时做许多不同的事情时，你什么也做不了。也就是说，你不能一边设计新的电脑程序，一边为大学扩招班准备演讲，同时又处理程序部门的混乱。毕竟，任何结构整体本身就是一系列优先事物。它让你有可能在某种程度上发展或实现目标。

你可能注意到顺序的必要性。例如，你是一名陶工新手。你的未来目标是在附近的艺术家社区教授陶器工艺。如果在你开始学徒之前就开始计划你的个人展览，是十分荒谬的。

因此你可以这样设计你的目标实现方案：

从阅读、教导和学徒学习中获得知识；

独立工作，同时向这一领域的专家寻求建议，探讨观点和获得批评意见；

与展览馆的负责人或所有者签订合同；

提交你准备展览作品的幻灯片；

展示你的作品；

向附近艺术家社区提交教授陶器工艺的申请。

2. 体验完成感

你要领悟到你的工作不会无限地持续下去，它终会有结束的时候。就生命本身来说，如果我们觉得它会永远延续下去，它也会让我们感到困惑。适度地工作或在一定时间范围内工作可以提高效率。

重新体会了目标的作用后，就应该制订自己的个人计划。

确定目标

为了提高成功的动机层次，你有必要确切地知道对你来说成功意味着什么。你需要描述你的目标。下面的例子描述了不同行业和环境中的人的个人实际目标。

金融公司的助理金融师：我的目标是在一家大型金融公司获得职位，并且在可接受的时间内有可能提升到金融师，然后提升到资深副总裁。

催眠治疗师：我的目标是集中精力准备演讲和参加会议，主要是以健康为题的商业研讨会。

书画艺术家：我的目标是雇人专门处理粘贴和编排工作，这样我就可以集中精力从事大画和包厢设计工作。

服装公司的销售代理：我的目标是在这家大公司尽可能地多学，然后开一家经营自己设计成果的服装精品店。最后，我把自己的产品销往其他商店。

博士生：我的目标是在6个月内写完博士论文获得博士学位，然后获得教授职称。

请注意，所有的目标都有一个确定的方向，都有内在的动向感。助理金融师在向外向上转变；催眠治疗师走向一个更集中、更窄的领域；书画艺术家脱离工作同时又把领域缩小到两个专业范围；销售代理从大公司走向小公司，发挥自己的创造力并开创自己的事业；博士生积极向上地努力。

现在看看你自己的目标。仔细思考你想取得的成就，然后写下来。

目标与奖励结合

伴随目标必须有这种或那种形式出现的奖励。成就感来自下面的奖励：

自豪感；

满足感；

知识、情感或社交层次的成就；

物质收获；

发展带来的满足感；

内在或已学技能和才能的发展。

回顾这个列表，问自己追求的是哪种（或哪些）奖励。你的奖励可以是上面其中的某一项，也可以完全不同。你的奖励和你的目标一样独特，只要对你有意义就是有效的。

当然，没有积极的态度是不会取得任何成功，也不会实现任何目的的。这一点与你所了解的积极计划和其他相关因素——增强的自尊心和自我接受能力直接相关。

为了清楚地了解你的态度如何影响你的成功动机，请检测自己对下列问题的反应：

我能够受到表扬吗？

我应该从事更专业的工作吗？

我值得获得此荣誉吗？

我的内在才能值得开发和投资吗？

更多的幸福对我来说可能吗？

我是管理或经营的合适人选吗？

我应该过更舒适的生活吗？

我应该拥有更高的收入吗？

我是那种可以在人群当中激发热情的人吗？

我能保持自己的优势吗？

为了跳跃到成功的感觉，你必须明确自己是值得成功的。自尊心意念法和成功动机意念法帮助你把自己想象成一个有价值的人，一个值得实现自己目标的人。

制订成功计划

现在让我们来看成功动机意念法如何帮助你实现以下 3 个目标：树立成功的动机、获得成功和享受成功。

积极的态度和观点在自尊意念法中曾详细谈论过。自尊意念法是全部意念法的一种。成功动机意念法也强调过积极的态度和观点，它建议："想象自己是谁也无法阻止你成功以及成为你梦想的成功人物。你远离过去的压力，你自信，有把握，觉得受到重视和坚强……"

第一，你必须努力实现具体的目标。

成功动机意念法建议："想象你想实现的目标或计划。你的目标是……放弃所有不重要的目标，集中精力实现一个目标或计划。全身心地投入工作中，实现你的目标。"

第二，你必须把成功融入生活中去并享受成功。

成功动机意念法建议："你是快乐的，你对他人是体贴的，你是乐于助人的，你的成功对所有人都有帮助。你成功了，感觉良好，并以最积极和有价值的方式运用你的成功。你每一个选择和决定在现在看来都是绝对正确的。想象自己是成功的，有许多精彩的道路等着你，你知道你能继续你的成功，继续选择，提高你的生活品质。"

运用意念法

想象没有谁能阻止你实现自己的目标和成为你想成为的成功人士。想象着完美的一天：你醒来知道一切都好，一切都明朗。你感觉不错，平和而满足。你在自己创造的小天地里，感到舒适安全，现在你准备扩大你的舒适范围。想象自己跨越障碍，跨越自己设立的障碍，同时你的视野越来越开阔，你的目标不断延伸，越来越高，你对你的新目标感到舒适，对你扩展的天地感到舒适。

现在想象有特别的一天，将来的某一天，一天或两天，一个星期，一个月后，仅仅是在将来，想象你已经解决了许多矛盾、许多问题，现在他们都属于过去。想象脸上的笑容，你平和、满足，你发现了问题的解决办法，你已经解决了问题。现在你不再有过去的压力，你自信，自我肯定，你觉得受到重视、坚强。现在想象你想要实现的一个目标或计划。想象自己把所有不重要的目标放在一边，集中考虑一个目标或计划。你把精力投入你的工作中，想象自己已经完成它。你看到新的机会，你看到新的挑战比原来的更加令人兴奋。你想象自己充满全新的能量，你充满激情，集中精力，全神贯注，新的思想从旧思想中发展而来，新能量和积极的感觉已经出现，你是成功的。你实现了你的目标。想象自己值得拥有生命中所有的美好事情。实现目标对你非常有益，当你继续实现你生命中的目标的时候，把他们看作是对你、你的家人、朋友、你工作的同事有利的事情。想象自己全身心地投入到目标的实现中，成为你值得成为的成功人士，然后停留片刻回顾你已经实现的其他积极目标，它们对你和你周围的人都是有帮助的。现在想象自己已经成功。你在成功中感到舒适，你以最积极和值得的方式运用你的成功。你值得成功，想象它，感觉它，你是成功的。你思维清晰，你想象自己如在现实中一样聪明，有创造力，漂亮（英俊）。你有许多选择，许多机会，无论你选择什么，无论你选择哪个方向，你知道对你都是有利的。你的成功对你和你生命中的每一个人都是有益的事情。你的每一个选择，你选择的每一条道路对现在的你来说都是绝对正确的。现在仅仅清楚地想象你自己，不远的将来，你有许多积极的方向和选择，把想象带入现实中，想象自己解决了问题，想象自己自信而又成功，有许多精彩又积极的道路等着你，你知道你能够继续你的成功，继续选择，进而提高你的生活品质。

随后事宜

每天使用意念法，坚持一个月左右。当你注意到明显的进步时，可以减少到每星期强化一次。对大多数人来说，第二个月都可以取得明显的进步。以后，无论你什么时候需要，随时都可以把催眠法作为“维持体系”来运用。

开始你可以记“成功日记”，记录你生活中各方面成功事例的日记。每一次由于自尊心和动机加强而取得的点滴收获和成就都可以记录下来。例如，每一次有人询问你的观点，倾听你的谈话和采纳你的建议，每一次你受到表扬，或仅仅你觉得自己的言谈举止更加自信，你都可以记录下来。大的成就来自细微的收获。集中于你的成就里，不要因为你没有实现的目标而责备自己。

特别提示

在增强自尊心，动机走向成功时，除了运用意念法还有以下简单的办法。

在上床时间上给自己一些积极的建议。

把问题当作挑战。

锻炼身体，平衡营养。

想象自己健康而有能力。

和有积极态度的朋友联系。

和你从事这一领域的著名导师联系，他会给你提供建议和精神支持。

做一个自我测试。如果你觉得你缺乏积极的态度和动机那是因为你的身体能量不足，你经常感到疲倦或郁闷，你就需要做一个全面检查，检查你的身体、营养和心理状况。

战胜自卑感

在我们的日常生活中，我们不难发现，很多人都有或多或少的自卑感。的确，有自卑感的人非常非常多，有的人甚至认为，这个世界上几乎没有完全无自卑感的人。世界上确实有些人乍看上去地位显赫、刚愎自用、气壮如牛、盛气凌人，似乎他们与自卑感绝缘。然而，在对他们进行深层次的心理分析以后便会得知，这些人甚至具有相对更加强烈的自卑心理，外在的表现只不过是一种掩饰自卑的手段和方式罢了。也就是强烈的自信掩饰下的强烈自卑。引发自卑感的原因大致可以归纳为以下几个方面。

其一，生理方面的某些缺陷。引起自卑感的生理方面的缺陷非常多，常见的诸如相貌丑陋或畸形、身材比较矮小、体型肥胖、四肢残缺、听觉、视觉等机能的丧失或损伤、高度近视或远视、语言障碍等。但是应当说明的是，生理方面的缺陷并不是直接导致自卑感产生的因素。有些具有生理缺陷的人倒反而并没有多少自卑感，另外，还可能由于其人格的力量而创造出比那些没有缺陷的正常人更为巨大的成就。例如，腿部残疾的美国总统罗斯福，成为美国历史上无法让人忘记的领袖；双目失明而又聋哑的海伦成了举世瞩目的大作家，她的脍炙人口的名篇《假如给我三天光明》不仅文采飞扬，而且极富真情，具有感召力。总之，在生理缺陷与自卑感之间，主体状态及评价起着关键性的作用。如果主体对这些缺陷特点非常看重，而且自怨自艾或者怨天尤人，自卑感便会从心底萌发，如果我们不去这样做，而是保持一种与之相反的态度，那么，自卑感就不会产生了，或者即使产生了，我们也能予以战胜、超越。

其二，幼年时期的一些经历或经验。自卑感通常在孩提时代就已经生成了。通常的情况是这样的，父母对子女有着非常高的期望。如果孩子一旦在某个问题上产生失败或者达不到他们的要求，父母便可能会责骂自己的孩子笨、无能、愚蠢。因此，孩子为逃避失败而不敢进行尝试，遇事踌躇不前、畏难退缩，久而久之，便形成了自卑感。

其三，观念上的错误。作为群体的人类，其能力是无限的；但是作为个体的人，其能力则是有限的。每个人的能力都有其强项，相应地，又都有其弱项。如果个体在发现自己的某个弱点之后，短时产生矮人三分之感，而又没有考虑到自己亦有他人所不及的一些长处，自卑感就会在这时油然而生了。千万不要任其发展。

综上所述，自卑感乃是消极、负面的自我暗示的产物。催眠治疗师、心理学家们于是设想，既然自卑感是消极、负面的自我暗示的产物，那么，如果我们反其道而进行治疗，通过积极、正面的暗示，那样不就可以克服自卑、增加自信了吗？遵循这一基本的正确的指导思想，我们的催眠治疗师和心理学家创造了不同的治疗方法。有些催眠治疗师在将受催眠者导入催眠状态以后，都会采用沙尔达博士提出的“条件反射疗法”对患者进行训练，从而达到强化自我、克服自卑感的目的。条件反射疗法的训练程序可以参考如下。

将自己自卑的感觉都说出来。自然涌上的感情，全部以发声的语言来进行表达。如果是生气，就把生气的情感恰当地转化为平静的语言，而不是其他过激行为。如果是感情受伤的情况，就把受伤的具体情感用语言说出来。不要保持沉默，一定要表达出来，无论是什么样的感情，都要表达出来。当然，这种和盘托出的状态只有在催眠状态下才最容易获得，也最容易达到比较好的效果。

要辩驳。当你的意见与别人的意见不同时，不要再保持沉默，不要再静默不语，也不要勉强地表达你的认同。在不伤害对方的前提下，平静地表达你的看法，说出你的意见。这表明你自己能够坦诚地表达感觉。

要常常使用“我”字，而且还要注意加强语气。例如，“我！就是这么认为的！”，这时候以“我”这个字的语气为最强。

当被人赞美的时候，学会平静、坦然地接受。不必谦虚地说“没什么”“我做得还不够好”等，应该承认自己的确不错。

想到什么事情，就要立刻去做。为了更好地有效地运用你有限的时间，不要将未来的事在事先就计划得过于详细过于周密，从而导致瞻前顾后，思前想后而犹豫不决。最后一事无成。想到什么，只要觉得合理，就要立刻去行动。

一般说来，在催眠状态中经过这 5 个阶段，进行数次训练之后，就可以在很大程度上解除自卑感。还有一些催眠治疗师运用“思考预演法”来解除受催眠者的自卑感。所谓的思考预演法，其实就是指让受催眠者在催眠状态中经过思考和预演，来适应某种以往会令受催眠者感到不安、尴尬、害怕的场面，以减少他们的不安、恐惧和自卑。通过催眠师暗示诱导下的思考和预演，受催眠者可以感受到能够顺利地完成那些由于自卑和不安而无法积极行动场合的现象，使其产生强大的自信心，克服自卑感和紧张、不安、恐惧感。

根据导致自卑感产生的主要原因不同，催眠治疗师们还应当采取不同的方法，有所侧重地对患者予以治疗。这样才会取得更好的效果，例如，对于以生理因素为主而诱发的自卑感，采用直接暗示法来改变患者的错误观念；对于因幼年时期的体验而引发的自卑感，则采用宣泄法使之释放，用抹去记忆的方法会使患者不再为之困扰；而采用注意转移法是让患者的心理活动指向外部世界；用激励法是为了鼓励患者内心的升华……

克服焦虑和害怕

温暖的春天，你走在宽阔的、绿树成荫的街道上，去参加你最好的朋友组织的庆祝晚会。这时云朵遮住了太阳，空气有点凉。突然一阵风吹过树枝，一下子天空变得又黑又冷。你在往前走时注意到身后的脚步声。莫名地，你觉得这个脚步有意和你的脚步保持一致。尽管在同样的春天，同样友好的社区，一个念头闪过：“我可能要被抢劫了。”脚步声越来越近，你的心怦怦地跳，你的脸变红。你突然觉得目眩，似乎要倒了。这时你决定再也不能忍受害怕，脚步声消失在人行道上了。你环顾四周，发现邮车停在马路转弯处。

和普遍看法不同的是，焦虑并不直接产生于危险或痛苦的情景里，实际上焦虑来自你的思想。在具体情况下，是潜在危险的想法，而不是实际存在的危险，导致了焦虑的症状。

解除焦虑的催眠疗法

很多人认为，焦虑是因为生活压力和工作环境等外界因素引起的，而实际上，焦虑主要来自焦虑者的心理活动。通过催眠，我们可以有效解除焦虑。

很多情况下，焦虑是因为过高估计了危险或压力。这时，人们的焦虑感会大幅度增强。在这种情况下，我们可以通过催眠来消除焦虑。

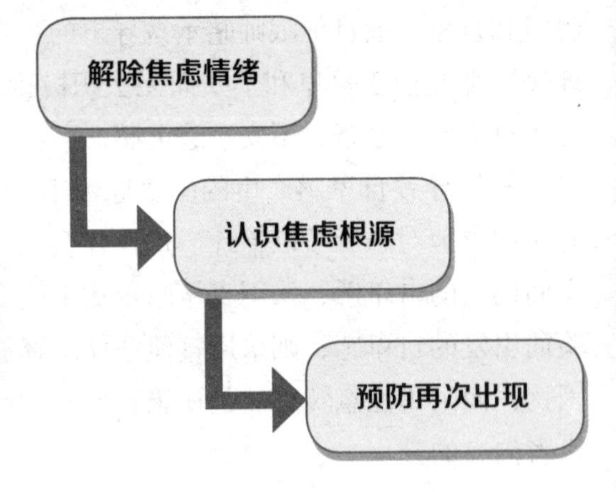

对焦虑者的催眠治疗一般分三步，每一个部分达到预期效果后才能进行下一个部分，否则后面的部分将不会有预期的效果。每个步骤中，催眠师都会使用不同暗示语。

催眠解除焦虑的暗示语

解除焦虑暗示语：

1. 从现在开始，焦虑慢慢消失，只有轻松和愉悦了。现在你已体验到很轻松，没有焦虑了。
2. 疾病能迅速恢复的主要原因是你自己能认识到产生焦虑的根源，焦虑是不必要的。
3. 通过催眠治疗，你将产生抵御刺激的免疫力，能很好地适应社会，成为真正健康的人。

焦虑 ABC

上述描述的过程叫作焦虑 ABC 模式——情景 A 产生思想 B，思想 B 又产生焦虑 C。焦虑的感觉本身进一步成了惧怕的催化剂。你对自己做出的第二次判断，如“我感到害怕，这真危险”。新的害怕想法让你焦虑，你更加焦虑时就对危险更加想入非非。

在无法避免的情境之下，情感就很难不变得更加强烈。例如，你不能离开晚会；你害怕老板发怒，但你却不能回家；你感到身体中有不同寻常的疼痛或感觉……在这些情况下你觉得尽管你没有被控制，仍有另外的危险存在：情景让你惧怕。

只要你对困难情况的想法是真实和准确的，你的焦虑就有办法对付。但是如果你过高地估计危险，不断地预测灾难，你的焦虑感也会大幅度增强。如果在繁华的闹市街道上你站在警察身旁，你告诉自己“我会遭遇到袭击”，在几乎没有危险的情况下你仍感觉到危险，这就是不现实的想法。同样，如果你的工作做得很好，你却不停地对自己说：“如果老板不喜欢我的工作怎么办？如果他解雇我怎么办？我再也无法有另一份工作。”这也是不现实的想法。

害怕机制

害怕在不断加剧时有 4 个显著阶段。

第一，不现实的自我表现判断让自己一直处于戒备状态。你在斗争或者逃跑中的身体紧张状态：你的心跳更快，你感觉呼吸急促，你的胃感到慌乱，等等。这种慢性反应会让你意识到危险的潜在性。这意味着你处于千钧一发的紧张状态。临近的排演或小冲突都能让你处于害怕之中。

第二，你开始对害怕本身感到害怕。你的身体越来越敏感，你开始预料到害怕的袭击。你不惜一切地尽量避免。现在你有了新的害怕。你不仅害怕暴力或老板的批评，你也惧怕害怕在你的体内产生的反应。

第三，当你对害怕的惧怕感越来越强烈时你拒绝接受自己的感觉。你厌恶体验害怕的反应：心跳加速、目眩、呼吸急促、双腿颤抖、喉咙哽咽、忽热忽冷和大脑的混乱。你拒绝并与身体中不同寻常的反应斗争。你对即将到来的害怕症状格外警觉。

第四，你逃避产生焦虑的任何情景，任何人或事。开始是在空荡的街上感到紧张，后来避免独自去任何地方。开始是和老板谈话感到焦虑，后来避免了所有的工作。开始是在晚会上感到害羞难堪，后来避免任何社会交往。

幸运的是有办法处理焦虑和害怕的噩梦。催眠法能帮助你放松，接受害怕时的戒备状态，用新的反应代替不理性的想法，消除焦虑的感觉。

害怕的主要原因

在遭受害怕的袭击时，你体验的任何症状都是身体的斗争或者逃跑反应中自然而又无害的一部分。当你觉察自己处于危险之中时，你的肾上腺释放荷尔蒙，身体出现恐慌症状。荷尔蒙在体内不到 3 分钟就产生代谢变化，但它的效果很快就消失了。因此，如果你能停止灾难性预测，你就能在 3 分钟内结束恐慌反应。这意味着你的焦虑感不会超过 3 分钟。停止反复的灾难性想法，关键的一步是与自己的灾难性预测做斗争。

探讨害怕

在准备自我催眠法时，你必须首先知道自己害怕时的反应是如何产生的，并花几分钟假设自己处在令人害怕的情形里。

是哪种情形呢？社交场合中，开车时周围有某种动物或物体，在工作场所，电梯里还是飞机上？现在让自己感觉现实中的正常焦虑感。

尽管这种人为的焦虑与自然的害怕有所不同，但仍会产生一些身体症状：心跳得更快、目眩、呼吸短促、腿乏力、比正常更热或更冷、摇摆或颤抖、胃里感觉慌乱、很难集中精神，清楚地思考……这是焦虑和害怕最常见的身体反应。除了自己独有的，你可能有其中一些或全部。

再一次想象自己处在同样令人害怕的情况下。这一次集中精神，努力注意你是怎样告诉自己害怕时的情况和症状的。

你是否发现自己对情况做了灾难性的预测？你是否做了最坏的打算？你是否认为自己会有心脏病或眩晕，或者你可能失控倒地、呕吐或尖叫？这些都是许多人在遭到害怕袭击时告诉自己的事情——不理性和不准确的预测会令害怕延长和更强烈。

制订计划

为了改变你的身体对可能令人害怕的情况的反应方式，你必须用解释你反应本质的真实话语代替灾难性的想法：你的身体感觉不会伤害你，它们很快会消失。重复解决每种症状的暗示语，你能够意识到自己的反应，恢复良好的感觉。

减慢心跳。在斗争或逃跑反应中，你的脉搏跳到每分钟 120 ~ 130 次。根据克莱尔医生的著名的焦虑控制权威报告，正常人的心跳能数星期保持这个频率而没有危险。如果你担心你的心脏，就去做医疗检查。知道你的心脏正常后你就开始解决令你产生灾难性想法的这个问题。当你感觉到自己心跳加速时，告诉自己："我的心跳得这样快，但这样子几个星期也没事。"

感到平衡。眩晕的感觉是过度紧张所致，当你放慢呼吸时眩晕就会消失。有时你脖子或下巴的紧张会影响你的听力，引起眩晕，你放松时眩晕也会消失。放松时即使感到害怕也不会晕倒。当你觉得眩晕时，提醒自己："我放松，放慢呼吸就会好。”

深呼吸。横膈膜太紧，呼吸就变得短促。你感到害怕时的呼吸短促会让你把短而急促的呼吸延伸到肺上部。解决方法是集中精神深呼吸一口气，然后有意识地做深而慢的呼吸。记住暗示的话是，“呼出废气，深呼吸，呼出废气，深呼吸……”慢节奏重复。

腿部有力。在害怕时你的腿部乏力。你甚至可能害怕你会跌到。这种反应是大腿肌肉中静脉血往上涌所致。斗争或逃跑反应中血也会处于准备逃跑状态。你感觉到的虚弱是假象，因为实际上是血让你的腿处于准备逃跑状态。静止状态下血聚集在腿部，它就会产生沉重和微弱的主观反应。这种情况下，告诉自己：“我的腿准备开始跑，它们比平时更强壮。”

随意吞咽。焦虑时喉部过度紧张，你感到不能吞下任何东西。实际上如果你去尝试，是能够的，只要你放松反应就会消失。如要加快速度，尽量张开嘴，假装打哈欠，告诉自己，“打个哈欠，喉咙的紧张感就没有了”。

感到热或冷，都很好，冷或热都是因为血管收缩，血压升高，交感神经和副交感神经系统的变化引起的。这些变化是斗争或逃跑的自然反应，当你平静下来，停止灾难性预测时，这些反应都会消失。当你感到热或冷时，告诉自己，“几分钟后就好了”。

思维混乱，模糊，无法思考都是因为你的肌肉中多氧和血过度集中导致的。这是身体在斗争或逃跑时的自然准备。这些感觉都可以通过闭上嘴巴做深而慢的呼吸来消除。告诉自己：“我能够做深而慢的呼吸，能够清晰地思维。”

重复你的暗示语，提醒自己反应是无害的、自然的。你可以运用这里建议的自我陈述语或者你自己的话。例如，这里有一个完整的自我暗示语：“我的心跳通过医疗检查是正常的，即使几个星期我的心跳有这么快也平安无事。我能够处理，因为几分钟后就好了。”写上你的每一个反应，解释为什么它没有危害，你又怎样处理。

总体意念法

意念法包括对你的一系列建议：

当你感到害怕时放松；

停止产生害怕的想法；

用积极的暗示语取代灾难性想法；

允许自己感到和接受伴随害怕的所有身体反应。

1. 放松

意念法用两种方法来放松身体。第 1 种是深呼吸。闭上嘴，做一个长而慢的呼吸。屏气一会儿，然后缓慢而顺畅地呼吸，尽可能地呼出体内的气体。暂停一会儿，把注意力放在暂停上，然后又吸气。目标是缓慢、深而完整的呼吸。深呼吸会阻止你呼吸加快。

放松的第 2 种方法是扫视体内的任何一处紧张感。你的脖子和肩最有可能紧张。如果发现肌肉紧张，就放松。如果你无法放松，就使肌肉尽可能地紧张。如果你能增加肌肉的紧张感，你也就能减轻肌肉的紧张感。你在紧张和放松你的肌肉三或四次后，你的紧张感会明显的减轻。

2. 停止想法

意念法告诉你用停止想法的技巧来控制灾难性想法。当你开始想你要晕倒或你有心脏病时，你在心里大叫一声“停住”。这个没有喊出来的声音会让灾难性的想法停止 1 秒钟。然后你迅速地用暗示语取代想法，如“不可能晕倒，眩晕 3 分钟后就会好”或者“我的心脏很好，数星期来这样跳动都非常正常，而且它在 3 分钟后就会慢下来”。

3. 暗示语

意念法将加强你写作和运用积极现实的自我暗示语的能力。这是你对害怕的新反应。为了有大量的暗示语，开始记下自己典型的因害怕而产生的想法，以及在充满压力的困境下的想法。

你可能想用日记记下自己在压力下的想法。无论你什么时候感到焦虑，都记下你的心理活动。对每一个因害怕产生的不理性想法，都写下简短的对策。例如，对不理性的预测“飞机会坠落”。可以写下：“事情会有利于我。飞机几乎从不坠落。坐飞机比开车安全多了。”对事情做现实的评价是处理灾难性预测的最好方法。

创作暗示语的另一个好办法是对害怕的结果做准确评价。如果你晕倒了会怎么样？如果你的老板真的批评你会怎么样？如果电梯真的被卡住 1 小时会怎么样？如果你的恋人拒绝了你的求爱会怎么样？清楚地写下可能发生的结果，你往往发现真的结果并没有你害怕的那样糟糕。

把最好的一两个暗示语插入到意念法中使用的简短话语中。当你坚持使用意念法后，你可能发现你要改变你的暗示语。

4. 接受你的感觉

意念法结束时会有两条强有力的建议，接受你的感觉和结束逃避。接受你身体所有感觉的关键之处是知道它们是暂时的，它们会结束。抗拒并与你的焦虑或害怕症状抗争，你的焦虑感只会更强烈。当你接受你的感觉后，无论是多么痛苦，它们都会结束得更快，很快你便不再有斗争或逃跑的不适。

结束逃避的建议告诉你不再逃避产生焦虑的情景、人或事。既然你能接受，处理和控制你害怕的感觉，你就能到你想去的地方，做你想做的事情。

使用整体意念法

让自己往下沉……越来越下。往下沉，睡着，睡着往下沉，向下，向下，完全放松。往下沉，越来越下。你感到安全和放松。你现在意识到焦虑是你身体的自然反应。它们是自然的，无伤害的。它们不重要，它们不重要。你不再对焦虑反应感到害怕。你不再害怕焦虑。它们是你身体斗争或逃跑的自然反应。你接受了无伤害的焦虑反应。你提醒自己你的身体很健康。你立即提醒自己你的反应意味着什么，为什么说你的身体健康。不管你的反应如何，你知道它们都是不重要的，而且你的身体健康。你的反应是自然的，你不再对焦虑的反应感到害怕。你越来越坚强，自信，有把握。你控制了你的害怕和焦虑。

无论什么时候感到害怕你都可以放松你的身体，你做深呼吸，深深地。空气将进入你的胃……直到进入你的腹部。深吸一口气到腹部……然后顺其自然，呼出原来的气体。你能够用缓慢而深的呼吸来调节……深吸一口气到腹部，慢慢地顺其自然。无论什么时候感到焦虑你都能做慢而深的呼吸。又做一次深呼吸，提醒自己能够调节呼吸……无论什么时候感到焦虑，做慢而深的呼吸都能放松你的全身。你焦虑时检查你身体的紧张处。你检查你的肩和脖子，让你的肩下垂放松。你检查你的下巴，让你的下巴放松，放松。你检查你的前额，让它平滑和放松。你检查你的胃，做深呼吸放松，每一次呼吸都越来越放松你的胃。

当你焦虑时检查并放松身体的任何紧张处。你知道由你自己掌握。你有办法并懂得让焦虑和害怕消失。

现在你知道事实是你只要停止焦虑感，害怕就会很快消失。在你头脑里消除焦虑的想法 3 分钟内就会消失。你能等待它结束。快，很快，它就会结束。当你焦虑和害怕时你能停止焦虑的念头，停止危险的念头。你在心里对焦虑的念头大叫一声“停止”，你知道你的害怕会在 3 分钟内消失。你在心里大叫一声“停止”来平和焦虑的念头。害怕很快过去了，它结束了。当你停止焦虑的念头时害怕过去了，结束了。你等待它结束，很快害怕便结束了。在你的掌握之中，你有能力释放所有焦虑和害怕的念头。

把你的焦虑想象成悬挂在博物馆的画，也许是一幅关于战争的画。想象着博物馆的墙上的画。你走过那幅画，你漂浮着经过那幅画，你即将走过那幅画时……现在它从眼前消失了。你的焦虑就像那幅画一样消失在眼前，消失在眼前。你现在知道接受身体的任何感觉。你能接受任何感觉，因为你飘过了，飘过了，直到它消失在眼前。你接受并让你的感觉逝去。

现在你对原来的焦虑想法有了新的反应。你不再用灾难临头的感觉吓自己。你让原来的害怕，原来的焦虑随风而去，让原来的害怕随风而去。现在你提醒自己对原来的焦虑想法的新反应。无论你什么时候意识到原来的焦虑想法，你都知道现在有办法不再想。这些想法在远去，远去，远去。它们远去时就像远处的灯越来越暗一样。你对原来的焦虑想法有了新的反应。

现在你知道你能接受身体的任何感觉，你能接受任何情感。你接受而不是逃避你的感觉和情感。你飘过焦虑和害怕，你知道这是短暂的，一会儿你就会感觉更好。你飘过而没有抗争。你现在知道你的感觉是暂时的，转瞬即逝……它们在远去，远去，很快就会消失。你的感觉，无论是多么不舒适，都会远去，消逝。它们会消逝。你的焦虑或害怕很快会消逝。你接受并飘过你的感觉。

你变得越来越坚强，越来越自信。因为你接受并让你的感觉远去。你拥抱你的感觉，痛苦的和快乐的，因为它们在远去，并很快会消失。

因为它们会远去，消逝，你不用害怕。因为你接受了你的感觉，你不用害怕。你充满期待和自信。现在你能处理好你的感觉，你能放松和处理好你的感觉。想想自己笔直地行走，每一步都充满了力量。因为你能处理你的害怕和焦虑。你毫无顾虑地接受未来。你能处理好并让你的害怕感逝去。如果你放松并做缓慢的深呼吸，如果你不再有焦虑的念头，3 分钟后害怕感就会结束。

现在你能够进入任何你曾经感到压力的情景。因为你能接受你的感觉了，你能处理好你的感觉，你能够进入。因为你对你的处理能力有信心，你去你想要去的地方，做你想做的事情。现在你知道你能进入任何情景，并记住你的处理技巧。你有新的能力来处理，你对你的处理能力越来越有信心。你能进入任何情景，因为你能让你的害怕感逝去，感觉到坚强和自信。在你的掌握之中，你能处理任何有压力的情景。你感到非常放松，非常平和。一会儿你就恢复所有的意识，感到更坚强和更积极……感到自信和坚强。

结束焦虑和害怕的辅助意念法

现在你通过使用结束焦虑和害怕意念法来学会接受、处理和控制你的焦虑和害怕感。而辅助意念法帮助强化你的目标，促进你的恢复。辅助意念法中的想象在你的潜意识中创造新的蓝图，在你从焦虑和害怕感中恢复一段时间后仍能强化你的积极行为和感觉。

想象你已经取得了巨大的进步。你让原来的害怕、焦虑随风而逝。现在你用心得处理技巧这一新的工具来控制自己的焦虑和压力。每天你都更加坚强，自信，更有把握。无论压力多大你都能处理好任何情况。你已经运用了新的技巧，在害怕有机会出现前就已经把害怕阻止了。许多原来的害怕被你远远地抛在脑后，并且一天天变得越来越模糊。未来的印象是你新的蓝图。现在，你想象用新的技巧停止了害怕感的袭击。你自在地呼吸，你觉得平稳，你的胸和胃都很平静。你已经成功了，你实现了你的目标。你赢了，你有控制力，感觉很棒。你为自己自豪，你感到很自信。你知道你能做到。现在你享受生活，而且没有原来的害怕感。它们仅仅是过去的包袱，你让它们远去。无论压力多大，你都能处理好。你有力量、信心，你能控制自己的生活。现在想象自己在特别的地方的自我形象，回忆你所有的新的、自信的感觉，相信自己能够处理任何情况，喜欢你自己。你沉醉于积极的感觉，长达几分钟。

消除儿时留下的创伤

“我父亲每次喝醉都打我，他经常喝醉。现在我不能处理关系，承担责任，怎么会这样？”

“我缺乏自信，对自己很不满意。从儿时起我就记得父母亲从未赞同过我做的任何事情。”

这些话都出自小时候在某方面受过虐待的人之口。什么时候好意的教导成了虐待？这个问题很难回答，但是童年时的创伤会影响一生。

家庭虐待

3 种环境因素经常和儿童虐待联系在一起。

1. 酗酒家庭

酗酒经常是家庭虐待儿童的直接原因。据这一领域的专家调查，酒精经常导致身体虐待。这些因素会导致人与人之间的界限模糊或消失。很多时候家庭成员把他们的依赖感隐藏起来，酗酒家庭的小孩不得不猜测他们父母奇异行为背后的原因。下列行为帮助你判断是否是酒精或者毒品影响了你家庭中成人的行为。

个性巨大的改变。

情绪不稳。

表现出愤怒或者过分关爱。

记忆力弱。

长期压抑。

用酒精或毒品解压。

身体失去协调性。

2. 情感错乱

如果父（母）亲隐藏他（她）的感觉，他们的某些感觉被否定或不允许，这样的家庭氛围就不会是鼓励信任，创造自由的氛围。孩子们很快就学会了掩藏自己的感觉，也不会期望父母的支持。这样的家庭在外人眼里可能非常完美，但是隐藏和未表达的情感已经影响了家庭成员间的信任和正常的纽带。

3. 家庭虐待史

有一个家庭，父亲每年都打孩子们一次屁股——不管是否必须。他用的是细枝条。长大后，他的女儿对她的孩子们用的是发刷；他女儿的儿子以后用的是木板。这种方式一代又一代地重复。无论虐待的形式是什么，在痊愈和停止之前它会一直传下去。

承认痛苦

你可能没认识到自己曾经是个受过虐待的小孩，却在想为什么现在你没有自尊心、没有自信心，或者为什么你感到害怕、饮食紊乱或选择虐待伴侣。

弥合儿童虐待伤口的第一步是认识到在小时受过虐待的事实，因为记忆经常被深藏，你受过伤害的唯一线索是你和其他受虐待幸存者在某些行为上的相似性。接下来描述了几种虐待形式以及可能产生的行为方式。

1. 身体虐待

乔治特童年时有过几位继父，他们都认为教导小孩的最好方式是好好地打他一顿。无论什么时候乔治特的举止让她的继父们看不顺眼时，她都会被鞭子抽一顿。

她同样的行为方式即使稍微改变也会让每位继父大发雷霆，乔治特永远也不知道什么时候怎么做才不会挨打。她无法控制自己的生活，只有在她能控制的体重上来反抗。很快乔治特体重急剧下降，她用泻药把吃进去的食物拉出来。这种自残的行为开始上瘾，不久乔治特再也不能控制自己的大便。

现在乔治特 45 岁，看起来超过 50 岁。她每餐都要先吃西红柿等鲜艳食品。乔治特有创造力、聪明，然而没有自信。自我形象完全扭曲。乔治特无法工作，觉得自己完全失败。现在援助组帮助她处理儿时的虐待阴影、获得自我表现价值和恢复健康。

任何形式的身体虐待都会留下情感的创伤，影响远远超过了伤口本身。既然身体伤害有长期的严重影响，大多数儿童心理学家认为不应对孩子进行身体惩罚。

在一些严重的身体虐待中，儿童会找办法来保护自己。防卫措施之一是精神逃避。受虐待的儿童假装伤害没有发生。他们会幻想逃到没有痛苦的想象世界。或者，为了找到他们迫切的避风港，身体上受虐待的儿童可能会躲避到无人到达的地方。这是防卫的一种方式。这里有一系列受身体虐待的儿童的其他行为和感情特征。

无法认清现实（对人们所处的不现实的环境的过高或过低期望，认为他们不喜欢你）。

害怕人们知道真实的你（你认为他们会发现你隐藏的缺点）。

无法感到或者表达爱意。

认为你内心的潜个性或者恶魔会发挥破坏力。

感到羞耻（因为父母亲的虐待行为而自责）。

隐藏你的真实感觉。

突然发怒和打架。

感到没有价值，逃避挑战。

2. 性虐待

35 岁的卡伦是一家大型公共关系公司的成功会计员。她有幸福的婚姻，两个优秀的女儿。卡伦因为她的母亲和哥哥的性虐待已在理疗中心治疗多年。

卡伦的父亲和家人很少待在一起，因此没有意识到问题的存在。她的母亲经常喝酒，一喝醉就性虐待打小孩。她首先引诱她的长子，然后伙同儿子共同性虐待两个小女孩。虐待持续了许多年，卡伦和她的妹妹认为她们的哥哥是恶魔，妈妈是巫婆。两个小女孩互相帮助，假设自己是困在城堡里，从而幸存下来。她们生存下来了，却伤痕累累。

卡伦恢复了自尊心，改善了与丈夫的性关系。然而，她心中仍有阴影，非常害怕自己像妈妈那样鞭打和虐待她自己的女儿。她的恐惧感是如此强烈以至于她拒绝和儿女们有任何身体上的接触。她害怕和他们拥抱、亲吻和牵他们的手。

性虐待经常不容易被察觉。父母亲以不适当的方式调戏或给小孩讲性故事，这些虐待行为被误认为是爱和喜欢。性虐待隐藏得越深，小孩就感到越是混乱不清。小孩在情感侵略和被爱之间摇摆。跨越了界线，小孩就被剥夺了性发展的自然权利。

性虐待的幸存者成人以后很难与他人保持正常的关系。问题可能是：

性欲强；

性冷淡；

无法保持性关系；

害怕亲密；

害怕性；

害怕男性和女性；

感到受到目前或潜在的性伴侣的威胁；

选择虐待的伴侣；

选择孤僻的伴侣。

3. 情感虐待

29岁的罗伯特强迫自己走出门，穿过街道，进入杂货店。如果他看见有人朝他走过来，他就过马路，在另一边继续走。他并不是害怕陌生人伤害他，他是害怕别人打招呼时他不得不回答。偶遇的念头让罗伯特的心跳加快，呼吸短促。如果罗伯特这时有这种感觉，就有一个声音对他的害怕说："这些人不喜欢我，他们认为我不行。我会令他们失望。"从客观的角度来看，这种害怕不理性。陌生人潜在的接受或拒绝如此严重地影响罗伯特的行为方式似乎不可能。但是对罗伯特来说他的害怕是真实的，害怕每天都在影响他的生活。

罗伯特从未感到父母接受他或真的爱他，但还是小孩的他不敢说出来。他的父亲，一名化学家，大部分时间都待在实验室或家里的书房。他经常工作繁忙，罗伯特的抚养工作就交给了罗伯特的母亲。罗伯特的母亲有很强的是非观。罗伯特很小时她就给他灌输她的道德标准。根据他母亲的伦理观点，感情代表软弱，所以他们谈话时从不表达感情。罗伯特很快悟出：如果你流露出某种感情，那么你在某个重要方面是非常不足的。于是他从未向任何人流露自己的感情。

罗伯特的母亲也有情感。如果她能认识并承认的话，她应该知道她感到非常痛苦。痛苦来自她嫁的丈夫，而现在他已经完全抛弃了她。罗伯特感觉到了她母亲的痛苦。但是他既不能问，也不能安慰，他以为母亲生气是因为他。结果罗伯特得出结论，他会让她失望。

情感虐待带来的伤害似乎不深，也不被注意，实际上它造成的伤害很大。

想想熟悉的话语。“我妈妈看着我的样子，我就知道我最好闭嘴。”

在健康家庭里，教育是爱、同情和亲切的平衡。严厉的眼色就如鞭子的抽打，一句刺耳的话就置人于千里之外。

在缺乏感情的家庭里会发生各种虐待。这里有一些例子。

忽略。你的父母亲事情太多而无法关注你。或者你的父母不同意你做或不做的事情，他们把惩罚看作爱。

不一致。家庭混乱，规则每日改变。这一次接受的可能下一次不承认。

不满意。无论做什么，无论你如何努力，都不够好。如果你数学得了个 A，地理得了一个 B，但他们认为你应该得到两个 A。如果你做得很好，你父母会表扬他们自己。“当然你会赢得网球赛。你是我的小孩，不是吗？”你的父母可能说，“当我打球的时候我是队里赢得比赛最多的人。”

害怕和威胁。你的父母创造的情感环境可能威胁你的安全。用暴力、灾难或惩罚作为威胁只会失去安全感。潜在的威胁通过身体和身体动作表现出来。

自我发现图表

作为成人你可能体验到无法理喻的感情和情感，它们可能让你郁闷，它们可能是慢性的或突然发生的。下面的自我发现帮助你决定你是否在童年受过虐待。列出的情况在受虐待而幸存者中相当普遍。

害怕让人们了解真正的你（你认为他们会发现一些隐藏的可怕的缺点）。

害怕被他人控制。

害怕你不受控制，伤害人。

害怕拒绝和抛弃。

害怕亲密。

害怕表达你的需要。

感到羞辱（因为父母亲的虐待行为而自责）。

突然感到生气。

感到没有价值；逃避挑战。

没有达到自己或他人的期望时的罪恶感。

感到权威人物的威胁或对权威人物有敌意。

感到受到目前或潜在的性伴侣的威胁。

隐藏你的真实感情。

没有能力感觉或表达爱和喜欢。

没有能力维护持久的关系。

选择虐待性或不正常的伴侣。

性欲强或弱。

完美主义（总是想把事情做对）。

过度使用香烟、酒精、毒品或食品。

对人们不现实的期望，认为人们不喜欢你。

试图控制你生命中重要的人的行为、感情或反应。

如果有几种情况适合你，你可能想知道你在儿时被虐待的可能性。为了拥有强烈的自我表现价值感，必须学会信任他人，获得自尊心的平衡。儿时受虐待的幸存者必须经历两方面的过程。首先，原来阻碍你进步的思维方式必须被新的积极的方式所代替，这样你才会用新的方式生活。其次，受到虐待的小孩必须和现在的成人接触并受到照顾。恢复后你才有可能让目前阻碍你产生爱和信任的疼痛逝去。

改变原来的方式

自我发现显示了在儿时受虐待的幸存者当时生活的普遍现象。你适合的状态可能已有很长一段时间，以至于已经成了一种习惯。这些感觉或思想已经深入你的潜意识。

为了改变消极的行为方式，你必须改变评价自己的准则。例如，如果你认为自己害羞，不能去约会，你可能就不会去约会。如果你认为自己怕狗，你可能不会和狗散步。但如果你给自己一些积极的信息，如“我很棒，充满爱心，幽默”或者“我高雅，协调和敏捷”，那么你约会的机会将增多，你的狗会爱你。请注意你的大脑没必要相信你的新信息，因为你还要努力说服你的潜意识。如果你不断重复肯定的信息，潜意识中便不再有你原来的思维方式，从而新的感觉和行为方式便会被固定下来。

新的信息。仔细地看你在自我发现中符合的几项。把它们按先后顺序写在下面。

（1）____

（2）____

（3）____

（4）____

现在你准备创作新的信息。看你写下的第一项。想想在你生命中的特别时刻，这种感觉或行为伤害你最深。例如，你最害怕亲密感。努力想想由于你害怕亲密感而直接导致的行为结果。如果是一个很困难的问题，你的思维可能不想稳定在这个问题上。你越有针对性，你的大脑可能越一片空白。不断地把注意力放回原来的问题，直到你想起你对亲密感的害怕如何影响你的日常行为。你可能说："因为我害怕亲密感，所以我从不和陌生人谈话。"现在更深入些，努力找出行为背后的具体恐惧感。你可能说："我从未和陌生人谈过话因为我害怕别人取笑我。"你现在有了要解决的具体问题。记住这句话并没有深入问题的核心。我不需要马上解决全部问题。一步一步地解决更有效果。

接下来，确定与陌生人谈话时希望如何表现。吸引人？聪明的？体贴的？

一旦确定了你希望表现的样子，就写下新的积极信息。可能是这样："我很聪明，我有信心，有能力来表达自己的思想。"这里有更多的处理其他问题的可能办法。

如果问题是完美主义，具体问题可能是"当我犯错误时，我害怕其他人会取笑我"。新信息可能是，"错误可以促进学习和进步。我是个犯错的好人。人非完人，孰能无错？我接受我的错误和成就"。

如果问题是你害怕权威人物，具体问题可能是："我和重要人物在一起紧张，不知道他们说什么。"新的信息可能是，"我是有价值的人。在权威人物周围我有信心，有把握"。

如果问题是因为没有实现某人的期望而有罪恶感，具体的问题可能是："当丈夫抱怨房子周围的某些事时，我感到如此有罪恶感。"新信息可能是，"我已经尽了我最大的努力，我自我感觉良好。我很好地履行了我的责任"。

确定新的信息是积极的。意念法中不允许出现"不"字。如句子"我不会让其他人使我感觉糟糕"会混淆你的潜意识。因此最好改为"我感到自信，和其他人在一起感觉良好"。

现在写下原来的思维方式，并在旁边写下新的信息。

原来的思维方式	新信息
（1）________________	________________
（2）________________	________________
（3）________________	________________

……

制订计划

现在你已经清楚地写下了你的新信息，你准备把它们融入你的潜意识。新信息意念法帮助你树立自信心和自尊心。你的新信息将成为你思想、感觉和行为的新方式。

树立信心，改变消极的方式。意念法建议：你想象自己更自信，每天越来越接近你的目标，每天你都让原来的方式随风而逝，原来的消极方式只会阻碍你的进步。

回忆积极的经历，增强自我价值感。意念法建议你回忆并想象你感觉良好的时刻，你取得了成就，或实现了目标，或是你得到了表扬。记住那一美好的感觉，回忆那一美好的感觉……回忆特殊时刻所有精彩的细节。即使是微不足道的成功也能让你感觉良好，提高你的自我价值感。

插入你的新信息。意念法让你有机会插入你的新信息，譬如“当某个人表扬我时，我说谢谢你，并且感觉我值得表扬”或者“我是有价值的人。遇见每一个人时我都有信心和把握”。为了把信息的作用最大化，把它们的数量限制在5个。你可以重复使用相同的信息或者用新的来代替。通过观察信息发挥作用的速度来评价自己的进步。

注入新的信息，为了让你的新信息发挥作用，意念法建议：“想象你的新信息已经牢固地确立。你看起来更自信，更有把握。你喜欢自己，你为自己自豪，你受到朋友和家人的羡慕和尊敬。你的新信息发挥作用，并且越来越大。”意念法中产生的积极情感越强烈，新信息就越深刻地注入你的潜意识中。

使用意念法

1. 新信息意念法

现在你感觉如此舒适，如此放松。一种平和感流经你的全身。你感觉所有的目标和期望似乎都能轻易实现。想象自己更有信心。每一天每一时刻都越来越接近你的目标。每一天每一时刻你都让原来的方式逝去。原来的消极方式仅仅会阻碍你，原来的消极方式仅仅带给你压力。你让它们离去，释放它们，让它们离去。在心里你看见它们，看见它们消失。让它们离去，让平和感越来越强烈。随着自信感越来越强烈，你对自己的感觉越来越好。现在想象感觉良好的时候，回忆美好的感觉，体验成就感。想象脸上的微笑或自豪感。回忆特殊时刻精彩的细节。现在保持这种感觉，坚持这种感觉，让自信感越来越强烈，自我感觉越来越好。现在继续放松，插入新的信息，如：“当有人表扬你时，我说谢谢你，觉得自己值得表扬。”或者“我是有价值的人。遇到每一个时我感到自信和有把握”。

现在仅仅想象你的新信息已经根深蒂固。你看起来越来越自信，更有把握。你喜欢自己，你为自己自豪，你是很不错的人，你值得成为最好的你。你受到你的朋友和家人的羡慕和尊敬，你越来越有信心，你的新信息正在发挥作用，而且越来越大。现在让所有积极的感觉和想法深入到你的潜在意识，越来越强烈。然后进入另一个时刻，让你的思想慢慢返回到你的特别场所，你的平和之地。

2. 受虐待小孩的内心

你有没有曾经靠近某个人然后注意到他的微笑，他的脚步，他的味道——这一切让你想起你二年级的老师？这时候一连串记忆涌上心头——木地板的教室，休息的铃声，学校里嬉戏的孩子。许多事情可能激发你童年的记忆。当你触摸到这些记忆及它们带来的感觉时，你就接触到你内心的小孩。

对于受虐待儿童来说，感觉并没有例子中那样美好。伤害、怒火、害怕和羞耻可能全部进入痛苦而生动的记忆中，尽管痛苦，内心的小孩仍然喜欢玩这个游戏，他也很清楚你生活中想要什么，需要什么。当“我不想那样做”或者“我不听”这样的想法出现时，你就听到你内心小孩的声音。

3. 相遇你的内心小孩

闭上你的眼睛，吸气，放松。让一个小孩的形象出现。他可能是脆弱的婴儿、8 岁调皮小孩或者叛逆的青少年。有时你想象的形象可能不像你小时候的样子。没关系，这个形象就是你内心小孩的特征，他不一定很像你。

治愈你的内心小孩

意念法建议你想象一个特别的地方，在那儿你与你的内心小孩相遇。为你们的相遇想象一个安全与平和的地方。你的内心小孩需要感到安全。在这个特别的地方，你可以问你的内心小孩一些问题，如：“我做什么才让你感觉好些？你需要什么？你给我什么信息？”在问每一个问题后，等待。答案不会马上就有。实际上，在你的内心小孩感到有足够的安全感之前，意念法不得不重复几遍。除了倾听内心小孩说的话，注意他脸上的表情和内心小孩的情感变化。注意他的身体语言。你的内心小孩是内向还是外向？

当你和你的内心小孩结束对话后，停留片刻回顾你生活中的爱——你对你自己的小孩、伴侣、朋友，或者宠物的爱。直接向你的内心小孩表示爱意，拥抱他并且让你的内心小孩知道他很重要。意念法建议你让这些美好的感觉把你和你的内心小孩连接在一起，这样内心小孩才有可能治愈。

使用内心小孩意念法

现在想象允许你的内心小孩进入你的特别地方，这个地方是如此平和，如此温馨，如此安全，如此可靠。现在想象你的内心小孩出现在你的面前。

现在注意你的内心小孩的模样。穿什么衣服？内心小孩的面部表情怎样？你的内心小孩高兴还是悲伤？注意内心小孩的身体语言。他是开朗还是内向？和你的内心小孩交朋友。让你的内心小孩知道他是安全的、被需要的和重要的。如果你愿意，问你的内心小孩几个问题，例如，“我怎么办才能让你感觉更好？你需要什么？你想给我什么信息？”耐心等待答案。一定要倾听你的内心小孩。答案可能要等待一会儿才有，没关系。如果你的内心小孩不和你交谈，没关系。在你认为的安全地方度过时间，让自己感到爱和温暖。

随后事宜

坚持一个月，每日使用治愈内心小孩意念法。当你感到有明显的改善时，每星期使用一到两次，同时你必须继续提高你的自尊心和自信心。你可以用提高自尊心意念法来代替内心小孩意念法。

恢复的过程曲折起伏。某天你感觉很好，认为自己已经抛弃了原来的问题，第二天它们可能又出现了。继续使用意念法，你会发现锋利的棱角在磨平，低落的心情更容易把握。

特别提示

一旦开始探讨儿时受虐待的问题，感觉就像打开了的潘多拉盒子。你可能没有做好准备看里面放的是什么，最有效的办法是向一名熟悉儿童虐待问题的资深理疗师咨询。

消除心理阴影

由于某种不良环境因素的影响，或者受到某个事件的刺激，或者某种暗示作用，人往往会背上沉重的负担，巨大的阴影时时笼罩在心理世界的上空，对于整个心理状态、精神面貌产生非常强烈的消极影响。虽然每个人的敏感程度不同，但还是有办法帮助受刺激后有心理阴影的人。

一位举世瞩目的男歌星，他的歌声得到了广大歌迷的喜爱，因此他也得到了极高的报酬。但是他现在陷入了莫名其妙的极端恐惧中，自认为声音非常沙哑，而他的经纪人却说他仍然唱得很好，能够参加演唱会。可是，他却相信自己的声音是非常令人讨厌的。他非常担心这种情况，而且认为这种情况竟然已经持续 3 年了。他非常痛苦。

这位歌星名叫查理，是一个非常配合的受催眠者。他在 3 年前因病必须割除掉扁桃体，当时，他就很担心手术是否会影响他的歌喉。心理治疗学家猜测，问题可能就出现在那次手术中。也许是由于某一句话形成了负面的暗示，从心理上导致了他的声音沙哑，不愿意开口歌唱。在催眠状态下，催眠治疗师让他回忆当时的情境。

他说他当时几乎丧失了意识。外科医生在结束手术以后，对身边的护士说："好！这位歌星这样就结束了。"其实，这句话可能是说手术结束了。但是，查理的潜意识却不是这么解释的。他在心里一直担心手术影响到他的歌声，结果医生的话似乎证实了他的不安感。"手术必定对我的歌喉产生了非常严重的损害！"他自己这样解释着。他的声音开始沙哑。在催眠面谈以后，他沙哑的声音竟然就此消失了。苏醒以后，他感到很喜悦，非常安心地回家去。催眠治疗师和他约好必须再做一次详细的检查。一星期之后，他再度来到了诊所，但是声音又恢复了沙哑。他沮丧极了，看起来情绪非常低落。

再次发生声音沙哑的原因很轻易就找出来了。因为他在开车到演唱会场途中，他的妻子对他说："真奇怪，你沙哑的声音怎么这么快就好了？"接着她又说："我可不相信你沙哑的声音真的好了，一定还会变回以前那样的！"他又开始担心了。妻子的话真的应验了，不久他的声音真的又变回来了。

可以看出，查理是一个很容易接受暗示的人。容易治疗，也容易被人影响。当再次接受治疗之后没有几天，查理的声音又沙哑了。沮丧中的查理认为即使接受治疗也没什么用。催眠师认为查理的声音再度沙哑必定有其他的原因。由于症状至少能够暂时排除，那么肯定有什么动机或者需要。也就是说，他的潜意识其实并不想使症状排除。

从以上这个个案中我们至少可以得到这样几点启示。其一，心理阴影是由主体状态折射出来的环境刺激所引起的。其二，这种环境刺激是经由非理性的暗示通道进入主体深处心理世界的。其三，以暗示为基本机理的催眠疗法对于心理阴影的消除确实有非常大的帮助。基于上述认识，以催眠疗法解除心理阴影的具体程序一般是这样的：

首先，是将受催眠者导入催眠状态，然后，可以令受催眠者回忆，描述产生心理阴影的事件，使"真相"大白。其次，催眠师对这些事件进行详细的分析、解释、说明。还可能运用另外一种方式，如让受催眠者再度体验、经历当时的事件，

通过催眠摆脱心理阴影

首先，催眠师要将受催眠者导入催眠状态，引导受催眠者回忆造成心理阴影的事件，让受催眠者因为心理阴影造成的不良情绪得到适当程度的宣泄。

其次，催眠师会对这些事件进行详细分析、解释、说明，引导受催眠者了解整个过程，使之明白心理阴影存在的荒谬性及带来的危害，帮助其建立起面对心理阴影的勇气与摆脱心理阴影的信心。

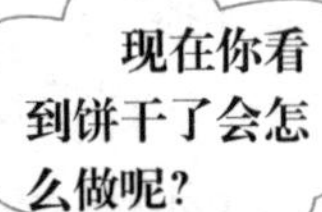

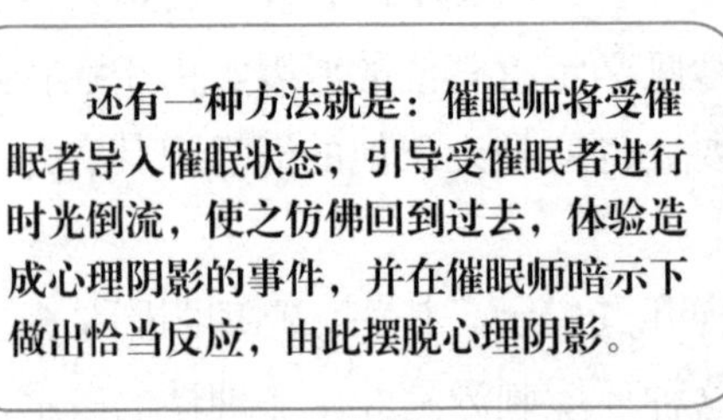

在催眠师的暗示诱导下，使受催眠者产生与之前事件不同的、恰当的反应。

这里还需要考虑另外一种可能的情况：有时，催眠师运用种种手段，还是不能使受催眠者回忆起或描绘出产生心理阴影的刺激。这可能是由于个体差异的缘故，更有可能是因为产生心理阴影的不是某一个特定的事件，而是整个生活环境。对于这种特殊情况，催眠师采用的方法通常是编造一个合情合理的、与受催眠者的生活经历有关的故事，把这个故事告诉受催眠者，说这就是他亲身经历的、导致心理阴影产生的、已经遗忘了的早期的经验和体会。然后，催眠师再对这些故事中的某件事件进行分析、解释、说明，对受催眠者进行指导。通常来讲，只要受催眠者能确认该故事实为亲身经历，并且认为确实是该事件导致了其心理阴影的产生，此法就可以收到非常好的效果。不过这种方法的使用必须相当慎重，如果受催眠者的潜意识已经察觉到了催眠师的“欺骗”行为，那么就会对催眠师的催眠暗示进行抵抗，如此一来，治疗获得成功的概率就小很多了。

从离愁中解脱

无论什么时候，当你所爱、所依赖、所熟悉的人或事物逝去时，你就会有失落感。下面的句子描述了失去时的情感反应：

他不打电话来我既焦急又担心。我打不起精神做任何事情。

我觉得非常生气。她为什么要离开我？我不知道自己是否能处理好。

我感到心口被堵住了。我把问题想了一遍又一遍。

我孤独又消沉。我的朋友都在远方。

我感到郁闷。梦想破碎了，我的心也破碎了。

记住这些情感都是失落导致的，实际上它们也帮助你恢复。否定或压抑你的情感仅仅会影响恢复。

产生失落感的原因

无论什么时候当你的生活方式发生重大改变时，你就可能因此而产生失落感。如下列情况：

离婚或与家人分开。多年的婚姻破裂会给整个家庭带来创伤。即使是朋友也会因你们的离婚而受到影响。

失业。失去经济保障和同事的联络会减弱自尊心和自信心。

梦想的破碎。没有得到你所期望或希望的东西也会带来失落感。当小孩存在某种残疾和劣势时，父母亲多年的希望突然破碎。无助和沮丧困扰整个家庭生活。

搬到新住宅区。尽管可能是因为一个更好的工作或更大的房子而搬家，但失去好朋友，熟悉的邻居和温馨的家也会令你产生孤独感和被抛弃感。

目标的完成。完成手稿或实现长期的目标，如获得学位也可能会带来失落感。失落感或混乱可能突然涌上心头。

失去健康。健康和幸福会因为受伤或疾病而突然失去，从而无法参加体育活动或其他喜爱的活动。

失去珍贵物品。尽管失去的价值可以弥补，但是祖母珍贵的戒指或儿时就开始收集的硬币是无法取代的。

拒绝。当与好朋友或爱人的关系闹僵时，悲伤、生气和伤害会全都涌上心头。

失落感的身体症状

当你的思想和情感轻松快乐时，你的身体也很强壮、敏捷和健康。现在回忆特别快乐的时刻。也许是一个美好的晚上，你和心上人吻别后，吹着口哨欢快地走在街上，准备回家。你觉得轻飘飘的。当你郁闷、害怕或生气时也会发生类似的事情。你的整个身体都在反应。可能的身体症状包括：

失眠。你很难入睡或者你会在半夜突然醒来，再也无法入睡。

虚弱。你晚上的睡眠时间很长但是醒来却没精神。

饮食方式的改变。你可能觉得食物很难下咽。你的胸发烧，你的胃很不舒适。

焦虑。你可能呼吸急促，手心出汗，或心跳过速。

你可能有上述一种或更多症状。感到失落时你的身体反应很糟糕，有时甚至是致命的，但是很多时候是无害的。你应该向你的医生咨询，并且检查身体状况。

恢复的 5 个阶段

万事万物都处在变化之中。你已经适应了环境，生活可能把你抛向另一种情况，你生活中重要的人或事可能突然消失了，你必须重新适应。失落时情感重新调整分为 5 个阶段。每一个阶段结束时，你的身心会升华，会更坚强。尽管许多人按列出的顺序恢复，但是这些阶段可以按任何顺序发生。其中某个阶段以循环的方式反复发生也是很普遍的现象。最有可能重复的两个阶段是认识阶段和静止阶段。当这两个阶段重复时，这意味着你在坚持你的失落感，而不是让你的恢复过程进展下去。这 5 个阶段是：

处理。你的失落可能和失业或伴侣的抛弃一样突然出现和出人意料。这时你会尽量自保。占据你思想和行为的是“我能给小孩什么？”和“还会有钱吗？”这样的问题。你找办法来解决损失带来的直接问题。

认识。一旦你获得了某种平衡，就会有某种认识。你开始意识到损失带来的全部影响，生活不能重复。在这一阶段，心情摇摆不定，你处于生气、压抑和害怕中。

静止。在这个阶段，你的情感处于瘫痪和无法释放阶段，你无法走出你的失落。你可能在头脑中一遍又一遍地上演你的失落。你可能感到无能为力。你可能想返回去再一次重复失落的事情。

接受。这并不是完全恢复的阶段。它是另一个阶段。这个阶段情感的痛苦减少。你承认你所有的情感——生气、失落、焦虑、被抛弃。和他人自由分享感受的时候，接受是带你超越失落并痊愈的桥梁。

顺其自然。这是原谅的阶段。你开始原谅自己或伤害你的人，这时你让过去顺其自然，开始活在现在，并为未来制订计划。

恢复的阻力

否认或拒绝恢复中产生的情感仅仅会延长恢复期。你可能强忍住悲伤和怒火，但是过后它们仍会困扰你，长达几个月或几年。下面就是拒绝和否认的例子。

45 岁的龙 5 年前和妻子朱莉离婚了。婚姻结束时两人都感到沮丧和痛苦。龙觉得朱莉伤他很深，她在利用他。然而，继续保持 3 位小孩的监护权这一点至关重要。所以当龙和朱莉谈到孩子们的安排时，他忍住怒火，表面上做到很礼貌。尽管 5 年过去了，龙想起他的前妻仍然感到生气。由于生气的后果很严重，龙一直强忍住，害怕“孩子们会被她从我身边抢走”。

龙已经习惯了害怕感。由于一直害怕失去小孩，龙感到生气，觉得被离弃，被抛弃和孤独。他没有思索婚姻失败的原因。他很苦闷，无法走出过去的阴影。他需要从错误中学习、体验所有因离婚带来的情感困惑。

所有感觉都是重要的，必须表达出来，然后释放。体验失落带来的遗憾、伤害、孤独或者生气并不开心，但是它是恢复过程中重要的部分。如果你像龙那样转移注意力，把失落产生的许多情感集中到一种强有力的情感（生气、焦虑、罪恶感，等等），那么其他感情就会被忽略而没有感觉到。

你翻来覆去地想同样或同类的事情，陷入同一种心情，导致恢复的某个阶段不断重复。这就是重复思维方式。困扰的事情是真实还是想象没有什么不同，重要的是你顽固地坚持这种思维模式以及它产生的感觉，无论它是什么。下面列举了过于强调某种情感的例子。

同一个情景在你的脑海不断地重复。

你不断地想自己本应该怎么说或做。

在困惑过去很久后，你仍然不想走出失落感，不想结识新的人，体验新的经历。

你过着隐居的生活，很少和他人来往。你的情感世界几乎没有他人的空间。

你在失去后很快进入新的关系。

你处于一个接一个的危机中，恐慌感代替了无法忍受的失落感。

解除妨碍因素

下面的练习帮助你用肯定语取代让你陷入某种情感反应的重复想法。这些肯定的话语将融入从离愁中恢复意念法。坚持练习，你就会接近掩藏的感觉。你不再抗拒，进入恢复的下一个阶段。无论你什么时候陷入重复性想法里，就做这个练习。

练习分为两步。第一步，无论你发现自己在反复哪一种情况，都写下相关的想法。例如，假设你被解雇了。不断闪现的想法可能是：

“我被解雇了。我再也找不到工作了。”

现在，代替这种重复想法的方法是从积极的角度写下你的情况。强调你的长处和你能做的事情。承认你的情感存在于现实中，同时也要认识到你的情感会随着时间改变。遵循这些原则后，“我被解雇了。我再也找不到工作了”的反复想法变成了：

“我被解雇了。但是我既然找到了这份工作，我知道我还能找到另一份工作。我能做到。”

这个积极的想法就是肯定语。现在写下你的重复想法和肯定语：

重复性想法	肯定语
____________________	____________________
____________________	____________________
____________________	____________________

第二步，复印写下的肯定语，贴在你容易读到的地方——你的冰箱，床头柜，或浴室的镜子。每天至少读两遍——早上一遍，晚上一遍。在把肯定语记在心头后，重复性想法一旦出现你就可以察觉。这有助于你释放困扰在心头的情感，进入恢复的另一个阶段。随着时间的过去你需要改变某些肯定语。有些将重写，有些在你有了新的肯定语后不再需要。

下面列举的肯定语对你可能有所帮助。

我有勇气过好每一天。

我能够释放离愁感。

我将享受生活，并欣赏我取得的成就。

我将为自己创造全新的、充满希望的生活。

我能处理苦难，我能够做到。

我照顾我的健康和个人需要。

我会做出正确的决定，并负责。

我爱我自己。

我会从悲伤中成长为更丰富、更坚强的人。

我能做到，我会成功。

我的损失给我非凡的见识和知识。

恢复计划

在你锻炼从离愁中恢复意念法一段时间后，你就能够：

认识到你的环境的真实性，全面了解你的情感。你的感觉都是有意义的，重要的。意念法帮助你充分体验产生的每种情感。你能够把自己的情感作为恢复过程的自然部分而接受。

原谅给自己带来疼痛和悲伤指责的所有人和事。意念法会让同情心进入你的心田，“更伟大的仁慈感充溢你的心”。

释放损失带来的和阻碍你恢复的情感。你能够释放你感觉到的愤怒、悲伤和罪恶感。

在全面了解自己的情感，原谅损失带来的一切，释放曾经坚持的情感后，你就会恢复。

总体意念法

从离愁中恢复意念法：现在，在你的特别地方，允许自己回顾离愁带来的所有感觉。现在，允许内心的情感一个接一个地出现，看着它们出现又消失。你可能害怕失去，没有安全感，但也仅仅让这些情感显现并清楚地呈现。没有必要拒绝，只要让自己的身体放松。意识到自己的身体是如何感觉的。如果脖子或肩的任何地方感觉到紧张，那么注意自己的呼吸。你的呼吸是否变得急促？如果是，深呼吸，放松你的呼吸，吸气、呼气。现在，再放松你的身体，继续体验每种显现，允许自己的身心把它们作为自然过程来接受。让它们进入自己的意识，又轻易地游离到自己的意识之外。没有必要拒绝，让自己随着每种情感游动。

当进入放松的深层次状态时，让自己原谅曾经指责的所有事情。原谅每个人，原谅你自己，感觉到同情心流入心里。感觉到伟大的仁慈心充溢着你的心，当你顺其自然时，感觉到平和，感觉到自己与周围的生命更加和谐。让曾经的愤怒和悲伤都随风逝去。让它离去，感觉到它通过身体，又到了自己的身体之外，没有必要拒绝这种感觉。让它离去，感觉它到了自己的身体之外，当你释放这些情感时，感觉新的平和感出现了。你知道你很好，你知道你能做到。你知道你有勇气向前，超越你的损失。现在想象自己战胜了悲伤，它现在被你抛到身后。你可能看到自己和朋友、家人在一起，或者单独在某个特别的地方。看到自己在微笑，感觉到平和，感觉到健康和强壮。想象自己再次充满了动力，想象自己投入喜欢的活动中。你的身心每天都在康复。每天你都越来越强壮，都在痊愈。你感到自己漂浮在痊愈的想法光环里，感觉自己漂浮在能量恢复的温暖光环里，不要拒绝，只管漂浮。现在，仅仅是享受你的特别地方，度过你的时光，仅仅享受你的特别地方。

随后事宜

如果需要，每日使用意念法一次或两次。每个人恢复的速度不一样。在感觉好点时，仍然每日使用意念法，记住恢复并不是呈直线前行的。有时你感觉很好，你喜欢在海滩上度过一天或和朋友们共进午餐，突然悲伤或愤怒感从不知名的地方出现，涌上心头。这种感觉很快会过去，你又感觉良好了，这在离愁感恢复期中是正常的事情。当你感觉到强烈的情感痛苦已经过去，只是有时明显感觉到失落时，偶尔使用意念法，帮助你恢复内心的平和感。

特别提示

重要的一点必须指出，在恢复时你很容易忽略自己的健康和情感需要。如果身体有任何不适，去看医生。寻求尽可能多的情感支持。和家人、朋友交谈，或向医生寻求咨询。

战胜郁闷

精神健康研究机构的调查表明，美国每年有1700万人感到郁闷，男性、女性都有，其中女性数量是男性数量的两倍。特殊的生理结构、生命循环和心理社会因素导致了女性的郁闷感。年龄、生活方式和环境也是人们感到郁闷的重要因素。

轻微的郁闷和严重的郁闷

郁闷不仅仅是恶劣的心情。轻微的郁闷包括缺乏精力、动机和胃口；尽管如此，感到轻微郁闷的人们仍能够正常地工作和学习，做好必要的事情。

当郁闷渗透到生活的每一个方面，当每天起床工作成了问题，郁闷就不再是轻微的。根据精神错乱诊断和统计手册，严重的郁闷至少包括下列9项症状中的五项，而且这些症状至少已出现两个星期：

几乎每天大多数时候都感到郁闷。

几乎每天对日常的所有活动都缺乏兴趣。

几乎每天都胃口不好，体重有明显的上升，或没节食也明显下降。

几乎每天都失眠或嗜睡（睡得太多）。

几乎每天都感到不正常地慌张或身体活动减少。

几乎每天都感到疲劳或精力不够。

几乎每天都感到没有意义或有过度的和不恰当的罪恶感。

几乎每天都感到思考、精神或决定的能力在减弱。

周期性产生死亡、自杀的想法或企图。

严重的郁闷危害很大，甚至威胁生命，应该及早治疗。如果有自杀的念头，给当地的自杀预防热线或医生打电话——现在就寻求帮助。无论你现在的感觉是多么糟糕，郁闷都可以成功地治疗。

郁闷是黑色的滤光器，让人无法辨别现实与幻觉。你开始相信你对未来的不现实想法，如“再也没有人会爱我”“我再也找不到工作”或者“我的生活从此改变了”。无论郁闷的根源是什么，有一点是可以确定的，消极、自我挫败感使郁闷永存。

消除郁闷不需要很长时间，也不困难。这一章给你提供简单有效的催眠办法，让你恢复良好的感觉。催眠意念法和技巧主要侧重于消除导致郁闷产生的消极想法。你还将掌握表现技巧，培养积极的心情和工作态度，过上没有郁闷困扰的快乐生活。

制定积极的目标

在你选择治疗郁闷的方法之前，先看看你治疗计划的预期结果。仔细地阅读下面的目标，在脑海中记下你觉得最重要的。在催眠过程中再返回到这些目标。

晚上睡眠好，早上醒来精力充沛，准备迎接一天的挑战。

感觉充满希望，积极地看待未来。

感到放松，平静和有动力。

在平常的活动中获得享受，如在院子里慢跑或工作。

胃口好，体重适当。

感到健康，强壮。

感到更自信，对自己的成就感到自豪。

能够全神贯注。

以积极的心态体验自己所有的情感方式。

郁 闷

郁闷的症状表现在情感上、身体上和心理上，这些症状可以单独或同时出现。为了理解郁闷的动态机制，有必要理解下面的一些情况。

1. 郁闷的诱发因素

尽管研究者对郁闷这一问题理解得越来越透彻，但是没有人确切地知道郁闷产生的原因。在大多数时候郁闷是由于平衡情感、胃口、睡眠、荷尔蒙和行为的化学物质，神经传递素和边缘系统不平衡而产生的。神经传递素是控制边缘系统的微妙平衡传达网络的一部分。当这些化学物质处于平衡状态时，你会感觉良好，当平衡被打破时，你就感到郁闷。这里有一些打乱这种平衡的具体因素：

压力。由于所爱的人的死亡，失去收入，或离婚而感到伤心、痛苦是很正常的。但是持续的压力会发展成郁闷。

痛苦的事情，如受虐待的童年或伤害也会导致郁闷。

遗传因素和个性。郁闷可能会有家族史。较弱的自尊心和缺乏信心都是导致或促使郁闷产生的因素。

具体的疾病。免疫系统疾病，其他病情，手术和身体疼痛也会产生郁闷，如加布里埃尔案例。

药物。某些药物有副作用，产生郁闷；酗酒或吸毒让大脑化学物质不平衡，产生郁闷。

荷尔蒙不平衡。荷尔蒙水平的变化也会导致郁闷产生。女性在分娩或绝经期因为荷尔蒙的不稳定或减少而感到郁闷。产后郁闷症在新妈妈当中相当普遍。

长期的消极思维方式。你的思想也会影响你大脑内的化学物质。长期把自己局限于生活中痛苦的、令人失望的部分会给大脑的化学物质和心情带来有害的影响。

2. 消极的思想

长期的消极思想，如自我指责或不胜任，将通过影响你的大脑内化学物质的不平衡而点燃郁闷之火，而化学物质的不平衡会让消极思想越来越强烈。破坏这种循环似乎不可能，但是改变你的思维方式却可以做到。

一旦你理解了你的思维过程，你就可以采取步骤，改变产生或强化郁闷的消极思维方式。消极思想是你根据自己生活积累的信息把自己、家人或生活想象为悲观事实的不真实的假设。几乎对于每个话题或经历，你都有痛苦的记忆，甚至判断自己为愚蠢、无能、无价值。

例如，约翰无论取得什么样的成就，都对自己不满意。他认为自己不够优秀，也不够努力；这些想法让他焦虑和郁闷。过去约翰的父亲为他的孩子们设立很高的标准，却很少因为表现出色而表扬他们。约翰同样这样评价自己。

你的意识或潜意识中长期的消极思想会成为一种习惯的思维模式。当模式处于沉默，或者不是很平静，思想产生了，你可能首先觉察到的是情感而不是思想。

例如，劳拉在早上开始上班时，突然感到不安。当她审视自己的情感时，她意识到自己计划完成一项过去一直在努力的任务。她在忐忑不安地做今日的工作，因为她早已认为自己会失败。每次她在开始工作时，她就被这个想法打断，“我做不到。我已经知道我不够优秀”。她对形势的理解不仅让她不安，而且阻碍了她在工作上的努力。

改变的原则

认识。你一旦觉察到心情低落、情绪不稳，或者消极的思想，便停下来，深呼吸，认识这一思维过程。你可能发现你在过去的 10 分钟已陷入这一过程，或者更久。仅仅认识到这一过程本身，你就阻止了它继续发展。

清醒。过去，你认为所有的消极思想都是事实。停止这样的想法，不要承认这些想法，因为它们没有告诉你“你是谁”的事实真相；它们只会让你郁闷。相比这些消极想法还有更多对你和你的经历有意义的事情，而且这些消极的思维模式让你无法积极地看待自己。

打退消极想法。你一旦认识到消极想法，就再次集中精力与它抗争。寻找生活中的积极经历，找出你的实力和成就。想想给你启迪的事情，你真正喜欢的事情。

你在运用这 3 项原则后，就能更现实地看待事情和形势。

制订你的新计划

战胜郁闷主要有两个意念法。第一个，将战胜郁闷意念法融入改变的原则——认识，清醒和打退消极思想中。第二个，表现意念法帮助你集中积极的目标，增强你的积极感觉。这两个意念法共同帮助你实现下面的目标：

改变你的消极思维过程。

把新的反应融入你的生活中。

成为一个更快乐、更平静和更健康的人。

创造积极的未来。

把快乐带入每一天。

恢复良好的感觉。

具体计划

战胜郁闷意念法是用来取代产生或增强郁闷习惯的消极思想和自我挫败思想的。催眠后的建议让你的潜意识接受积极的思想。

你的潜意识是保护者。你的消极思想和思维模式已经成为习惯，战胜郁闷意念法将打破这些习惯，建议："你的潜意识是你的保护者，作为你的保护者它将提醒你注意消极的思想。你一旦认识到你的消极思维过程在进行时，你立即停止它，做深呼吸。"

改变的原则。这一次意念法强调改变的原则，建议："意识到你的消极想法没有价值。他们不能解决问题，也不能使你感觉良好，他们没有价值。"

指定积极的目标。建议："想象一个积极目标的清单，包括晚上休息好，早上醒来精力充沛，感到充满希望，有动力，对业余活动有心情……"

表现意念法帮助你掌握积极的思维过程，重新建立你的潜意识。表现是一种积极创造你的愿望的能力——你现在的愿望，你对未来的愿望，以及你的感觉。

对未来树立信任感和信心。建立信任的办法是在脑海中创造积极的未来。意念法建议，你想象自己在未来的某个时刻……想象在未来的地方，安宁平和的地方。

插入自己的积极目标。这里，意念法会让你插入你的新的积极目标："现在，创造你的未来，想象你已经实现了你的目标，想象它们的样子，想象每个细节。"

强化积极的目标。积极的情感帮助你实现目标。意念法建议："对未来的形象增加积极的感觉。增加快乐和幸福，想象自己的微笑。"

接受快乐和幸福。你可能很难感到快乐和幸福。你可能觉得其他人都在受苦受难，你不值得快乐。意念法消除这些想法，建议："你的表现帮助实现生命中的积极目标。想象自己的表现让每个人受益。"

把未来呈现在现在。为了感到你的目标是可以实现的，你必须把它们呈现在现在。意念法继续："把未来呈现在现在，把形象、感觉和目标呈现在现在。你拥有这些积极的感觉，它们一直伴随着你。你需要创造空间，把它们带到将来，让自己享受快乐、幸福、平和与安宁。"

灵活性。"关注你的愿望"是一句流行的谚语，这里需要认真考虑。万一你的表现并不是对你最有益的，则允许有所改变。例如，在全力以赴实现事业的成功时，你可能忽略了对你的家人和身体健康所产生的影响。从长远来看，工作操劳，只关注成功并不是你所希望的。要让你的表现最大限度地使你获益。意念法建议：

"知道你会以最积极的方式表现。当你的表现发展时，它有可能和你想象的不一样。它将比你想象的更好。你认识到你的表现将通过你的感觉而实现，每天你都感觉越来越好。"

设计你的总体意念法

1. 战胜郁闷意念法

越来越放松，当你自由地飘浮时让你的思想放松。放松你的思想过程，现在什么也别想，就想象自己在一个宁静的地方，因为你的思想在休息，你的潜意识准备接受积极的催眠后建议。你的潜意识是你的保护者，作为你的保护者，它将提醒你注意消极的思想。你一旦认识到你的消极思维过程在进行中，你立即停止它，做深呼吸。意识到你的消极想法没有价值，它们不能解决问题，也不能使你感觉良好，让它们走开。记住你是一个有价值的人，你被爱、被关心，你聪明、有创造力。现在，仅仅是越来越放松，集中精神注意你的呼吸，越来越放松，全神贯注想象你的思想和积极目标，实现了积极的美好的目标。想象一个积极目标的清单，包括晚上休息好、早上醒来精力充沛、感到对未来充满希望、感到放松和平静、感到健康和强壮、有动力、对业余活动有心情，如看望朋友，散步，看电影等。全新的每一天，你感到更自信，你对未来有积极的目标，你每天都做出好的选择，你关心你的健康和幸福；你体验快乐、幸福和笑，你拥抱快乐和痛苦的时光；你理解自己，同情自己，允许朋友和家人支持你，你感觉越来越好。

2. 表现意念法

现在越来越放松，在这个非常放松的安静地方，你最好想象自己在未来的某个时刻，它可能是明天，或下个月，总之就是在不远的将来。当你把自己投射在将来时，想象非常顺利地前行，轻柔地、顺利地。没必要匆忙，就是很顺利地前行，让你的潜意识决定未来的时刻，想象未来的地方，安宁平和的地方，在这儿逗留，理所当然地，让自己放松，仅仅感到平和。现在，创造你的未来，想象你已经实现了你的目标，想象它们的样子，想象每个细节，没有必要知道你是如何实现目标的，只是以最积极的方式想象结果。对未来的形象增加积极的感觉。

增加快乐和幸福，想象自己在微笑，想象自己高兴地跳舞，现在真的感觉那些积极的感觉，回忆上一次你笑得前俯后仰的时候，你的全身都在感受，你大笑，感觉到快乐的全部力量。如果你没有体验到所有的快乐，没关系。每一次你表现时你就越来越能体验到积极的感觉，并以最积极的方式创造你的未来表现，你每一次想象时，都增加更多的细节，每一次想象时，增加更积极的感觉。你最好完善你的表现，想象你的表现帮助实现生命中的积极目标，想象你的表现让每个人受益。你的表现给你，给每个人带来快乐和幸福。现在把表现呈现在现在，把形象、感觉和目标呈现在现在。你拥有这些积极的感觉，它们一直伴随着你。你需要创造空间，把它们带到将来，让自己享受快乐、幸福、平和与安宁。现在你的表现是为你而创造，让它顺其自然，知道你会以最积极的方式表现。当你的表现发展时，它有可能和你想象的不一样，它将比你想象的更好。你认识到你的表现通过你的感觉而实现，每天你都感觉越来越好，你感觉更活泼、有动力、快乐和幸福，每天你都在创造你的表现，每一次你想象你的表现时它就越来越强烈，你惊奇自己感觉越来越轻松，越来越自在。你的每一天都在顺利地改变，生活都在顺利地进行，每天越来越好。

克服考试怯场

考试怯场是考生因情绪紧张而不能发挥实际水平的心理失常现象，它以担忧为基本特征，以防御或逃避为行为方式。对于那些参加重要考试的人们来说，最为痛苦的事情并不是题目太难不会做，而是由于怯场，本来会做的题目却都做不出来了，或是把非常简单的题目做错了。在我们看来，每年的高考不仅是对考生知识、能力水平的检测，也是对其心理素质的一个总体检测。不难想象，那些由于怯场而名落孙山的考生心情是多么沮丧，对其心理上的打击是多么巨大。

在对中学生进行的心理健康调查中发现，他们紧张、不安的倾向，在一年之中有好几次呈现急剧上升和剧烈下降的趋势。峰值状态的时间是在期中考试和期末考试的时候。对于即将面临高考的学生，这种倾向表现得更为明显。诚然，怯场是在考场上出现的问题，但是，与升学考试有关的心理问题，并不是到考场上才产生的。也就是说，心理上的原因才是引起考生紧张和慌乱的导火线。

当考生为准备考试而开始用功的时候，会因强烈意识到这场考试对自己的意义，担心、害怕失败而产生不安感。尤其是期望的水平较高，更使得考生产生强烈的紧张感和焦躁不安的心情，以致无法将自己的注意力集中在学习活动上。理解力、记忆力也肯定会随之减退，自信心渐渐丧失，学习效率也在不知不觉中下降。自信心和效率的莫名下降更增添了他们的紧张、焦虑与不安。倘若老师、家长的期望水平和要求很高的话，那么，考生的紧张与不安就更为剧烈。随之而产生一系列生理上的变化，如头昏脑涨、恶心、呕吐、嗜睡等症状。此外，在消化系统、循环系统以及身体的其他机能方面，也会出现各种各样不适应的感觉。到了临考前的几天，这些现象就会愈演愈烈。有些考生，在考试前的几天，精神几乎就已经崩溃了，他们大脑的皮层由于情绪高度紧张而出现了优势兴奋中心，这个优势兴奋中心又因为负诱导规律而使大脑皮层的其他部位产生抑制，所以一上考场，便容易怯场。

另外，许多老师和家长在送考生的路上总是喋喋不休地对考生说："不要紧张！不要紧张！千万不要紧张！"而且在行动上重点保护，准备补脑液、高级饮料……事实上，这种含有消极词语和行为的暗示反而加剧了考生的紧张，进一步诱发了考生怯场的可能性。

那么，到底如何才能彻底消除考生的怯场心理？催眠有助于解决问题，当然，这个问题需要从两个方面着手。

第一，应当明确意识到怯场这一问题的存在及其危害性。要采用科学的、合理的学习方法，做到有张有弛。利用休息、运动、音乐以及心理学家的咨询指导，防止紧张与不安的产生，或消除那些产生的紧张、不安、自信丧失等，只要从平时就做起，这样效果就会非常好。也许有人认为，高考前那么紧张，哪有闲工夫做这些事，这就大错特错了。上述调节只会更利于学习效率的提高。如果一个孩子对怯场能够正确认识，自我调控，懂得劳逸结合，考场上不乱方寸，那么，娱乐和休息不但不会影响成绩，有可能考得比较好。

第二，运用催眠暗示疗法来帮助消除怯场心理。如果怯场的症状较轻，还可以采用自我催眠的方法来应对。这是比较简单易行的，但需要在平时就进行自律训练法的练习，并能进入自我催眠状态。当进入考场，坐在椅子上后，一般离考试开始还有几分钟的时间，就可以实施自律训练，逐步获得沉重感、安静感，特别是额部的凉爽感。然后，再进行自我暗示："我现在心情很平静，非常平静、非常镇定，太镇定了……考试马上就要开始了，我一定能够处于最佳状态……我肯定能……是的，我一定能够发挥出最高的水平……思路很清晰，记忆力也十分好……肯定是这样的、不会错的……我的头脑也越来越清醒……好，考试一定会非常轻松……保持平静……"暗示完毕，睁开眼睛以后，便目不斜视，全身心地投入到考试之中。

如果考生的怯场心理比较严重，在考前就已经出现了严重的紧张与不安感，同时伴有虚脱、焦躁、失眠、白日梦以及其他身心失调的症状，那么光靠自我催眠法可能是无济于事的。这个时候，就要请职业的催眠师实施他人催眠法了。为了保证日常生活中工作、学习等活动的顺利进行，人都是需要维持一定的紧张度，这也会让人更好地投入到工作中去，但是由于外在的物理刺激、社会环境刺激和内部生理刺激的影响，人往往陷于过度紧张的状态。为了解除这种过度的紧张状态，保持一个比较恰当的紧张水平，我们必须使整个身心都处于一个松弛状态。身心松弛以后，就会产生一种不需要对周围刺激或心理压力直接起反应的分离状态——基本脱离环境或事物的影响，能以客观、坚决的态度，冷静地观察周围的事物。在进入了这种状态后，怯场的现象也就会自行消失，在考场上也就能正常发挥。

无论是在什么样的场合下实施松弛法，首先都是要让受催眠者采用最舒适的姿势。其次，要求受催眠者将全身各个关节部分，尤其是颈部、肩部、肘部、手腕、手指、脚踝、腰、足、足趾等关节为中心的肌肉活动一两次，以取得基本的放松感。然后，将受催眠者导入催眠状态，在受催眠者进入催眠状态后，就可以进行各种方法的松弛训练了。通过放松训练后，受催眠者变得十分平静，如此一来，自然不会有紧张和不适的感觉了。

1. 呼吸

此法主要是让受催眠者将呼吸的时间尽量放慢与拉长，并将注意力高度集中于呼吸活动上，随着呼吸不断地深入，受催眠者会慢慢平静下来，渐渐就可以进入放松状态中去。

2. 想象

暗示受催眠者“你的身体现在漂浮在半空中，好像踏在软绵绵的云端上一样”。或是“你全身好像都被溶解掉、消失掉了一样，脑海里一片空白，什么也不去想，什么也不要做，你只是跟着我的引导，很快就会进入很放松、很舒服的状态”。要求受催眠者去想象这样的情境，也会促进受催眠者全身松弛状态的出现。

3. 沉重感的暗示

此法需要让受催眠者的四肢、眼皮、肩部等部位放松，然后给予受催眠者沉重感的暗示，并要求受催眠者反复体验这种沉重感。当受催眠者能够真切地体验这种沉重感时，注意力也就集中起来，进入放松状态了。

在通过一种或数种方式使受催眠者的身心松弛下来之后，就可以用思考预演法将其带入心中的那个“考场”，预演出他在考场中精力集中、精神振奋、思路敏捷的状态。最后再做催眠后暗示，告诉受催眠者，今后只要跨进考场就能够非常轻松、愉悦，而决不会再产生紧张、恐惧等心理。一般说来，经过数次催眠治疗之后，受催眠者的怯场心理就可以得到缓解。

训练注意力的几个要点

注意力不集中往往不是因为我们不能集中注意力，而是我们没有兴趣去集中注意力。在注意力的催眠训练中，需要注意一下三个要点。

1 规律作息时间

1. 按时睡觉起床。形成良好的生物钟，会让身体运作更有规律和效率。

2 学会感官训练

2. 学会感官训练。对视觉、听觉、触觉等方面进行训练，让自己的感官更专一。

3 学会心理减压

3. 学会心理减压。在面对重大压力时，学会给自己减轻压力。

减轻学校恐惧症

所谓学校恐惧症是指儿童对上学产生了恐惧心理（多见于7 ~ 12岁的小学生）。有这种心理的学生经常以呕吐、腹痛、不舒服为理由而请假不去上学，即使勉强来到了学校，也是对学校充满了恐惧。他们总是沉默寡言，郁郁寡欢，学习成绩不佳，任何事情都缺乏主动性，与老师、同学都不能进行正常、健康的交往。这种情况一般持续的时间比较长。

相关资料显示，1000名儿童中大约就有17名由于过度恐惧而不能上学。这种儿童往往不愿意离开自己的亲人或者干脆就躲在家里不出来，因为教师和同学不仅不能随时满足他们的要求、以他们为中心给予他们特别的照顾，甚至还可能对他们的缺点给予严厉的批评，这就引起了他们强烈的焦虑、不安、害怕与恐惧，致使出现某种躯体上的症状。对于这种学校恐惧症，一般性的思想教育难以收到很好的效果，过于迁就是不可能的，同时对他们的心理疾病根本无济于事。“学校恐惧症”主要是心病，防治要对症、对因下“药”。利用催眠术的方法，可以使他们的症状及其精神面貌得到了较大的改观。

江江是一名初中一年级的小男生，据他的老师介绍，江江孤僻、沉默、学习成绩不佳，老师几乎从来没有听他说过一句话，所以也不知道他到底有什么问题和困难。在催眠师与江江的第一次面谈中，催眠师还请来了与江江相对比较亲近的两位同学林林和杰杰。催眠师并没有告诉他们面谈的真正目的，只是说：“我就是想了解学生的情况，所以请你们来谈一谈。”开始的时候，三人都很紧张，催眠师便与他们闲聊了几句，接着他说：“既然大家到了图书馆（面谈地点是在图书馆），不如让我们先来翻翻书看吧。”这么做的目的，主要是为了消除江江的紧张感，放松他恐惧不安的心情。

江江稍微犹豫了片刻，看到他的同学已经采取了行动，便模仿他们，从书架上拿下一本著名的《汤姆·索亚历险记》。虽然他的动作慢吞吞的，但是十分有耐心，看得出来，他并不是一个不喜欢读书的孩子。这种和谐的气氛持续了20分钟以后，催眠师开始与孩子们进行谈话。

谈话不是以单刀直入的方式进行的，而是从比较琐碎、愉快的事情开始，逐渐引出了核心话题。催眠师问道：“你们现在都开设了哪些课程？新生训练时对学校生活有什么感想？现在又有什么感想？你们班级的情况是怎么样的，有哪些优点和缺点？与班上的同学相处如何？目前班上都流行什么样的游戏？你也参加吗？你平时都喜欢从事哪些活动？你认为自己怎么样？对将来的前途有什么打算吗？回家后都做些什么？住宅附近的环境如何……”由于林林的踊跃发言，杰杰也开始积极讲话，这使得气氛变得十分热烈。江江开始只是偶尔点点头，表示附和。后来，在谈话进入了最为融洽的自由聊天阶段时，催眠师间或用目光来鼓励江江开口发言。于是，江江终于开口讲话了，并且还露出了难得的笑容。由此可见，江江并不是一言不发的人，只是对环境、气氛的要求比较高而已。江江的讲话内容可以归纳为以下几点：功课方面虽然缺乏自信，但是并非是不喜欢；入学的时候他害怕高年级同学，同时也有点害怕几位老师，主要是老师曾在众目睽睽之下对他厉声责备，所以很恐惧；在班上没有什么特别亲近的同学，但是觉得这并没有什么不好；最厌恶粗暴的行为，喜欢棒球运动；从来没有考虑过自己的前途；回家后喜欢和弟弟以及邻居的孩子玩，在家里不会感到寂寞。经过谈话后，催眠师发现江江的情况还算乐观，只要通过心理疏导，加强自信后便能痊愈。

在第一次面谈结束后，催眠师告诉林林、杰杰和江江：“三个人一起来，可能会妨碍个人的发挥，所以下一次希望和你们每一个人单独进行面谈，这样谈话的时间也可以长一些。反正我们就只是看看书、随便聊聊。可能的话，不妨将平常所做的消遣的事，也都和我谈谈。”经观察，他们三人都没有因此而紧张不安。第二次面谈时只有江江一人。催眠师还是先让他自由地翻翻书，然后对他说：“现在我们一起来做做体操，放松一下筋骨，也让脑子休息休息，缓和心情，你会感到十分舒畅，精神也很愉快……好的，现在再让我们做深呼吸，慢慢呼气，慢慢吸气，好，你会感到更加舒服，很舒服……”

在这样一次30分钟的朗读与交流之后，催眠师让江江谈一谈在家里玩耍的情况，结果他滔滔不绝，可谓无所不谈。第二天，江江的老师和催眠师见面时，惊喜地说：“江江已有了很大的改变，今天早上他面带微笑和我谈了好一阵子。”第三次面谈一开始，催眠师就用呼吸法把江江导入了浅度催眠状态中。先让江江读书10分钟，然后与其他人一起座谈。这次江江显得非常放松，能轻松地与其他人自由交谈。治疗学校恐惧症只要相关各方密切配合，能为孩子树立正确的学习观念，让孩子自信起来，就能减轻孩子的紧张、恐惧的心理。

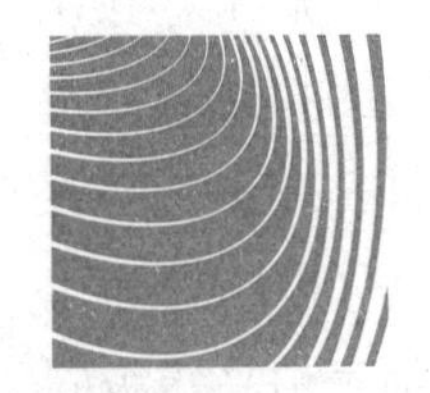

第二章 人格障碍的催眠疗法

催眠剧疗法

心理剧是一种独特的整体治疗方法，根本目标是启发人的自发性和创造力。在催眠状态下，即兴进行的心理剧称之为“催眠剧”，以催眠剧为手段来进行催眠治疗的方法则成为“催眠剧疗法”。

心理剧疗法的创始人是莫雷诺。莫雷诺曾经诱导一位年轻的妇女进入心理剧，以期解除她偏激妄想症的烦恼，但是没有成功。于是，莫雷诺又利用患者所选择的自我志向的方法去进行，但还是没有成功。后来，他尝试运用强烈暗示的方法进行诱导，想不到患者很快就进入了催眠状态。因此，莫雷诺请两位男性做助手，进行心理剧疗法。这次，患者经过暗示后，解开了心结。

催眠剧疗法的具体实施方法，通常是根据清醒状态时所进行的心理剧的同样原则来进行的。但是由于运用了催眠手段，所以患者能够在催眠师的暗示下很快进入剧中，而不需要经过大量的训练与诱导。另外，既然根据心理剧的原则来进行，它又有别于一般的催眠施术，尤其是不同于一般催眠实施中的直接暗示疗法。其中，最关键的区别就在于，催眠师与受催眠者在催眠剧中的相互关系大大不同于在一般催眠过程中的相互关系。在催眠剧中，催眠师要针对受催眠者的病情形成一套独特的治疗过程与要素的“心灵演出”的治疗方法，让催眠具有强烈的震撼力。

我们已经了解到，在一般的催眠过程中，催眠师占据着绝对的支配地位，受催眠者应当按催眠师的指令去行事。然而，在催眠剧疗法中，催眠师则要以一种被动的角色出现，暗示受催眠者生活中的某一个重要场面，描绘剧中的背景以及部分情节，让受催眠者积极地去担任剧中的一个角色，并帮助受催眠者深入角色，并逐步为该角色所同化。或者是让受催眠者以这一角色的身份自由地、毫无顾忌地去进行宣泄，处理人际关系，执行与该角色行为规范相符的行为，看待自己在清醒状态中所扮演的角色的是与非。还可以在催眠结束以后、受催眠者恢复到清醒状态之时，和他们一起讨论剧中的情节，分析其隐含的寓意以及和现实生活的关系。这样一来受催眠者就可以更加深刻地体会到自己究竟想要什么、在追求什么，其效果在很大程度上优于单独运用其中任何一种治疗技术。

对于心理疾病的患者来说，催眠剧疗法不失为一种非常有效的治疗方法。

系统脱敏疗法

系统脱敏疗法又称交互抑制法，利用这种方法主要是诱导患者缓慢地暴露出导致神经症焦虑的情境，并通过心理的放松状态来对抗这种焦虑情绪，从而达到消除神经焦虑症。这里所说到的系统脱敏疗法与传统的系统脱敏疗法是不同的。我们在这里所介绍的系统脱敏疗法是在催眠状态下进行的，而不是像严格的行为主义的系统脱敏疗法，是在清醒状态下进行的。

目前，心理学各学派之间已经不像以前那样壁垒森严、互不相容。各种理论、各种技术、各种方法与方式开始出现相互取长补短、融合的趋势。临床实践证明，综合了催眠术和行为主义疗法的催眠状态下的系统脱敏疗法，对于治疗一些心理疾病（当然也包括人格障碍），具有比较好的功效。

系统脱敏是行为疗法的一种治疗程序，即当反应处于抑制状态的时候，连续对受催眠者施以逐渐加强的刺激，使催眠的不适反应最终被消除。通俗地说，当一个人心理上的痼疾过于强烈的时候，一次性的暗示或者行为指导往往难以奏效。这个时候，只有渐渐地消除其不良反应，渐渐地建立其良性反应，才能逐步改变其不良行为，建立起正确的、良好的、恰当的行为模式。在清醒的意识状态中，系统脱敏能达到一定的目的，但是，如果和催眠术结合起来，效果就会更快、更好。因为催眠暗示具有良好的累加性，更易诱发并巩固系统脱敏的作用。

这里，我们探讨一下人格障碍的典型表现之一——社交恐惧的系统脱敏疗法。经过分析可以得知，社交恐惧的深层原因在于人格中存在着严重的自卑情结。具有此类人格障碍的人，一方面内心里非常渴望与他人交往，另一方面又感到恐惧、讨厌、回避社会活动。他们在街上遇到熟人的时候，心里便不知不觉地感到有压力，并避免与对方正式碰面，甚至连搭乘公共汽车，都感到不安与烦躁。患者如果是女性的话，有时对自己的容貌也会感到非常自卑，因此不想交友。如果看见自己走过去时别人交头接耳，心里就一定会认为他们是在讲自己的坏话。因而在心灵深处对自我的形象产生不正确、不恰当的观念，对自己缺乏自信心，同时对一切变得过于敏感，进而将自己封闭起来，与身边的人越来越远。

可见，社交恐惧并不是由什么外部因素引起的，而是个体由于缺乏必要的安全感而不能正确地肯定、认同自己。如果这种心理上的痼疾过深的话，即使在潜意识全面开放的深度催眠状态中，一两次暗示诱导也是无法全面、彻底地解决问题的。这个时候，只有催眠状态下的系统脱敏疗法才能奏效。

催眠状态下的系统脱敏疗法具体实施过程是这样的。进行治疗之前先列出社交恐惧的系统表格，列表的顺序是从患者最害怕见到的人或者最恐惧的社交场面，到害怕程度最低的人或恐惧感最低的社交场面。催眠师和患者进行充分讨论，以对其所怕见到的人和场面的细节有充分的了解。总之，尽可能多地占有第一手资料是治疗取得良好效果的重要保证，只有这样才能逐步地消除受催眠者的恐惧或焦虑。

如果患者的心理痼疾比较深，即自卑情绪非常顽固、社交恐惧非常严重的话，那么，在前几次的催眠中，就不应急于对病症予以治疗。明智的做法是先要求受催眠者在催眠状态中身心高度放松，并且反复体验放松后的舒适、快感。因为社交恐惧往往是和高度的神经紧张紧密联系在一起的，不消除受催眠者的紧张感，身心不能高度放松，其恐惧心理也就无法解除。除了在催眠状态中令受催眠者高度放松外，还需要在清醒的意识状态中教会受催眠者如何进行自我催眠练习，怎样让自己变得轻松舒适。这样，让他们自己进行练习，抓住要领，就可以不断增强催眠放松的效果。

在放松达到预期效果，患者的紧张感基本消失以后，催眠治疗便可以转入下一步工作：消除社交恐惧症的心理根源——自卑情绪。催眠师可以运用直接暗示的方法，也可以运用角色转换法，还可以运用后催眠暗示法。一言以蔽之，彻底打消受催眠者的自卑情绪，恢复和增强其自信心，探索导致自己自卑和气馁的根源何在，改变自我价值观，改变这种状况，改变其原有的人格模式。这一步，对整个治疗的成败起着举足轻重的作用。

治疗的第三步是运用催眠状态下的系统脱敏疗法逐个消除其症状。具体做法是将放松反应同受催眠者想象中的各等级水平的焦虑诱发的刺激依次进行匹配。最初，先让患者想象微弱的刺激，即表格所列感到最小限度害怕听到或见到的人（社交场合）。如果患者仍能保持放松，则可以想象下一等水平的刺激，依次类推，一直进行到最恐惧、最害怕等级水平的刺激。如果某一等情况的刺激引起了患者的焦虑与恐惧，则要重复这一步骤，直至患者在想象这一刺激情况时能够保持完全放松为止。最后，到所有的等级水平的刺激都进行完之后，患者就已经学会了以放松取代焦虑，重新认识自己，建立全新的人格。由于这种系统脱敏的方法是在催眠状态下进行的，因此，它有如下几个特点。

第一，由于催眠状态中经催眠师的暗示诱导，受催眠者很容易出现幻觉，所以，它比清醒状态下的想象更加逼真，也更容易实现。这就为治疗的顺利进行创造了非常优越的条件。这个条件使受催眠者的自信心得以增强，恐惧、紧张、胆怯心态的力度降低，由此而能更好地应付现实情境。

第二，在催眠状态中，受催眠者对自身的肯定更容易实现。因为在这种状态下，自卑情结已经不再能够支配受催眠者的所有心理活动以及对外界的反应了。

第三，在催眠状态中，伴随着受催眠者对每一刺激情境的反应过程，催眠师将进行一系列的言语暗示诱导。例如，当社交恐惧症患者在幻觉中乘坐公共汽车，汽车上有许多人（受催眠者对与其他人目光相接触感到恐惧和焦虑）。此刻一边让受催眠者在幻觉中体验，一边由催眠师进行暗示诱导："现在，你坐在公共汽车上，汽车开动时的振动感传遍了你的全身，使得你的心情变得很舒畅，情绪很稳定。由于汽车上人非常多，很拥挤，人们面对面站着时不免目光相接触，有意无意地看上一眼。以前，你可能对这种情境感到害怕，今天可不是这样！今天您感到很正常、很自然，一点也不焦虑，今后也是这样，你再也不会对人与人之间的目光接触有恐惧感了……好的，你对这一刺激情境已经完全适应了，今后在清醒的日常生活中也是如此。好，让我们继续进行下一个刺激情境的训练吧！"

年龄倒退疗法

自我心理学的首创者艾瑞克森认为，人类的整个心理发展过程可以分为 7 个阶段。这 7 个阶段分别是：

基本信赖对基本不信赖（出生到 1 岁左右）。

创新对罪恶（4 ~ 5 岁）。

勤奋对自卑（6 ~ 11 岁）。

自我同一性对角色混乱（12 ~ 20 岁）。

亲密与独处（20 ~ 24 岁）。

关心下一代对自我关注（25 ~ 65 岁）。

自我整合对失望（从 65 岁到生命结束）。

这 7 个阶段的顺序取决于遗传，但是每一个阶段能否顺利渡过却是由社会环境所决定的，因而这种阶段理论也称为"心理社会"阶段理论。在心理发展的每一阶段上都存在一种危机，危机的解决标志着前一阶段向后一阶段的顺利转折。顺利地渡过危机是一种积极的解决，反之则是一种消极的解决。积极的解决有助于自我力量的增强，有利于个人适应环境；消极的解决则会使自我力量削弱，阻碍个人适应环境。并且，前一阶段危机的积极解决会扩大后一阶段危机积极解决的可能性，而

 艾瑞克森的催眠治疗

艾瑞克森的催眠诱导方法和治疗方法富有创造性，称得上是催眠概念的革命。他对催眠术的最大贡献是研发了诱导恍惚和对无意识大脑进行暗示的有效新技巧。

艾瑞克森能更好地观察和理解病人的反应。据说一个美国医学学会成员要没收他的行医执照，结果被他催眠后允许他继续行医。

艾瑞克森甚至能一边说着话，一边毫不费力地使对方进入恍惚状态，不需要像传统的催眠那样严格按照操作来进行。

传统催眠采用直接暗示进行诱导，有时会遇到受催眠者心理上的抵抗。艾瑞克森的诱导则显得非常自然，很少遇到对方的心理抵抗。

消极的解决则会缩小后一阶段危机积极解决的可能性。艾瑞克森还指出，每一阶段都有着至关重要的、相应的影响人物，第一阶段是母亲；第二阶段是父亲；第三阶段是家庭；第四阶段是邻居、学校、老师和同学；第五阶段是伙伴和小团体；第六阶段是友人、异性，一起合作及互相竞争的同伴；第七阶段是一起工作及分担家务的人们。他认为个体人格的发展过程是通过自我的调节作用及其与周围环境的相互作用而不断整合的过程。

从艾瑞克森的人格理论中，我们可以窥见以下事实：第一，人格的发展在生命的早期就初露端倪，并且贯穿于人的一生。第二，任何一个发展时期所面临的任务，如果没能完成，并不会因时间的推移而自动补偿并完成。它会作为问题、作为心理上的痼疾遗留下来，并在生命历程的其他阶段中表现出来。第三，人格能否正常发展，与每一阶段中和至关重要的有影响的人物之间的关系有极为密切的联系，并且，在错过这个阶段以后，重新补偿与那些人物之间的关系往往也无济于事。如果不能形成积极的品质，就会出现发展的危机。而催眠的目的就在于发展积极的品质，避免消极的品质。

如果我们将上述事实和人格障碍问题联系起来考虑的话，就可以很自然地得出一个结论：成年期的人格障碍表现，往往只是问题的表象、伪装，其根源很可能是隐蔽在后面的童年期的心理创伤或心理痼疾。有鉴于此，弗洛伊德在对病人的精神分析治疗中，总是追溯其疾病的早期根源，并通过自由联想技术让其将早年的压抑、愤懑、欲求不能满足统统宣泄出来，从而使困扰患者的心理疾病消失。诚然，精神分析疗法的效果无可非议，但它耗时之长、收费之高，令一般患者望而却步。能不能找到能达到同样效果，而耗时又比较短的技术呢？经过一番寻求和探索以后，心理治疗学家把注意力集中到催眠状态下的年龄倒退疗法上。尤其是在对那些问题出在童年期的人格障碍的治疗中，更是频频使用这种方法。

年龄倒退法就是在深度催眠状态中，经由催眠师的暗示诱导，使受催眠者回到过去的某一年龄。此刻，受催眠者将表现出与这一年龄阶段相契合的心理特征和行为特征。譬如，将一名 30 岁的受催眠者诱导退到 5 岁，他就会像 5 岁的小孩那样思考、行动，出现 5 岁这一年龄阶段所具有的种种情感以及需求。这里需要强调指出的是，年龄倒退并不是将受催眠者的记忆恢复到所暗示的年龄阶段，也不是让受催眠者重返童年时期，重温当年的生活，而是使受催眠者在心理行为、角色身份上与所暗示的年龄阶段相吻合。

下面，我们结合人格障碍的治疗，来谈谈催眠状态下年龄倒退法的使用。在前面所列举的人格障碍的分类及其典型特点中，我们不难发现，好几种人格障碍的类型都有一些共同的特征，即孤独忧郁、心理自卑、行为退缩、自我封闭。在对成年人的一些特征进行心理分析和干扰治疗时，大部分以精神分析作为其理论基础的心理治疗学家都会很自然地考虑患者的早期环境因素以及早年时期的心理创伤。他们往往也会产生这样的共识：解除成年期人格障碍种种表现的根本途径是帮助患者宣泄其生命早期的愤懑、压抑，满足其生命早期的欲求。有鉴于此，年龄倒退法便大有用武之地了。

在实施催眠状态下的年龄倒退法时，有几个技术性的问题是需要注意的。

第一，在患者于角色游戏、心理剧等形式之中进行宣泄或补偿的时候，催眠师可以根据当时的具体情况参加进去，扮演受催眠者的父亲、母亲、兄弟、姐妹及其他对患者的生活与心理状态有重要影响的人物。这样一来，受催眠者由于情境的作用，就更容易表现出受压抑的冲动。不言而喻，被压抑的冲动如果能够充分表现出来，那对于心理治疗学家来说是莫大的幸事。如果通过这种途径，患者还是无法表现出被压抑的冲动，或者是虽然表现出来，但是对于催眠师的解释、指导仍然无法全部接受，那么，催眠师还可以通过后暗示催眠法，让受催眠者在当晚的梦境中表现出来，使其予以接受。注意，在每一步骤中，催眠师都要对受催眠者进行鼓励性的、肯定性的暗示诱导。

第二，有的时候，催眠师不确定导致或影响成年期人格障碍形成的早期的压抑与冲动究竟在哪一时刻。对该技术性问题的处理方法是：如果不知道应该倒退到哪个年龄的话，催眠师则不必说出具体的年龄。当催眠师暗示受催眠者产生某种体验或情感的时候，受催眠者会自然而然地倒退到所对应的年龄。通过这样的体验，可使受催眠者对恐惧或郁闷的来源有充分的认识。

第三，毫无疑问，年龄倒退当然仅仅是心理上的年龄倒退。一位四五十岁的人绝不可能在体形上倒退到婴儿期或童年期。但是，治疗学家在进行暗示诱导的时候，往往在心理和生理两个方面都暗示受催眠者发生年龄倒退。他们为什么要这样做呢？究其原因，人的身体和心灵是一个密切联系且处于平衡状态的系统。倘若催眠师只暗示受催眠者心理方面发生年龄倒退，而对其生理方面置之不理，可能会导致受催眠者的身心失衡，产生各种不利的消极影响，阻碍催眠的顺利进行。

治疗癔症

癔症，又称为歇斯底里症。这是一类由精神因素，如重大的生活事件、内心的冲突、情绪激动、消极的他人暗示或者自我暗示，作用于易病个体所引起的一种精神障碍。癔症的症状主要表现为：

精神方面的症状：突然之间精神失常，大哭大闹，疯狂地打人、骂人等，有时喜怒无常，多数带有一些表演色彩。癔症发作的时候患者的意识出现朦胧的状态，有时会出现夜游症。

痉挛性的发作：可有癫痫样抽搐、震颤、面肌痉挛、偏瘫失语或者口吃等表现。持续时间仅数分钟，发作后入睡，清醒后完全遗忘。

感觉上的障碍：可出现咽部异物感、皮肤过敏以及耳聋等。

运动障碍：可有抽搐发作，通常是由于心理因素引起的，发作的时候通常是突然倒地，全身僵直，呈角弓反张，有时呈不规则的抽动、呼吸非常急促，呼之不应。有时会出现扯头发、撕衣服等，表情非常痛苦，发作可一日多次，而且一次发作可达数十分钟或者数小时，随周围人的暗示而变化。瘫痪，以单瘫或截瘫多见，有时可四肢瘫，起病比较急，瘫痪的程度可轻可重。轻者可活动但无力，重者则完全不能活动。客观检查不符合神经损害特点，瘫痪的肢体一般没有肌肉萎缩，反射正常，没有病理反射。少数治疗不当，瘫痪时间过久的患者可见失用性萎缩。失音，患者通常保持不语，常通过手势或者书写来表达自己的想法和意见，详细的躯体和神经系统检查及脑电图、头颅 CT 等辅助检查结果可资鉴别。检查结果往往显示出患者的大脑、唇、舌、腭或者声带均无器质性损害。

躯体化障碍：躯体化障碍以胃肠道症状为主，也可表现为泌尿系统或者心血管系统的症状。患者可出现腹部不适、反胃、厌食、呕吐、腹胀等症状，也可表现为尿急、尿频等症状，或表现为心动过速、气急等症状。

作为一种典型的心理疾病，需要得到很好的治疗才能使癔症患者摆脱病魔的侵袭。催眠可以用于癔症的治疗，但是催眠疗法在使用时有一些注意事项是不能忽视的。催眠治疗一般适用于具有运动障碍或者感觉障碍等癔症性躯体障碍的癔症病人，对于具有癔症性精神障碍的病人，由于其无法配合催眠师的治疗而不宜使用催眠治疗。

对于癔症病人，通常使用清醒暗示即可奏效。催眠治疗的步骤如下：

在催眠治疗的时候，尽可能地让病人取卧位，然后，催眠治疗师将病人导入催眠状态。在催眠状态下的暗示诱导语为："现在，你已处于催眠状态，全身非常放松，感觉非常非常舒适。你的运动障碍（感觉障碍）是由于你生活中发生的事件所引起的，这个事件引起了你情绪上很大的波动，而情绪又干扰了你的正常运动（正常感觉），因此，你的运动障碍（感觉障碍）并不是因为你有其他器质性的躯体疾病，你没有其他疾病，而且通过检查，你确实没有其他疾病，这一点请你放心，也一定要自信。情绪不良可以使人无精打采、萎靡不振，情绪不良同样也可以使人产生像你这样的一些症状。

可以肯定地说，你的运动障碍（感觉障碍）是由心理因素引起的，是你所经受过的生活事件的巨大刺激通过情绪不良作用引起的。那么，只要排除这些心理因素，你的运动障碍（感觉障碍）也就会马上消除，你就会痊愈了……是的，你要坚信，只要祛除、脱离这些心理因素，不要总想着它们，不把它们当一回事，想开一些，洒脱一些，你的运动障碍（感觉障碍）就会马上消除……是的，你是一个很坚强、很自信、很有毅力的人，你一定能够从这些不愉快的生活事件中解脱出来……是的，你非常坚强、自信、有毅力，你一定能够使自己痊愈，你一定能够做到……好，现在，你把注意力集中在你的障碍部位，我轻轻地按摩几下，按摩的时候你会感到血脉流通，渐渐地会有一种非常温暖的感觉。当按摩结束，你的运动障碍（感觉障碍）也就彻底地消失了……好了，现在，我已经按摩完毕，你已经痊愈了，你已经运动自如了。来，体验一下吧，是的，的确是这样，你的症状已经完全祛除了，你已经痊愈了，运动自如了。”然后，催眠治疗师唤醒病人，解除催眠状态。这不仅可以帮助患者找到隐藏在内心深处的秘密，还能缓解患者的症状。

远离强迫症

强迫症即强迫性神经症，这是一种神经官能症，患有此病的患者总是被一种强迫思维所困扰着。患者在生活中反复出现强迫观念以及强迫行为，而且患者自制力完好，知道这样是完全没有必要的，甚至很痛苦，但是却无法摆脱。强迫症是以有意识的自我强迫与有意识的自我反强迫同时存在为主要的特征，患者明知强迫症状的持续存在毫无意义而且是不合理的，却不能克制地反复出现，越是企图努力去抵制，反而越感到紧张和痛苦。由于强迫症状的出现，患者可伴有明显的不安和烦恼。

强迫症可能是受遗传的影响，不过更多的是由于心理原因。在一般情况下，人们偶尔会用一些强迫行为来帮助、促使自己化解心中的焦虑与矛盾，这点问题并不大。但是在环境发生剧变、责任感突然加重以及处境非常艰难等极度紧张或焦虑的状况下，大脑皮层兴奋或抑制过程中会发生非常强烈的冲突，伴随着这些强烈的冲突，人可能会表现出一些特定的行为，而这些行为在日后的生活中一旦固定下来，就可能形成强迫症。强迫症状有时严重，有时减轻，当患者心情欠佳、傍晚、疲劳或体弱多病时较为严重。

在利用催眠治疗强迫症的时候，需要根据患者的具体情况，逐步放松缓解其潜意识中的那些情感冲突，使心情愉快起来，精力更加旺盛，最后消除强迫的观念及意念控制，从而阻断其强迫行为。一般步骤如下：

第一，在催眠状态下，催眠治疗师引导患者尽量放松，直接和对方的潜意识沟通，了解引起其症结的情绪所在，是在症结产生和存在的地方去疏导、化解心理冲突。

第二，在接纳现状的基础上，催眠师暗示其强迫行为正在逐渐地好转，解除患者对所患疾病的担忧，增加其战胜疾病的信心与动力，达到“治标”和“治本”兼得的效果。

第三，停止强迫行为与患者正面感觉的联系，根据患者的具体情况，将某种痛苦的感觉与其强迫行为联系在一起，让患者不断体验这种感觉，并加以行为暗示。

第四，放大这种痛苦的体验，并且重复刺激，让患者逐步地阻断强迫行为，从自身吸取动力。

第五，暗示患者转移注意力来做其他的事，忘记强迫自己的事情，这是很重要的。如此，强迫性冲动就会因为延迟而减弱甚至消失。

第六，发现或者建立新的与快乐联系的行为，并且使其不断地重复，从而形成习惯。保持愉快的体验，让患者回到正常的生活中。

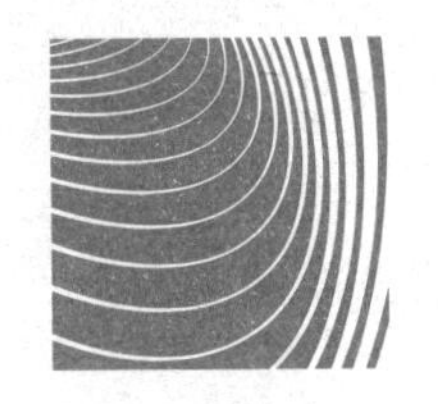

第三章 拥有健康完美的生活

戒 烟

汤姆·洛夫勒，法律专业三年级学生，早上起床做50个俯卧撑，在家吃个短暂的早餐，骑自行车去学校。3年来他从未改变这一习惯。

鲁思·纳瓦莱特，60岁的作家，早上5点醒来，煮一壶法式咖啡，从屋前草坪拿回《编年史报》，再回到床上看报纸，品咖啡。从她开始记事起，她每天早上都这样过。

劳伦·霍姆，单身的45岁英语教授，不带上他必备的同伴——目前读的材料，他就不坐下吃饭（如果，由于某些原因，劳伦没有书、文章或报纸可读，他会禁不住读番茄酱的标签和糖的包装）。

在丽莎·迈克麦斯特上床前，她要安排一下第二天的大体计划。自从成为当地电视台的节目助理导演后，她每晚都如此。有时，她从床头柜上拿几张纸，记下笔记。然后带着这种期望明天的不变程序进入梦乡。

丽塔和杰克·威斯顿，在他们50多岁时做房地产代理，每天早上上路时点上第一支香烟。从那时起，杰克每半小时要吸一支烟，丽塔每天至少要吸一包半。在他们结婚后的20年里，这种模式一直没有改变过。

以上这些人，以及其他上百万与他们类似的人，都有一个根深蒂固的习惯，就像条件反射一样。不管他们的具体习惯是什么，每个人都能得到自己的满足。

汤姆·洛夫勒做完俯卧撑之后精力充沛。每天早上看完报纸、品完咖啡后，鲁思·纳瓦莱特会一天都充满干劲。劳伦阅读时，会被印刷的字带到一个梦幻般美妙的世界里。丽莎写下她第二天活动计划就倍感舒适，当然，丽塔和杰克·威斯顿每次点上烟都会得到暂时的活力。

每个习惯好像都很持久。如果你吸烟，你就会知道一个习惯会多么持久。你可能已经忘记你开始吸烟的最初缘由，或者你只是发现每天吸烟并没有明显的理由。

虽然，现在你想要终止这个习惯，却总发现想要终止它是不可能的。所有的医学资料和世上的威吓策略都不能影响你改掉它。原因很简单，习惯不是由你思想中的理性部分建立的，它的起因是存在于你的潜意识中的。如果你想要改变行为，你必须首先认识到行为的原因。下面是吸烟的主要原因：

吸烟可以滋养自己。早上起来你觉得呆滞，眼前的工作前景暗淡。你点上烟，快速提提神，精神得到些许提高，感觉为一天准备好了。

香烟的陪伴让你减轻了孤独感。也许，你在家大部分是独自一人，你感觉与外界隔绝。或者，你可能感觉被忽略。如果你的孩子刚去了大学读书或你正经历生活中的分离，你对香烟这位“朋友”的依赖性更加强烈。在缺乏其他支持的情况下，你就吸烟。

吸烟来减少压力或从所进行的活动中休息一下。整天都受到工作的压力。你好像不能释放或想寻求镇静，因此吸一支烟。停止你正做的事，点上烟，深吸一口，有几个目的。

第一，烟能让你从所做的事情（从计算机编程到博物馆游览导游到设计发型）中得到身体上的少许休息。如果你正吸烟，你不能同时做别的事。

第二，深深吸一口烟本身也是一种放松练习（正如你所知道的，深呼吸是放松的一部分）。

第三，只为了吸烟能把你带到思想中预想画面的片刻。当你点上烟，你期望享受片刻的愉悦。推开压力，你会焕然一新，让你自己继续进行其他活动。

在感到社会关系不自在时，你会吸烟。你同你不熟悉的人相处感到尴尬。你不知道和他们说些什么，想交谈又手足无措。所以你用烟做道具，甚至当作一种让你在社会关系中感觉更安全的依靠，否则你会觉得非常不舒适。

在宴会上，烟可以作为一种纽带，在你递烟或者接受烟时，把你带入吸烟人群中来。你可以把烟作为认识其他人的工具，因为你们共有相同的习惯，能提供一些安全、打破僵局的对话。

第四，因为你感觉吸烟让你看起来更老练、自信和突出，你的自我想象得以增强。你可能十分羡慕吸烟的人，模仿他人的习惯让你与他的行为一致，从而减少疏离感。

吸烟是为了控制体重。吸烟能够抑制胃口，你可能用这种习惯来减少正常的食欲或控制另一种习惯——吃得过多。如果早餐吸一支烟、喝咖啡，中午喝碗汤、吸两支烟，你晚饭会吃得更多——即使你没有真正感到味道有多好。

在弄清楚了吸烟的原因之后，我们下面要做的就是：

戒除习惯时要满足需要

考虑一下以上原因，每个原因都有积极作用。也就是说，要进行滋养、要减少压力、要在社会关系中感到自在或控制体重并没有错，你用烟来满足有一定意义。它只是你所建立用于满足需要的破坏性而非支持性的习惯。

你听到有关烟的副作用不止一次，你也全部了解。能满足相同需要、产生一种新的行为或新的习惯的建议可能有些荒谬。但是事实并非如此，如果你愿意尝试潜意识的力量的话，你的潜意识能为你提供你真正想要的、代替香烟的有益的东西。

查明何时、何地以及为什么吸烟

下面的练习有助于帮你分析吸烟的模式。确定你最容易在何时吸烟、何地吸烟以及为什么吸烟。

下面列表中的每一项中的“是”或“否”做上标记。

		是	否
（何时）我吸烟，当我觉得	寂寞	□	□
	孤立	□	□
	被忽视	□	□
	不开心	□	□
	有压力	□	□
	不确定	□	□
	尴尬	□	□
	不舒服	□	□
	不重要	□	□
	其他：		
（何地）我抽很多烟	在车里	□	□
	在电视机前	□	□
	吃饭时或饭后	□	□
	在书桌前	□	□
	在员工休息室	□	□
	当往返上班路上时	□	□
	在鸡尾酒会或酒吧	□	□

	在社交活动中	□	□
	其他：		
（为什么）我吸烟当我需要	同伴	□	□
	中断日常任务	□	□
	安慰	□	□
	放松	□	□
	控制食欲	□	□
	被注意	□	□
	看起来很忙	□	□
	其他：		

在你已经查明你吸烟的时间、地点和原因之后，你可以开始改变你的行为模式。回头看一下在“何时”一栏中，你在哪栏标明“是”。在下面的表格里何时的标题下，写“当我（孤立、有压力、不舒服等等）时我吸烟”。在何地、为什么栏目中进行同样步骤。现在，你应该有 3 个或更多的对你正确的陈述（如果不是，回去检查你的标记，找出弄错的）。

现在，看右边标明新选项的一栏。不要马上填，让你自己有充分的时间去考虑替代行为。确保这些行为真的能吸引你。你将在催眠中致力于这些活动中，你需要做它们的后盾。

何时	新选项
何地	
为什么	

下面是新选择代替老习惯的替代举例。现在，看右边标明新选项的一栏。不要马上填，让你自己有充分的时间去考虑替代行为。确保这些行为真的能吸引你。你将在催眠中致力于这些活动中，你需要做它们的后盾。

（何 时）	（新选项）
当我感觉孤立的时候我会吸烟	当我觉得孤立的时候，我去拜访朋友、打电话、写信、为别人做些事、看报纸、杂志或书。
当我觉得有压力时我吸烟	当我觉得有压力时，我闭上眼睛，做10次深呼吸；我去散步，和别人谈论引起我直接压力的原因，把我的注意力转换到我喜欢的有建设性的活动上。
（何 地） 当我开车时我吸烟很多	当开车时，我深呼吸并放松，把注意力集中到绷紧、放松肌肉上，详细计划我接下来的活动（董事会议、报告、参加宴会、打电话、约会）。
当我参加社交活动时我吸烟很多	在社交活动中，我加入不吸烟的人群中，努力把自己介绍给至少一个不熟悉的人，进行短暂交谈。有机会就参加讨论。
（为什么） 当我需要中断日常事务时我吸烟	当我需要中断日常事务时，并且我进行的是脑力劳动，例如写报告，我转变成体力活动例如伸展、起立和别人聊天；喝茶或水。如果我从事的是体力活动，我转变为脑力活动，如想想我下一次假期的计划，叙述一下工作中我最感兴趣的方面，给我关心的人写信。
当我需要控制食欲时我会吸烟	为控制食欲，停止吃垃圾食品，减少对其他高能量食物的摄入，把水果或蔬菜作为零食。

制订你的无烟计划

现在，你已经有了一套具体的新选项。检查一下列表，确保你的每个选项都很明确，你发自内心想去做。这些选项都有助于你的两个主要目标：

成为永久不吸烟的人。想象自己是个不吸烟的人是很重要的。不吸烟的人是选择不去吸烟的人。你不能想象自己是个以前吸烟的人，一个强迫自己不吸烟的人。

把新习惯整合到你的生活中。这些新习惯列在新选项的表中。

正如你所知道的，习惯需要建立在你潜意识上。是潜意识让你培养、支持自己吸烟。为了能真正代替吸烟，你要重新编制潜意识。

为结果来重新编制

通过催眠诱导来实现重新编制，目的是帮你满足特定需要并减少日常环境带来的要求。你需要：

建立自信心以达到目标。诱导暗示："回忆过去你已经取得的所有成功，你已经达到的许多积极的目标，为生活中所有积极的方面骄傲，因为你在过去是成功的，因为你已经达到非常多的积极目标，你会继续成功达成你未来的每个目标，在生活的各个方面继续成功……"

感觉香烟没有吸引力、味道不好。诱导暗示："现在烟味令人厌恶，味道没有吸引力。你的嘴里没有烟，没有任何香烟的味道，感觉清新。"

感觉你自己是个健康、有活力的人。诱导暗示："在你身体里没有循环有毒的、不健康的烟雾。现在，你选择变得健康、强壮，用你干净、清新的肺呼吸清洁的空气。你烟吸得越少，你的感觉越好。很快，你开始发现你生活的各个方面开始得到越来越多的提高。你的呼吸越来越容易，重新获得了全新、健康、重要的能量。"

想象你自己是一个不吸烟的人。诱导暗示："你有理由去做个不吸烟的人。现在你有意识选择去做个不吸烟的人，你感觉很好，脸上带着微笑。你是个不吸烟的人，这感觉好极了，你已经停止吸烟了。想象你自己在社交场合，想象你自己在任何场合享受自己，没有烟感觉好极了。"

根据吸烟的时间、地点、原因把新的行为模式整合到生活中诱导暗示："现在你有对付旧习惯的新方法了。插入全部你列在新选项一栏中的陈述，如果要把诱导录音，需要把我换成你。"

要包括你列在何时、何地、为什么栏目中各个条件的新选项。注意不要一次使用所有的新选项。开始时使用一栏（何时、何地、为什么），一旦这 3 个选项都成了习惯，你可以把其他新选项插入到诱导中。这样不会让新的行为模式使你负担过重。

完整诱导

你已经建立信念，已经做出选择去做个不吸烟的人，感觉很好。你的身体现在抵制吸烟，你的肺不再想要有毒的气体进入，现在它们想重新变得清洁、干净、健康。你的鼻窦想要感觉干净、清新的空气。香烟的味道现在让人恶心，味道不吸引人、让人不感兴趣。你的嘴里没有烟，没有香烟的痕迹，感觉很清新。你有很多正当理由去做个不吸烟的人。你已经建立信念，现在比以前更主动去继续为自己建立最健康的生活，你现在是个不吸烟的人。你从心里感觉如此。你现在有意识地选择不吸烟，感觉很好。你是个不吸烟的人，积极的感觉会陪伴你一整天，无论你去哪里。想象你的日常工作，你通常所做的事情，想象你自己做这些日常工作时没有吸一支烟，感觉很好。你现在有对付旧习惯的新方法了，这是你对付旧习惯的新方法，一个成功的方法。想象你做日常工作没有吸一支烟，你的脸上带着微笑，你感觉很好。无论你的目的地在哪里，想象你自己如平常一样到那里没有吸一支烟，呼吸干净、清新的空气，喜欢做个不吸烟的人。继续想象你自己进行日常工作，感觉平静。在你的脸上挂着微笑，你是个不吸烟的人，这感觉好极了。你已经停止吸烟，你郑重地决定不再吸烟，你感觉很好。做个不吸烟的人你感觉很好。想象你自己没有吸一支烟度过了一天。很快你开始注意到每日每夜你生活的各个方面都得到越来越多的提升。你继续轻松地呼吸，重新获得全新、健康重要的能量。你是个不吸烟的人，感觉很好。想象你自己所在情况，想象你自己在各种情况下，享受自己，没有烟感觉好极了，那感觉很好。

期望和加强什么

此催眠诱导产生作用的时间长短因人而异，有的人在第一阶段就停止了吸烟，有的人要反复诱导 6 个月才能停止，在你达到不吸烟的状态后，不久你可能又很想吸烟。如果这样，立即使用戒烟诱导。不要助长这种情况，让吸烟再次成为驻扎在你意识中的习惯。

病　例

鲍勃和路易丝是一对 50 多岁的夫妇，因为路易丝患有肺气肿，让她戒烟势在必行。鲍勃很支持她改掉这个习惯，他也决定戒烟。他们都吸烟很多年了，也经常想戒烟，但都失败了。如果一个人在烟灰缸上留下没抽完的烟，另一个人会接着抽完。他们的习惯看起来是没有希望改掉了。后来他们开始尝试使用催眠。诱导和暗示也都与本章中使用的方法相似。在完成了第一阶段后，鲍勃就完全停止了吸烟。第一周后路易丝也把烟减少到每天吸四五支。接下来的一周她也完全戒烟了。至今，一年过去了，这对夫妇还是没有吸烟。

特别注意事项

大多数人对于接受立即改变（彻底戒除）他们习惯的诱导没有任何困难。也有少数人不愿去尝试这样，害怕潜意识接受得过于剧烈。如果你是这种情况，可以换种方式。你可以同样使用本章中的戒烟诱导，把关键语句“你现在是个不吸烟的人”替换为“你现在比以前吸烟要少”。然后是“你现在吸烟比上周吸得少”。继续用这种渐进的巩固方式，直到实现戒烟。在诱导中把暗示语句改成表达渐进的改变，而不是全面改变。

在你使用催眠的同时，让自己尽可能地处于没有压力、发展的状态。你正进行生命中巨大的改变，你所做的加强新行为的任何事情都使这种转变更加容易。

解决部分健康问题

艾伦坐在电视机前，点上一支烟，沉浸在酒里，在短短的 8 分钟内吃了很多食物。过了不一会儿，他突然感觉胸口一阵剧痛。这种情况已有好几个月了，医生诊断为他正处于心脏病的早期阶段。艾伦预料到了这种情况，因为他的父亲也有相同的症状。艾伦认为对于他的问题，他是无法改变的，因此，继续保持着他那种破坏性的生活方式。

凯西上班迟到了 15 分钟，她的头有些疼，并且感觉有些恶心。她放弃了在家休息的想法，因为下午还有一个重要的销售会议。但是，快到中午的时候，她感到病得严重了，不得不离开办公室。那天晚上，她又完全恢复了。第 2 周，按照计划她要在 3 点半给同事做一个讲座。到 1 点半时，她突然哮喘发作，不得不回家。她去看医生，但没有发现哮喘症状。

这两个人有以下几点共同之处：他们都受到了疾病困扰；他们对导致该情形的原因了解很少或者根本不了解。对自己的健康状况不能控制。

艾伦和凯西对他们的身体和心理的状态需要有一个清楚的了解。只有当他们发现自己疾病的原因以及拥有能治疗它们的选择和技术时，才能更好地掌握他们自己的健康和幸福。

健康问题的主要原因

健康问题常见的原因通常是非常明晰的。大多数健康问题是由下面几种情形之一发展来的。

你的健康问题是由于压力造成的。由于压力产生健康问题是现代生活最常见、最主要的一个因素，因此，压力也成了我们日常生活的一部分：“我们关系中的压力都快毁了我们的婚姻”“他的压力太大，他整个人都快崩溃了”“我不介意工作本身，是工作的压力让我沮丧”等。

没有人能免除压力，但是，一旦压力成为你生活中的一个持续的负面因素的时候，它能导致你身体防御能力的崩溃，从而反过来引起你对疾病的抵抗力下降。

压力情况在不同的人身上产生的反应是不同的，甚至与性别也有关系。例如，研究显示，给男人和女人同样的压力刺激，他们将产生不同的生理反应。又例如，研究发现，很少与人交流的人会产生压力反应：对于男人来说，血压升高，而对于女人来说，血压变化幅度没有心脏变化的幅度大。

当然，压力反应的严重程度跟刺激是一致的。刺激可以小至与上级谈话也可能是一个大创伤，例如谈及配偶的去世。位于西雅图的华盛顿大学医学院的一位医生托马斯·H. 福尔摩斯提出了“压力尺度”的概念。这种压力尺度将人生中的重要事件与情感或生理的疾病联系起来。

当一个人生活改变开始伴随着悠闲的时间时，他将有更多的时间来关注他的身体状况。退休的人或者是在家带孩子的女人，在孩子离家工作或上大学时，都经常会出现两类身体上的问题：以前一直忽视的，或者是由于“向外集中”的生活方式而被有意识地忽略的问题；由于新产生的个人焦虑引起的问题。

你所处的环境和身体是产生压力症状的主要原因。在环境中，一些没有被你认为是压力刺激因素的外界条件颇有破坏力。这些可以包括频繁与人群接触、暴露于危险中、不满足的家庭生活条件、讨厌天气或噪声等。

这些环境条件经常因为你对它们的态度或信任而变得更糟。例如，一项调查研究发现，在伦敦希思罗机场和纽约肯尼迪机场附近居住的居民认为，飞行员、机场人员以及政府官员不关心机场噪音给他们带来的不便和干扰，因此非常恼火。而且，那些认为噪音是不必要的、危害他们的健康的人，是额外有压力的。相反，那些认为有其他人关心噪音干扰事件并在努力解决的人的压力较小。

来源于生理的压力有两类：可避免的和不可避免的。可避免的压力包括引起食欲减退或失眠等压力。不可避免的包括导致像衰老等情况的压力。

不管你正经历的是哪种压力，导致身体上不适的症状是多种多样的：头疼、胃溃疡、关节炎、肠炎、腹泻、哮喘、心律不齐、循环问题、肌肉拉伸甚至癌症。

一些人声称所有疾病都是在压力的基础上发展而来的。有人认为这是一个夸张的说法，但是，在压力的作用下人们都更容易生病——即使压力本身不是导致疾病的直接原因。

压力引起的慢性疾病通常是独特的、难以辨别的。埃塞尔就发生了这样的情况，埃塞尔是一位62岁的家庭主妇，两年来她眼睛周围的肌肉和眼皮发生痉挛，使得眼睛不由自主地闭上。尽管埃塞尔没有患发作性睡眠病，但大多数时间里她都闭着眼睛。

当肌肉痉挛开始发作时，她的眼皮紧紧地闭着。催眠治疗师发现，埃塞尔的眼皮在她参与谈话时能睁开，并只有在她发言的时候才睁开。只要她说话，她的眼睛就睁着。埃塞尔并没有意识到这个现象，只是认为她的眼睛偶尔睁开。咨询医生只找到了两个可用于埃塞尔的治疗方案：把眼皮缝上，使它们保持睁开状态；滴眼药水使眼睛保持必要的湿润，或者是阻断神经。埃塞尔为了避免这些医学治疗，采用了催眠疗法。治疗程序包括压力减轻诱导和放松诱导，以及包含积极想象的催眠后暗示。诱导暗示："每天你的眼睛睁开的时间越来越长。"当埃塞尔进入催眠的恍惚状态时，要求她以正常声音说话，详细谈谈她喜欢做的一些事情（她的天分或特长）。当埃塞尔讲了一个她的巨大成就——为一个 10 个人组成的现代舞蹈团做服装刺绣，她享受着对她巨大成就的重新回忆。

在埃塞尔说话的时候，催眠治疗师暗示埃塞尔继续放松。埃塞尔轻松地进入了恍惚状态，眼睛在对话中保持睁开状态。随着诱导的进行，催眠治疗师让埃塞尔降低她说话的声音。她遵从，每次暗示给出的时候，她的眼睛继续保持睁开。然后，她睁着眼低声说话。最后，她只是在嘴里咕噜着，根本听不到声音。她的眼睛继续睁着。在那种状态下，催眠师给予了催眠后暗示："你的眼睛是睁着的，你没有发出任何声音，你的眼睛现在将继续保持睁开，即使在你没有说话的时候，以后每天你的眼睛睁开的时间越来越长。"

这项治疗每周进行两次，连续治疗六周。在第 3 周时，埃塞尔感到了巨大进步。她的眼睛在这两年来第 1 次睁开了一整天。但是第 2 天眼睛又紧紧闭了一整天。这种一时的巨大进步是由于埃塞尔暂时的抵抗引起的，因为，在一定程度上，她想把整个世界继续关在外面。在随后的几周里，催眠师继续给她放松、自尊和积极想象的暗示。治疗结束后，埃塞尔的眼睛便睁开着，她已经恢复了正常的生活。埃塞尔被建议继续进行心理治疗，以便更好地理解她的压力产生的原因，以及为何这样严重地影响了她的生活。

你的健康问题可以被遗传。一些家族性疾病，如过敏、哮喘、糖尿病和心脏病是可以遗传的，也就是说，你可能天生就容易得这些病。这些健康问题可能以三种形式表现出来：在相对年轻的时期表现出来，甚至是在出生的时候；由于生活方式的急剧改变或者在一段困难时期，以及被延长的个人欲望所导致的压力过大的情况下会表现出来；它在你整个一生中都可能保持在静息状态。

如果你遗传的健康问题以第 3 种方式表现出来，你就没有必要担心。但是，如果你的遗传病在出生时，或者是在儿童时期就表现出来，你可以采取一定措施来对抗或者是减轻症状。同样，如果问题是在极度压力的条件下出现的，你首先可以解决你的压力问题，然后集中在特定的症状或情形上。

简是一个投资经纪人，她的母亲和祖母都是乳腺癌患者。在她 40 岁离婚时，她发现乳房上有一个小的瘤块。经过成功的化疗，她的癌症有所好转。

幸运的是，简相信她的意志力能够改变她体内的变化。她决定减少离婚、抚养两个十几岁的孩子和释放工作给她增加的压力。她跟自己和催眠治疗师都定了合约，完全投入她的治疗中。简采用了压力减轻诱导和全面恢复诱导。她也建立了自己的积极想象，并将其整合到全面恢复诱导中。这个想象暗示，一把柔软的板刷正在清刷她乳房里的肿瘤。在最初的 2 周，每两天诱导一次，然后在随后的 8 周里每周两次。她在以后的 8 年里癌症没有再复发。

你的健康问题可能是由于一次受伤或意外事件。当由于受伤和事故而休克时，你身体的反应是多种多样的。三个主要的反应是：低血压、脉搏减弱和体温降低。在一些极端的例子中，休克能导致死亡。意外或受伤导致的休克都将不无例外地引起机体防御能力的下降。更确切地说，在休克状态下，神经系统对多种身体重要功能系统（主要是循环系统和呼吸系统）的控制将降低或停止。这种影响随病人和伤

强壮的免疫系统

以下指令的目的是为了使你能够拥有更加健康的免疫系统。

“我希望自己非常健康和快乐，并可以享受美好的生活。”

“我让自己能够胜任生活的各个方面，包括自己的免疫系统。”

“现在我最大可能地强化了自己的免疫系统，以此来和侵入身体的病菌作战。”

害的程度而有所差异。

所以，这种影响可能是暂时的或者拖延、导致慢性疾病。在这种情况下，你的免疫系统变弱，你更容易得病或有一般的健康问题。例如，有的人对以前根本不会过敏的物质变得过敏。

当然，你也可能因为受伤或事故直接导致得病、慢性失调。这些问题包括背痉挛、在受伤的关节处有关节炎、肌腱炎、麻痹、有刺痛感、心率失调、结肠炎或呼吸疾病等。

戴夫，在27岁前做过冲浪运动员，从绘画脚手架上掉下来后受伤。康复后被诊断为背部受伤。

在戴夫出事以前，他从没有过任何的肌肉痉挛。然而，出事那年他背部肌肉痉挛6次。每次发病，戴夫都要服用肌肉弛缓药和镇痛剂三四天才能重新工作。

在他第一次见催眠师时，催眠师从他的步态中推测他可能迁就背部，也就是说，他仍认为他的背部受着伤。戴夫同时也是个感受强烈的人，把问题藏在心里。他的治疗包括压力减轻诱导，以及针对背部、脊骨、姿势的治疗暗示。在诱导中，暗示戴夫背部强壮、能弯曲，让他能有直立的姿势，并能从事他的绘画承包人的工作。

伴随催眠治疗，戴夫按照医生的建议做一些增强背部肌肉的练习。几周后，戴夫说他感觉到整体健康都有所改善。到目前为止，自他开始进行催眠治疗和锻炼已经时隔两年，他的肌肉痉挛再没有发作。现在，他能再次定期在娱乐场所进行他喜欢的运动了。他说感觉比发生事故之前还要好。

你的健康问题可能与HIV/AIDS有关。HIV（人免疫缺损病毒）是能引起AIDS（获得性免疫功能丧失综合征）的病毒。HIV能损害机体内特定细胞，减弱免疫系统，以致人对感染的防御能力丧失，例如：

卡巴症（KS）：一种皮肤癌。

间质性浆细胞肺炎（PCP）：一种肺炎。

带状疱疹：一种能引起疼痛的皮肤急性感染。

肺结核：一种传染性疾病，主要感染肺部，但能影响身体各个部位。

研究表明，情感对免疫系统有很大的影响。恐惧、生气、沮丧以及压力都会损害身体。会产生这些感情是因为感染HIV/AIDS的病人面临很多复杂的问题。

杰瑞和马克都患有AIDS，并已经同各种感染战斗超过7年了。他们把压力减到最小的积极态度是他们能长期生存的重要因素。催眠治疗暗示他们减轻压力并增强免疫系统。

同时杰瑞和马克进行每周一次的催眠治疗，持续6周。在某些情况下，一起接受催眠是一种辅助疗法。步骤开始是压力减轻诱导，接着是一般治疗诱导，在步骤过程中，鼓励杰瑞和马克根据他们特定的需要设计特定的催眠后暗示。而且，催眠师建立想象去增强他们的免疫系统功能，并整合到一般治疗诱导中。这个想象暗示着免疫系统的样子，一旦建立了想象，告诉他们想象治疗细胞在免疫系统中流动，增强了免疫力。在最初的几周，杰瑞和马克都说感觉更加放松。在疗程的第六周结束时，每个人都感觉诱导（连同增强免疫系统的想象）帮助他们减轻了压力并保持积极的态度。

你的健康问题可能是治疗癌症引起的。催眠可用于癌症治疗的很多阶段。疾病的症状包括从深层的情感伤痛到由药物治疗和手术引起的疼痛。可使用催眠来帮助控制特定器官的疼痛、疲劳、易怒、低血球数、感染、失眠以及化疗和放疗的副作用，例如恶心、呕吐。

在催眠过程中给出的暗示能把剧痛转变为更能控制的状态，有时能完全消除。然而，因为疼痛是非常重要的指示，能有助于感觉到药物治疗的过程，所以在完全消除疼痛之前要千万小心。

催眠诱导过程中的深度放松可以自动减少疲劳、易怒和失眠。结合特定的暗示，如“感觉平静和放松，睡个好觉”将更快地产生效果。

自主神经系统控制着机体的非自动功能，如出汗、消化、心率。催眠暗示有助于这些功能放松、平静心率和帮助消化。

想象正常的血细胞数和健康细胞能增强免疫系统对抗感染。可以在手术前后想象红细胞和白细胞流过你的全身对抗着感染。

制订你一生的计划

不管你健康问题的性质如何，你的主要目标是以下两种中的其中一种：减轻慢性疾患所带来的不适和疼痛；迅速治愈和恢复、保持健康。

只有通过精心设计一个有效的（或者是提高的）可操作的健康平台才能实现这些目标。该平台包括以下部分：

好的营养。

消除有害的物质，包括烟、酒、环境中的毒物、不再需要的习惯用药。

减轻刺激。

提高个人安全。

疾病的早期检测，自我检查和注意身体的变化。

减轻生活中的压力和消极情况。

定期的休闲时间，在必要的时候拟订计划。

为结果来重新编制

这里我们所讲述的诱导是为了帮助你以一定方式思考、感觉和行动。他们通过提供合理的现实的暗示和想象的积极暗示来编制你的潜意识。下面是一些控制你健康、整合到新行为要获得的特定目标。

练习放松以减轻压力。作为完整健康诱导的一个组成部分，放松诱导暗示："释放你体内、情绪和思想中的任何紧张与压力，让压力消失。感觉压抑的想法在你的大脑里涌现，感觉它们在消失、并放松。注意你的身体感觉是多么舒适，漂浮，深深地，深深地，深深地放松……"

集中对抗特定的疾病或情况的积极想象。你所采用的想象应取决于你的特定健康问题，你可以在主要诱导中使用暗示。例如，如果癌症是你特定的健康问题，你可以暗示："将你的注意力集中在你的癌变区域，现在想象你的癌症看起来是什么样的，你可以把它想象成任意你喜欢的样子，它可以是一群将要被很大的、凶残的大鱼吃掉的小鱼。你可以利用任何图像，红颜色变成蓝颜色是好了，当红色完全被蓝色所代替，红色消失了，癌症就消失了，完全消失了。现在想象它正在皱缩、枯竭，皱缩，直到皱缩成可以消除的一点。细胞是完整的、健康的，完全完整和健康的，你的恢复过程发生作用了。"

想象并集中增强全面、完全康复的积极想象。全面恢复诱导是完整健康诱导的一个组成部分，暗示："深呼吸，现在想象恢复的白光从头开始包围你的整个身体，感觉它在你皮肤上滑过，这种白光是光滑、平静的。想象它包围你的整个身体，想象它在你的皮肤表面，现在感觉它正渗入你的身体。感觉它正在你整个身体里循环，清洗身体里每个器官、神经、肌肉和细胞。感觉暖流正流过你的头部、眼睛，从你的肩头融化……"

编制你的潜意识以保持健康。全面恢复诱导暗示："现在想象你自己健康、强壮、有活力，在你的脸上挂着微笑，你感觉好极了，感觉健康又强壮。这种积极的想象一天天地变得越来越强大。"

你的治疗计划

你需要用到两种主要诱导，每种包括多个组成部分。第一种主诱导用于感受到与特定健康问题有关的不适的时候。第二种诱导可以用于任何时候，促进全面恢复。

要录制第一种诱导，按照下面的第一项进行；要录制第二种诱导进行全面的恢复，按照下面的第二项进行。

第一，找到你要消除的健康问题，然后阅读针对你特殊问题的暗示。

按照下面的指令，让你的暗示个性化，紧接着向下诱导进行录音。在录音时，你需要重复暗示中的关键语句，然后重复整个建议一次。

第二，在向下诱导后马上录制全面恢复诱导。

应该把这些组成录音，以便它们融合在一起形成两个完整的健康诱导。它们应当一起发挥作用以满足不同人的需要。

治疗你的健康问题一节中的暗示在这里是被作为一些模板的。你应在所选择的暗示主题的基础上进行扩展，也就是说，它作为核心，你在此基础上建立完整有效的催眠后诱导。你所插入的或增加的内容应根据你特定的健康问题来定。在你发展自己个性化暗示的时候，记住要用同义词来加强、解释你的暗示，用连词来保持整个语言流畅，在你需要表示一个特定行为的开始或结束的时候，指定一个时间（注意，如果你的健康问题不在本章中所述内容之内，找到一个类似的问题，理解针对该问题的建议，然后将它作为一个模板，写下你自己的暗示）。

治疗你的隐疾，促进健康

1. 过敏

深呼吸一次，开始轻松呼吸。再深呼吸一次，感觉你的鼻窦张开，空气从鼻窦进入你的肺里，呼气，感觉紧张离开了你的身体。想象你正呼吸干净、新鲜的空气，这种新鲜空气可能是你在雪山顶，或美丽的海洋感受到的。空气如此让人振奋，令人愉快，非常轻松地呼吸，凉爽并新鲜。从现在起，每当你看见或感觉你过敏的物质的时候，想象雪山或广阔凉爽的海洋，放松你的呼吸，慢慢呼吸，感觉鼻窦张开，让空气进来，轻松呼吸，感觉如此放松。

2. 哮喘和支气管疾病

放松，缓慢而均匀地呼吸。感觉空气从你的鼻孔进来，沿着你的气管进入肺。你控制你的呼吸，完全控制，从现在起，在你感觉到哮喘要开始的时候，你能够通过放松你身体的每一块肌肉来迅速终止它。注意力集中在你的呼吸，放松呼吸。开始想象你处于一个美丽清新的沙漠，呼吸着清新的秋天的空气，感觉它深深地进入你的肺部。在你想象这种清新的沙漠空气进入你肺部的时候，你的呼吸恢复到正常。

3. 增强免疫系统

当你越来越放松的时候，开始想象你的免疫系统，它可以是任何你想要的东西，它可以是任意形状、尺寸、颜色或物体，任何你想得到的东西都可以。让这种想象变得越来越清晰，越来越详细。有很多因素促进健康的免疫系统，一些包括健康的血细胞，另一些包括特定腺体的功能。你只需要想象所有的系统都在完好地工作以增强你的免疫系统。正如一个精密仪器一样，你体内的每个系统都在有效地工作，以加强你免疫系统的功能。现在想象你的免疫系统正在以最积极的方式反应，看见它正在变得越来越强壮，保护你的身体，保护你身体的每个功能。现在想象你的免疫系统正在变得越来越强大，以最好的状态在工作。

4. 心血管疾病

放松你的胸部，吸气，在吸气的时候注意力集中在你心脏的节奏上，慢慢呼气，感觉平静、放松。想象你的血液均匀地流过你的静脉和动脉，你的心脏肌肉完美地工作。随着每一个跳动，你的心肌增强，变得强壮、有活力，感觉你强壮的心脏均匀、平静的节奏，平静又均匀，平静又均匀。你的心脏是强壮的、可靠的，心脏的节奏均匀、平静、有力。

5. 寒冷与流感

当你放松时，将任何不适的感觉放到一边，注意力集中在完全放松上，健康并恢复，开始想象你的整个身体从脚趾到头顶都充满了橙色，就像一瓶橙汁。现在想象你从你的脚底拔开一个塞子，所有的橙色都慢慢地从你的身体流出来，随着橙色的流出，也带走了所有的感染、流感病毒和任何对你健康有害的物质。感觉它们正在流走，就像你慢慢倒出一瓶橙汁。感觉它们正在流走、流走，一旦橙色彻底从你的头顶流到脚趾以后，让你的身体从脚趾到头顶都充满了能恢复身体、补充新的健康能量的柔和的金色。现在感觉金色，感觉全新、有活力的能量充满你的身体。

6. 结肠炎

感觉你腹部的肌肉放松，将你的注意力集中在腹部，感觉一股柔和的暖流流过你的下部肠区，在你的肚脐下面，想象一股暖暖的恢复感正流过你的肠、进入你的结肠，缓和又放松。你可以认为你的肠区是全新的、健康的、完美的、平静的。慢慢地，你控制了它，完全控制了它。

7. 高血压

放松，开始想象你的正常血压应该是多少。想象你的血压是正常的，完全正常的，如果你正在用药物治疗血压，想象药物治疗效果快速、有效。如果你的高血压是由于压力，那么开始想象你的压力状态正在改变，因为你改变了对刺激的反应，想象你自己是平静又放松的，你的血压在任何压力条件下都保持正常，现在再想象你的血压应该是多少。想象你的血压正常，想象你自己平静又放松，感觉健康又强壮，拒绝有害压力，享受生活，感觉平静又放松。

8. 紧张

感觉自己放松，知道你能控制选择，你可以选择压抑、神经紧张或者心烦，你也可以选择平静、放松，在你的环境中悠然自得，现在你选择以平静、放松的方式来享受生活，轻松地处理生活的起落。想象你遇到的一些压力情形，现在想象你以平静又放松的方式对待它们，你的胃放松了，你的呼吸轻松、均匀。如果你想象你处于人群中，然后想象你很自在，你们的对话很流畅，你平静又放松。工作时，压力可能增加，但你保持平静、自在、放松，你的胃平静，呼吸轻松又均匀，从现在起在任何情形下你都会选择放松，你会感觉自己呼吸轻松又均匀，现在让这种和平又平静的新选择流遍你身体的每一个细胞。

9. 偏头痛

感觉你太阳穴的肌肉放松，将你的注意力集中在前额的肌肉，感觉这些肌肉放松，放松你的眼睛，深吸气。呼气，感觉你头部的所有肌肉都在放松。现在跟着前额的这些肌肉，将注意力集中在这些肌肉上，穿过前额，围绕头部，到达耳朵、头盖骨底部，放松这些区域，想象凉爽的微风吹过你的脸，冷却你的头、你的脸、你的眼睛。想象一阵凉爽、柔和的感觉穿过你的前额、每只眼睛上方。想象你在山上的雪地里行走，你的手揣在衣袋里，它们很温暖。你的手温暖又舒适，一股凉爽的微风和寒冷的空气让你的头变冷，抚慰、放松每一块肌肉，释放任何紧张、任何紧张。平静的感觉流过你的眼睛、前额，你感觉平静、舒适、放松。注意：在此暗示的过程中，手的温暖是非常重要的，当手的血管舒张开了，头部扩张的血管中的压力就减小了。

10. 肌肉痉挛

将你的注意力集中在紧张的肌肉，现在放松紧张的肌肉，将注意力集中在肌肉。在你想象放松的时候，开始感觉它们在放松。当你感觉不适的时候，放松肌肉和周围区域的神经，想象一个舒适的拍子，抚慰、温暖、放松这些区域。感觉所有的紧张正从肌肉中流出，就像从气球中释放空气一样，所有的紧张都释放了，很快气球变柔软了，就像你放松你的肌肉，肌肉变柔软一样。当你放松你的肌肉，这个区域很快又重新获得活力、健康的能量，强壮又有力，现在感觉你的肌肉是柔软的、放松的。

11. 胃溃疡

放松每一块肌肉，现在想象把你所有的担心和问题都放到一个鞋盒子里，盖上盒子的盖子，放到衣柜里，把它放到衣架的最顶部。你以后可以随时在需要的时候再将它们拿出来，但是，现在把这些担忧放在一边，享受没有它们的美好，现在释放体内思想、情感上的所有压力，感觉平静包围着你，形成一个保护盾牌，让你在工作、家庭或任何情况下避免过度的压力。现在你得到了保护，压力远离你，你感觉到平静流过你的身体，它舒适、温暖的感觉正进入你的胃部，感觉它抚慰、治愈你的溃疡。由于你平静、舒适，你的溃疡会好得很快。现在你的潜意识正被重新编制，以保护你的胃免受压力的侵袭，拒绝消极的压力干扰你的身体、思想和情感。当你继续享受这种平和感情时，你将重获全新的、健康的能量，现在继续放松，感觉舒适的平静流过你的身体。

12. 全面恢复诱导

深深地、均匀地呼吸，让你的思想和身体休息，将所有的忧虑放到一边，将所有的忧虑放到一边，只想着全面放松，现在想象一种治疗的白光在你的头顶。它散开，包围着你的整个身体，看见它在你的皮肤表面，感觉它在你的身体内循环，治疗和清洗你的每一寸身体、每个器官、神经、肌肉和细胞。现在感觉它的温暖流过你的头部，感觉它流过你的头部，流过你的头部，通过眼睛，感觉它向下在你的肩部融化，在你的脖子周围循环，往下到背部，现在又向上回到你的背部，进入到你的肩部，往下到你的胸部，感觉它在你的心脏循环，流过你的肺，进入到你的胃，流过你的肠，清洗并治疗，一遍又一遍，它清洗并治疗你的整个身体。现在想象自己健康、强壮、有活力，在你的脸上挂着笑容，你感觉好极了，这种积极的想象会一天一天地变得越来越强大。

期望和加强什么

当你感觉不适、需要缓解时，应用治疗你特定健康问题的诱导暗示。在第 1 周，每天都进行全面恢复诱导，随后的 2 ~ 3 周每周进行 3 次，当你发现积极变化正在发生时，你需要在每天实施全面恢复诱导，并持续一周。然后逐渐减少次数，直到症状消失（或者是你的不适减少到最低的水平）。变化频率是让你的潜意识有足够的时间来接受并对暗示做出反应。如果你突然连续用任意的吸收时间来轰炸你的潜意识，你改善健康的机会将减小。

特别提示

早在 20 世纪 80 年代，有很多牙医、心理医生，以及其他卫生工作者在他们的医疗实践中使用了催眠。认识到催眠也是一种治疗方式是非常重要的。但是，在开始催眠治疗之前，你仍需要就你的特定健康问题去咨询你的医生。并且，你必须记住整个健康计划由很多元素组成，这些元素必须一起发挥作用才能解决你的健康问题。你可用催眠治疗用上 20 年，但是，如果你每天抽 3 包烟，并且从来不练习，你不可能轻松减轻你慢性支气管炎的症状。记住催眠不能单独发挥作用。

美 容

美容，一直是现代女性，特别是白领女性的永恒话题。生活忙碌，整天挂着一张疲惫、沧桑的脸，对女性来讲不是件好事。单靠化妆品，多么巧妙也难以追回自己的本来青春美貌。催眠可以美容，催眠美容的要点其实就在于一个词——放松。要想能保持美丽的容颜、漂亮的脸蛋，就要学会放松面部，去除面部的紧张，去除面部所有引起紧张的力；要想放松面部，去除面部的压力，这就必须先除去下颚的力；而要除掉下颚的力，就必须先放松喉部，除去喉部的力；要除去喉部的力，就必须先除去胸部的力……按此顺序把直至脚趾的力全部从体力除去，除去全身的力，使身体放松下来。这就是催眠美容的关键和奥妙所在。

催眠美容，其实就是通过消除这种压迫面部、压迫身体的力——紧张，而使之恢复本来“面目”的方法。如果面部总是处于一种紧张的状态，不能够放松，毛细血管就会萎缩，皮脂也就不能顺利地分泌出来，皮肤因此变得非常干燥粗糙。另外，由于新陈代谢不活跃，汗腺的功能也会变得迟钝，致使皮肤就像集了一层灰垢一样地发暗，这就是美容学中常会用到的“肌肤喑哑”。这种状态如果持久下去，皱纹或老年斑必然就会增多，以致形成典型的老人脸。如此一来，即使涂上再高级、再有效的化妆品，也只能劳而无功。催眠美容，就是在催眠状态下，充分释放压迫肌肤的紧张，解放面部皮肤肌肉、血管和神经，使之还原修复本能，恢复各项生理机能。

催眠美容法也称“在睡眠中变漂亮”。这是因为，许多人通常都是在面部带着紧张、带着力，得不到休息的情况下入睡的。因此，在睡眠中就出现了咬牙、反复翻身或是梦呓等行为，以致休息得不够有效，不够彻底，带着疲劳的脸色醒来。催眠美容主要就是通过睡眠期间来消除面部、身体的紧张。

在理解上述道理的基础上，只要熟练掌握催眠美容的方法，并且坚持练习，你的皮肤就会保持光滑红润。

催眠美容的准备

催眠美容的双方最好是夫妇、恋人、姐妹或者关系比较亲密的朋友等，这样会增加信赖。催眠美容对象确定后，接下来就是装束、衣服的准备了。此时也可以选择播放一些轻柔、喜爱的背景音乐。

催眠美容的姿势

选择仰卧的姿势是非常容易放松的，当然，也可以根据个人的爱好或习惯来选择。

催眠美容的放松顺序

放松面部，彻底消除面部的紧张，首先必须放松处于其中心的眼窝周围的紧张。从面部肌肉的构造来说，要想消除眼部的紧张，必须先消除嘴部的紧张。为放松嘴部，又必须要先放松下颚。而放松下颚，又必须要先放松颈部。这样一来，就形成了从颈部到胸、腹、腰、大腿、膝部、脚腕、脚趾的循序渐进的顺序。这个顺序是无法改变的。

在进行放松之后，还要给予自己正面、积极的自我暗示，这一步骤也是非常重要的，暗示语可以参考如下：

“我喜欢水，我喜欢喝水，因为水能够净化我的身体，使我的皮肤越来越有光泽、越来越光滑、越来越有弹性、越来越迷人……我喜欢。

“我喜欢水果，我喜欢吃水果，因为水果里面含有大量的维生素及其他营养成分，使我的身体更加健康、更有活力，也使我的皮肤越来越滋润……我喜欢如水的肌肤，我喜欢水果。

“我喜欢用手去轻轻地按摩我脸上的皮肤，按摩会促进血液循环，加快身体的新陈代谢，排除毒素，滋润我每一处细胞，让皮肤更清洁、更透明、更有光泽……我喜欢。

“当我感觉到眼睛疲累的时候，我就会立刻把眼睛闭上，让眼睛安静地休息一下，然后我会轻轻地按摩我的眼睛，使我的眼睛恢复活力和光彩，像星星一样明亮，睁开眼睛的我会觉得容光焕发、神采奕奕……我喜欢。

“我的潜意识会自动引导我过让身心越来越健康的生活方式，我会自然而然地身心越来越健康，而且越来越美丽。

“我对自己非常有信心，我完全相信这些正面、积极的信念。我的皮肤非常好，非常健康，富有弹性，很有光泽，人们见到我，都会情不自禁地多看我一眼……我会一天比一天更容光焕发……我会越来越迷人……现在，我可以充分地享受能量补充过程，改善自己的肌肤……越来越漂亮……”

你一定还有一些想法是上面并没有提到的，而且有些地方也许是你认为需要特别加强的，如你希望修饰臀部的线条、声音更加清澈悦耳、头发柔顺有光泽等，请把它们都一一写下来。

进入了催眠状态后，在内心反复诵读这些暗示语，至少诵读 3 次。自我暗示结束以后，你可以充分发挥自己的想象力，想象你散发出迷人魅力的画面，例如走在马路上时，路人都目不转睛地盯着你，羡慕你的皮肤那么好，看起来那么青春而有活力。你所想象的画面越逼真，你的潜意识就会更加有动力来帮助你实现你的心愿。

减肥

这是第几次了？你从很多种方法中选择了一种最痛苦的节食方法，严格遵守，直到稍微减轻了一些体重，你遭受着难以想象的痛苦，你的肚子饿得咕噜噜直叫，甚至感到胃疼。你想的就是只能喝一杯鲜榨的苹果汁儿。而且，你竟然已经习惯了这种痛苦，把这种烦恼当成减轻体重过程中的必然部分。然后，你终于达到了目标，体重稍微减轻了一些。这时候，你认为你终于可以停止节食，正常地吃东西了，你确实也这样做了。但是就在几周后，你减掉的体重又全部恢复了。

这是一个常见的、几乎乏味的例子。但是，它也说明了导致这种不成功的最普遍因素：你没有考虑吃得过多的原因，而通过对身体摄取食物进行限制来减轻体重是不会持久的。

催眠减肥的注意事项

很多人都知道，通过催眠来达到减肥目的时可行的，然而他们不知道在具体实施时还需要注意一些小细节。下面就是几个需要在催眠减肥前就需要知晓的几个注意事项。

1. 很多人都想快速减肥还不难受，这几乎不可能。即使是神奇的催眠，能起到的也只是辅助作用，最终还是要靠自己的决心和毅力。

2. 如果定下一个长期目标后，想想都觉得很难实现，不妨把它分割成若干看上去不那么难的短期目标。这样既鼓舞了信心，又增加了实现的可能性。

3. 不给自己机会接触高热量食品。不管是逛街还是和朋友吃饭，告诉朋友自己不吃高热量食品，这样避开了诱惑也暗示了自己其实不很喜欢那些高热量食品。

这里谈到的是由于吃得过多引起的超重的人，而不是那些由于生理原因而导致肥胖的人。

假如你是属于吃得过多的超重者，你的问题并不在于你的代谢速率，而很有可能在于你的思想，更确切地说，是你的潜意识。你可能通过很多有意识的努力减轻了体重，你的意识不让你有饥饿感。但是，当你达到目标并停止节食，你的潜意识会重新恢复。这是因为潜意识比意识要强大得多。

潜意识并不是可以简单控制的力量，只有通过不断努力，你才会体会到生命中的长久改变——这种改变是自动产生的并且没有痛苦。

与你的潜意识握手

你可能还不完全清楚自己吃得过多的原因。为什么会这样呢？任何在能引起长期的身体、情感、社会或精神上不适的真实动机，都很有可能被埋藏得很好以防被认出。挖掘出原因不像你想象的那么难，因为只有几个主要原因。

第一，你其实是把吃东西作为对自己的奖赏或款待。从你生命一开始，你已经用食物作为从简单的任务到巨大成功的奖赏。例如，看一下你生命中食物奖赏的“年表”，当你是个婴儿时，你拣起玩具、说“请”“谢谢”或对“便盆训练”有反应时，会得到美味的饼干作为奖赏。当你是成长的孩子时，洗盘子会得到精致的甜品，练习大提琴会得到小甜饼。你的老师把糖果发给每个在拼写考试中得 A 的学生。当你已经是十几岁的孩子，在让人满意的比赛后教练会带全队去吃比萨、去看电影。你会买饮料、爆米花和一包糖进一步款待自己。当你毕业，你的父母还会带你到他们能负担得起的最好的饭店吃饭。当你已经是一个成年人了，被提升为经理，你当然要出去吃饭以示庆祝。你带着潜在客户去吃中饭。你拖着劳累过度、被忽略的身体去度迫切需要的假期，第一件事情就是找那些著名小餐馆。

读了这些你可能会这样想：“很多例子都很适合我，或者和我很接近，但问题是我真的喜欢这些活动。如果我真的喜欢我该如何去避免这些情况呢？如果我需要和一个大客户参加一个夜宴，我该如何推掉呢？”

你完全不必做任何不想做的事。你可以带着牢牢建立在你友善潜意识中的新习惯去参加早宴。事实上，你可以去任何以食物为主的聚会并且仍然非常喜欢待在那里。

第二，可口的食物，不只是果腹，常常还会安慰那些痛苦的心。你用吃东西来减少或打消不愉快的经历。同样，这个模式也是在你很小的时候建立的。你出牙了觉得难受，所以给你可口的磨牙饼干，这是对抗牙龈疼痛最好的方法。你从秋千上掉下来，善良的大人为了不让你哭而给你饼干吃。这种模式在你整个生命中继续着。没有考上报考的大学，你出去和朋友大吃一气。失去了一个重要的商业合同，你坐在电视前吃糖。你和真心喜欢的人约会，结果却不好，你知道你再也见不到这个人了，于是你走进了厨房，从冰箱里找到那些能安慰自己的东西。

你知道这些让人苦恼的事情驱使你去街角的小酒馆，那里的奶酪味道好极了。但是，消费多少食物才能消除你先前的不快经历呢？如果你比较诚实的话，你就会不得不承认，只有在你正在吃蛋糕的时候，伤痛才会有一部分被麻木。

第三，你之所以吃东西是因为你想被注意。你需要得到更多的注意，感觉自己更加重要。如果这个想法看起来有些牵强，想想你给予那些非常超重的人的注意力——超级市场过道里你挤过的那个人、看表演时从你前面挤入座位的那个人……人们对体形大的人总是有那么一种关注，虽然这种关注是负面的，至少它是一种形式的注意。而且，在生活的某些方面，引起负面的注意比正面的注意更容易。

第四，当你需要爱的时候你会吃东西。你想让别人给你爱，所以通过吃很多好东西来爱自己。

第五，你吃东西因为你恐惧。你害怕什么？有几种可能。如果你对异性来讲是没有任何吸引力的，你也不用担心后果，你可以对你的身体、情感都无所追求。

一位女艺术家对工作非常执着，她让自己变得很胖，她是这样解释："因为我不想让我的身体吸引人。不想去担心它。男人不找我出去，我也就不用处理那段关系，就能专心贡献给我的艺术了。"

另一种恐惧则与健康有关，你可能相信，瘦是不健康、不受欢迎的。你可能收到过这样的信息："如果你胖乎乎、肉嘟嘟的，你就健康。如果你健康，你就不容易得病。"

不管你吃得过多的原因是什么，你所要遵循的改变步骤都是一样的。你要把食物带来的情感上的满足用一种能产生相同目的的行为代替。例如，忙碌的一天，你需要停下来休息。吃一些点心的确能帮助你放松，但你此刻真正需要的是那些让你感兴趣的、满意的替代行为。代替零食的好的选择不是去擦窗户、开车去银行，而是坐下来，闭上眼睛，放松 5 分钟，听听舒缓的音乐。

制订计划

现在你已经写出了你的问题，并且也已确定了选项，需要看一下你的整体目标。无论你的体重问题的特点怎样，这些对每个人来讲都是非常相同的。它们是：

经历体重减轻；

保持体重减轻；

将新习惯融入你的日常生活。

第三个目标是第一和第二目标的真正关键所在。正如你懂的，你的食量以及你的饮食方式都是已经建立在潜意识中的固有模式。为了改变你消极的饮食模式，必须要建立一个新的模式。你需要重新编制你的潜意识。下面是你实现减轻体重、维持减轻体重以及融入新习惯所必需的特定目标。你需要做如下工作：

让食物与你的幸福感的关系变得不再重要。诱导暗示可以是这样："我吃的量正确、合理，我就完全满足了。我从一餐到下一餐都非常满意。”

建立自信心和自尊心以便能接受一个减肥的自我。诱导暗示可以这样：“我回忆我生命中的所有积极的事情，我已经达到的目标和成功，我知道我会继续成功地达到每一个目标，为自己建立最健康、积极的生活。现在，我想象看到自己腹部平坦，臀部和大腿结实有型，腿结实、修长。我看起来好极了，感觉非常好。”

增强健康食物的吸引力，如蔬菜，并且减少对脂类食物的食欲。诱导暗示：“现在，我想象一张桌子在我面前，我把对我有害的垃圾食物堆满了桌子，垃圾食物对我的身体和情感有害。它们对我好像毒药。它们对谁都是毒药。如果我选择吃这些食物，我吃得很少，非常少就让我完全满足。因此现在我把这些食物从桌上推开，推得远远的。现在，在那个空桌子上，我把我喜欢的许多食物放在上面，如有益健康的食物、含有极少量能量的食物等。”

根据吃得过多的时间、地点、原因，将新的行为模式融入你的日常生活。诱导暗示可以参考这个：“我现在有了对付我那旧习惯的新方法了。”

完整诱导

现在，你明白诱导工作的方式后，你马上将要用到它。

体重控制诱导法：因为你现在平静又放松，你能成功完成任何目标、减轻体重。你正想象你已经失去了你不想要的或不需要的那些赘肉，并维持体重减轻。你想象、感觉并认为自己是个减肥者，瘦下来后，肌肉紧了，全身处于良好状态。你的潜意识现在正按这个想象行动，实现这个想象。你会让自己体重减轻，减去你不想要、不需要的体重，保持体重一直减轻。

你把不良的饮食模式彻底转变为良好模式。你容易地让这种转变发生。无论你是否正在谈话，你都完全注意到你吃的量，吃到适度就要停止，那种感觉很好。你吃的量正确、合理，你当然就会完全满意。你从一餐到下一餐都满意，之间不想吃零食。

你为自己感到十分骄傲。你回想生命中所有积极的事情，你已经实现的那些目标和成功，你知道你会继续成功，达到你所拥有的每一个目标，为自己建立最健康、最积极的生活方式。你现在放松而又平静，食物对你越来越不重要，你吃得越慢就越舒适。零食对你不重要，无论你在哪或你在做什么。在餐馆你吃少量的食物，你也会吃得更慢。

不管任何压力，你更加平静、放松，食物对你更加不重要。你为自己感到骄傲。现在，任何你想吃的时候，你都选择那些有益健康的食物，并且你将会吃得适量。当你已经吃得适量时，你就不要继续吃了。你甚至可以在盘子里剩下一些食物，那很好。你只是停止吃了，继续放松。现在让自信和平静流遍你的全身。你比以前更加有动力去为自己建立一个最健康和积极的生活。把旧的饮食模式变换成新的饮食模式，保持减轻的体重。

现在你有了对付旧习惯的新方法了，那就是你的新习惯。这些新习惯让你能够长久保持较轻的体重。

你感觉好极了，你开始感到一种全新、健康的能量流遍你的身体和思想。你的思想积极、自信。你回想自己智力、创造力的全部积极方面。

期望和加强什么

完成上面的诱导后，你应该开始接受这个正在减肥的自己，而且，你应该建立何时、何地、为什么吃的新习惯。虽然你的行为马上就改变了，但是，你实际的体重减轻却还是需要逐步来实现的。

继续每天都进行一次诱导，不要间断，直到你减掉要减去的体重。为了不断强化，你可以每天在固定的时间自我催眠。

当你用自我催眠实现对自己的体重控制时，首先一定要考虑到你的年龄和身体状况，以此来决定体重减轻目标，其次就是要逐步地减轻体重。不要急躁或有些不切实际的想法。

第四章 用自我催眠术完善自身

应用催眠就这么简单

如何使用瞬时自我的催眠台词，先浏览每个台词的标题，看看它们所写内容是否与你当前想要实现的目标相吻合？如果没有一份稿件与人自己设定的目标相匹配，那么，不要灰心，在这里，你将会轻松掌握自己编写催眠台词的技巧，从而利用它们实现自己的愿望。

瞬时自我催眠台词

要选择一份台词，在所有催眠台词中选一份与你的既定目标最贴切的台词，并且用书签做个标记。

在开始之前，请大声朗读瞬时自我催眠“读者导言”，阅读时要放慢语速，尽量使用一种放松的语调。

在导言快要结束时，迅速翻到已经做好注标的那份催眠台词，继续大声朗读其中的指令，慢慢地读，边读边用心体会它们的重要意义。在阅读它们时要运用自己的感情，充分地投入而不是像在阅读导言时那样。用一种使人昏昏欲睡的语调，要加倍重视用斜体标注的文字和段落，对于方括号内的文字，可以不必大声阅读，但要领会它们的意图，遵从它们的指示。

一旦你阅读完了催眠台词中的所有指令就可以通过阅读“唤醒”部分来结束此次疗程了。即使不用阅读“唤醒”部分，你也可以慢慢地，自然地从催眠中自己恢复过来。但是为了你有效、迅速地从每个阶段中恢复过来，最后使用“唤醒”部分为了你的阅读方便，我们在每个台词末尾部分都重复添加了“唤醒”部分。这样可以更好地提示读者。

在每个阶段中最好选择一个针对性的目标来完成，如果有多个目标需要通过催眠来实现的话，那么最好把每个目标分开来完成。比如说，可以在早晨的催眠中进行戒烟而在晚上的催眠中进行减肥。

一旦你确定了自己的目标，那么在你开始催眠之前，最好先浏览一下与既定目标相符合的催眠台词。

在每个台词的标题下面都给出了一段明确的说明，介绍这段台词是用来专对哪些目标设定的。一定要仔细阅读它们，以便核实它们是否与人的期望相一致，并且检查它里面的指令是否适合你，如果它们不适合，那么你可以自己撰写指令。有些指令看上去好像跟自己的目标根本不沾边，其实就像许多其他大脑认为不太适用的指令一样，它们都会很容易被潜意识所忽略。

在你开始阅读“读者导言”之前，最好想一想你为什么要为自己设定这些目标并试图去实现它们。因为催眠台词主要就是用来激发你的动机，所以你最好从心底里明白自己所选定的目标的重要意义，要保证自己是真心实意地要去做这件事而不是自欺欺人。比如说，如果你想要戒烟你必须首先明白吸烟对你是多么有害，它不会给你带来任何好处；如果你天天想着以后可能会离开自己心爱的香烟，是多么难受啊，那么你是很难戒掉吸烟的，没有任何催眠可以帮你。这种动机必须是真诚的、彻底的、完会发自于内心的。

生活就是这样，我们应该诚实地面对自动的真实动机。在每次催眠开始之前，如果能够把自己为什么要实现所定目标的理由都写下来，这样效果会更好一些。写下这些动机，将会帮你的大脑理清头绪。即使你认为这些动机是显而易见的，还是应该花些时间让自己清楚地认识它们。这只需花费几分钟的时间，却会促使你更快地获得成功。

期待结果

你可能想知道当你将瞬时自我催眠付诸实际后，自己应该期待些什么，那些结果什么时候或者如何才能表现出来。对于不同的人来说结果出现的时间和方式是不一样的，不过，还是有一些常见的信号，特征是大家都可以看到的。比如说，当你开始催眠练习后，就会发现在平均 3 ～ 5 次催眠之内你的态度或行为会有明显的改变。也就是说，当你使用同一个催眠台词在连续的几天时间内重复做 3 ～ 5 次催眠治疗，就会收到明显的自我完善方面的效果。对于有些人来说，可以只试一两次就会有惊人的结果出现。即使你属于这种类型的人，但我们还是推荐你持续使用瞬时自我催眠 7 次以上以便于效果更加持久稳定。另外有些人，可能需要多达 12 次的练习才会收到满意的结果。

对于催眠而言，你越是不断地练习，增强自己的催眠技巧，你所达到的效果就越是持久而有效。

千万不要低估了重复练习的重要性。请记住，这种重复只会花掉你 15 ~ 20 分钟的时间，所以说这并不会浪费什么时间。而且，不要认为你在第一次练习运用催眠戒烟没有取得成功，那么在以后的练习中就不会成功了。经过几周或是数月的催眠后，也许有一天你会突然发现，那些曾经使用的指令在你身上发挥作用了，很多期待的效果也全都出现了。

当然，有些既定目标的实现是比较模糊的，大概需要较长的时间才能完全表现出来。例如：对于“富裕”台词中提到的“争取更多的金钱”这个目标，可能需要较长时间才能表现出来。这些台词中的指令是针对大脑潜意识中存在的关于金钱的信念来工作的。就算现在指令把这些信念改变了，你的大脑还需要一段时间，等到你的生活有了改善以后才能真正地接受这些新的信念。所以说有些目标的实现是需要一段时间的。只要稍微有点常识的人，就会明白哪些目标用时长、哪些用时短。

如果在使用同一段台词 7 次、12 次，甚至 14 次之后，仍然看不到任何效果怎么办呢？瞬时自我催眠不是总是有效的吗？记住一句格言：只有效果，没有失败。你能说爱迪生在成功发明电灯之前的千百次试验是失败的吗？你能说这些试验对他没有启迪吗？如果没有前次试验的结果，怎么会有后续试验的改进呢？现在，我们再回过头来看，看看你自己的目标，先检查一下该台词是否符合你想要达到的目标，如果不是，那么就试着自己来写一些指令。在有些时候，你还需要将自己的大目标分解成几个小的目标来进行。如果你处于上述情况中，那么本书将会教你如何轻松编写自己的催眠指令。

坐享成功

现在，你可以准备选用任何一份瞬时自我催眠台词开始催眠了，你将会因为这种方法能如此高效地助你实现自己的目标而感到吃惊。

在每一份为你精心准备的专业台词中都包括各种类别的指令。现在的你不必要了解这些指令的类型和工作原理，但是它们已经被证明是高效、快速、持久的。

最后，准备去体验自己的瞬时自我催眠疗程吧！你将会感到它们是如此有趣，如同中大奖一样。除了能帮你实现个人愿望之外，还能让你在疗程结束之后倍感放松，身心愉悦。这是因为催眠本身就是一个很好的自然减压器。

瞬时自我催眠术读者导言（大声朗读）

“伴随着一种独自安静的、舒适的感觉，我缓慢而轻柔地阅读着，我用自己的声音来舒展我的身体和大脑，我的身体慢慢地静下来，好像所有的事物都放慢了节奏，伴随着我所阅读每一个文字以及我所发出的每个音符，我感到越来越放松，时间一分一秒地过去，我的大脑也一点一点地变得如湖面一样平静。

“当我的大脑平静下来时，我一边阅读一边通过幻想来进入更深程度的放松，我根据自己阅读的内容不断地幻想着自己正坐在一张舒适的靠椅上，而脚下就是美丽的海滨，四周全是金色的沙滩，海浪不断冲上岸来，我甚至可以听到来自大海的轻柔而有节奏的旋律。

“我可以感受到从身体掠过的略带湿气的海风，阳光温暖地照着我的身体，我甚至可以感到阳光照到了我的头皮，瞬间消除了我所有多余的紧张，此时好像我所有的思绪都停滞了，因为我正集中精力去体会那温暖的阳光，让它照射我的脸、我的面颊、我的双眼，环绕着我的下巴。

“阳光亲吻着我的脖子，温暖着我的喉咙，使我可以对每一个字都能脱口而出，那种感觉就好像阳光伸出成百上千根纤细的手指来按摩我的双肩、我的后背一样，让我倍感放松。这种温暖而放松的感觉像泉水般自上而下地流动，滑过我的手臂，顺着我的指尖向外流淌。

“我不断地注意着自己的臀部和骨盆的反应，感受着温暖的阳光，渐渐地消除了它们的紧张与焦虑。现在我又开始观察我的双腿的反应，阳光照射到它们时，它们会变得如此温暖，而且非常放松。我都能感觉到我的双脚及脚趾都是如此温暖、舒服。

“我一边感受着阳光，一边幻想着慢慢合上双眼，准备将自己催眠，我深深地做了 3 次深呼吸。过了一会儿，我看到了橘黄色的阳光照在我的眼帘上。但是此时，阳光已经变暗，不再那么刺眼，变得更加舒适，而我也在渐渐地、渐渐地走向自己的内心深处。

“我想象着，自己正走入一幢又高又漂亮的现代建筑，我穿过旋转大门，步入华丽的大厅。大楼里站着一名又高又壮、全副武装的保安人员——他负责整个大楼的安全，以防外界干扰。保安用刚毅的目光打量着我，随后便认出来我是整个大楼的主人，他是为我服务的，我满意地冲他点点头，然后径直朝电梯走去。

“我可以在电梯那如镜子般的门面上看到自己的样子，看起来我显得很轻松、自信，我按了向下的按钮，电梯门打开了。当我走进宽敞华丽的电梯包厢时觉得很有安全感，我走向控制板按了一下数字‘10’，数字‘10’亮了起来，电梯门也关上了。电梯开始带着轻微的‘嗡嗡’声平稳地向下移动。

“我盯着那些控制板上的数字灯不断变化，电梯到了哪一层，哪个数字就会亮起来，伴随着数字的不断变化，我发现自己也在不断地陷入一个神秘的地方，远离尘嚣。

“当电梯移动时，我一直观察着控制板上的数字，伴随着每一个数字我都会陷入更深的放松状态。

“走向这个庞大建筑物的内部越走越深。

“当我进入到第十层时，我将被深度催眠。

“我将会睁着眼被催眠，睁眼是为了接受有益的指令。

“我感到自己可以平稳地，不费力气地慢慢陷入，还感到极度的平静。

“在电梯向下运动的过程中，我一直盯着门上的数字，看着它们一个一个地替换。

“继续深入，感到安静，非常放松。

“我感到安全，冷静；再不断地深入，向下深入。

“我可以在睁眼的情况下让自己进入催眠。

“电梯缓慢地停下来，此时我看到门上的数字‘10’亮起来了，我到达目的地了，而我现在也同样已经被催眠了。

“电梯门打开了，我走入一间陈列摆设让人感觉非常舒适的书房，壁炉里的一根干柴正在噼里啪啦地熊熊燃烧，发出耀眼的火苗，好像在欢迎我的到来，我挑了一张看上去很舒服的椅子坐下，随手拿起放在旁边桌子上的一本书，浏览着它的封面，上面写着‘瞬时自我催眠’的字样。我翻开书，开始往下读。里面的文字立刻吸引了我，就像要从书页里跳出来直接进入我的大脑一样，上面这样写道：

‘你现在可以在睁眼的状态催眠自己。每当你阅读瞬时自我催眠这本书的任何导言时，你都会自动进入一种身心放松的状态，而且每次你利用瞬时自我催眠术催眠自己时，都会自动进入比上一次催眠更深入的状态。现在你可以通过阅读 唤醒部分来将自己从催眠中唤醒了。’

‘你现在可以在睁眼的状态催眠自己。现在的你正处于一种高度可建议状态，你将在催眠的状态下阅读有关自己目标的催眠指令。’

‘你的大脑将会像海绵吸水一样吸收你的指令，你可以在阅读唤醒部分之前一直睁着眼睛来催眠，还能冷静地把书翻到你做标记的那一页。’”

催眠减压，收获阳光心情

指　令

以下的指令是专门设计用来为你消除日常生活中经常遇到的一些紧张或者焦虑情绪的。

“现在我要将一整天的紧张与焦虑消除殆尽。

“以后我的每一天都会非常放松、舒服，就像现在一样。我要将所有的紧张、焦虑、不安从我的身体和大脑中赶走。每一天，我都会留意自己身体哪一部分会有紧张或者不舒服的感觉，如果有，我就深深地吸一口气，当我吐气的同时，身体中紧张的部位也会得到放松，当我的身体得到放松以后，我整个人都感觉好了很多。在消除了身体疲劳紧张之后，我同样将思想上的焦虑也赶走了，因为人在身体相当舒服放松的状态下很难感受到那些焦虑与紧张。

“从现在开始，我每天都过得很轻松，而且在工作时也十分专心。我每天都可以保持愉快的心情，而且发现生活是如此美好、友善。我与所有的亲戚朋友相处都觉得很融洽，很舒服。由于我使用了明智的方法来激发我身体中的潜能，使我变得比从前更加健康了。由于所有的焦虑感就好像大热天里的水分从地面上蒸发掉一样，我对自己的将来充满信心，十分乐观。现在，我更乐于抽出时间去与他人相处，游览各地风景，享受我生活中的每一部分。

“我设想着自己每天醒来都会感到完全放松，我心情十分平静、乐观，从容地伸着懒腰，打着哈欠。我感到精力充沛，我发现在没有焦虑的时候自己的感觉如此好，而且期待着以后每天都可以这样。当我起来，向洗手间走去的时候，准备梳洗的时候，感到自己心里或身体都体会到自己将要去梳洗。内心的东西非常清晰，有条理。我明白自己每天都可以继续保持轻松、认真、积极的状态。在我身体和头脑的每个部分里都渗透着一种潜在的平和、安全的感觉。所有的焦虑与烦恼都被冲刷掉了。在我的每一天里都会感到开心、放松、舒服、宁静。

“现在开始，我可以自己选择远离焦虑，感受放松的生活方式。任何时候，当我有焦虑的感受时，唯一要做的事情就是握紧自己的拳头，然后数到 3 慢慢松开它。当我数到 3 的时候，我的拳头就慢慢地放松了，所有的焦虑也都消除了，自己也感觉放松多了，很舒服。”

唤　醒

“我从 1 数到 5，就会让自己从催眠状态中清醒过来。当我数到 5 的时候，我将会变回原来的活跃状态，全面清醒。1……开始从催眠中醒过来。2……开始感知到周围的事物，有一种满足感、安全感或舒适感。3……期待着催眠给自己带来满意的结果。4……感到乐观，精神振作。5……现在完全清醒了，又恢复活力了。”

 唤醒前的其他注意事项

催眠唤醒是催眠的最后一个环节。受催眠者能否从催眠中获益、催眠师能否将可能产生的负面影响降至最低，都体现在这个环节。在唤醒时，催眠师还要注意以下几点。

1. 根据具体需要，有时催眠师可以选择快速自醒法。比如，催眠师在之前暗示受催眠者，只要说出一个“醒”字，受催眠者就会醒过来。

2. 催眠师还可以在催眠唤醒时加入一些简要的暗示语，在催眠结束前做最后的强化，再按顺序进行唤醒暗示。

3. 催眠师的所有操作一定要循序渐进，按照一定的顺序逐步唤醒受催眠者，否则，就可能会给受催眠者带来不同程度的不适感。

不再做聚会中的“壁花”

指　令

以下的台词可以教你如何在公共社交场合增加自信。它们会让你在平时的谈话过程中感到很放松、很自如，所有的时光都很愉快。

“我现在会在社交场合中感到更加愉快。

“从现在开始，每次参加聚会，我都会度过一段美好的时光，对于各种节日活动或者谈话，我都能从容面对。我让自己与周围的环境相处融洽。在与朋友或者自己喜欢的人相处时，我不但没有了紧张、焦虑的感觉，反而比以前更加快乐。在我的社交活动中，不论遇到朋友、生意上的伙伴或者陌生人，我都变得比以前更加自信了。

“在社交场合中我可以轻松地与他人交谈，而且很放松，很舒服。在别人面前我可以完全展现自我，我说出自己的想法，与大家分享我的观点，我可以轻松地表达我想要流露的任何东西。在公共场合，我可以和陌生人打招呼，介绍自己，并且主动与其攀谈。我对于集体讨论十分感兴趣，这样可以倾听他人的意见，从而肯定自己的观点，证明自己的想法是如此敏锐、有价值。

“在公共场合，我有如此多的东西想要表达出来。我的出现是有价值的，我的参与是让人欣赏的。我知道大家都喜欢我。我总是可以保持自我。从现在开始，我主动选择去参加各种我喜欢的节日活动。我想笑就笑，想跳就跳，想去参加什么有趣的活动就直接去参与，在所有这些过程中，我自然地流露出自己的个人魅力，也让大家慢慢地喜欢上我了。

“我想象着，自己在聚会中与朋友以及其他陌生人相处得非常快乐，当某些人讲一些有意思的事情时，我会哈哈大笑，因为有时它会让我想起其他一些有趣的往事，我也不惜与大家分享它们。我喜欢向别人讲述自己的事情，更喜欢与大家分享它们。

“当我们的讨论进行到比较严肃的话题时，我的肢体语言也变得更加放松，更加自信。我与大家分享着我的学识，向他们阐述着我的观点，我可以看到周围的人不约而同地向我点点头，表示他们的认同和赞赏。当每一句话从我口中讲出的时候，我才发现自己是如此聪明，就像他们所认为的那样。

“在每次聚会时，我都喜欢与大家打成一片，我会径直朝着一个完全陌生的人走过去，面带微笑地主动和他打招呼。而他也会礼貌地回敬我一个微笑，而且会非常赏识我主动与他谈话的自信心。当我发现在聚会中要让自己变得放松、自在原来是如此简单后，就觉得更加从容自如了。我体会到了这么多的快乐，以至于我迫切地希望，在以后的日子里可以参加更多的聚会或者公共事务。

“从现在开始，我期待着去参加一些社交活动。我有一种强烈的意愿去参加一些讨论活动以证明自己的观点。在我讲话的时候，自己的嗓音变得很清澈，很自信。现在，要是有一位先生或者女士与我进行某个话题的讨论时，我会觉得自己的话语无论于他于我都是十分有意义的。所以，我认为自己以后在与朋友、生意伙伴或者陌生人交谈时都会自动变得像现在这样轻松自如。当节日来临时，往往会有各种各样的庆祝活动，如跳舞、做游戏之类的活动。我首先要确定自己是否真的很喜欢这些活动，真的想去参加。如果确实是我感兴趣的，那么我会很果断地去参加那些活动，而且会让自己尽情地去享受其中的快乐。完全地投入，感受快乐是一种很美的体验。我是一个快乐的人，从现在开始，我要释放自己，让自己更加快乐。”

唤　醒

“我从 1 数到 5，就会让自己从催眠状态中清醒过来。当我数到 5 的时候，我将会变回原来的活跃状态，全面清醒。1……开始从催眠中醒过来。2……开始感知到周围的事物，有一种满足感、安全感或舒适感。3……期待着催眠给自己带来满意的结果。4……感到乐观，精神振作。5……现在完全清醒了，又恢复活力了。”

超然自信，应对自如

指　令

通过以下的指令，你将会在日常工作中或商务谈判时增加自信心，取得事业上的巨大成功。

“现在，我在处理所有的事情时都会倍加自信。我希望别人能够赏识我的工作，信任我的想法。我提出好的想法，并与我的主管、同事以及商业伙伴一同分享。我正在寻求自己工作中更大的成就。我每天自信而高效地做着自己的工作，对于工作中出现的难题，总可以提出创造性的解决方案。

“我可以非常自信流利地向别人表达自己的专业观点。我会让自己去从事最好的工作，也会从容面对来自主管和同事的挑战。我对自己的工作有极大的热情，也为之骄傲，通过工作我可以向别人证明自己的能力。我喜欢参与各种商务论坛，一旦我有话要讲的时候，我都会不失时机地向大家表明自己的观点。在工作室里我会感到勇敢，很自信，而且对于自己的能力和智商很有信心。我可以从容、快速、灵

超然自信，应对自如

通过以下的指令，你将会在日常工作中或商务谈判时增加自信心，取得事业上的巨大成功。

“现在，我在处理所有的事情时都会倍加自信。”

“我希望别人能够赏识我的工作，信任我的想法。我提出好的想法，并与我的主管、同事以及商业伙伴一同分享。”

“我正在寻求自己工作中更大的成就。我每天自信而高效地做着自己的工作，对于工作中出现的难题，总可以提出创造性的解决方案。”

巧地处理各种紧急事件。周围的人让我觉得自己的存在很有意义。我所做的每样事情都是重要的，我自己也是重要的。我将会获得成功，不断地提升自己。我可以取得更多的成功，我渴望成功。我完全有理由在自己的职业生涯中取得成功。我对自己，对自己的能力很有信心。

“我可以想象着自己正满怀自信地坐到会议桌旁，身边还有很多商务伙伴。我很专注地与大家讨论着一些问题。我明白，自己的加入会是成功的关键因素，因此在所有的商务场合，我都愿意与人分享自己在商务方面的观点。

“当会议结束后，我会主动走到所有与会人员中最权威的那个人面前，非常自信地与他讨论我的工作和想法。他非常热情地接受了我的想法，也为我执行所有自己的计划打开了通行灯。当我走出会议室，一种巨大的成就感涌上心头。这使我明白，只要对自己有信心，事业就会不断进步，取得成功。我看到自己非常明白如何去操作自己的工作，感到十分自豪。我听到别人称赞我工作是如何优秀，现在我要在享受工作中开始自己新的一天。

“从现在开始，在所有的商业领域中，我都很自信。在与其他商人交流观点时，我觉得非常非常放松、自信。任何时候，我与别人分享我的理念与专业知识，我的声音都变得很清澈、很自信。我不是任何人的擦脚布。任何时候，当我在工作或其他商务地点遇到来自同事和上司的挑战时，我都会沉着、理智地站出来，向他们证明我的实际行动和观点。日复一日，在我的日常工作中，我变得更加自信。而我的大脑也可以更快地引导自己改进工作表现，提高工作效率。我对自己的背景知识和专业技能非常有信心。从现在开始，我相信自己可以把工作完成得很出色。我比以前更加成功。在所有的与工作相关的领域，我期待成功，也应该成功。

“我下定决心一定要成功，我把自己的精力用于追求成功。我感到这种决心激励着我。它变得越来越强烈，几乎全部要释放出来。我相信自己，相信自己的观点。我很肯定，我一定会成功的。”

唤　醒

“我从 1 数到 5，就会让自己从催眠状态中清醒过来。当我数到 5 的时候，我将会变回原来的活跃状态，全面清醒。1……开始从催眠中醒过来。2……开始感知到周围的事物，有一种满足感、安全感或舒适感。3……期待着催眠给自己带来满意的结果。4……感到乐观，精神振作。5……现在完全清醒了，又恢复活力了。”

催眠告诉自己：我能，我行！

指　令

这一部分台词将教会你消除对失败的恐惧感，鼓励你拥有提前面对任何结果的正确的心态。你也应该做好准备利用这部分台词来获得可喜的收获。

“我拥有雄狮般的壮志雄心、雄鹰的双翅、天使的智慧、公牛的毅力与决心。我会也一定能够实现我想要的任何目标。不管在我前进的道路上出现什么困难，也阻挡不了我前进的步伐。因为我想要成功，所以我会千方百计地设计着去获得成功。我坚信成功一定会属于我的。

“世上没有什么可以称作失败，唯有一个结果，而我必须找到自己想要的结果。我必须敲开成功之门。我开始行动了，当一次结果不是我想要的，那么我会总结经验，分析问题，然后重新再来。我不断地尝试，一次又一次，直到结果令我满意。

“我设想着，自己追寻的结果就像是一个靶子。而我就是一名弓箭手，渐渐地我变成了一名专业的射手。我明确自己的目标，也学会了如何射箭。我的目标就是射中靶心。如果我第一次没有射中靶心，甚至连靶盘都没有射中，没关系，这只是一种结果，我会再射一次。我一直瞄准靶心，不断地放箭，直到射中靶心才会满意。每次射箭的时候，我的意识和潜意识都会协同工作，不断地做出各种调整和演算，直到我射中靶心，完成自己的目的，令我满意。

“我明白自己想要什么，我也会一直去追求。对于我自己的追求，我会大胆地去想，全心投入，并付诸行动。现在我会调动一切因素，来实现自己的需求。整个宇宙万物包括生命本身都与我同步，并肩作战。我身边的一切，前后左右都在鼓励着我，支持着我，朝着自己的目标前进。

“面对自己的目标，我十分沉着冷静，我不会向任何人诉说自己的目标，除了那些能够直接帮我完成任务的人。除非在万不得已的情况下，我是不会将自己的想法告诉别人的，哪怕是我的朋友和家人。我要点燃自己心中的火种，全心全意地去追求成功。我没有必要听取他人的指点或征得他人的同意，因为我知道自己想要什么，我也明白自己一定会做到，一定会成功的。所以在我成功达到自己的目标前，我会尽可能保持低调，孜孜不倦地去努力。我只向那些会直接帮助我的人诉说我的目标。

“付出总有回报，在我不断为自己的目标去努力的同时，成功也一步步向我靠近。所以我会采取下一个步骤来朝自己的最终目标前进。我将会想象着自己的下一步，它会是什么呢？是什么可以让我距离自己的目标更近呢？我想象着自己下一步的各种场景（现在可以睁着眼睛来想象一下自己的下一步是什么样子）。”

唤　醒

“我从 1 数到 5，就会让自己从催眠状态中清醒过来。当我数到 5 的时候，我将会变回原来的活跃状态，全面清醒。1……开始从催眠中醒过来。2……开始感知到周围的事物，有一种满足感、安全感或舒适感。3……期待着催眠给自己带来满意的结果。4……感到乐观，精神振作。5……现在完全清醒了，又恢复活力了。”

催眠助你成为演讲家

指　令

以下的台词将教会你如何消除自己在公众演讲时存在的恐慌与害怕，在面对一大群人做演讲时，你会觉得很放松也很自信。

“只要轮到我上前讲话的时候，我都会先深深地吸一口气，当我将这口气慢慢地吐出来的时候，我所有的关于公开演讲的紧张与焦虑也会被慢慢地释放掉了。我将会发现自己感觉好多了。我将会觉得在开始要讲话时自己很轻松，就好像我正在和一个非常熟的朋友在一起讨论一些问题一样。

“我会对自己的演讲活动做好充分的准备，我十分熟悉自己演讲的题目，所以不管面对多少人、什么样的人，我都会非常自然地、不费力气地讲给他们听。事实上，对于我演讲的题目，我比任何前来听报告的人都了解得多，所以我根本没有必要感到紧张不安。相反，我应该专心投入到自己所要做的演讲当中去，别的事情应该抛在脑后。

“前来听演讲的人都是我的同辈，所以我再也不会觉得在公众场合演讲是什么大不了的事，也不会有所谓的自我成就感了，在我演讲时我只会觉得放松自信。我将集中注意力做好自己的演讲，而不会有多余的紧张或焦虑。我发现大家非常愿意倾听我所拥有的知识及信息。当我就某一问题与人展开讨论时，我的大脑会变得更加清醒、敏锐。

“当我开始演讲时，我发现不管有多少人在看着我，或者听我说话，都没有太大的关系。同样的信息，但是我会用一种放松、令人愉快的语音将它们传递给听众。不管是面对一个人、少数几个人或者一大群人，我都觉得很自在、很随意。以后不管面对多少人，我都会很从容、很自然。

“从今以后，当我在公众面前演讲时，我会感到非常自然，正如我现在能够从容面对听众做演讲一样。以后任何时候，在我面对别人演讲时，我都会继续保持这种放松与自然。

“在我开始演讲时，我将先深深地吸一口气，当我将它吐出时，我所有的焦虑感也将被消除。在下一次呼吸时，我的感觉将会更加强烈。我很愿意向我的听众传授我为他们精心准备的知识。当我讲给自己的听众时，我会觉得很自在、很舒服。”

唤　醒

“我从 1 数到 5，就会让自己从催眠状态中清醒过来。当我数到 5 的时候，我将会变回原来的活跃状态，全面清醒。1……开始从催眠中醒过来。2……开始感知到周围的事物，有一种满足感、安全感或舒适感。3……期待着催眠给自己带来满意的结果。4……感到乐观，精神振作。5……现在完全清醒了，又恢复活力了。”

永别了，坏习惯

指　令

以下的指令专门用来帮助你戒掉生活中自己不喜欢的一些行为，或者用其他相对放松的、安宁的方式来代替那些坏习惯。

特别提示：每个阶段只针对一种习惯，只要你看到台词中的空白处，就大声地念出这种坏习惯的名字。

“现在我要停止____行为。

“现在我可以控制自己的行为，从而战胜去____的想法。我再也不会有想要____的想法了，相反，我会觉得更加自由、舒适。我可以原谅自己之前的行为，我更加会给自己改正的机会，不断激励自己停止____行为。

“我的____的行为，只是一种行为模式，它是建立在一定的思维以及思维变更体系中的习惯，它只是我的大脑不断重复的一种行为模式。现在我可以借助催眠，利用自己的潜意识的力量来干扰并改变这种模式。我会发现在潜意识水平上，自己正慢慢远离____的欲望。

“现在，我要用一种欢快、放松的心态来代替原来固执的想法，远离____的坏习惯。我不再因为____行为而感到害羞或内疚，因为害羞或内疚只能浪费时间。日子一天天地过去，我惊喜地发现自己越来越具有自控力，能够有效地控制自己的行为。____不再是我的习惯行为。每当我要____时，我就会变得高度警觉。每当我变得高度警觉时，就会做一下深呼吸，然后就会觉得其实我可以自由、轻松地做些别的事情而不是____。

“每次我刻意不做____时，都有一种非常自信的感觉，觉得自己是如此具有控制力。我非常喜欢在我要____的时候，自己通过自控而达到放松的那种感觉。我已经失去了____的兴趣，由于我对____兴趣的减退，我也越来越少地去____。

“现在看来，要戒除____的习惯比我当初想象得要简单得多。我现在发现自己比当初预期的更加能够控制自己的大脑和身体。如今，我能够十分明了地要求并指挥自己的潜意识来帮助我停止____的习惯，成功将会来得更快更容易。习惯是建立在思想上的，然而思想是可以改变的。我选择了改变过去的想法，让自己摆脱思想

饮食健康的几个好习惯

人的习惯千差万别，有些习惯对于一个人来说是坏习惯，对于另外一个人来说则是好习惯。当然，也有些习惯对于几乎所有人来说都是好习惯，在这里我们可以借鉴以下几个对大部分人来说都很好的饮食习惯。

1. 每日应补充水分 2.5 升。人体每天从食物和新陈代谢中补充水分约 1 升，因此还要喝 1.5 升水。夏季可能要 3 升才能满足需要。

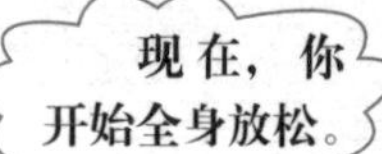

2. 晚餐不要吃太饱：应该有节制地吃适当的分量，并以清淡、易消化的食物为主。避免在晚餐时间食用过甜的甜点，以免造成消化不良。

3. 进食速度过快，食物未充分咀嚼，不利于食物和唾液淀粉酶的初步消化，加重肠胃负担。咀嚼时间过短，迷走神经仍在过度兴奋之中，长期如此容易导致肥胖。

上对____的依附。我是一个身强力壮、充满魅力、十分有能力的人。我能够处理生活中的任何困难，而无须借助____。在一开始，____就没有真正地帮助过我。现在我将它从我的生活中彻底清除出去，选择迎接安全、自信、快乐的生活。”

唤　醒

“我从 1 数到 5，就会让自己从催眠状态中清醒过来。当我数到 5 的时候，我将会变回原来的活跃状态，全面清醒。1……开始从催眠中醒过来。2……开始感知到周围的事物，有一种满足感、安全感或舒适感。3……期待着催眠给自己带来满意的结果。4……感到乐观，精神振作。5……现在完全清醒了，又恢复活力了。"

催眠助你更加果断高效

指　令

以下的指令是用来增强你在工作时的果断性和有效性的，可以让你在做决定时更加自信。

"现在，我变得更加果断，从而极大地提高了我的办事效率。

"我现在要增强自己做决定的能力，将主动权牢牢握在自己手中。我停止怀疑自己，我相信自己能够做出很好的决定。在任何工作中，我都能够十分自信地做出决定。我将会更加有效地提前组织好一天的工作。我将非常从容地做出决定：该做什么事情，以及哪些事情应该在计划之内完成。我不会再花费哪怕几秒钟来猜测自己的决定。我相信我自己。我将迅速地采取行动，并一直坚持下去。

"我对自己的决定非常放松，并能够轻松简便地执行它们。一旦出现走神或犹豫，我会迅速地做出调整，并马上开始采取自己既定的行动。我对每个预备方案的正面和负面的影响都做了深思熟虑，然后可以做出积极、乐观的决定。我相信我自己的决定是正确的，而且是我自己能够在有限时间内做出的最好的决定。我从容地应对着各项工作任务，合理地组织它们，小心细致地将它们先后排序，我十分有能力，十分自信。我选择现在应该做的事情，然后将每件事情按照预先的安排一一展开，直到将它们在指定的时间内完成。我一直专心于自己的工作，直到它们被完成，令我满意为止。我再也不会怀疑自己是否具有做出完美决定的能力。现在，我再也不会走神，我将集中精力在自己想要完成的工作上，专心于自己的工作安排。

"我想着自己正坐在工作台前，手头上有大批的材料和任务。我谨慎地安排着这些任务的先后次序，小心细致地整理着手中的材料。

"我决定先从最重要的工作开始，其他的稍后再做。这时我桌子上的电话响了。我十分礼貌地回复了电话，并且让来访者能够理解，我现在很忙，我将会在忙完了手头的工作后再打给他们。我挂上电话后，我的心思又马上回到目前的工作上来。我设想着自己正专心致志地工作着。当我顺利地完成工作后，心里美极了，甚至还奖励自己可以稍微休息一下。我用了几分钟的时间给刚才的来访者回了电话。休息过后，我的精力恢复了，我十分果断地开始了自己的下一项工作。

"从现在开始，我相信自己做决定的能力。我变得非常果断。我从自己的备选方案中精心地挑选各项工作，然后把它们编入计划。我能够非常高效率地面对各种工作。每天在面对各种大小不一的工作任务时，我都能够非常有效地将它们组织、排序，安排得井井有条。”

唤　醒

“我从1数到5，就会让自己从催眠状态中清醒过来。当我数到5的时候，我将会变回原来的活跃状态，全面清醒。1……开始从催眠中醒过来。2……开始感知到周围的事物，有一种满足感、安全感或舒适感。3……期待着催眠给自己带来满意的结果。4……感到乐观，精神振作。5……现在完全清醒了，又恢复活力了。”

精力更加充沛

指　令

以下的指令可以帮你减少疲惫的感觉，增加日常生活中的体能和激情。

“现在我做每样事情的时候都更加精力充沛，伴随着我的精力和激情的与日俱增，我更加热爱自己生活中的点点滴滴。现在不管我做什么事情，我都变得异常活跃、十分兴奋。我希望自己活得更加充实，可以在每天的活动中得到更多的满足。现在我拥有更多的精力，它可以帮助我实现自己的愿望。当我精力更加充沛时，我会觉得更加快乐。随着精力的提升，我会感到更加健康、活跃。当我对生活更加充满激情，更加积极活跃地面对生活时，我对生命的感知力增加了。

“现在，我要将疲惫、冷漠的感觉从身上赶走。这样我会将自己变得更加积极主动，充满活力，充满热情。我将自己快乐、活跃的一面展现出来，这样其他人也会被我的性格和行为所感染，从而喜欢上我。清晨醒来，我感到精力充沛。在新的一天里，我将更加具有活力。

“我十分喜欢自己的身体保持高度敏感，头脑保持十分警觉的状态。对于我自己真正想要做的事情，我会一直保持精力、兴趣和热情。当我变得更加精力充沛时，我的情绪也更加愉快，做事情时也更加快乐。

“我想象着，在夜里，我一边睡觉，我的身体就像蓄电池一样在充电。这样当我第二天早上醒来后，我的身体就像充满了电的电池一样保证我能够精力充沛。第二天醒来，我感觉自己好像获得重生一般，身体充满的能量向外散发着金灿灿的光芒。这让我感觉如此良好，很有精神。我起来去冲淋浴，水柱打在我的身上，让我倍感舒服，精力充沛。我情绪激动地期待着新的一天来临。

“我开始穿衣服，为了配合我的好心情，我特意挑了一件合适的外套。早餐时，我给自己补充了健康的食物，并喝了足够的纯净水。当我走出家门时，我发现自己正在微笑，觉得自己是如此充满激情、活力四射，这种感觉将会在余下的时间里一直伴随着我。

“每天醒来，我都会比以往更加有能量。我丢掉了懒惰疲惫、冷漠低沉的想法，取而代之是积极的、欢快的、充满朝气的生活态度。我希望能够欣赏到自己充满活力，激情澎湃的一面，我要活泼、快乐地活着。”

催眠让你精力更加充沛

催眠并不是什么神秘的东西，也不是什么新鲜产物。

以下的指令可以帮你减少疲惫的感觉，增加日常生活中的体能和激情。

“现在，我要将疲惫、冷漠的感觉从身上赶走。”

“这样我会将自己变得更加积极主动，充满活力，充满热情。”

我想要战胜一切困难

我的免疫系统完全能战胜病魔

“我将自己快乐、活跃的一面展现出来，这样其他人也会被我的性格和行为所感染，从而喜欢上我。清晨醒来，我感到精力充沛。在新的一天里，我将更加具有活力。”

唤　醒

“我从 1 数到 5，就会让自己从催眠状态中清醒过来。当我数到 5 的时候，我将会变回原来的活跃状态，全面清醒。1……开始从催眠中醒过来。2……开始感知到周围的事物，有一种满足感、安全感或舒适感。3……期待着催眠给自己带来满意的结果。4……感到乐观，精神振作。5……现在完全清醒了，又恢复活力了。”

激发强烈的取胜欲望

指　令

以下的指令可以增强你对既定目标的渴望，或者减少你对失败的惧怕感。

特别提示：每个阶段只选择一个目标，在下面台词中的空白处需要你把自己选定目标的名字指出来。

“从现在开始，我变得更加渴望实现____目标。当我完成了自己的____目标后，会更有成就感。当我想要____的动机得到改善后，我将会变得更加快乐。我希望改善自己的生活，而我自己所定的目标将会帮助我实现它。因为心中充满渴望，所以我每天以极大的热情为实现____目标而努力工作，我期待着所有的有利因素都会伴随着目标的实现而一同到来。

“这个目标对我来说十分重要，我会采取一切必要的行动来实现它。我将 100% 地投入____目标中去。我将所有关于失败的恐惧扔在一边，因为世上就没有失败这么一说，有的只是事情的结果。我能够完成任何自己脑子里想要的东西，就像我现在所做的一样，通过睁着眼睛催眠自己，我增强了自己对____的渴望。我已经证明了自己拥有在内心中一直升腾的想要实现____的强烈渴望。我所有的想法和感触都在 100% 地围绕着____做调整，为之服务。我有 100% 的决心。这种愿望一直在酝酿，现在我要让自己大胆地去追求____。当任何困难试图阻挡我实现自己的目标时，我就会提醒自己，我将 100% 地投入____中去。我喜欢这种充满渴望 100% 投入的状态。我实现____的渴望正变得越来越强烈，而这种强烈的渴望在我的体内不断地滋生壮大。那种感觉太好了，正是我想要持续保持的一种精神状态。

“我想象着 100% 的渴望将会是什么样子，而自己正在为了____而努力工作。我设想着自己正在按部就班地做着自己应该做的工作，直到把它完成。每朝自己的目标迈进一步，我就会更加有激情，更加有动力。我设想着，自己顺利实现了目标，心中是如此满足，我为自己能够始终保持 100% 的激情与渴望一直向____目标而努力感到高兴，非常欣慰。现在回想起来，我认为自己所用的时间、所做的努力都是值得的。我的自信心也因为自己能够实现自己的目标而得到极大的改善。

“每天，我想要实现____的渴望都会变得更加强烈。我不再犹豫，不再恐惧，我明白世上没有什么事情可以真正称得上是失败，有的只是结果罢了。所以面对自己的目标，我会非常乐观、非常兴奋。现在我的自信心在不断增强，我坚信自己可以完成任何任务。”

唤　醒

“我从 1 数到 5，就会让自己从催眠状态中清醒过来。当我数到 5 的时候，我将会变回原来的活跃状态，全面清醒。1……开始从催眠中醒过来。2……开始感知到周围的事物，有一种满足感、安全感或舒适感。3……期待着催眠给自己带来满意的结果。4……感到乐观，精神振作。5……现在完全清醒了，又恢复活力了。”

催眠催眠，催你入眠

指　令

以下的指令将帮助你轻松地进入睡眠，并可以得到理想的夜间休息。

“进入睡眠是一个自然的过程，任何时候，只要我感觉累了就能够很轻松地进入睡眠。我不必为了睡觉而费尽周折。当我停止了多余的折腾，让自己放松下来时，睡眠就会非常简便、友好地向我走来。当我感到疲惫的时候，我会将所有的紧张与焦虑赶走，让身体尽量地放松，然后慢慢进入睡眠，越睡越香，越睡越熟。

“当我躺在床上的时候，我会有一种宁静、平和的感觉，他们将会帮我更深程度地放松。为了帮助自己的身体得到放松，我利用幻想来放松自己身体的每一部分，就好像我在每个催眠疗程开始时所做的那样。当我闭上双眼，静静地幻想自己正坐在海边沙滩的一块大毯子上，温暖的阳光爱抚着我，让我身体的每一部分都得到了放松。我将从双脚开始感受，感受着温暖的阳光照射着我的双脚，让我能够放松它们。然后，我又假想着金色的阳光照射着我的双腿，照射着我的臀部，甚至我的胃部都可以感受到阳光的照射。我继续让自己身体的每一部分感受阳光的沐浴，直到它照射在我的头顶才算结束。

“在我放松自己身体的同时，我的呼吸也将得到放松。这种放松让我觉得自己每呼吸一次，就会更加放松，因此我将会刻意地继续呼吸。倒数一百次，看看自己究竟能放松到什么程度，每个数字就代表一种比前次更加深入的放松。

“我不停地数数，不断地呼吸，我将变得越来越放松。我几乎放松得忘记了自己数到哪儿了。因为此时我已经深深地陷入熟睡了。

“从今以后，当我倒数自己的呼吸次数时，将会自动地进入睡眠，每次我这么做的时候，我会一直保持睡眠状态，直到自己的身体得到完全放松。”

唤　醒

“我从 1 数到 5，就会让自己从催眠状态中清醒过来。当我数到 5 的时候，我将会变回原来的活跃状态，全面清醒。1……开始从催眠中醒过来。2……开始感知到周围的事物，有一种满足感、安全感或舒适感。3……期待着催眠给自己带来满意的结果。4……感到乐观，精神振作。5……现在完全清醒了，又恢复活力了。”

完美的性生活

指　令

以下的指令是用来在性欲减退或性快感消失后，增加两性的性欲和性快感的。

“在性生活时，我将更能够体会做爱的快乐，更加自信，让自己更加放松。

“性欲是人类自身具有的一种本能。它是我自身本性的一部分，就像当我饿的时候会有食欲一样。性欲就像一种渴望。它其实没什么大不了的，只不过是一种我想要去做的事情，去体会的感觉。性是一种很自然的现象，性欲也是很正常的。我知道，当我几个小时没有吃东西时，自己就会感到越来越饿，直到最后把吃东西变成一种强烈愿望。我的性欲也是一样。它也会很自然地变得越来越强烈，越来越渴望。我的性欲望是如此饥渴，这种饥渴必须得到满足。就是现在，当我注意自己的身体时，我能感受到这种欲望还在提醒我它的存在。性欲其实是很健康、很正常的。所以，我会让自己正常、健康、自然地去面对性。

“我将会在每个层面上去感受性的乐趣。当我抛弃了性压抑的困扰后，自己的大脑、情绪和身体将会更愿意去感受性的快乐。我要丢掉自己潜意识里有关阳痿或性冷淡的想法，相反，我选择更加热爱性生活，因为我希望从中得到快乐。我也不再把享受性生活看作是错误的、违背道德的、肮脏的事情。我将用新的、积极的认识来代替那些旧的、错误的关于性的理解和定义。我认为所有那些认同性的成年人都是很正常的、很健康的。

“性是令人愉快的事情，我希望这种愉快的行为能够保持得越长越好。当我十分放松自信地从事性生活时，可以感到如此释放，毫不压抑。我让自己尽情地享受其中的快感，我明白性是很正常、很自然的事情。现在我非常喜欢做爱，并将按照这种想法一直享受下去。

“我控制着自己做爱的时间，让它尽量地持久以便于自己可以更多地享受其中的快感。性不是一种表演，也不是一次操作，而是一种大脑与身体相配合的行为。当我的大脑变得兴奋时，我的身体也被唤醒，变得活跃。我在接受性快感的同时也同样愿意给予对方性的美好感觉。当我让对方得到满足的同时，自己也会很满足。我可以从我的伙伴的快乐中感受到快乐。因为我的快乐就是她的快乐。正是为此，我将继续在做爱时一边接受快感，一边给予对方性的欢乐。当我在享受与同伴做爱的快乐时，自己将全部投入，毫无保留。

“当我全心投入做爱中去时，会有一种十分自由、完全自主的感觉。由于我非常喜欢这种感觉，喜欢做爱时给我带来的快乐，所以我很难有时间去想其他的事情。当我在享受与同伴做爱的快乐时，自己将全部投入，毫无保留。我不再回想过去，也不想象未来，我只会全心全意地去享受性的欢乐。

“性和做爱就好像一部慢慢打开的探险电影。电影在开始之前总会有一段让人兴奋的前奏作为铺垫，它慢慢地、一点一点地展开让人激动情节。我此时也做着性爱前的铺垫比如爱抚之类的。我掌握着自己的时间来以便于自己去迎接那将要到来的惊喜。故事情节慢慢地展开，我的感觉也越来越强烈，直到我发现自己已经蠢蠢欲动。我慢慢地控制着自己的‘探险’直到高潮，高潮的感觉是如此完美，让我得到极大的满足。

“从现在开始，我会让自己在做爱时保持放松，让一切变得更加简单自然。当我脱掉自己的外衣时，也正是一种我将脱去自己的压抑感的一种预示。我将会感到有一种原始的野性充满自己的大脑，不断地激发着我的身体。我将在性爱中体会到越来越多的乐趣。性是快乐的，性是自然的，我需要性。我喜欢性爱的感觉。”

唤　醒

“我从 1 数到 5，就会让自己从催眠状态中清醒过来。当我数到 5 的时候，我将会变回原来的活跃状态，全面清醒。1……开始从催眠中醒过来。2……开始感知到周围的事物，有一种满足感、安全感或舒适感。3……期待着催眠给自己带来满意的结果。4……感到乐观，精神振作。5……现在完全清醒了，又恢复活力了。”

吃得健康，吃得正确

指 令

这是一个非常好的供自己单独使用的台词，同时也可以用来指导减肥。

“我想要去吃能够提供给自己身体充足营养的健康食物，并不用很多，适量就好。

“健康的食物是好的食物，我喜欢吃干净且健康的食物，因为从现在开始我只会选择吃有营养、健康的食物。我意识到我的身体将会变得更加强壮、健康并且充满活力。这正是我所需求的——强壮、健康且精力充沛。健康有营养的食物甚至能使我的大脑变得更加聪明，使我可以更加清晰地思考问题。选择正确的食物真的让我精力更加旺盛，心情更加快乐了。

“我不需要约束自己去吃适合自己的东西，这和自制力没有任何关系，因为健康、有营养的食物让我吃起来感觉很好。我会注意到自己吃的健康食物的美妙味道和口感，并且意识到它们真的很美味。其实可选择的健康食物种类还是很多的，我喜欢品尝各式各样美味的、营养丰富的食物。它们富含香味、维生素和矿物质，吃这些食物感觉真的很好。健康的、适当的食物使我感觉良好。当我决定去吃那些正确的食物时，心里便会产生出一种自爱、自重的感觉。正是由于吃得正确合理，我的意思是指那些适合我自己的食物——健康的食物便成了我的最大兴趣。它们使我感觉良好，看上去也更加漂亮了。这就是我为什么选择吃健康食品的原因了，因为我喜欢享受在这个过程中的感觉。

“假设现在我坐着，对着满满一桌子堆得高高的各种各样的食品。其中有一些是多油、多糖的食品，但也有一些是非常有营养的。

“我设想自己尝了一点那种多油、多糖的食品，吃起来味道挺不错的，但我发现，如果自己再多吃一点的话，就不能再吃下去了。所以我把那些剩下来的油腻、多糖的食物都扔到了垃圾桶，因为不健康的食物尝起来实在是口感太重、太油腻或是太甜了。现在我又选择了桌子上的那些健康食品，我拿了一个，这正是我所喜欢的那类，给我似曾相识的感觉。我尝了一口，真的太好吃，太健康了……这才是食品应该有的味道。我吃的时候感觉真的很好。当我咽下后，心里觉得无比地开心和自豪。接着，我又选了另一种营养食品，但这回却和我平常吃的不太一样。吃起来让我感觉很新鲜，口感同样不错。适量吃不同种类的健康食品真的会给人一种快乐和愉悦的心情。

“我细嚼慢咽，充分地享受着自己的食物。不管吃什么东西，我都会咀嚼很多次然后才咽下，因为我知道这样会帮助自己的身体更好更加轻松地消化那些食物。

我咀嚼得越慢越充分，我的身体就会从食物中吸收越多的营养。任何时候当我觉得吃得过快，自己都能慢慢地察觉并放慢速度。这样使我可以更多地享受自己的食物，从每次的咀嚼中得到更多的回报。

“因为我得到了身体所需要的营养，我发现自己自觉地只吃适合身体需求的那么多量。我不需要再吃更多，也不想吃。只要食物的分量能够满足我身体对营养的需求就可以了。吃完之后，直到下一顿之前，我就不会有胃口再吃了。

“我的身体会感谢我为它选择了正确的食物、适当的分量。我的免疫力开始变得越来越强。睡眠质量也提高了。当我醒来的时候，感到精神焕发且无比快乐。这就是健康食物给我带来的感觉，而且这也正是我所希望得到的。所以很自然，我只选择吃健康的、营养丰富的食品。”

唤　醒

“我从 1 数到 5，就会让自己从催眠状态中清醒过来。当我数到 5 的时候，我将会变回原来的活跃状态，全面清醒。1……开始从催眠中醒过来。2……开始感知到周围的事物，有一种满足感、安全感或舒适感。3……期待着催眠给自己带来满意的结果。4……感到乐观，精神振作。5……现在完全清醒了，又恢复活力了。”

催眠也能给你动力

指　令

以下指令的目的是为了能激发出你的动力，从而去完成一些平常或是艰巨的任务。

“从现在开始我将非常有效率地完成自己的每项工作。我愿意并且会为我自己设定一个目标，按着时间计划逐步地完成它们。我将会考虑每一件重要的事情，无论是自己的私事还是工作上的公事，我都能肩负起自己的职责。我不再延误自己该完成的任务。我可以做好每一件事情。我不会再耽搁选择从事的任何活动。

“当我觉得有一些事情需要处理时，我会很快地做出反应。不管是处理一些小事还是大的任务，我都感到非常轻松。因为我知道自己能非常有效地去处理好它们。在平常的生活中，我将会做更多的事情。该做的工作，我会去做……一步一步地做好每项工作。我会把一个庞大而艰巨的任务分成若干简单细小的部分，然后在一定的时间内，按计划去完成它们。我现在觉得面对任何的问题都很轻松和信心十足，不再感觉很有压力了。一些东西可能令人不很愉快，但我知道开始得越早，完成得也就越快。我要马上开始行动以便能及时地完成任务。一定要完成任务……这样一来我就可以做下一个自己喜欢的工作了！再也不用回头去想它了。

“我设想自己正在厨房。这里有好多的脏盘子脏碗等着自己动手去洗。虽然我更想去看会儿书或是电视什么的，但最后还是决定去洗碗，一个一个地洗。起初觉得好像很麻烦，因为有这么多的脏盘子脏碗。但我发现当自己一个接一个地洗完它们的时候，浑身立刻充满了无比的满足感，因为待洗的盘子和碗已经不是很多了。我越洗就越是觉得满足。

“因为我知道马上就要完成全部的活了。这是我需要自己去完成的任务，同时也是我自己的真正幸福所在。我看到现在只剩下一个盘子需要清洗了，当我洗着它的时候，感觉即将要无事一身轻了，这可真是极其美妙呀！这项任务并没有原来设想的那么难，我可以轻而易举地去应对……现在我终于可以去看自己喜欢的书和电视节目了，或者也可以做一些别的事情来给自己一点小小的奖励。

“我现在不再拖延。我可以应对生活中的任何事情。我逐渐地感到有能力去处理好每一件自己该做的事情。我总是及时有效地行动。所以我总是有时间去做自己该做的和自己想要去做的事情。”

唤　醒

“我从 1 数到 5，就会让自己从催眠状态中清醒过来。当我数到 5 的时候，我将会变回原来的活跃状态，全面清醒。1……开始从催眠中醒过来。2……开始感知到周围的事物，有一种满足感、安全感或舒适感。3……期待着催眠给自己带来满意的结果。4……感到乐观，精神振作。5……现在完全清醒了，又恢复活力了。”

取得最佳成绩

指　令

以下指令的目的是为了使你能在考试的时候减少紧张情绪，提高记忆力和集中注意力。

“我想在考试中取得自己可能得到的最高分数。我要放弃任何明明可以答得很好，但却不认真地去发挥自己所有实力的想法……我对自己能取得优异的成绩，满怀期望并且动力十足。

怎样实际操作学习意念法

一“静”。从学习完回到家，脑子里已灌入许多知识，但是没有条理，十分混乱，就像一个嘈杂拥挤的火车站。此时，作一“静”。接下来就可以复习当天学的知识了。

一“松”。复习完当天学习内容后，精神高度紧张，如果没有松，只能紧，就像一根绷紧的皮筋，超过极限便会绷断，大脑也是如此。因而，要作一“松”。

一“空”。即使再聪明，也会碰到不懂的地方。睡觉前闭上眼，在脑子中出现这一难题，记住它。然后，慢慢地放松、入境，把这题也抹去。这时，可以进入更高的境界“空”。这样，能又快又好地入睡。第二天，再做这道题就简单多了。

“在任何的考试中，我总是让自己的身体去放松。在考试之前，之中和之后的整个过程中，我的身体一直都很放松。我意识到可能过去我的紧张情绪影响到了自己的身体，老是想着自己本来安宁的身体将面临某些即将来临的威胁。这种情绪悄悄地告诉我，它实际上是在帮助我，帮我把高智商的那部分功能关掉，使我能时刻处于高度的警惕之中。但是现在我让自己了解到，在任何的考试中，都不会有什么对我们的存在构成威胁的事情。虽然我想在考试中取得好成绩，但这并不意味着我们的生存就要依赖于任何的考试。所以现在，在考试之前和进行的过程中，我都会给自己的身体发送一个使其安定下来的信号。

“不管是参加任何形式的考试，我都会感觉完全地自由自在。在考试的时候，任何周围的分心事都不能对我集中于考试的注意力产生一点的影响。我完全地忽略了它们。我自己的思考线路仍然是专注于考试试题以及怎样回答后面剩下的试题上。我很轻松并自信地去思考问题，从我领到试卷一直到交完卷等待判分。我的记忆力非常优秀，解决问题的能力也极为出色。我有很强的能力去记忆，当我在考试中放松一下时，答案就能很容易地从脑海中蹦出来，因为我的记忆力敏锐。

“我的意识和下意识在考试的任何时候都变得非常和谐，并且合作默契，能使我轻松自如地应对所有的试题。

“我设想自己走进考场，感觉轻松自在并且信心十足。由于复习的认真和充足，我对自己在考试中能取得很好的成绩感到很有自信，很放心。

“当我坐下来，看着试卷上的试题，我立刻变得轻松和专注起来。我的思维变得很清晰，我可以很轻松地专注于试卷上的每个试题和问题。当我要回答一个试题时，答案很容易就能出来。可以想象得出，等我做完整篇试卷后还是有充足的时间来检查一遍。非常感谢自己的下意识可以使我在整个考试中都保持放松和专注，以及记下所有关于考试所需要的知识点。

“当坐下来考试的时候，感觉到自己坐的椅子的靠背轻轻地按摩着我的后背，我自动地就开始变得轻松和专注了……椅子给我后背的这种感觉让我的智力进入了完美的境界，使我能在考试中发挥出最好的状态。”

唤　醒

“我从 1 数到 5，就会让自己从催眠状态中清醒过来。当我数到 5 的时候，我将会变回原来的活跃状态，全面清醒。1……开始从催眠中醒过来。2……开始感知到周围的事物，有一种满足感、安全感或舒适感。3……期待着催眠给自己带来满意的结果。4……感到乐观，精神振作。5……现在完全清醒了，又恢复活力了。”

提高记忆力

指　令

以下指令的目的是为了让你能够拥有更加理想的记忆力。

“从现在开始，我的记忆力变得极好。我不会再有忘事的感觉。我发现自己可以轻松地想起别人的名字，不管这个人我认识有多久。我非常快地就能想起时间和地点。我不费任何力气就能想起很早以前发生的事情。我当然也对最近发生的事情更为敏感……不管是任何具体、细小的环节。当需要的时候，我相信自己的记忆力

艾宾浩斯记忆遗忘曲线

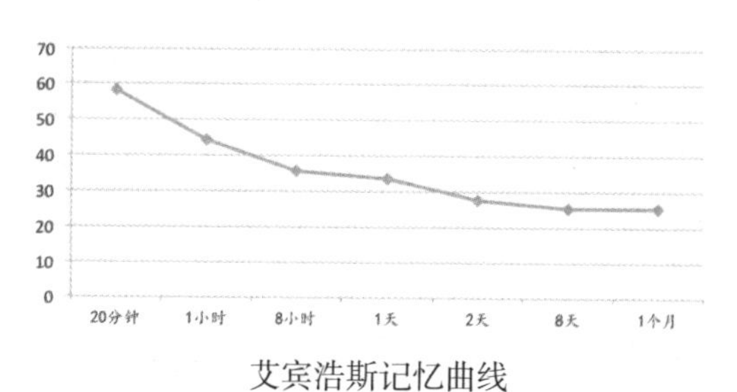

艾宾浩斯记忆曲线

1. 德国心理学家艾宾浩斯发现了遗忘的规律。他把他的实验结果绘成描述遗忘进程的曲线，这就是著名的艾宾浩斯记忆遗忘曲线。

2. 艾宾浩斯发现，在记忆有意义的事情时，不仅是催眠时的记忆量会增多，时间上也会变快。

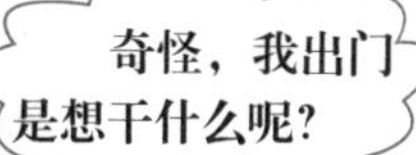

3. 在想起过去记忆的事情的实验中，也得出了这样的结果，如果是有意义的事情，比起觉醒时，催眠时会较好地回忆起来。

4. 学习内容会成为短时记忆，但不及时复习就会遗忘，及时复习则会成为长时记忆。理解了的知识会记得更迅速、全面和牢固。

能记起所有的事情。

“我的思维功能完善。记忆力也是完整无缺。我的大脑就像是一台录像机，能把我看到的、听到的、尝到的、碰到的和感觉到的所有事情都存储下来。同样也能把我以往所有的思想都记忆下来。所有的信息都在我的脑海当中，我可以轻而易举地把它们都找出来，这就是我的思维和大脑。当我寻找和需要找回一些信息的时候，我会毫不犹豫地选择利用它的强大功能。我的短期记忆力是清晰和完美的。而长期性的记忆力就在那里恭候，随时待命，等待着我的不时之需。

“从现在开始，不管什么时候当我需要记忆起任何的事情时，我都会非常放松，自己的意识中便会清晰生动地浮现出那些保存完好的信息来。渐渐地，我记忆事件和所有信息的能力变得更强，更快了。这种敏锐的记忆力连同我所知道的这些事情，让我得到了越来越多的信心。我非常聪明，思维非常敏锐。我的记忆力以及自己运用它们的能力非常出色。我现在拥有了非常理想的记忆力。

“我的记忆力就像是一台录像机。它能记下所有我看到的、听到的事情。我想象自己回忆脑海中的往事就好像是按一下家中放像机的播放键那样简单。我可以便捷地回放任何我录下来的东西……

“我的头脑就像是一台非常复杂的拥有无限存储能力的电脑。曾经发生的任何事情都一直保存在储存条中。我需要做的唯一的事情就是想出一个关键字来搜索那些记忆或其他任何相关的信息。我的头脑就像是一台运转非常快的巨型计算机。我可以轻而易举地找回自己所需要的信息。”

唤　醒

“我从 1 数到 5，就会让自己从催眠状态中清醒过来。当我数到 5 的时候，我将会变回原来的活跃状态，全面清醒。1……开始从催眠中醒过来。2……开始感知到周围的事物，有一种满足感、安全感或舒适感。3……期待着催眠给自己带来满意的结果。4……感到乐观，精神振作。5……现在完全清醒了，又恢复活力了。”

催眠催出更积极的态度

指　令

以下指令的目的是为了使你能够消除对自己对手的不满，并能用积极的态度去对待他们。特别提示：当你看到空格时，说出自己对手的名字。

“我想对____更加友善。我现在对____更加欣赏了。

“我现在决定不再嫉恨____了。我希望从我们的关系中得到快乐。我希望我们彼此和睦相处。所以我重新考虑和____建立一种和善而友好的关系。

“我不再去计较那些负面的事情——我让那些想法都消失殆尽，就像是夏天被蒸发掉的一坑污水。取而代之，我要尽量挖掘____的好的品质——我们曾经共度过的美好时光、曾经的欢声笑语和彼此对对方的美好感觉。____做了很多的好事，我现在开始能够意识并发现每一件____做的有益的好事……____真的是很不可思议的——这就是为什么我从一开始就选择和____做朋友的原因。

“我现在开始回忆我们的过去。当我们刚刚认识的时候，曾经共度无限的美好时光。事情好像就发生在今天一样。这就是我对____的感觉。只要看上____一眼，就让我觉得他是那么不可思议。和____在一起，我就会变得很激动。我看到____时，感到很惊奇。我并没有什么苛求，我完全地了解和接受____是一个独立的个人。我回想起自己曾经感受到的真爱。我意识到自己现在仍然能够感觉到它。我现在仍然能感觉到那份爱。直到现在我才意识到我是多么在意____。

“在和别人的相处中，我并不总是表现得很好。有时我也犯点错误。我的某些所作所为，一些习惯和说过的一些话，并不是很完美。我能够接受自己并不是个完美无缺的人，所以，同样我也能够接受____不是在所有时候都是完美的。我正在尽自己最大努力去做得最好，____也是在尽力做好____能做到的每一件事情。我体谅自己并不是什么超人，也同样能体谅____只是一个普通人。如果____是一个十全十美的人，那就太可怕了！因为这样会给我很大的压力去迫使自己也变得完美无瑕。相反，现在应该是抛掉那些压力并去认识到我们各自的那些怪癖并没什么大不了的时候了。人无完人嘛，这样才显得可爱一些，这样才能够让我们彼此间充满爱。现在，甚至是____的缺点也能让我产生对他 / 她的同情和深爱。

“我将会对____很友善。我将会对____更加温和体谅。我会避免用刺耳的言语。如果我发觉自己做了什么不友善的事情，我会请求____的原谅。我对____充满了极大的热情和关爱，而且，现在我会用从容和关爱的态度去表示自己的爱。

“从现在开始。一旦我发现自己在____的面前感到约束、愤怒或是苦恼的时候，我会非常好地去控制自己的感情。我会深深地吸一口气，然后慢慢地放松下来。当我这样做的时候，任何关于____的不良感觉也都会随之释放出去。我发现自己对待____时的心情开始变得好起来了。我会铭记____对我的重要性，以及____曾经说过和做过的绝妙的事。我意识到自己并不需要对____抱有不满的态度，相反我让自己对____的爱，照耀着自己的一切思想、言语和行动。

“我爱____。我尊重____。我欣赏____。我会全面地看待一个人。我会温和地对待____。我希望去向____表达自己的友善。”

唤 醒

“我从 1 数到 5，就会让自己从催眠状态中清醒过来。当我数到 5 的时候，我将会变回原来的活跃状态，全面清醒。1……开始从催眠中醒过来。2……开始感知到周围的事物，有一种满足感、安全感或舒适感。3……期待着催眠给自己带来满意的结果。4……感到乐观，精神振作。5……现在完全清醒了，又恢复活力了。”